過去問7回分＋本年度予想

技術士 第一次試験

'24年版

過去問を制するものが試験を制する!

基礎・適性科目対策

ガチンコ技術士学園 浜口智洋 著

秀和システム

はじめに

技術士第一次試験は、出題範囲が広く、難しいわりには資格としての直接的なメリットはほとんどありません。しかしながら、技術士になるためにはJABEE認定学校卒業者以外は避けることのできない試験でもあります。モチベーションの維持が難しい試験でもありますが、私の体験として強く訴えたいことは、第一次試験の勉強を第二次試験に通じるものと位置づけた勉強を行うことです。

基礎科目や適性科目合格に求められる知識は技術者が当然有しておくべき最低限の知識、いわば技術者の常識に属する知識です。技術士を目指す皆さんなら、苦手だといって、忌避するのではなくて、むしろ積極的に勉強してみてください。

本書は、過去7回の過去問について、それぞれの問題をなるべく体系的に理解出来るように徹底解説を心掛けました。例えば基礎問題であれば、1年ごとに1群～5群まで30問題と考えるよりも、基礎科目の『1群　設計・計画に関するもの』は7年間で、7年×6問＝42問題と考えて取り組んでみてください。この42問題について、解けなかった問題は、しっかり解説を読んで、理解するように努めてください。地道な努力が合格への一番の近道です。これが、ガチンコ技術士学園が理想としている姿です。

私が技術士第一次試験に合格したのは、今から20年前、平成15年度でした。当時私は、地方の建設コンサルタントに勤めていたのですが、一回10問からなる小テストを毎週作成し、同僚たちに強引に受けさせました。効果は絶大でこの年、社内の技術士受験合格率は90％以上を記録しました。何度も言いますが、手を抜かない勉強こそが合格への一番の近道です。

そして、その翌年の平成16年度に技術士第二次試験に合格し、見事技術士登録を行うことができました。この経験をもとに、翌年、会社を退職し、ガチンコ技術士学園を立ち上げ、インターネット上で技術士受験対策講座をスタートさせました。今では、技術士第一次試験対策講座（基礎適性科目、建設科目）、技術士第二次試験対策講座（建設部門、上下水道部門、総合技術監理部門）そして口頭試験対策講座を開催しています。本書は、ガチンコ技術士第一次試験対策講座のテキストを用いた過去問解説集となっています。また、15年以上も講座を行う中で培った最良の模擬試験と最頻出問題に狙いを絞ったテキストを用意しました。ぜひ、今年の勉強に役立ててください。

令和6年度、真面目に第一次試験対策に取り組んでください。そして、令和7年度のガチンコ技術士学園の技術士第二次試験対策講座に申し込んでいただけることを期待しています。その先には成長した技術者の姿と、責任ある立場が待っているはずです。頑張ってください。

令和6年2月

ガチンコ技術士学園（gachinko-school.com）代表
浜口智洋（技術士：建設、総監）

過去問7回分＋本年度予想

技術士第一次試験「基礎・適性科目」対策

CONTENTS

本書の使い方

本書は平成30年～令和5年度の技術士第一次試験の「基礎・適性科目過去問題」と、1年分の「令和6年度予想問題」と詳細な「正答解説」から構成されています。以下に簡単に本書の使用例を紹介いたします。

①基礎・適性科目の過去問1年分を解く

まず参考書も何も見ずに過去問1年分にチャレンジしてください。おそらく、容易に解答できる問題、ある程度理解できるが正解までは辿りつけない問題、全くわからない問題、に分かれるでしょう。全くわからない問題があってもそれほど心配することはありません。好きな問題を選んで解答する方式です。結果として合格点に達していれば良いのです。

苦手な分野を外して解答しても合格点に達していない場合には、巻頭についている傾向分析を活かして、どの分野が出題されるかを知り、そのうちどれが自分にとって得点しやすい分野かを検討しましょう。わかったらそこを重点的に学習し、得点源にしましょう。そうすれば合格の確率を上げることができます。

②残りの過去問を解く

残りの過去問は、参考書等を見ながらでもよいので、時間を気にせず解答を導くまでじっくりと考えましょう。この際、インターネットを利用して、その内容や関連分野を学びながら学習することをおすすめします。ここで、誤った問題、間違った問題にチェックをしておくとよいでしょう。

③重要事項をノート等にまとめる

本書には詳細な解説がありますが、自分で苦手な分野をノート等にまとめることで知識の確認を図りましょう。

④誤った問題をもう一度解答する

間違った問題に何度もチャレンジしましょう。この時点で、ほとんど理解ができない問題については、手を付けないほうがよいでしょう。

⑤予想問題を解く

予想問題は出題が予想される内容に加え、各分野の基本的な内容、重要分野を中心に構成されています。試験時間、指示通りに解答し、合格点に達しているか確認しましょう。結構試験時間が短いことや、理解できていない箇所が浮き彫りになってくるでしょう。自分の苦手分野をつかんだら、そこを重点的に学習することで万全の対策となります。

技術士第一次試験案内

重要！　以下の情報は試験実施機関の発表を参考に当社で作成した参考用です。正確な情報は必ず試験実施機関の正式な情報を得てください。

●受験資格

年齢、学歴、業務経歴等による制限はありません。

●試験の方法

試験は、筆記試験により行われます。

●試験科目

試験は、総合技術監理部門を除く20の技術部門について行われます。

(1) 基礎科目として、科学技術全般にわたる基礎知識。

(2) 適性科目として、技術士法第4章(技術士等の義務)の規定の遵守に関する適性。

(3) 専門科目として、受験者があらかじめ選択する1技術部門に係る基礎知識及び専門知識。

なお、一定の資格を有する者については、技術士法施行規則第6条に基づいて試験の一部を免除されます。

参考として、専門科目の詳細は以下の通りです。

技術部門	専門科目	専門科目の範囲
1.機械部門	機械	材料力学 機械力学・制御 熱工学 流体工学
2.船舶・海洋部門	船舶・海洋	材料・構造力学 浮体の力学 計測・制御 機械及びシステム
3.航空・宇宙部門	航空・宇宙	機体システム 航行援助施設 宇宙環境利用

技術部門	専門科目	専門科目の範囲
11.衛生工学部門	衛生工学	大気管理 水質管理 環境衛生工学（廃棄物管理を含む。） 建築衛生工学（空気調和施設及び建築環境施設を含む。）
12.農業部門	農業	畜産 農芸化学 農業土木 農業及び蚕糸

4.電気電子部門	電気電子	発送配変電 電気応用 電子応用 情報通信 電気設備
5.化学部門	化学	セラミックス及び無機化学製品 有機化学製品 燃料及び潤滑油 高分子製品 化学装置及び設備
6.繊維部門	繊維	繊維製品の製造及び評価
7.金属部門	金属	鉄鋼生産システム 非鉄生産システム 金属材料 表面技術 金属加工
8.資源工学部門	資源工学	資源の開発及び生産 資源循環及び環境
9.建設部門	建設	土質及び基礎 鋼構造及びコンクリート 都市及び地方計画 河川、砂防及び海岸・海洋 港湾及び空港 電力土木 道路 鉄道 トンネル 施工計画、施工設備及び積算 建設環境
10.上下水道部門	上下水道	上水道及び工業用水道 下水道 水道環境

		農村地域計画 農村環境 植物保護
13.森林部門	森林	林業 森林土木 林産 森林環境
14.水産部門	水産	漁業及び増養殖 水産加工 水産土木 水産水域環境
15.経営工学部門	経営工学	経営管理 数理・情報
16.情報工学部門	情報工学	コンピュータ科学 コンピュータ工学 ソフトウェア工学 情報システム・データ工学 情報ネットワーク
17.応用理学部門	応用理学	物理及び化学 地球物理及び地球化学地質
18.生物工学部門	生物工学	細胞遺伝子工学 生物化学工学 生物環境工学
19.環境部門	環境	大気、水、土壌等の環境の保全 地球環境の保全 廃棄物等の物質循環の管理 環境の状況の測定分析及び監視 自然生態系及び風景の保全 自然環境の再生・修復及び自然とのふれあい推進
20.原子力・放射線部門	原子力・放射線	原子力 放射線 エネルギー

●試験の日時、試験地及び試験会場

期日：令和6年11月24日(日)

時間：あらかじめ受験者に通知されます。

試験地及び試験会場：

次のうち、受験者があらかじめ選択する試験地において行われます。

北海道、宮城県、東京都、神奈川県、新潟県、石川県、愛知県、大阪府、広島県、香川県、福岡県及び沖縄県。

なお、試験会場については、10月下旬の官報に公告されるとともに、あらかじめ受験者に通知されます。

●受験申込書等配布期間

令和6年6月7日(金)～6月26日(水)

●受験申込受付期間

令和6年6月12日(水)～6月26日(水)まで。

受験申込書類は、公益社団法人日本技術士会宛てに、書留郵便（6月26日（水）までの消印は有効。）で提出します。

●受験申込書類

(1) 技術士第一次試験受験申込書(6ヵ月以内に撮った半身脱帽の縦4.5cm、横3.5cmの写真1枚貼付)

(2) 技術士法施行規則第6条に該当する者については、免除事由に該当することを証する証明書又は書面を提出します。

●受験手数料

11,000円

●試験の実施に関する事務を行う機関及び申込書類提出先

指定試験機関　公益社団法人　日本技術士会

http://www.engineer.or.jp/

●合格発表

令和7年2月

●正答の公表

試験終了後、速やかに試験問題の正答が公表されます。

受験者・合格者数統計

技術士試験は制度の改正が度々あるため、受験者数や合格率に年度によって変動がみられます。試験自体の大きな流れを掴んでおくため、技術士一次試験の過去10年の受験者数等の推移をみてみましょう。

技術士第一次試験過去10年の受験申込者等推移

	申込者数	受験者数	合格者数	対申込者合格率（%）	対受験者合格率（%）
平成25年度	19,317	14,952	5,547	28.7	37.1
平成26年度	21,514	16,091	9,851	45.8	61.2
平成27年度	21,780	17,170	8,693	39.9	50.6
平成28年度	22,371	17,561	8,600	38.4	49.0
平成29年度	22,425	17,739	8,658	38.6	48.8
平成30年度	21,228	16,676	6,302	29.7	37.8
令和元年度	22,073	9,337	4,537	20.6	45.6
同再試験	8,096	3,929	2,282	73.7	58.1
令和2年度	19,008	14,594	6,380	33.6	43.7
令和3年度	22,753	16,977	5,313	23.4	31.3
令和4年度	23,476	17,225	7,264	30.9	42.2

令和4年度技術士第一次試験技術部門別試験結果

技術部門	受験申込者数	受験者数	合格者数	受験者に対する合格率
01　機械部門	2,402	1,710	723	42.3
02　船舶・海洋部門	34	19	9	47.4
03　航空・宇宙部門	60	39	22	56.4
04　電気電子部門	2,059	1,430	522	36.5
05　化学部門	256	194	107	55.2
06　繊維部門	49	41	22	53.7
07　金属部門	152	115	41	35.7
08　資源工学部門	25	17	14	82.4
09　建設部門	12,111	8,888	3,661	41.2
10　上下水道部門	1,540	1,150	471	41.0
11　衛生工学部門	438	296	150	50.7
12　農業部門	906	707	304	43.0
13　森林部門	343	241	91	37.8
14　水産部門	124	93	30	32.3
15　経営工学部門	296	236	138	58.5
16　情報工学部門	776	599	383	63.9
17　応用理学部門	445	336	135	40.2
18　生物工学部門	182	139	48	34.5
19　環境部門	1,184	905	356	39.3
20　原子力・放射線部門	94	70	37	52.9
計	23,476	17,225	7,264	42.2

技術士第一次試験の出題方式・合格基準

■技術士第一次試験の内容

技術士第一次試験は、機械部門から原子力・放射線部門まで20の技術部門ごとに実施されます。

技術士となるのに必要な科学技術全般にわたる基礎的学識及び技術士法第四章の規定の遵守に関する適性並びに技術士補となるのに必要な技術部門についての専門的学識を有するか否かを判定し得るよう実施されます。

試験は、基礎科目、適性科目及び専門科目の3科目について行われます。

基礎科目については科学技術全般にわたる基礎知識（設計・計画に関するもの、情報・論理に関するもの、解析に関するもの、材料・化学・バイオに関するもの、環境・エネルギー・技術に関するもの）について、適性科目については技術士法第四章（技術士等の義務）の規定の遵守に関する適性について、専門科目については技術士補として必要な当該技術部門に係る基礎知識及び専門知識について問うよう配慮されます。

基礎科目及び専門科目の試験の程度は、4年制大学の自然科学系学部の専門教育課程修了程度です。

基礎科目、適性科目及び専門科目を通して、問題作成、採点、合否判定等に関する基本的な方針や考え方が統一的なものになるよう配慮されます。

なお、専門科目の問題作成に当たっては、教育課程におけるカリキュラムの推移に配慮されます。

①基礎科目の詳細

時間：１時間

配点：15点

内容：科学技術全般にわたる基礎知識を問う問題が次の１～５群の５分野から出題されます。

１群　設計・計画に関するもの
２群　情報・論理に関するもの
３群　解析に関するもの
４群　材料・化学・バイオに関するもの
５群　環境・エネルギー・技術に関するもの

それぞれの分野の問題（６問程度）から３問ずつ、計15問解答します。

②適性科目の詳細

時間：１時間

配点：15点

内容：技術士法第四章（技術士等の義務）の規定の遵守に関する適性について15問が出題されます。すべての問題に解答する必要があります。

③専門科目の詳細

時間：２時間

配点：50点

内容：技術士補として必要な当該技術部門に係る基礎知識及び専門知識について問われます。20の技術部門から、１技術部門を選択し、全35問の出題から25問を選択して解答します。

④合否判定基準

技術士一次試験の合否決定基準は、次の通りとされています。

基礎科目：50％以上の得点

適性科目：50％以上の得点

専門科目：50％以上の得点

基礎科目の出題傾向と要点テキスト

基礎科目は、１群から５群までの各群６題出題され、各群から３題選択して答える形式となっている。覚えなければいけない知識は非常に広範囲である。深い知識は求められていないので、広く浅く勉強することが必要である。ここではその中でも頻出問題について簡単に解説する。その他、勉強しておくべきキーワードを示すので、各自で勉強してほしい。各キーワードについて、体系的にしっかり勉強したい方は、ガチンコ技術士学園の第一次試験対策講座の受講をお勧めしたい。

ガチンコ技術士学園HP　→　https://gachinko-school.com

１群　設計・計画に関するもの

計画、設計分野は、いくつか難解な問題も含まれているが、比較的容易な計算問題が多いため、合格点を突破するためには、ここできちんと得点を稼いでおくことが大切である。

特に、数理計画法と設備保全の信頼度の計算は頻出である。また、ユニバーサルデザインは近年、第二次試験でもよく出題されるテーマなので、ここである程度理解しておく方が望ましい。

７年間の出題内容

番号	令和５年度	令和４年度	令和３年度	令和２年度
1	鉄鋼とCFRP	金属材料の力学的性質	ユニバーサルデザイン	ユニバーサルデザイン
2	座屈	（計算）標準偏差	（計算）信頼度	（計算）標準偏差
3	材料の機械的特性	（計算）標準偏差	PDCAサイクル	材料の降伏
4	（計算）多数決冗長系	（計算）最適化問題	装置の稼働率	（計算）最適化問題
5	信頼性設計	最大曲げ応力	構造設計	製図法
6	相関係数	（計算）最適化問題	製図法	（計算）信頼度
番号	令和元年度再試験	令和元年度	３０年度	２９年度
1	微分導関数	最適化問題	（計算）信頼度	（計算）平均処理時間
2	最適化手法	（計算）在庫管理	アローダイアグラム	安全係数
3	（計算）FTA	製作図作成の基本事項	ユニバーサルデザイン	階層分析法
4	工程管理	材料の強度	（計算）最適化問題	材料の機械的特性
5	（計算）最適化問題	（計算）平均処理時間	（計算）最適化問題	製作図作成の基本事項
6	設備保全	近似式	製造物責任法	（計算）破壊確率

※勉強しておくべきキーワード
数理計画法、ユニバーサルデザイン、バリアフリー新法、ノーマライゼーション、ICT、ユビキタスネットワーク技術、LCA、LCC、製造物責任法、照査、安全率、圧縮、せん断、品質管理、QC７つ道具（層別、パレート図、特性要因図、ヒストグラム、散布図、管理図、チェックシート）、設備保全、故障率、信頼度、事後保全、予防保全、生産保全、TPM、予知保全、システム安全工学手法、フォールトツリー手法、イベントツリー手法、HAZOP手法、階層分析法、工程管理、アローダイアグラム、クリティカルパス、PERT、CPM

１－１．数理計画法

数理計画法は、数理モデル（“現実”を式で表したもの）の、最適解を求めるための方法である。 最適解というのは、利益の問題なら、利益が最大の状態であり、輸送の問題なら、最短ルートや最小コストのことである。数理計画法はオペレーションズ・リサーチの代表的な手法の一つであり、その特色は、いくつかの制約条件の下で、ある目的関数を最適化するようにシステムパラメーターを決定することである。

最適化問題は、ほぼ毎年出題されており、比較的取り組みやすい問題（特に計算問題）でもあり、確実に正解を導いておきたい問題であると言える。方程式でスパッと解が出ないので、いくつか当てはめてみて地道に値が最大（もしくは最小）となるものを探し当てるという作業を行ってみてほしい。それほど難しい問題は出題されていないので、地道に１つ１つ計算した方が早い場合が多い。以下の計算例を参考にしてみてほしい。

計算例

次の条件において、製品Ａと製品Ｂの生産で得られる利益の最大値を求めよ。

製品Ａと製品Ｂは、それぞれ原材料Ｃと原材料Ｄを用いて生産するものとする。

製品Ａを１単位生産するためには、原材料Ｃを４単位、原材料Ｄを９単位、それぞれ必要とし、製品Bを1単位生産するためには、原材料Cを8単位、原材料Dを3単位、それぞれ必要とする。
製品Aの利益は製品1単位当たり6、製品Bの利益は製品1単位当たり4である。原材料Cは32単位まで使用でき、原材料Dは27単位まで使用できる。

まずは、表を作って情報を整理する。

	材料C	材料D	利益
材料の上限	32	27	
製品A	4	9	6
製品B	8	3	4

次に、式を作る。製品Aをx単位、製品Bをy単位作るとすると、
材料の制約条件から、

$4x + 8y \leqq 32 \Leftrightarrow y \leqq -(1/2)x + 4 \cdots(1)$

$9x + 3y \leqq 27 \Leftrightarrow y \leqq -3x + 9 \cdots(2)$

目的関数$A = 6x + 4y$ が書ける。
ここで、x、yはともに0以上の整数である。
式(2)より、xの最大値は3である。つまり、$0 \leqq x \leqq 3$ である。
x＝0、1、2、3のそれぞれに対して素直に利益を計算する。

x＝0のとき、式(1)よりy≦4、式(2)よりy≦9　よってy＝4 → A＝16
x＝1のとき、式(1)よりy≦3.5、式(2)よりy≦6　よってy＝3 → A＝18
x＝2のとき、式(1)よりy≦3、式(2)よりy≦3　よってy＝3 → A＝24（最大）
x＝3のとき、式(1)よりy≦2.5、式(2)よりy≦0　よってy＝0 → A＝18

1－2．ユニバーサルデザイン

ユニバーサルデザインとは、ノースカロライナ州立大学のロナルド・メイスが1990年に提唱した「出来るだけ多くの人が利用可能であるようデザインする事」をコンセプトとしたバリアフリー概念を拡張した概念である。デザイン対象を障害者に限定していない点が一般に言われる「バリアフリー」とは異なる。

ロナルド・メイスが提唱したユニバーサルデザインの7原則とは以下の7つである。

① だれでも公平に使えること（Equitable use）
② 使う上で自由度が高いこと（Flexibility in use）
③ 使い方が簡単で、すぐに分かること（Simple and intuitive）
④ 必要な情報がすぐに分かること（Perceptible information）
⑤ うっかりミスが危険につながらないこと（Tolerance for error）
⑥ 身体への負担が少ないこと（Low physical effort）
⑦ 接近や利用するための十分な大きさと空間を確保すること（Size and space for approach and use）

1－3．LCA（ライフサイクル・アセスメント）

ライフサイクルアセスメント（LCA）は、ある製品及びサービスが、「資源採取」→「素材・部品開発」→「製品製造」→「流通」→「販売・購入」→「使用」→「廃棄・リサイクル」の7段階において、環境にどのような影響を与えるかを総合的に評価する手法のことである。

これまで、一次試験ではあまり出題はされていないが、近年、設計において初期費用だけでなく維持管理までをトータルで考えるLCC（ライフサイクルコスト）の考え方が非常に重要となっているので、LCCやLCAという言葉には理解があった方がよい。

LCAの観点から製品やサービスを評価することにより、同じ機能をもつ複数の製品を比べたり、旧型製品と新型製品の環境負荷を比べたりするのに役立つ。欧米諸国などへ製品を輸出する企業には、LCAによる環境評価が求められる場合が多く、日本でも大手企業によるLCAの導入はもはや常識となっている。LCAはまた、製品やサービスの環境負荷を「見える化」するカーボンフットプリントなどの指標を算出するためのツールとしても欠かせないものとなっている。

ちなみにLCC（ライフサイクルコスト）とは、製品や構造物などの企画、設計に始まり、完成・竣工、運用を経て、修繕、耐用年数の経過により解体処分するまでを製品や構造物の生涯と定義して、その全期間に要する費用を意味している。製品や構造物等を低価格で調達、製造することが出来たとしても、それを使用する期間中におけるメンテナンス（保守・管理）、保険料、長期的な利払い、廃棄時の費用までも考慮しなければ、総合的にみて高い費用となることから生まれた発想である。イニシャルコストのみならず、ランニングコストを含めた総合的な費用の把握は、近年における経営意思決定の常識となっている。

1－4．製造物責任法

製造物責任（Product Liability：PL）とは、製品の購入者が製品の欠陥により身体的・財産的な損失を受けた場合に、その製品の生産者など（製造業者、加工業者、輸入業者などが含まれる）に責任があり、その損失を補償する義務を負うというものである。米国において、消費者保護の立場から法律で定め定着した考え方であるが、日本でも1995年7月に製造物責任法（PL法）が施行され、製品安全に対して大きな関心が示されるようになってきた。

製造物責任法は、製品の欠陥によって生命、身体又は財産に損害を被ったことを証明した場合に、被害者は製造会社などに対して損害賠償を求めることができる法律で、具体的には、製造業者等が、自ら製造、加工、輸入又は一定の表示をし、引き渡した製造物の欠陥により他人の生命、身体又は財産を侵害したときは、**過失の有無にかかわらず**、これによって生じた損害を賠償する責任があることを定めている。つまり、PL法では、消費者は製造業者等の過失を証明する必要はなく、消費者が証明すべきことは、以下の２点となった。つまり、生産者により大きな責任と負担が求められている。

① 製品に欠陥があったこと

② その欠陥によって損失を受けたこと

1－5．信頼度

信頼度については、ほぼ毎年１題は出題されており、しかも比較的容易に計算できるため、確実に解けるようにしておく必要がある。

信頼度とは、日本産業規格JIS Z 8115によると「アイテムが与えられた条件で規定の期間中、要求された機能を果たす確率」とされている。信頼度の計算のポイントは、直列と並列である。

図1のシステムでは、信頼度Xは　$X = 0.90 \times 0.90 = 0.81$　と計算される。

図2のシステムでは、信頼度Yは　要求された機能が果たされない確率を計算して、全体から引くという計算をする。つまり、並列につながれた両方の機械が同時に故障した場合、システムとして機能が果たされていないと考えられ

る。　Y = 1 −（1 − 0.90）×（1 − 0.90）= 0.99　と計算される。

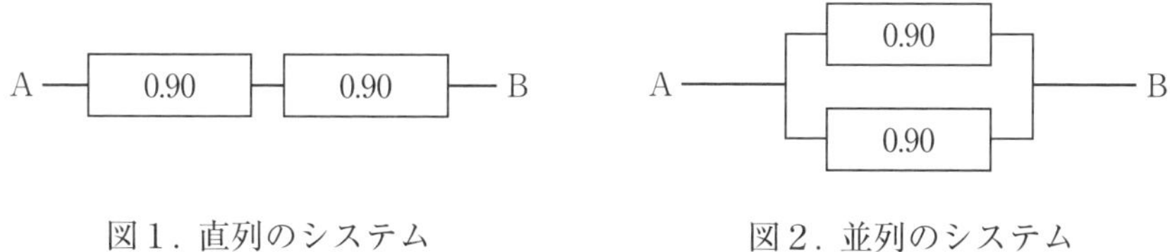

図１．直列のシステム　　　図２．並列のシステム

１－６．アローダイアグラム

アローダイアグラムは、一見ややこしそうだが、本当に簡単な問題であるし、アローダイアグラムによりクリティカルパスを見つけるという考え方は、技術者としての通常の作業でも極めて重要なものである。過去問を解くことでしっかり理解してほしい。

ここで、クリティカルパスとは、作業開始から終了までに余裕のないパスであり、かつ後工程に進むには絶対に外せない重要な作業や、遅れてはならない作業を繋いだパスである。クリティカルパスの短縮を図ることが、結果的に全工程のリードタイムを短くすることに繋がる。逆に、クリティカルパス上にない作業で遅れが出てもプロジェクト全体のスケジュールには影響しない。

このクリティカルパスを見つけて、一連の工程を最適な状態にスケジューリングすることを目的とした手法にはPERT（Program Evaluation and Review Technique）とCPM（Critical Path Method）がある。両者ともアローダイアグラムを用いており、CPMはPERTの応用とみなすことが多い。

２群　情報・論理に関するもの

情報・論理については、ベン図、基数変換やアルゴリズムの意味を理解していれば、比較的容易な問題が多く、合格のためには、ここできちんと得点を稼いでおくことが大切である。

プログラムなんて全く知らないという人でも、拒否反応を起こさずに、よく落ち着いて、問題文をしっかりと読んでみてほしい。第一次試験で出題されているアルゴリズムの問題は、本当に単純で簡単な問題である。要するに毛嫌いしないことがポイントといえる。

7年間の出題内容

番号	令和5年度	令和4年度	令和3年度	令和2年度
1	情報セキュリティ	テレワーク環境	情報セキュリティ	情報の圧縮
2	アルゴリズム	集合	論理式	論理式
3	国際書籍番号	総アクセス時間	(計算) 伝達時間	標的型攻撃
4	データ圧縮	送信ビット列	判定表	補数表現
5	論理式	アルゴリズム	演算式	アルゴリズム
6	集合	IPv6アドレス	漸近的記法	(計算) CPU実行時間
番号	令和元年度再試験	令和元年度	30年度	29年度
1	情報セキュリティ	(計算) 基数変換	情報セキュリティ	情報セキュリティ
2	アルゴリズム	二分探索木	構文図	データの表現
3	(計算) 基数変換	近似の考え方	補数表現	アルゴリズム
4	データの表現	数値式の表現	論理式	数理論理
5	ベン図	ハミング距離	中間記法	数値列の表現
6	写像のデータの総数	データ構造	集合	(計算) CPU実行時間

※勉強しておくべきキーワード
論理式、基数変換、ビットの計算、ビット、バイト、固定小数点数、浮動小数点数、アルゴリズム、整列アルゴリズム、探索アルゴリズム、実効メモリアクセス、情報セキュリティ、共通鍵暗号、公開鍵暗号、電子署名、ウイルス対策、不正アクセス対策

2－1．論理式

論理式とは、命題変数を表す記号（通常はアルファベット）と論理結合子をある規則に従って並べた記号の列のことである。

例えば、X＝『今日は晴れだが、風は強くない』という文章を論理式で表してみる。

A＝「今日は晴れである」　B＝「今日は風が強い」

とすると、『今日は晴れだが、風は強くない』という文章は、

$X = A \cdot \bar{B}$

と、表すことができる。

ここで、・は論理積、＋は論理和、$\bar{X}$はXの否定を表す。

また、$\bar{\bar{X}}$はXの否定の否定なので、$\bar{\bar{X}} = X$である。

論理積とは、与えられた複数の命題のいずれもが例外なく真であることを示

す論理演算であり、ANDとよく表す。

論理和とは、与えられた複数の命題のいずれか少なくとも一つが真であることを示す論理演算であり、ORとよく表す。

●以下、ベン図を用いてイメージする。

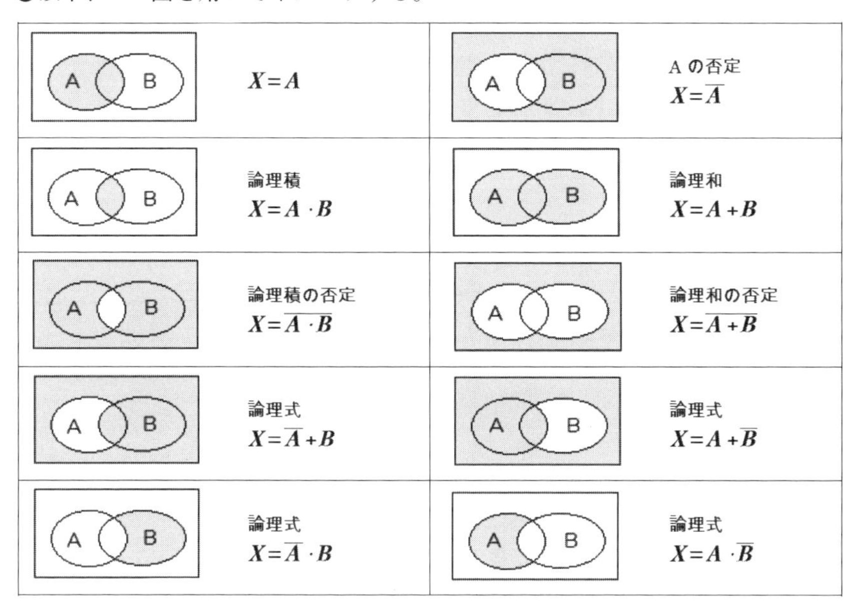

2－2．基数変換

基数変換は、ビット計算と合わせるとほぼ毎年出題されている頻出項目であり、確実に理解しておくことが必要である。

まずは2進法を理解する。2進法は、すべての数を0と1の２つの数字で表す方式で、基数を2と言う。2進法による数を2進数と言う。

10進数の385.46　の意味を考えてみる。

$385.46 = 3\cdot10^{2}+8\cdot10^{1}+5\cdot10^{0}+4\cdot10^{-1}+6\cdot10^{-2}$

2進数も同様に考えることができる。例えば、2進数の1101.01を考えてみる。

$1101.01 = 1 \cdot 2^3 + 1 \cdot 2^2 + 0 \cdot 2^1 + 1 \cdot 2^0 + 0 \cdot 2^{-1} + 1 \cdot 2^{-2}$

$= 8 + 4 + 0 + 1 + 0 + 0.25 = 13.25$（2進数から10進数への基数変換）

また、13進法や16進法といった10を超えるものもあるが、こういう場合は英数字を使う。例えば13進法の場合、0〜9、A、B、Cの13個の英数字で表現する。16進法の場合は、0〜9、A、B、C、D、E、Fの16個の英数字で表現する。

例えば、16進数で3ADは、以下の意味である。

$3 \times 16^2 + 10 \times 16^1 + 13 \times 16^0 = 3 \times 256 + 10 \times 16 + 13 = 941$（16進数から10進数への基数変換）

ここで、基数変換とは、ある進数で示された数値を別の進数の数値に変換することを言う。例えば、10進数の16は、2進数では、10000で表される。このように異なる進数に置換えることが基数変換である。

n進数を10進数に基数変換するのは、次のように行う。

例えば、n進法でabc.deを10進数に基数変換する。

$abc.de = a \cdot n^2 + b \cdot n^1 + c \cdot n^0 + d \cdot n^{-1} + e \cdot n^{-2}$

次に、10進法からn進法に基数変換を理解する。

例えば、10進法の　385.46　を2進法に基数変換する。

整数部分と小数部分に分けて考える。

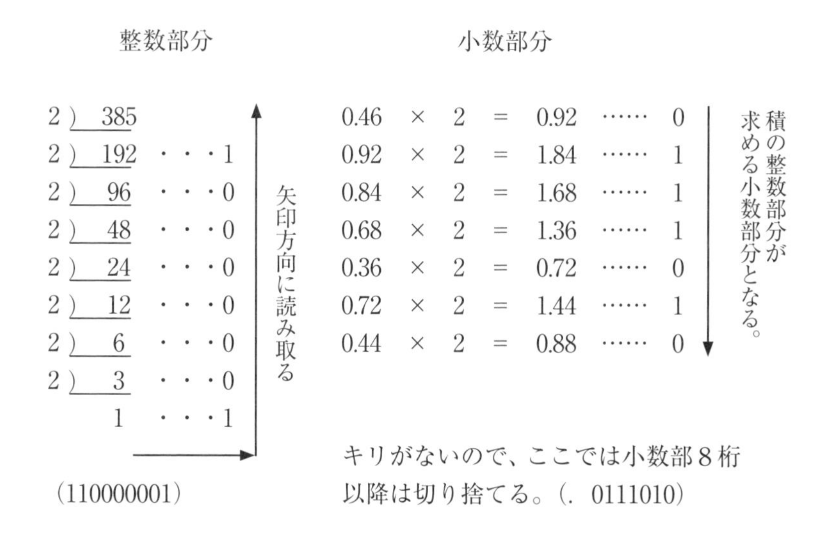

つまり　385.46　⇒　110000001.0111010

過去問に進む前に、次の練習問題を解いてみよう。

練習問題1

2進法で表された次の数字を10進法に変換せよ。

① 1101　② 110011　③ 1000001　④ 10.11　⑤ 100.001

練習問題2

10進法で表された次の数字を、2進法と6進法と12進法でそれぞれ表せ。ただし、小数部5桁目以降は切り捨てとする。

① 32　② 50　③ 100　④ 0.48　⑤ 42.34

(解答)

練習問題1

① 13　② 51　③ 65　④ 2.75　⑤ 4.125

練習問題2

① 100000、52、28　② 110010、122、42　③ 1100100、244、84

④ 0.0111、0.2514、0.5915　⑤ 101010.0101、110.2012、36.40B6

２－３．情報セキュリティ

（1）共通鍵暗号

暗号とは電子データを変換する一定の規則（鍵）を組み合わせることで成立する。暗号方式は鍵の特性によって「共通鍵方式」と「公開鍵方式」の２つに大別される。

共通鍵暗号方式は、暗号化と復号に同じ鍵を用いる暗号方式で、秘密鍵暗号方式とも呼ばれるが、共通鍵暗号方式の呼称の方が一般的である。

共通鍵暗号方式は、暗号化する際の「鍵」と復号化する際の「鍵」が同一の暗号化方式で、「鍵」情報は、二者間（送信側と受信側）のみ共有されているので安全な通信といえる。

通信の流れとしては、送信側が、データを「共通鍵」で暗号化し、受信側へ送信する。次に、受信側が受け取ったデータを、同じ「共通鍵」で復号化し、データを取得する。

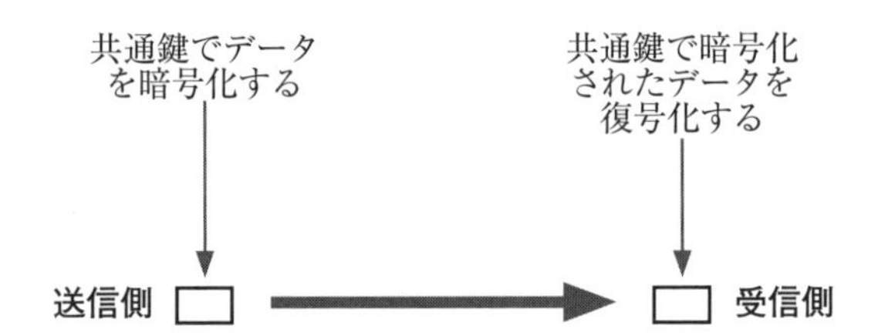

「共通鍵」は、送信側、受信側ともに一緒である。

このため、送信側から受信側へ「共通鍵」を伝えるという過程が必要で、ここから共通鍵が漏えいするという問題（鍵配送問題）が常につきまとう。

このため、公開鍵暗号方式が開発された。現在は公開鍵暗号方式が主流である。

（2）公開鍵暗号

共通鍵暗号に生じる鍵配送問題は、送信者と受信者の両者がただ１つ共通の鍵を用いるために起きる問題である。そのため両者が異なる鍵を用いる方法、すなわち公開鍵暗号が考案された。このことが鍵の配送問題を解決した。

1) 通信を受ける者（受信者）は自分の公開鍵（暗号化のための鍵）Pを全世界に公開する。

2) 受信者に対して暗号通信をしたい者（送信者）は、公開鍵Pを使ってメッセージを暗号化してから送信する。
3) 受信者は、公開鍵Pと対になる秘密鍵（復号のための鍵）Sを密かに持っている。このSを使って受信内容を復号し、送信者からのメッセージを読む。
4) 暗号通信を不正に傍受しようとする者（傍受者）が、送信者が送信した暗号化されたメッセージを傍受したとしても、傍受者は、公開鍵Pは知っているが、秘密鍵Sは知らないため復元できない。

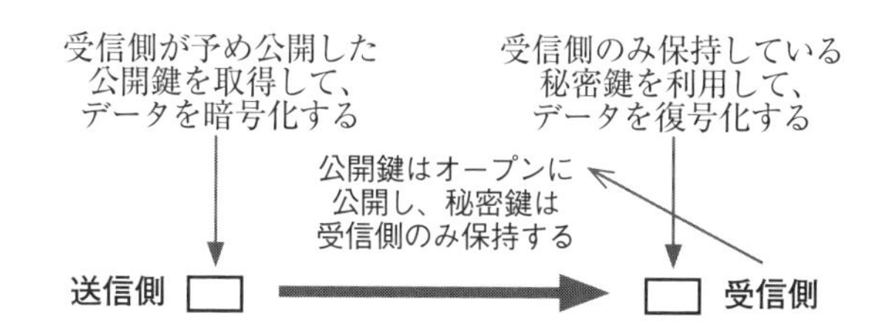

公開鍵方式は、ネットショッピングでのクレジットカードの情報送信など様々な分野で使われているが、他にも電子署名や電子認証などにも利用されている技術である。

電子署名	電子署名（デジタル署名）は、公開鍵暗号方式の秘密鍵を利用し、電子データが「本人によって作成されたこと」、「改ざんされていないこと」を保証する技術である。
電子認証	電子認証とは、電子取引を行う際に「盗聴」や「なりすまし」、「改ざん」などを防ぐために欠かせないシステムで、相互の信頼を担保するために、そして電子文書の作成者の個人認証を行うという重要な役割を果たしている。具体的には、「秘密鍵」と「公開鍵」と呼ばれる一対の電子的な鍵を用いる暗号化技術を利用し、「電子署名」と「公開鍵証明書（電子証明書）」をもって、電子認証を行う。

（3）ウイルス対策

① ワクチンソフトは最新版を活用する

ウイルス対策には、ワクチンソフト（ウイルス対策ソフト）が必須であるが、ウイルスは、常に新種が登場しており、一つの種類のウイルスも、次々に亜種が登場する状況にある。このため、ワクチンソフトを、新しいウイルスに対応できる状態に保つ必要がある。ワクチンソフトには、ウイルス定義を自動的に更新する機能が付いているため、この機能を利用し、常に最新版とする必要がある。

②メールの添付ファイルは、まずウイルス検査すべき

ウイルスは、電子メールの添付ファイルに仕掛けられている場合が多い。特に、添付ファイルの拡張子（ファイル名の末尾にある3文字程度のアルファベット）がexe、pif、scr、bat、comなどの場合は、特に注意が必要である。これらの拡張子のファイルは、開いたとたんにパソコン上で動き始めるため、まずはウイルス検査をする。

③ダウンロードしたファイルは、まずウイルス検査をする

インターネットから、画像ファイル、音楽ファイル、映像ファイルなど、いろいろなファイルをダウンロードできるが、これらのファイルに不正なプログラム（命令コード）が埋め込まれている場合がある。ダウンロードしたファイルは、ウイルス検査を行ってから使用するようにしよう。

④ウイルス感染の兆候を見逃すなかれ

下記のような兆候がある場合、ウイルス感染の可能性が考えられるため、ウイルス検査を行う。

i）システムやアプリケーションが頻繁にハングアップ（途中で動かなくなる）したり、システムが起動しなくなったりする
ii）ファイルが無くなる。見知らぬファイルが作成されている
iii）タスクバーなどに妙なアイコンができる
iv）いきなりインターネット接続をしようとする
v）ユーザの意図しないメール送信が行われる
vi）直感的にいつもと何かが違うと感じる

⑤万一のために、データは必ずバックアップをする

ウイルスにより破壊されたデータは、ワクチンソフトで修復することはできない。このため、ウイルス感染被害を最小限とするため、日頃からデータのバックアップをとる習慣をつけておくことが大切である。また、アプリケーションのオリジナルCD-ROM等は大切に保存しておく。万一、ウイルスによりハードディスクの内容が破壊された場合には、オリジナルCD-ROM等から再イン

ストールすることで復旧することができる。

3群　解析に関するもの

第３群の解析については、ハッキリいってチンプンカンプンという人も多いだろう。ただ、数学、物理の基礎の問題であり、構造解析では必要不可欠な有限要素法に関する基本的知識を学ぶチャンスである。

いくつか難解な問題も含まれているが、比較的容易な計算問題が多いのが特徴である。特に、弾性力学については、技術者として理解しておくべき内容であり、必ず理解するようにしよう。弾性力学の問題は非常に簡単な問題が例年１～２問題出題されており、いくつかの出題の中で３つ選択という中では、必ず選択するようにしてほしい。逆に固有振動数や偏微分方程式、ベクトル解析、剛性マトリクスなどが全く理解できない人は、この分野は避けて、その分、１群、２群、４群、５群などで補えるようにしておくことが大切である。

７年間の出題内容

番号	令和５年度	令和４年度	令和３年度	令和２年度
1	逆行列	差分表現	（計算）ベクトル解析	（計算）ベクトル解析
2	（計算）重積分	ベクトルの内積と外積	（計算）積分	（計算）ベクトル解析
3	数値解析	数値解析の精度向上	２次元有限要素解析	数値解析の誤差
4	（計算）弾性体の伸び	軸方向力	（計算）応力の計算	三角形の内心と外心
5	トルクの計算式	トルクの計算式	ばねのエネルギー	固有振動数
6	（計算）合成抵抗	固有振動数	重心の座標	円管の水の流れ
番号	令和元年度再試験	令和元年度	３０年度	２９年度
1	微分方程式、導関数	（計算）ベクトル解析	差分表現・近似	差分表現
2	（計算）ベクトル解析	ヤコビ行列	ベクトル解析	（計算）ベクトル解析
3	有限要素法	流体中の速度	行列解析	有限要素法
4	シンプソン積分公式	弾性力学	非線形方程式の近似	合成抵抗
5	固有振動数	材料力学	弾性力学	弾性力学
6	応力状態	振り子の周期	（計算）弾性体の伸び	材料力学

※勉強しておくべきキーワード

弾性力学、フックの法則、ヤング率、ポアソン比、ひずみエネルギー、固有振動数、固有値解析、熱伝導解析、フーリエの法則、状態方程式（ボイルシャルルの法則）、熱力学第一法則、定積モル比熱、定圧モル比熱、偏微分方

程式、ベクトル解析、勾配、発散、回転、行列解析、単位行列、逆行列、剛性マトリクス、有限要素法、誤差

3－1．フックの法則

フックの法則は頻出である。

ばね係数をKとすると、変位xと力Fの関係は、次の式で表される。

$F = mg = Kx$　　（g：重力加速度）

つまり、変位と力が比例する。分かり易くいうと、弾性領域では、10gのおもりをつけると1cm伸びるバネに、20gのおもりをつけると2cm伸びるということになる。

これを一般化すると、縦弾性係数（ヤング率）E とすると、垂直応力σと縦ひずみεの関係は、

$\sigma = E\varepsilon$　で表される。

材料の断面積をA、垂直荷重をPとすると、垂直応力$\sigma = P / A$　である。

また、材料の長さをL、伸びをΔLとすると、ひずみ$\varepsilon = \Delta L / L$

$$\sigma = E\varepsilon \quad \Leftrightarrow \quad \frac{P}{A} = \frac{\Delta L}{L} E \quad \Leftrightarrow \quad \Delta L = \frac{P}{A} \cdot \frac{L}{E}$$

※実際の問題では、くれぐれも単位に気を付けること。

3－2．固有振動数の公式

あらゆる物には固有の振動数（単位時間に振れる回数）があり、その振動数で揺すられるとその物は強く反応して激しく揺れるが（共振）、固有振動数から大きくずれた力を加えてもほとんど反応しない。たとえば、自然に振らせたときに2秒で1往復するようなブランコの場合、2秒に1回の速さで押せば揺れはどんどん大きくなるが、1秒に2回の速さで押してもあまり揺れない。

また、地震と、高層ビルの固有振動数が合致した時は、共振を起こし、大きな被害を発生する場合がある。一般に、低くてがっちりした構造のものは固有振動数が大きく（固有周期が短く）、速い振動（たとえば1秒間に5回といった）に共振し、いわゆる「柔構造」の高層ビルなどは固有振動数が小さく（たとえば3

秒に1回というような—固有周期は3秒)、ゆっくりした揺れに大きく反応するという傾向がある。

固有振動数の計算として、次の3つを覚えておくと技術士第一次試験はカバーできる。

固有角振動数ωは、固有振動数$f \times 2\pi$で求められる。

①バネ系	②単振り子	③はり
固有角振動数$\omega=\sqrt{\frac{k}{m}}$(Hz) 固有振動数$f=\frac{1}{2\pi}\sqrt{\frac{k}{m}}$(Hz) ここで、$m$：質量（kg） k：バネ定数（N/m）	固有角振動数$\omega=\sqrt{\frac{g}{L}}$(Hz) 固有振動数$f=\frac{1}{2\pi}\sqrt{\frac{g}{L}}$(Hz) ここで、$L$：糸の長さ（m） g：重力加速度（m/s^2）	固有角振動数$\omega=\sqrt{\frac{g}{\delta}}$(Hz) 固有振動数$f=\frac{1}{2\pi}\sqrt{\frac{g}{\delta}}$(Hz) ここで、$g$：重力加速度（$m/s^2$） δ：はりの静的たわみ（m）
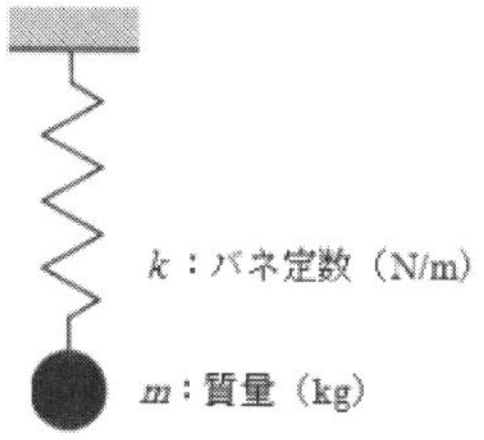 k：バネ定数（N/m） m：質量（kg）	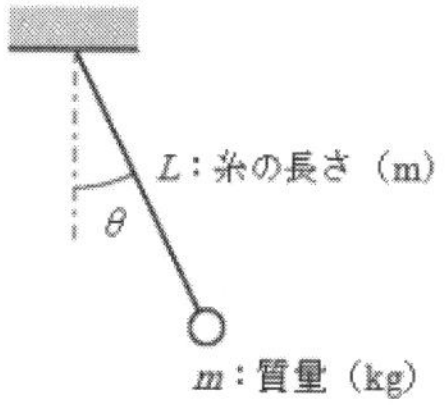 L：糸の長さ（m） θ m：質量（kg）	

3－3．偏微分方程式

偏微分方程式とは未知関数の偏微分を含んだ等式で表現される微分方程式のことである。

偏微分方程式は、自然科学の分野で流体や重力場、電磁場といった場に関する自然現象を記述することにしばしば用いられる。これらの場というものは例えば、フライトシミュレーションやコンピュータグラフィックス、あるいは天気予報などといったものを扱うために重要な役割を果たす道具である。また、一般相対性理論や量子力学の基本的な方程式も偏微分方程式である。また、経済学においても重要な概念であり、特に計量経済学において多用される。

技術士第一次試験では、簡単な計算式と差分表現を理解しておけば、ほぼ解ける。

例えば、$u = x^3 + 2x^2y + 4xy^2 + y^2 + 3$として、以下の式は理解しておくこと。

$$u_x = \frac{\partial u}{\partial x} = \frac{\partial}{\partial x}(x^3+2x^2y+4xy^2+y^2+3) = 3x^2+4xy+4y^2 \quad \text{（1階偏微分方程式）}$$

$$u_y = \frac{\partial u}{\partial y} = \frac{\partial}{\partial y}(x^3+2x^2y+4xy^2+y^2+3) = 2x^2+8xy+2y \quad \text{（1階偏微分方程式）}$$

$$u_{xx} = \frac{\partial^2 u}{\partial x^2} = \frac{\partial}{\partial x}\left(\frac{\partial u}{\partial x}\right) = \frac{\partial}{\partial x}(3x^2+4xy+4y^2) = 6x+4y \quad \text{（2階偏微分方程式）}$$

$$u_{yy} = \frac{\partial^2 u}{\partial y^2} = \frac{\partial}{\partial y}\left(\frac{\partial u}{\partial y}\right) = \frac{\partial}{\partial y}(2x^2+8xy+2y) = 8x+2 \quad \text{（2階偏微分方程式）}$$

$$u_{xy} = \frac{\partial^2 u}{\partial y \partial x} = \frac{\partial}{\partial y}\left(\frac{\partial u}{\partial x}\right) = \frac{\partial}{\partial y}(3x^2+4xy+4y^2) = 4x+8y \quad \text{（2階偏微分方程式）}$$

3－4．ベクトル解析

大きさだけを持つ量のことをスカラーと呼び、速度のように大きさと向きをもつ量のことをベクトルと呼ぶ。ベクトルは、$\vec{V} = (x_1, y_1, z_1)$ で表現する。

二次元では、$\vec{V} = (x_1, y_1)$ と表現される。

$\vec{V_1} = (x_1, y_1)$ 、$\vec{V_2} = (x_2, y_2)$ とした場合、以下の基本式は理解しておくこと。

$2 \times \vec{V_1} = (2x_1, 2y_1)$ 、$\vec{V_1} + \vec{V_2} = (x_1+x_2, y_1+y_2)$

ベクトルの大きさ（スカラー）：$|\vec{V_1}| = \sqrt{x_1^2+y_1^2}$

ベクトルの内積：$\vec{V_1} \cdot \vec{V_2} = |\vec{V_1}| \cdot |\vec{V_2}| \cos\theta$

ベクトルの内積を行列で表すと、$\vec{V_1} \cdot \vec{V_2} = [x_1 \quad y_1] \cdot \begin{bmatrix} x_2 \\ y_2 \end{bmatrix} = x_1x_2+y_1y_2$

3－5．行列解析

例えば、行列 $A = \begin{bmatrix} 4 & 6 & 8 \\ 3 & -1 & 5 \\ 0 & 2 & 7 \end{bmatrix}$ としたとき、これを「3行3列行列」と呼ぶ。

呼び方は右図の通りである。

行列 $A = \begin{bmatrix} 4 & 6 & 8 \\ 3 & -1 & 5 \\ 0 & 2 & 7 \end{bmatrix}$

行

列

3行2列成分

$AX=XA=A$　が成立する行列Xを単位行列といいEで表現する。
つまり、 $AE=EA=A$

２行２列行列の単位行列は、 $E=\begin{bmatrix} 1 & 0 \\ 0 & 1 \end{bmatrix}$

３行３列行列の単位行列は、 $E=\begin{bmatrix} 1 & 0 & 0 \\ 0 & 1 & 0 \\ 0 & 0 & 1 \end{bmatrix}$

ここで、行列の足し算、掛け算は理解しておきたい。

例えば、 $A=\begin{bmatrix} a_1 & b_1 \\ c_1 & d_1 \end{bmatrix}$、 $B=\begin{bmatrix} a_2 & b_2 \\ c_2 & d_2 \end{bmatrix}$として、

$$A \pm B=\begin{bmatrix} a_1 & b_1 \\ c_1 & d_1 \end{bmatrix} \pm \begin{bmatrix} a_2 & b_2 \\ c_2 & d_2 \end{bmatrix} = \begin{bmatrix} a_1 \pm a_2 & b_1 \pm b_2 \\ c_1 \pm c_2 & d_1 \pm d_2 \end{bmatrix}$$

$$A \cdot B = A \times B = \begin{bmatrix} a_1 & b_1 \\ c_1 & d_1 \end{bmatrix} \cdot \begin{bmatrix} a_2 & b_2 \\ c_2 & d_2 \end{bmatrix} = \begin{bmatrix} a_1a_2+b_1c_2 & a_1b_2+b_1d_2 \\ c_1a_2+d_1c_2 & c_1b_2+d_1d_2 \end{bmatrix}$$

また、行列のスカラー量を示す値として、行列式 $|A|$の定義を覚えておく必要がある。

$A=\begin{bmatrix} a & b \\ c & d \end{bmatrix}$とすると、$|A| = \det A = \begin{vmatrix} a & b \\ c & d \end{vmatrix} = ad - bc$

また、$AX=XA=E$ が成立するXを逆行列といい、$X=A^{-1}$と表現する。

$A=\begin{bmatrix} a & b \\ c & d \end{bmatrix}$、$A^{-1}=X=\begin{bmatrix} x & y \\ z & w \end{bmatrix}$　とすると、

$$AX=\begin{bmatrix} a & b \\ c & d \end{bmatrix} \cdot \begin{bmatrix} x & y \\ z & w \end{bmatrix} = \begin{bmatrix} ax+bz & ay+bw \\ cx+dz & cy+dw \end{bmatrix} = \begin{bmatrix} 1 & 0 \\ 0 & 1 \end{bmatrix}$$

$ax+bz\ =1$・・・(1)

$$cx + dz = 0 \iff z = -\frac{cx}{d} \cdots (2)$$

$$cy + dw = 1 \cdots (3)$$

$$ay + bw = 0 \iff w = -\frac{ay}{b} \cdots (4)$$

式 (2) を式 (1) へ、式 (4) を式 (3) へ代入する。

$$ax - \frac{bc}{d}x = 1 \iff x = \frac{d}{ad-bc}、z = \frac{-c}{ad-bc}$$

$$cy - \frac{da}{b}y = 1 \iff y = \frac{-b}{ad-bc}、w = \frac{a}{ad-bc}$$

$$A^{-1} = X = \begin{bmatrix} x & y \\ z & w \end{bmatrix} = \frac{1}{ad-bc}\begin{bmatrix} d & -b \\ -c & a \end{bmatrix}$$ と求められる。

Aの行列式 $|A|$ の値が0の時、つまり $ad - bc = 0$ の時、逆行列は存在しない。

２行２列の逆行列の定義は、わざわざ計算で求めなくても暗記しておいた方がよい。

３－６．解析精度の向上

（1）有限要素法

有限要素法（Finite Element Method：略してFEMと呼ばれる）とは、数値解析の手法のうち、対象を微小で単純な要素の集合体とみなして、各要素に分割して要素ごとの解析を行い、全体の挙動の近似値を求める手法のことである。

有限要素法の発展は構造力学の分野のみにとどまらず、流体力学、電磁気学など、他工学のあらゆる分野に及んでいる。有限要素法の主な特徴としては次のものが挙げられる。

① 複雑な形状や複数の材料で構成されたものにでも簡単に適用することができる。

② 各種の条件に対して、全く同様の計算手法で解析ができるため、容易に汎用的なプログラムを作ることができる。

③ プログラム化された有限要素法は、利用者には原理や理論を理解しなくても、ブラックボックスとして、データを入力するだけで非常に容易に利用することができる。

(2) 誤差

以下の誤差の定義について理解しておくこと。

丸め誤差	数値を、どこかの桁で端数処理（切り上げ・切り捨て・四捨五入・五捨六入・丸めなど）をしたときに生じる誤差。
打ち切り誤差	計算処理を続ければ精度がよくなるにもかかわらず、途中で計算を止めること（打ち切り）によって生じる誤差。
情報落ち	コンピュータでの計算のときのように有効桁数が限られている条件下で、絶対値の大きい数と絶対値の小さい数を加減算したとき、絶対値の小さい数が無視されてしまう現象。
桁落ち	桁落ち（けたおち）とは、値がほぼ等しく丸め誤差をもつ数値どうしの減算を行った場合、有効数字が減少すること。

4群　材料・化学・バイオに関するもの

この分野は、ともかく過去問と一言一句たがわない全く同じ問題がたびたび出題されている。今後も過去問から出題される可能性は極めて高いと思われる。まずは、本書で解説した７年分の過去問を繰り返し、しっかりと取り組んでほしい。

ただし、化学については、ある程度体系的に知識を学んだ方が結局早く理解できる。急がば回れ。しっかり学びたい方は、ガチンコ技術士学園の第一次試験対策講座の受講をお勧めしたい。

７年間の出題内容

番号	令和５年度	令和４年度	令和３年度	令和２年度
1	原子	酸化還元反応	同位体	（計算）CO_2 生成量
2	コロイド	酸化数	酸化還元反応	有機化学反応
3	純鉄の結晶構造	ニッケル	金属の変形	鉄、銅、アルミニウム
4	金属材料の腐食	材料の力学特性試験	鉄の製錬	アルミニウム

5	タンパク質	酵素	アミノ酸	（計算） グルコース消費量
6	PCR 法	二本鎖 DNA	遺伝子突然変異	PCR 法
番号	令和元年度再試験	令和元年度	３０年度	２９年度
1	化合物の極性	ハロゲンの性質	（計算） 物質量の大小比較	金属イオン水溶液
2	酸性度の強さ	同位体	水溶液の中和	水溶液の沸点
3	標準反応 エントロピー	（計算）物質量分率	金属材料の腐食	結晶構造
4	材料の主な元素	物質の性質	金属の変形や破壊	材料の主な元素
5	コドンとアミノ酸の関係	ＤＮＡの変性	生物の元素組成	アミノ酸
6	組換 DNA 技術	タンパク質	タンパク質の性質	遺伝子組換え技術

※勉強しておくべきキーワード
金属、自由電子、電気伝導率、熱伝導率、加工硬化、腐食、セラミックス、ニューセラミックス、ガラス、様々な材料、周期表、ハロゲン、希ガス、化学結合、共有結合、イオン結合、金属結合、水素結合、分子間結合、酸、アルカリ、電離度、化学反応、熱化学方程式、細胞、タンパク質、ホルモン、DNA、クローン技術、クローニング、DNAポリメラーゼ、ベクター、制限酵素、DNAリガーゼ

4－1．金属

（1）金属の定義

金属とは、展性、延性に富み機械工作が可能な、電気および熱の良導体であり、金属光沢という特有の光沢を持つ物質の総称である。水銀を例外として常温・常圧状態では透明ではない固体となり、液化状態でも良導体性と光沢性は維持される。展性とは、たたき広げて箔にするときの塑性のことで、延性とは、金属を引き伸ばして針金にするときの塑性のことを言う。また、塑性とは、固体が弾性限度をこえた大きい力を受けて変形した時、加えた力を除いても、その変形が元に戻らないで残ってしまう性質のことである。

一般に次の５つの特徴をすべて備えるものを金属と定義している。

① 常温で固体である（水銀を除く）。

② 塑性変形が容易で、展延加工ができる。
③ 不透明で輝くような金属光沢がある。
④ 電気および熱をよく伝導する。
⑤ 水溶液中で陽イオンとなる。

（2）電気伝導率と熱伝導率

単体で金属の性質を持つ元素を「金属元素」と呼び、金属内部の原子同士は金属結合という陽イオンが自由電子を媒介とする金属結晶状態にある。自由電子を有するため、金属は電気を通す導体である。温度が上がると陽イオンの運動が活発になり、自由電子の移動が妨げられる。このため、温度が上がると電気を通しにくくなる（電気伝導率が悪くなる）。

熱伝導は、物質の移動を伴わずに高温側から低温側へ熱が伝わる移動現象のひとつであり、通常の物質は、結晶格子間を伝わる格子振動（フォノン）としてのエネルギー伝達、自由電子に基づくエネルギー伝達の２つの機構があるものと考えられている。通常、自由電子による熱伝達の方が寄与が大きいため、自由電子を持つ金属は半導体や絶縁体（フォノンが主要な熱伝導の担い手）よりも熱伝導性が良い。また、不純物や格子欠陥が少なければ少ないほどフォノンが乱されないため、熱伝導率はよくなる。

4－2．セラミックス他

（1）セラミックス

セラミックスとは、狭義には陶磁器を指すが、広義では無機物を焼き固めた焼結体を指す。金属や非金属を問わず、シリコンのような半導体や、炭化物、窒化物、ホウ化物などの無機化合物の成形体、粉末、膜など無機固体材料の総称として用いられている。セラミックス製品は、硬くて耐熱性、耐食性、電気絶縁性などに優れており、陶磁器や耐火レンガ、セメント、ガラスなどがその代表的なものである。ただし、脆くて、割れやすいという欠点を持つ（ガラス、陶器）。

また、セラミックスの多くは、多晶体と呼ばれる種々の大きさの結晶の集合体で構成されており、晶粒同士の結合界面が非整合であるため、非整合界面に起因する格子欠陥や格子ひずみなどが発生し、かつ不純物が偏在している。ただし、半導体は単結晶体である。

一般的にセラミックスは次のような性質を持っている。ただしセラミックスと呼ばれる物質群は、極めて広汎でその特性も様々であり、下記の性質が必ずしも当てはまらない。

① 常温で固体である。
② 硬度は高いが、脆性破壊しやすい。
③ 強度、破壊靭性が内部の局所的な欠陥構造に左右されやすい。
④ 耐熱性に優れるが、熱衝撃破壊を起こしやすい。
⑤ 金属より軽く、プラスチックより重い。

特に、④の耐熱性については、自由電子もなく格子振動（フォノン）も機能しないため、圧倒的に熱伝導率が悪い（耐熱性がよい）。例えば、アルミナ（Al_2O_3）で3030℃、ホウ化チタン（TiB）は3980℃まで耐えることができる。このため、セラミックスは、製鉄のための高温炉や不燃性の壁材やスペースシャトルのタイルなどにも利用されている。

（2）ニューセラミックス

ニューセラミックスとは、原料自体を人工的に合成し、高純度かつ微細・均質化した無機化合物（ファインセラミックス）を精密な製造・加工工程を用いて焼結したものである。セラミックスの性質に加え、機械的、電気的、電子的、磁気的、光学的、化学的、生化学的に優れた性質、高度な機能を持っており、今日では半導体や自動車、情報通信、産業機械、医療などさまざまな分野で活躍している。

高温でも硬い、燃えない、錆びない、圧力を加えると電気を通すなどの優れた機能を有する新しい材料である。

（3）ガラス

ガラスはセラミックスの一種であるが、多くのセラミックスが結晶質なのに対して、昇温によりガラス転移現象を示す非晶質固体と定義されている。このような固体状態をガラス状態と言う。結晶と同程度の大きな剛性を持ち、粘性は極端に高い。非晶質でもゴム状態のように柔らかいものはガラスとは呼ばない。古代から知られてきたケイ酸塩を主成分とする硬く透明な物質である。常温では電気抵抗は極めて高く、絶縁に用いられることもある。また、ガラスは

1000℃程度でガラス転移現象が起き、強度が低下する。

（4）その他材料

過去に出題された材料を中心にいくつか特徴をピックアップする。第一次試験は過去に出題されたものが何度も何度も繰り返し出題されるので、軽く目を通しておいてほしい。

表4－1．第一次試験で過去に出題された材料

永久磁石	外部から磁場や電流の供給を受けることなく磁石としての性質を比較的長期にわたって保持し続ける物体のことである。実例としてはアルニコ磁石、フェライト磁石、ネオジム磁石などが永久磁石で、鉄を主成分としている。これに対して、外部磁場による磁化を受けた時にしか磁石としての性質を持たない軟鉄などは一時磁石と呼ばれる。
乾電池	乾電池は、陽極を炭素棒、陰極を亜鉛（Zn）で作った一次電池である。一回限りの使用で使い捨てるのが一次電池で、充電して繰り返し使うのが二次電池と呼ばれる。二次電池については、リチウムイオン二次電池の発明者の吉野彰氏が2019年にノーベル化学賞を受賞した。
光ファイバー	ガラス（二酸化ケイ素）やプラスチックの細い繊維でできている光を通す通信ケーブル。非常に高い純度のガラスやプラスチックが使われており、光をスムーズに通せる構造になっている。光ファイバーを使って通信を行うには、コンピュータの電気信号を、レーザーを使って光信号に変換し、できあがったレーザー光を光ファイバーに通してデータを送信する。光ファイバーケーブルは、電気信号を流して通信するメタルケーブルと比べて信号の減衰が少なく、超長距離でのデータ通信が可能である。また、光ファイバーを大量に束ねても相互に干渉しないという特長もある。
ジュラルミン	アルミニウムは軽量であるが、強度は大きくない。これに銅などを加え、熱処理（溶体化処理）を加えることにより、軽量でありながら十分な強度を持たせたものがジュラルミンである。その強度と軽さから家屋の窓枠、航空機、ケースなどの材料に利用される。
水酸アパタイト	水酸アパタイトは、骨と異物反応なく直接結合するほどの高い生物学的親和性を示すので、人工骨や、再生医療のための材料として、既に臨床の場で利用されている。

発光 ダイオード	順方向に電圧を加えた際に発光する半導体素子のことである。LED(エルイーディー：Light Emitting Diode)とも呼ばれ、発光原理はエレクトロルミネセンス(EL)効果を利用している。また、寿命も白熱電球に比べてかなり長く、素子そのものはほとんど永久に使える。発光色は用いる材料によって異なり、赤外線領域から可視光域、紫外線領域で発光するものまで製造することができる。イリノイ大学のニック・ホロニアックによって1962年に最初に開発された。今日では様々な用途に使用され、今後蛍光灯や電球に置き換わる光源として期待されている。発光ダイオードは、半導体を用いたpn接合と呼ばれる構造で作られている。発光はこの中で電子の持つエネルギーを直接、光エネルギーに変換することで行われ、巨視的には熱や運動の介在を必要としない。青色発光ダイオードは窒素ガリウム(GaN)を材料とする。
自動車用鋼板	自動車用高強度鋼板は、車体の軽量化による燃費向上のために種々開発され、実用化されている。鋼板の高強度化の手段としては一般的に、Si、Mn、Pなどの元素を利用した固溶強化、Ti-Nbなどの炭・窒化物による析出強化、マルテンサイト、ベイナイト相を活用した変態強化がある。
電線用銅	銅は、金属では銀の次に導電性が高く、価格も比較的安いことから電線・ケーブルの材料としてよく使われる。また銅イオンは殺菌作用を持つことから、抗菌仕様の靴下や靴の中敷などによく使われている。また、殺菌作用と導電性を生かした物として絨毯、マットなどに使用されている。特に細い導線を容易に作成できるため、絨毯に織り込んで使用する。これにより、静電気の発生しにくい絨毯としてホテルなどのロビーで使用されている。
耐光性 プラスチック	プラスチックは太陽光線を浴び続けていると、劣化する。特にポリプロピレンは耐光性が低い。このため、酸化チタンを添加するなどの対策を立てている。
タイヤ用ゴム	天然ゴムでは強度が弱いため、主にカーボンを補強剤として入れている。また、硫黄を添加することにより、強固で弾力のあるゴムを作っている。
太陽電池	太陽電池は、シリコン、ガリウムヒ素、酸化チタンなどが主な材料である。
光触媒	光触媒の材料は、酸化チタン、酸化亜鉛、酸化セリウム等が挙げられる。
バイオマス プラスチック	バイオマスプラスチックは、トウモロコシやサトウキビ等を原料として用いたプラスチックである。これらの原料からポリ乳酸が合成される。

燃料電池	燃料電池は、水素と酸素を反応（燃焼）させて、その際に発生する電気を利用する電池である。電極には、白金が触媒として使用されている。

4－3．化学結合

化学結合は分子や結晶中で原子の間を結び付けている力である。化学結合の種類としては、共有結合、配位結合、イオン結合、金属結合、水素結合、ファンデルワールス結合がある。

以下は高校の化学の復習である。この程度を理解しているだけで、技術士第一次試験ではかなり有利なので、頑張って思い出してほしい。

結合の強さは、
共有結合 ＞ イオン結合 ＞ 金属結合 ＞ 水素結合 ＞ ファンデルワールス結合
の順番である。

<table>
<tr><th rowspan="2">種類</th><th rowspan="2">共有結晶</th><th rowspan="2">イオン結晶</th><th rowspan="2">金属結晶</th><th colspan="2">分子結晶</th></tr>
<tr><th>極性分子</th><th>無極性分子</th></tr>
<tr><td>構成粒子</td><td>原子</td><td>陽･陰イオン</td><td>陽イオンと
自由電子</td><td colspan="2">分子</td></tr>
<tr><td>結合力</td><td>共有結合</td><td>イオン結合</td><td>金属結合</td><td>水素結合</td><td>ファンデル
ワールス結合</td></tr>
<tr><td>硬さ</td><td>極めて硬い</td><td>硬くてもろい</td><td>展性・延性</td><td colspan="2">やわらかい</td></tr>
<tr><td>融点・沸点</td><td colspan="5">高い←　→低い</td></tr>
</table>

4－4．酸とアルカリ

（1）水溶液の濃度

ここは定義をしっかり覚えること。

例えば、30gの食塩が溶けた食塩水1kgを考える。これは、30gの塩と970gの水を混合させたと考えられる。ここで、この食塩水のことを**溶液**、食塩のことを**溶質**（溶かされた成分）、水を**溶媒**（溶質を溶かすのに用いた成分）と呼ぶ。これを踏まえ、以下の定義を覚えること。

モル濃度（mol/L）　　　　＝ 溶質の物質量（mol）÷ 溶液の体積（L）
質量モル濃度（mol/kg）　＝ 溶質の物質量（mol）÷ 溶媒の質量（kg）
質量パーセント濃度（%）＝ 溶質の質量（g）　　÷ 溶液の質量（g）× 100

（2）酸とアルカリ

水に溶けて電離し、H^+となる水素原子を有する化合物を酸と言う。広い意味では、他の物質に水素イオンH^+を与える物質のことを酸と呼ぶ。

塩基とは、水に溶けて電離し、OH^-となる水酸基を有する化合物をいい、塩基の中で水に溶けているものを特にアルカリと言う。広い意味では、H^+を受け入れる物質をアルカリと呼ぶ。

4－5．熱化学方程式

化学反応に伴って、出入する熱のことを反応熱という。また、熱を発生する反応を**発熱反応**、熱を吸収する反応を**吸熱反応**という。

化学反応に伴って出入する熱量を明示した化学反応式を熱化学方程式という。例えば「炭素（黒鉛）1molを燃焼すると394kJの熱が発生する」この反応を熱化学方程式で表すと次のようになる。

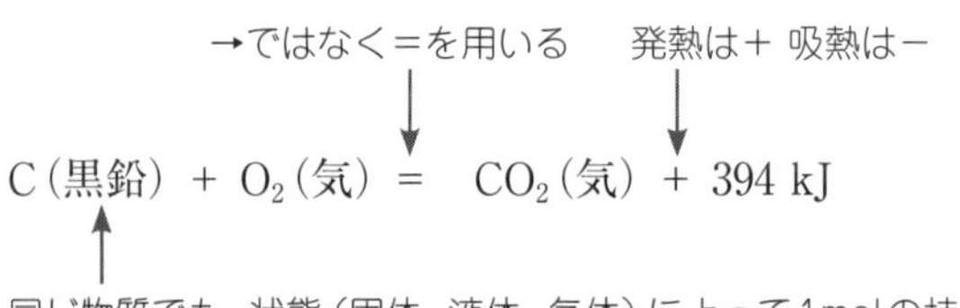

同じ物質でも、状態（固体、液体、気体）によって1molの持つエネルギーが異なるため、その状態を示す必要がある

熱化学方程式については、ヘスの法則（熱力学第一法則）がよく知られている。『化学反応において、反応物質と生成物質とが同じであれば、途中の反応経路に関係なく、発生または吸収される熱量（反応熱）は一定である。』

◆右側のルート

$2H + 2Cl = 2HCl + 864\ kJ/mol$・・・(1)

◆左側のルート

$H + H = H_2 + 436\ kJ/mol$

$Cl + Cl = Cl_2 + 243\ kJ/mol$

$H_2 + Cl_2 = 2HCl + 185\ kJ/mol$

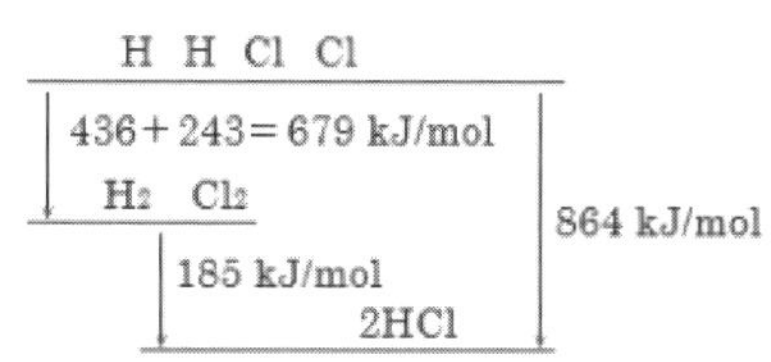

どちらのルートでも式(1)が得られる。

4－6．生物学

(1) 細胞

細胞は、生物の原始的な形態である単細胞生物(細菌、原生生物など)では個体そのもの、複雑な多細胞生物では組織を構成する基本的な単位である。細胞を意味する英語の「cell」の語源はギリシャ語で「小さな部屋」を意味する語である。全ての生物がこの小部屋状の下部構造「細胞」から成り立ち、細胞を持つことが生物の定義のひとつとされることもある。この考えではウイルスやウイロイドは、細胞を持たず代謝を行わないことや自己増殖ができない点などから、生物とはみなされない。

細胞に含まれる元素としては約17種類の元素が挙げられる。酸素、炭素、水素、窒素は主要四元素と呼ばれており、細胞の全重量の95%を占めている。**重量比で酸素が64%、炭素が18%、水素が10%、窒素が3%である。(酸素の原子量が16、水素が1なので、mol数(原子数)では水素が1番多い)**この他には、神経細胞や細胞調整に使われるカルシウム、染色体やリン酸として使われるリン、ナトリウム、カリウム、塩素、マグネシウムなどが続き、さらに微量元素と呼ばれる鉄、亜鉛、マンガン、ヨウ素、フッ素などがある。

また、ヒトの細胞の成分分子としては、水が66%、タンパク質が16%、脂質が13%、炭水化物が0.4%、無機物が4.4%、核酸が微量となっている。細菌細胞では水が70%以上を占める。

(2) タンパク質

タンパク質とは、**20種類存在するL－アミノ酸**が鎖状に多数連結(重合)してできた高分子化合物であり、生物の重要な構成成分のひとつである。アミノ酸を実験室で合成すると、D－アミノ酸とL－アミノ酸の等量混合物ができるが、人間に限らず地球上のすべての生命体を構成する成分としてのタンパク質はL－アミノ酸だけからできている（D－アミノ酸からのタンパク質は発見されていない）。なぜ、D－アミノ酸からタンパク質ができなかったのか、については今のところ謎とされている。

20種類のアミノ酸はアミノ基とカルボキシル基は共通であるが、側鎖と呼ばれる部分がそれぞれに違うことで異なる性質を持つ。タンパク質は、構成するアミノ酸の数や種類、また結合の順序によって種類が異なり、分子量約4000前後のものから、数千万から億単位になるウイルスタンパク質まで多種類が存在する。電荷を持たないアミノ酸の側鎖はタンパク質の内側に分布する。

連結したアミノ酸の個数が少ない場合にはペプチドと言い、これがペプチド結合により、直鎖状に連なったものはポリペプチドと呼ばれる。タンパク質は、炭水化物、脂質とともに三大栄養素と呼ばれ、身体をつくる重要な役割を果たしている。

（3）DNA

DNA（デオキシリボ核酸）は、核酸の一種で、地球上の多くの生物において遺伝情報の継承と発現を担う高分子生体物質である。DNA はデオキシリボース（五炭糖）とリン酸、塩基から構成される核酸である。塩基はプリン塩基であるアデニン(A)とグアニン(G)、ピリミジン塩基であるシトシン(C)とチミン(T)の四種類がある。

DNAは、核酸の最小単位であるヌクレオチドのデオキシリボースの5'位にリン酸が結合したデオキシヌクレオチドのポリマーである。二重鎖DNAは、2本のポリヌクレオチド鎖が右巻きのらせん形態をとる二重らせん構造を示す。

2本のポリヌクレオチドを結びつける水素結合は不安定なため、沸騰水の中では離れて1本鎖になる。しかし、ゆっくり冷ますとポリヌクレオチドは相補性から再び結合して元に戻る。このようにDNAが1本鎖になることを「DNAの変性」、元に復元することをアニールという。元に戻る現象をアニーリングと呼ぶ。変性が50%起こる温度は融解温度（Tm）と呼び、GC含量（グアニンとシトシンの含有量）が高いほど、Tmは高くなる。

5群　環境・エネルギー・技術に関するもの

この分野については、覚えておかないと解けない問題と極めて常識的な問題が混在している。このため、易しい問題を選択することができるかどうかが鍵である。本書にしっかりと取り組んで、易しいと感じることのできる問題の幅を広げることが大切である。

過去７年の出題内容

番号	令和５年度	令和４年度	令和３年度	令和２年度
1	生物多様性国家戦略	IPCC 第６次評価報告書	気候変動	プラスチックごみ
2	大気汚染物質	廃棄物	環境保全技術	生物多様性
3	日本のエネルギー	日本の原油の輸入	エネルギー情勢	エネルギー消費一般
4	（計算） 天然ガスの液化	水素エネルギー	各国の エネルギー供給量	エネルギー情勢
5	労働者の安全	科学技術とリスクの関わり	科学史、技術史	日本の産業技術の発展
6	科学と技術の関わり	科学史、技術史	科学技術基本計画	科学史、技術史
番号	令和元年度再試験	令和元年度	３０年度	２９年度
1	気候変動	大気汚染	持続可能な開発目標	環境管理
2	リサイクル関連法	環境管理	事業者が行う 環境活動	パリ協定
3	標準発熱量	長期エネルギー需給見通し	石油情勢	（液化） 天然ガスの液化
4	再生可能エネルギー	（計算） CO_2排出量	エネルギー利用	家庭の エネルギー消費
5	技術史	科学と技術の関わり	科学史、技術史	技術発展の歴史
6	科学史、技術史	知的財産	技術者倫理	科学史、技術史

※勉強しておくべきキーワード

持続可能な開発、MDGs（ミレニアム開発目標）、SDGs（持続可能な開発目標）、温室効果ガス、京都議定書、地球温暖化対策の推進に関する法律、循環型社会形成推進基本法、拡大生産者責任、汚染者負担の原則、グリーン購入、各種リサイクル法、廃棄物処理、生物多様性の保全、環境基本法、PM2.5、光化学オキシダント、酸性雨、BOD、COD、カーボンフットプリ

ント、環境報告書、環境会計、企業の社会的責任（CSR）、発電供給量の割合、シェール革命、再生可能エネルギー、再生可能エネルギーの固定価格買取制度、品質管理、設備保全、技術史、技術倫理

5－1．持続可能な社会

1960～1980年代にかけて、大規模な森林破壊や砂漠化、資源の有限性への警告、大気・水質汚染の激化、人口爆発などから、「将来世代のニーズに応える能力を損ねることなく現在世代のニーズを満たす発展」という『持続可能な開発』の概念が誕生し、1992年6月のブラジルのリオ・デ・ジャネイロで開催された環境と開発に関する国連会議（UNCED）で全世界の行動原則として具体化された。

技術士倫理綱領にも以下のように示されている。

（持続可能な社会の実現）
2．技術士は、地球環境の保全等、将来世代にわたって持続可能な社会の実現に貢献する。
（1）技術士は、持続可能な社会の実現に向けて解決すべき環境・経済・社会の諸課題に積極的に取り組む。
（2）技術士は、業務の履行が環境・経済・社会に与える負の影響を可能な限り低減する。

●SDGs（持続可能な開発目標）

SDGsを中核とする2030アジェンダは、2015年9月にニューヨーク国連本部で開催された持続可能な開発のための2030アジェンダ採択のための首脳会議国連総会で採択された。SDGsは、17のゴールと各ゴールごとに設定された合計169のターゲットから構成されている。

ゴール1（貧困）：あらゆる場所のあらゆる形態の貧困を終わらせる
ゴール2（飢餓）：飢餓を終わらせ、食糧安全保障及び栄養改善を実現し、持続可能な農業を促進する
ゴール3（健康な生活）：あらゆる年齢の全ての人々の健康的な生活を確保し、福祉を促進する

ゴール4（教育）：全ての人々への包摂的かつ公平な質の高い教育を提供し、生涯教育の機会を促進する
ゴール5（ジェンダー平等）：ジェンダー平等を達成し、全ての女性及び女子のエンパワーメントを行う
ゴール6（水）：全ての人々の水と衛生の利用可能性と持続可能な管理を確保する
ゴール7（エネルギー）：全ての人々の、安価かつ信頼できる持続可能な現代的エネルギーへのアクセスを確保する
ゴール8（雇用）：包摂的かつ持続可能な経済成長及び全ての人々の完全かつ生産的な雇用とディーセント・ワーク（適切な雇用）を促進する
ゴール9（インフラ）：レジリエントなインフラ構築、包摂的かつ持続可能な産業化の促進及びイノベーションの拡大を図る
ゴール10（不平等の是正）：各国内及び各国間の不平等を是正する
ゴール11（安全な都市）：包摂的で安全かつレジリエントで持続可能な都市及び人間居住を実現する
ゴール12（持続可能な生産・消費）：持続可能な生産消費形態を確保する
ゴール13（気候変動）：気候変動及びその影響を軽減するための緊急対策を講じる
ゴール14（海洋）：持続可能な開発のために海洋資源を保全し、持続的に利用する
ゴール15（生態系・森林）：陸域生態系の保護・回復・持続可能な利用の推進、森林の持続可能な管理、砂漠化への対処、並びに土地の劣化の阻止・防止及び生物多様性の損失の阻止を促進する
ゴール16（法の支配等）：持続可能な開発のための平和で包摂的な社会の促進、全ての人々への司法へのアクセス提供及びあらゆるレベルにおいて効果的で説明責任のある包摂的な制度の構築を図る
ゴール17（パートナーシップ）：持続可能な開発のための実施手段を強化し、グローバル・パートナーシップを活性化する

5－2．環境基本法

環境基本法制定以前には、公害対策基本法で公害対策を、自然環境保全法で自然環境対策を行っていたが、複雑化・地球規模化する環境問題に対応できな

いことから、地球化時代の環境政策の新たな枠組を示す基本的な法律として、1993年（平成5年）に、環境基本法が制定された。

- 基本理念としては、①環境の恵沢の享受と継承等、②環境への負荷の少ない持続的発展が可能な社会の構築等、③国際的協調による地球環境保全の積極的推進が掲げられている。
- 環境基本法では、国、地方公共団体、事業者、国民の責務が明らかにされている。
- 6月5日を環境の日とすることが定められている。
- 環境基本法において、環境基準は、①大気、②騒音、③水質、④土壌、が定められている。
- 水質の環境基準には、設定後直ちに達成され維持されるように努める全国一律の「人の健康の保護に関する環境基準」と可及的速やかにその達成維持を図る河川や湖沼、海など個々の水域ごとに設定される「生活環境の保全に関する環境基準」の2種類の環境基準が定められている。
- 環境基本法で定める「公害」とは、事業活動その他の人の活動に伴って生ずる相当範囲にわたる**大気の汚染、水質の汚濁、土壌の汚染、騒音、振動、地盤の沈下及び悪臭**によって、人の健康又は生活環境に係る被害が生ずることをいう。この7つを典型7公害と呼ぶ。

5－3．地球温暖化対策

（1）平均気温の上昇

IPCC第6次報告書（2021年～2022年）では、人間の活動が温暖化に影響を与えていることを「疑いの余地がない」と断じており、観測事実として、以下のことを明らかにしている。

1）人間の影響が大気、海洋及び陸域を温暖化させてきたことは疑う余地がない。

2）気候システム全般にわたる変化の規模と現在の状態は、何世紀も何千年もの間、前例がない。

3）平均気温は1970年以降、少なくとも過去2000年間にわたり、経験したことのない速度で上昇した。

4）人為起源を加味しなかった場合、気温上昇は発生していないと推定される。

5）産業革命前後から2010年～2019年までの人為的な平均気温は0.8 ℃～1.3 ℃上昇した可能性が高く、最良推定値は1.07 ℃である。
6）1979年以降の温暖化の主要な要因は、温室効果ガスである可能性が非常に高い。
7）2019年の大気中のCO_2濃度は、過去200万年間で最も高かった。
8）1750年以降の温室効果ガスの濃度増加は、人間活動を起因とすることに疑う余地がない。

また、平均気温上昇に関する将来予測としては、次のことを予想している。
1）今後数十年の間に、CO_2や他の温室効果ガスが劇的に減少しない限り、今世紀中に1.5 ℃さらには2 ℃は優に超える。
2）2℃目標を達成する場合、2050年までに毎年のCO_2排出量を現在の半分にする必要がある。
3）これが1.5 ℃となると、2050年までにゼロとする必要がある。
4）現在の温室効果ガス排出ペースが維持されると、2041～2060年の間に2 ℃、その後の20年で2.7 ℃、気温が上昇する。
5）パリ協定の目標をクリアしたとしても、高温や大雨、干ばつの増加、海氷の減少、海水面の上昇は起こり続け、少なくとも今世紀中に現在よりも良くなることはない。

（2）パリ協定

パリ協定とは、2015年にパリで採択された気候変動抑制に関する多国間の国際的な協定。京都議定書の後釜に位置付けられる。パリ協定では2020年以降の温室効果ガス削減に関する世界的な取り決めが示され、**産業革命前からの世界の平均気温上昇を「2度未満」に抑える。加えて平均気温上昇「1.5度未満」を目指す**目標が掲げられた。

5－4．循環型社会形成推進基本法

平成12年に制定された循環型社会形成推進基本法の概要は知っておくこと。

循環型社会形成推進基本法の概要

1．形成すべき「循環型社会」の姿を明確に提示

「循環型社会」とは、①廃棄物等の発生抑制、②循環資源の循環的な利用及び③適正な処分が確保されることによって、天然資源の消費を抑制し、環境への負荷ができる限り低減される社会。

2．法の対象となる廃棄物等のうち有用なものを「循環資源」と定義

法の対象となる物を有価・無価を問わず「廃棄物等」とし、廃棄物等のうち有用なものを「循環資源」と位置づけ、その循環的な利用を促進。

3．処理の「優先順位」を初めて法定化

①発生抑制（Reduce）、②製品・部品としての再使用（Reuse）、③原材料としての再生利用（Recycle）、④熱回収、⑤適正処分

4．国、地方公共団体、事業者及び国民の役割分担を明確化

循環型社会の形成に向け、国、地方公共団体、事業者及び国民が全体で取り組んでいくため、これらの主体の責務を明確にする。

①事業者・国民の「排出者責任」を明確化。

②生産者が、自ら生産する製品等について使用され廃棄物となった後まで一定の責任を負う「拡大生産者責任」の一般原則を確立。

5．循環型社会の形成のための国の施策を明示

○廃棄物等の発生抑制のための措置

○「排出者責任」の徹底のための規制等の措置

○「拡大生産者責任」を踏まえた措置（製品等の引取り・循環的な利用の実施、製品等に関する事前評価）

○再生品の使用の促進

○環境の保全上の支障が生じる場合、原因事業者にその原状回復等の費用を負担させる措置等

5－5．環境問題の頻出用語

表. 環境関連頻出用語

PM2.5	微小粒子状物質（PM2.5）とは大気中に浮遊している直径 2.5 μm 以下の小さな粒子のことで、人の呼吸器系などへの影響が懸念されている。
光化学オキシダント	窒素酸化物と炭化水素とが光化学反応を起こし生じる、オゾンやパーオキシアシルナイトレートなどの酸化性物質（オキシダント）の総称。強力な酸化作用を持ち健康被害を引き起こす大気汚染物質であり、光化学スモッグの原因となる。
カーボンフットプリント	食品や日用品等について、原料調達から製造・流通・販売・使用・廃棄の全過程を通じて排出される温室効果ガス量を二酸化炭素に換算し、「見える化」したものである。
酸性雨	工場や自動車等から排出される NOx、SOx が大気中の水や酸素と反応することで硫酸や硝酸、塩酸などの強酸が生じ、雨を強い酸性にする。一般に pH5.6 以下を酸性雨と呼ぶ。
BOD	BOD（生物化学的酸素要求量）とは、水中の有機物質などが生物化学的に酸化・分解される際に消費される酸素量のことで、河川の環境基準に用いられている。
COD	COD（化学的酸素要求量）は排水基準に用いられ、海域と湖沼の環境基準に用いられている。COD の値は、試料水中の被酸化性物質量を一定の条件下で酸化剤により酸化し、その際使用した酸化剤の量から酸化に必要な酸素量を求めて換算したものである。単位は COD、BOD ともに mg/L を使用する。
グリーン購入	環境への負荷ができるだけ小さい商品やサービスなどを優先的に購入すること。
拡大生産者責任	拡大生産者責任は、生産者が製品の生産・使用段階だけでなく、廃棄・リサイクル段階まで責任を負うという考え方であり、OECD（経済協力開発機構）が提唱した。
汚染者負担の原則	公害防止のために必要な対策をとったり、汚された環境を元に戻したりするための費用は、汚染物質を出している者が負担すべきという考え方である。
ライフサイクルアセスメント	ある製品及びサービスが、「資源採取」→「素材・部品開発」→「製品製造」→「流通」→「販売・購入」→「使用」→「廃棄・リサイクル」の 7 段階において、環境にどのような影響を与えるかを総合的に評価する手法のことである。

環境 アカウンタビリティ	社会経済活動の主要な部分を占める事業者は、その事業活動を通じて大きな環境負荷を発生させている。そのため人類共有の財産である「環境」について、どのような環境負荷を発生させ、これをどのように低減しようとしているのか、どのように環境保全への取組を行っているのかなどを、公表・説明する責任があると考えられている。
企業の 社会的責任 (CSR)	企業が利益を追求するだけでなく、組織活動が社会へ与える影響に責任をもち、あらゆるステークホルダーからの要求に対して適切な意思決定をすることを指す。CSRは企業経営の根幹において企業の自発的活動として、企業自らの永続性を実現し、持続可能な未来を社会とともに築いていく活動である。
環境報告書	環境報告書は、企業が事業活動に伴って発生させる環境への影響の程度やその影響を削減するための取り組みをまとめて自主的に公表するものであり、欧米企業を中心として行われてきたが、わが国においても取り組み企業数が増加している。企業の利害関係者は、環境報告書を通して、その企業が環境問題についてどのように考え、どのように行動したかを知ることができる。
環境会計	企業等が、持続可能な発展を目指して、社会との良好な関係を保ちつつ、環境保全への取組を効率的かつ効果的に推進していくことを目的として、事業活動における環境保全のためのコストとその活動により得られた効果を認識し、可能な限り定量的（貨幣単位又は物量単位）に測定し伝達する仕組みのことである。
環境監査	環境に関する方針の遵守状況を評価することにより、環境保護に資する目的の組織・管理・整備がいかによく機能しているかを組織的・実証的・定期的・客観的に評価するもの。企業の自主的取組であって法的義務等はない。

5－6．エネルギー供給割合

1973年の第一次石油ショックを契機として、電源の多様化が図られてきた。ただし、原子力については、東日本大震災の影響により、2013年9月以降原子力発電所の停止が続いていたが、2015年8月から九州電力川内原子力発電所が運転を再開し、順次原子力発電所の再稼働が進んでいる。

また、エネルギー需給実績で見た場合、2021年の電源構成は、LNG火力31.7%、石炭火力26.5%、石油火力2.5%、その他火力11.0%、水力7.8%、太陽光9.3%、バイオマス4.1%、風力0.9%、地熱0.3%、原子力5.9%となっている。

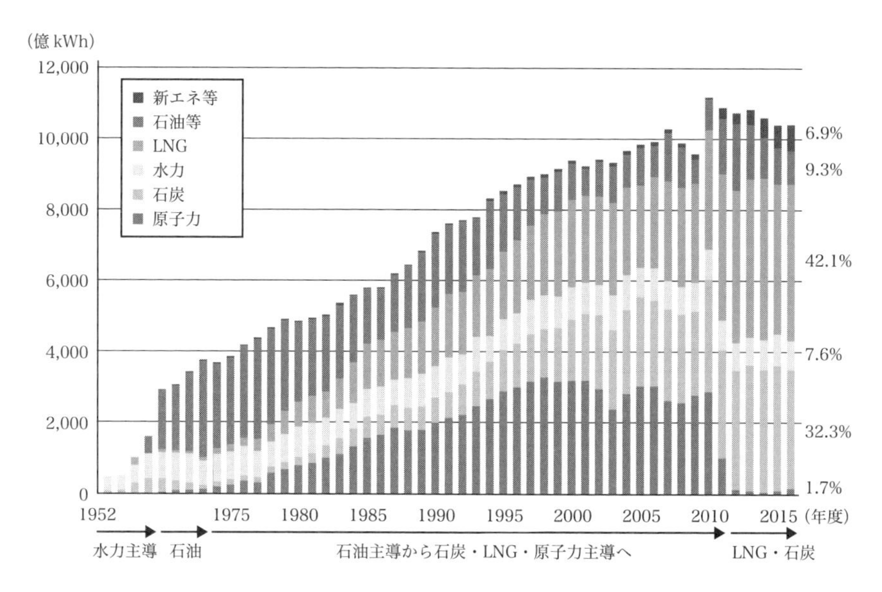

5－7．再生可能エネルギー

再生可能エネルギー特別措置法では、固定価格買取制度が導入されている。「再生可能エネルギーの固定価格買取制度」は、再生可能エネルギーで発電した電気を、電力会社が一定価格で一定期間買い取ることを国が約束する制度である。

「再生可能エネルギーの固定価格買取制度」の買取対象となる再生可能エネルギーは、風力、太陽光、地熱、水力、バイオマスの５つで、住宅用の太陽光発電については、自分で消費した後の余剰分が買取対象となる。以下のメリットと課題は押さえておいた方がよい。

	メリット	課題
風力	大規模に開発した場合、コストが火力、水力並みに抑えられる。風さえあれば昼夜問わず発電できる。	広い土地が必要。また、風況の良い適地が北海道と東北に集中しているため、広域での連系についても検討が必要。
太陽光	相対的にメンテナンスが簡易。 非常用電源としても利用可能。	天候により発電出力が採用される。一定地域に集中すると、配電系統の電圧上昇につながり、対策に費用が必要となる。

地熱	出力が安定しており、大規模開発が可能。 昼夜を問わず24時間稼働。	開発期間が10年程度と長く、開発費用も高額。また、温泉観光地などと開発地域が重なるため、地元との調整が必要。
水力	安定した信頼性の高い電源。中小規模タイプは分散型電源としてのポテンシャルが高く、多くの未開発地点が残っている。	中小規模タイプは相対的にコストが高く、水利権の調整も必要。
バイオマス	資源の有効活用で廃棄物の削減に貢献。 天候などに左右されにくい。	原料の安定供給の確保や、原料の収集、運搬、管理にコストがかかる。

5−8．技術史

過去に出題された人物と出題されてもおかしくない技術史上の重要人物と業績について、簡単にまとめたので、目を通しておいてほしい。あとは、過去問を解くことで、理解しておくこと。

年代	名前	業績
1609	ガリレオ・ガリレイ	人類初の望遠鏡による天体観測を行い、金星の公転や木星の4つの衛星などを発見し、その結果、コペルニクスが1510年ごろに唱えた地動説を証明した。天文学の父と呼ばれている。
1656	ホイヘンス	振り子時計を初めて実際に製作した。
1665	アイザック・ニュートン	微積分法、万有引力の発見。
1705	エドモンド・ハレー	約76年周期で地球に接近する短周期彗星であるハレー彗星の発見。
1732	トーマス・ニューコメン	水を沸騰させた蒸気をシリンダーに導くことでピストンを動かし、その後シリンダーの中に水を吹きかけ、蒸気を水へと戻すとシリンダーの中が真空となり、シリンダーが元に戻ろうとする大気圧機関を作った。
1771	リチャード・アークライト	水車を動力とする水紡機を発明。

1772	ジェームズ・ワット	ニューコメンの大気圧機関を改良して、ワット式蒸気機関を発明した。**アークライトの水紡機やワットの蒸気機関が産業革命を引き起こした。**
1820年代	バベジ	コンピュータの原型の1つといわれる「階差機関」と「解析機関」を試作。コンピュータの父と呼ばれる。
1858	ダーウィン	ウォーレスとともに進化の自然選択説を提唱。翌年『種の起源』を発表。
1864	マクスウェル	マイケル・ファラデーによる電磁場理論をもとに、マクスウェルの方程式を導いて古典電磁気学を確立した。
1887	ヘルツ	電磁波の存在を理論的に予想したのがマクスウェルで、電磁波を実験的に検出したのはヘルツである。
1896	アントワーヌ・アンリ・ベクレル	ウランの放射線を発見した。ベクレルの論文に惹かれたマリー・キュリーがポロニウムとラジウムという新たな放射性元素を発見した。
1895～1900	チャールズ・ウィルソン	人工的に霧を発生する装置（霧箱）を作成し、X線で霧箱を照射すると水滴は気体中に生じたイオンを核として凝結することを発見した。
1903	ライト兄弟	自転車屋をしながら兄弟で研究を続け、飛行機による有人動力飛行に世界で初めて成功した。
1905	アインシュタイン	特殊相対性理論を発表。
1926	シュレーディンガー	量子力学の基本方程式であるシュレーディンガー方程式や「波動力学」を提唱。
1935	ウォーレス・カロザース	世界初の合成繊維ナイロンの合成に成功した。
1942	フェルミ	シカゴ大学で原子炉を完成し、原子核分裂の連鎖反応の実現に成功。
1952	福井謙一	フロンティア電子理論の提唱。

適性科目の出題傾向と要点テキスト

技術士の３義務２責務と2023年3月8日に改定された技術士倫理綱領はしっかり理解すること。その他の内容については、過去問を解きながらしっかり理解してほしい。

（１）技術士の３義務２責務

技術士の３義務２責務を理解していれば倫理に関する問題は解ける。そもそも技術士になろうとする人は試験以前に３義務２責務をしっかり理解しておく必要がある。以下技術士法より。

●信用失墜行為の禁止（第44条）

技術士又は技術士補は、技術士若しくは技術士補の信用を傷つけ、又は技術士及び技術士補全体の不名誉となるような行為をしてはならない。

●技術士等の秘密保持義務（第45条）

技術士又は技術士補は、正当の理由がなく、その業務に関して知り得た秘密を漏らし、又は盗用してはならない。技術士又は技術士補でなくなった後においても、同様とする。

●技術士の名称表示の場合の義務（第46条）

技術士は、その業務に関して技術士の名称を表示するときは、その登録を受けた技術部門を明示してするものとし、登録を受けていない技術部門を表示してはならない。

●技術士等の公益確保の責務（第45条の2）

技術士又は技術士補は、その業務を行うに当たっては、公共の安全、環境の保全その他の公益を害することのないよう努めなければならない。

●技術士の資質向上の責務（第47条の2）

技術士は、常に、その業務に関して有する知識及び技能の水準を向上させ、その他その資質の向上を図るよう努めなければならない。

（２）技術士倫理綱領

技術士倫理については、日本技術士会が制定した技術士倫理綱領に沿って理解することが大切です。たったの10項目なので、完全に暗記してください。それと、日本学術会議が科学者の行動規範（全16項目）を出しています。科学者の行動規範と技術士倫理綱領とそれぞれ対比して、読み込むと覚えやすいです。

【前文】

技術士は、科学技術の利用が社会や環境に重大な影響を与えることを十分に認識し、業務の履行を通して安全で持続可能な社会の実現など、公益の確保に貢献する。

技術士は、広く信頼を得てその使命を全うするため、本倫理綱領を遵守し、品位の向上と技術の研鑽に努め、多角的・国際的な視点に立ちつつ、公正・誠実を旨として自律的に行動する。

【本文】

(安全・健康・福利の優先)

1. 技術士は、公衆の安全、健康及び福利を最優先する。

(1) 技術士は、業務において、公衆の安全、健康及び福利を守ることを最優先に対処する。

(2) 技術士は、業務の履行が公衆の安全、健康や福利を損なう可能性がある場合には、適切にリスクを評価し、履行の妥当性を客観的に検証する。

(3) 技術士は、業務の履行により公衆の安全、健康や福利が損なわれると判断した場合には、関係者に代替案を提案し、適切な解決を図る。

(持続可能な社会の実現)

2. 技術士は、地球環境の保全等、将来世代にわたって持続可能な社会の実現に貢献する。

(1) 技術士は、持続可能な社会の実現に向けて解決すべき環境・経済・社会の諸課題に積極的に取り組む。

(2) 技術士は、業務の履行が環境・経済・社会に与える負の影響を可能な限り低減する。

(信用の保持)

3. 技術士は、品位の向上、信用の保持に努め、専門職にふさわしく行動する。

(1) 技術士は、技術士全体の信用や名誉を傷つけることのないよう、自覚して行動する。

(2) 技術士は、業務において、欺瞞的、恣意的な行為をしない。

(3) 技術士は、利害関係者との間で契約に基づく報酬以外の利益を授受しない。

(有能性の重視)
4．技術士は、自分や協業者の力量が及ぶ範囲で確信の持てる業務に携わる。
(1) 技術士は、その名称を表示するときは、登録を受けた技術部門を明示する。
(2) 技術士は、いかなる業務でも、事前に必要な調査、学習、研究を行う。
(3) 技術士は、業務の履行に必要な場合、適切な力量を有する他の技術士や専門家の助力・協業を求める。

(真実性の確保)
5．技術士は、報告、説明又は発表を、客観的で事実に基づいた情報を用いて行う。
(1) 技術士は、雇用者又は依頼者に対して、業務の実施内容・結果を的確に説明する。
(2) 技術士は、論文、報告書、発表等で成果を報告する際に、捏造・改ざん・盗用や誇張した表現等をしない。
(3) 技術士は、技術的な問題の議論に際し、専門的な見識の範囲で適切に意見を表明する。

(公正かつ誠実な履行)
6．技術士は、公正な分析と判断に基づき、託された業務を誠実に履行する。
(1) 技術士は、履行している業務の目的、実施計画、進捗、想定される結果等について、適宜説明するとともに応分の責任をもつ。
(2) 技術士は、業務の履行に当たり、法令はもとより、契約事項、組織内規則を遵守する。
(3) 技術士は、業務の履行において予想される利益相反の事態については、回避に努めるとともに、関係者にその情報を開示、説明する。

（秘密情報の保護）
7．技術士は、業務上知り得た秘密情報を適切に管理し、定められた範囲でのみ使用する。
(1) 技術士は、業務上知り得た秘密情報を、漏洩や改ざん等が生じないよう、適切に管理する。
(2) 技術士は、これらの秘密情報を法令及び契約に定められた範囲でのみ使用し、正当な理由なく開示又は転用しない。

（法令等の遵守）
8．技術士は、業務に関わる国・地域の法令等を遵守し、文化を尊重する。
(1) 技術士は、業務に関わる国・地域の法令や各種基準・規格、及び国際条約や議定書、国際規格等を遵守する。
(2) 技術士は、業務に関わる国・地域の社会慣行、生活様式、宗教等の文化を尊重する。

（相互の尊重）
9．技術士は、業務上の関係者と相互に信頼し、相手の立場を尊重して協力する。
(1) 技術士は、共に働く者の安全、健康及び人権を守り、多様性を尊重する。
(2) 技術士は、公正かつ自由な競争の維持に努める。
(3) 技術士は、他の技術士又は技術者の名誉を傷つけ、業務上の権利を侵害したり、業務を妨げたりしない。

（継続研鑽と人材育成）
１０．技術士は、専門分野の力量及び技術と社会が接する領域の知識を常に高めるとともに、人材育成に努める。
(1) 技術士は、常に新しい情報に接し、専門分野に係る知識、及び資質能力を向上させる。
(2) 技術士は、専門分野以外の領域に対する理解を深め、専門分野の拡張、視野の拡大を図る。
(3) 技術士は、社会に貢献する技術者の育成に努める。

令和5年度

技術士第一次試験「基礎・適性科目」

Ⅰ　基礎科目

〔問題群〕　〔頁〕

Ⅰ．次の1群～5群の全ての問題群からそれぞれ3問題，計15問題を選び解答せよ。（解答欄に1つだけマークすること。）

（注）
①いずれかの問題群で4問題以上を解答した場合は「無効」となります。
②1問題について解答欄に2つ以上マークした問題は、採点の対象となりません。

●1群　設計・計画に関するもの（全6問題から3問題を選択解答）

Ⅰ 1-1

鉄鋼とCFRP（Carbon Fiber Reinforced Plastics）の材料選定に関する次の記述の，［　］に入る語句又は数値の組合せとして，最も適切なものはどれか。

一定の強度を保持しつつ軽量化を促進できれば，エネルギー消費あるいは輸送コストが改善される。このパラメータとして，［ア］で割った値で表す比強度がある。鉄鋼とCFRPを比較すると比強度が高いのは［イ］である。また，［イ］の比強度当たりの価格は，もう一方の材料の比強度当たりの価格の約［ウ］倍である。ただし，鉄鋼では，価格は60〔円/kg〕，密度は7,900〔kg/m³〕，強度は400

〔MPa〕であり，CFRPでは，価格は16,000〔円/kg〕，密度は1,600〔kg/m^3〕，強度は2,000〔MPa〕とする。

	ア	イ	ウ
①	強度を密度	CFRP	2
②	密度を強度	CFRP	10
③	密度を強度	鉄鋼	2
④	強度を密度	鉄鋼	2
⑤	強度を密度	CFRP	10

I 1-2

次の記述の，[　　] に入る語句の組合せとして，最も適切なものはどれか。

下図に示すように，真直ぐな細い針金を水平面に垂直に固定し，上端に圧縮荷重が加えられた場合を考える。荷重がきわめて [ア] ならば針金は真直ぐな形のまま純圧縮を受けるが，荷重がある限界値を [イ] と真直ぐな変形様式は不安定となり，[ウ] 形式の変形を生じ，横にたわみはじめる。このような現象は [エ] と呼ばれる。

図　上端に圧縮荷重を加えた場合の水平面に垂直に固定した細い針金

	ア	イ	ウ	エ
①	大	下回る	ねじれ	共振
②	小	越す	ねじれ	座屈
③	大	越す	曲げ	共振
④	小	越す	曲げ	座屈
⑤	小	下回る	曲げ	共振

I 1-3

材料の機械的特性に関する次の記述の，［　　］に入る語句の組合せとして，最も適切なものはどれか。

材料の機械的特性を調べるために引張試験を行う。特性を荷重と［ア］の線図で示す。材料に加える荷重を増加させると［ア］は一般的に増加する。荷重を取り除いたとき，完全に復元する性質を［イ］といい，き裂を生じたり分離はしないが，復元しない性質を［ウ］という。さらに荷重を増加させると，荷重は最大値をとり，材料はやがて破断する。この荷重の最大値は材料の強さを示す重要な値である。このときの公称応力を［エ］と呼ぶ。

	ア	イ	ウ	エ
①	ひずみ	弾性	延性	疲労限度
②	伸び	塑性	弾性	引張強さ
③	伸び	弾性	塑性	引張強さ
④	伸び	弾性	延性	疲労限度
⑤	ひずみ	延性	塑性	引張強さ

I 1-4

3個の同じ機能の構成要素中2個以上が正常に動作している場合に，系が正常に動作するように構成されているものを2/3多数決冗長系という。各構成要素の信頼度が0.7である場合に系の信頼度の含まれる範囲として，適切なものはどれか。ただし，各要素の故障は互いに独立とする。

① 0.9以上1.0以下
② 0.85以上0.9未満
③ 0.8以上0.85未満
④ 0.75以上0.8未満
⑤ 0.7以上0.75未満

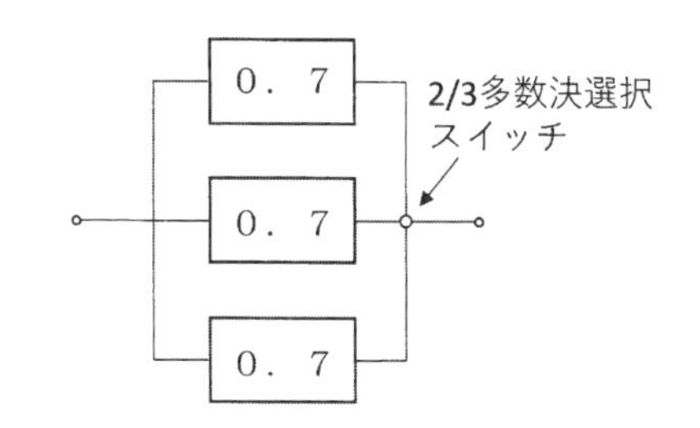

図 システム構成図と各要素の信頼度

I 1-5

次の（ア）～（エ）の記述と，それが説明する用語の組合せとして，最も適切なものはどれか。

（ア）故障時に，安全を保つことができるシステムの性質
（イ）故障状態にあるか，又は故障が差し迫る場合に，その影響を受ける機能を，優先順位を付けて徐々に終了することができるシステムの性質
（ウ）人為的に不適切な行為，過失などが起こっても，システムの信頼性及び安全性を保持する性質
（エ）幾つかのフォールトが存在しても，機能し続けることができるシステムの能力

	ア	イ	ウ	エ
①	フェールセーフ	フェールソフト	フールプルーフ	フォールトトレランス
②	フェールセーフ	フェールソフト	フールプルーフ	フォールトマスキング
③	フェールソフト	フォールトトレランス	フールプルーフ	フォールトマスキング
④	フールプルーフ	フォールトトレランス	フェールソフト	フォールトマスキング

⑤　フールプルーフ　フェールセーフ　フェールソフト　フォールトトレランス

I 1-6

2つのデータの関係を調べるとき，相関係数r（ピアソンの積率相関係数）を計算することが多い。次の記述のうち，最も適切なものはどれか。

① 相関係数は，つねに−1< r < 1の範囲にある。
② 相関係数が0から1に近づくほど，散布図上において2つのデータは直線関係になる。
③ 相関係数が0であれば，2つのデータは互いに独立である。
④ 回帰分析における決定係数は，相関係数の絶対値である。
⑤ 相関係数の絶対値の大きさに応じて，2つのデータの間の因果関係は変わる。

●2群　情報・論理に関するもの（全6問題から3問題を選択解答）

I 2-1

次の記述のうち，最も適切なものはどれか。

① 利用サービスによってはパスワードの定期的な変更を求められることがあるが，十分に複雑で使い回しのないパスワードを設定したうえで，パスワードの流出などの明らかに危険な事案がなければ，基本的にパスワードを変更する必要はない。
② PINコードとは4～6桁の数字からなるパスワードの一種であるが，総当たり攻撃で破られやすいので使うべきではない。
③ 指紋，虹彩，静脈などの本人の生体の一部を用いた生体認証は，個人に固有の情報が用いられているので，認証時に本人がいなければ，認証は成功しない。
④ 二段階認証であって一要素認証である場合と，一段階認証で二

要素認証である場合，前者の方が後者より安全である。

⑤ 接続する古い無線LANアクセスルータであってもWEPをサポートしているのであれば，買い換えるまではそれを使えば安全である。

I 2-2

自然数A，Bに対して，AをBで割った商をQ，余りをRとすると，AとBの公約数がBとRの公約数でもあり，逆にBとRの公約数はAとBの公約数である。ユークリッドの互除法は，このことを余りが0になるまで繰り返すことによって，AとBの最大公約数を求める手法である。このアルゴリズムを次のような流れ図で表した。流れ図中の，**(ア)**～**(ウ)**に入る式又は記号の組合せとして，最も適切なものはどれか。

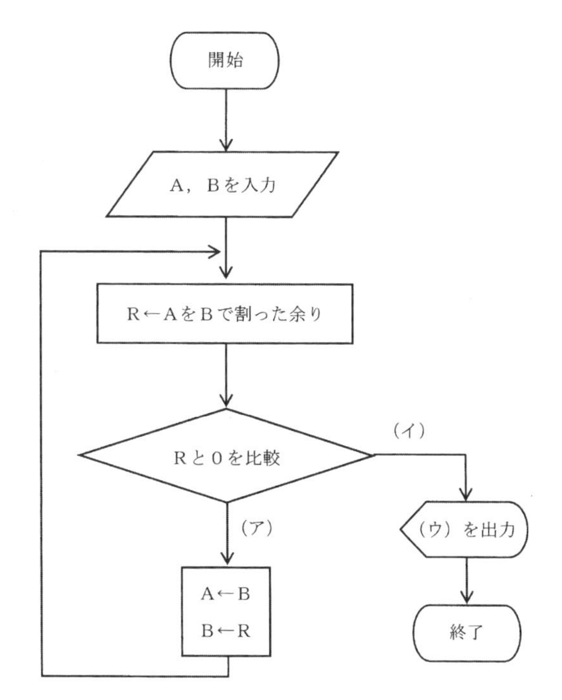

図　ユークリッド互除法の流れ図

	ア	イ	ウ
①	R=0	R≠0	A
②	R≠0	R=0	A
③	R=0	R≠0	B
④	R≠0	R=0	B
⑤	R≠0	R=0	R

I 2-3

国際書籍番号ISBN-13は13個の0から9の数字 $a_{13}, a_{12}, a_{11}, a_{10}, a_9, a_8, a_7, a_6, a_5, a_4, a_3, a_2, a_1$ を用いて $a_{13}\ a_{12}\ a_{11}$ $-a_{10}-a_9\ a_8\ a_7-a_6\ a_5\ a_4\ a_3\ a_2-a_1$ のように表され，次の規則に従っている。

$$a_{13}+3a_{12}+a_{11}+3a_{10}+a_9+3a_8+a_7+3a_6+a_5+3a_4+a_3+3a_2+a_1 \equiv 0 \pmod{10}$$

ここに，ある書籍のISBN-13の番号が「978-4-103-34194-X」となっており，Xと記された箇所が読めなくなっている。このXの値として，適切なものはどれか。

① 1　② 3　③ 5　④ 7　⑤ 9

I 2-4

情報圧縮（データ圧縮）に関する次の記述のうち，最も不適切なものはどれか。

① データ圧縮では，情報源に関する知識（記号の生起確率など）が必要であり，情報源の知識がない場合はデータ圧縮することはできない。

② 可逆圧縮には限界があり，どのような方式であっても，その限界を超えて圧縮することはできない。

③　復号化によって元の情報に完全には戻らず，情報の欠落を伴う圧縮は非可逆圧縮と呼ばれ，音声や映像等の圧縮に使われることが多い。

④　復号化によって元の情報を完全に復号でき，情報の欠落がない圧縮は可逆圧縮と呼ばれテキストデータ等の圧縮に使われることが多い。

⑤　静止画に対する代表的な圧縮方式としてJPEGがあり，動画に対する代表的な圧縮方式としてMPEGがある。

I 2-5

2つの単一ビットa, bに対する排他的論理和演算$a \oplus b$及び論理積演算$a \cdot b$に対して，2つのnビット列$A = a_1 a_2 \cdots a_n$, $B = b_1 b_2 \cdots b_n$の排他的論理和演算$A \oplus B$及び論理積演算$A \cdot B$は下記で定義される。

$A \oplus B = (a_1 \oplus b_1)(a_2 \oplus b_2) \cdots (a_n \oplus b_n)$

$A \cdot B = (a_1 \cdot b_1)(a_2 \cdot b_2) \cdots (a_n \cdot b_n)$

例えば

$1010 \oplus 0110 = 1100$

$1010 \cdot 0110 = 0010$

である。ここで2つの8ビット列

$A = 01011101$

$B = 10101101$

に対して，下記演算によって得られるビット列Cとして，適切なものはどれか。

$C = (((A \oplus B) \oplus B) \oplus A) \cdot A$

①　00000000

②　11111111

③　10101101

④　01011101

⑤　11110000

I 2-6

全体集合Vと，その部分集合A，B，Cがある。部分集合A，B，C及びその積集合の元の個数は以下のとおりである。

Aの元：300個

Bの元：180個

Cの元：120個

$A \cap B$の元：60個

$A \cap C$の元：40個

$B \cap C$の元：20個

$A \cap B \cap C$の元：10個

$\overline{A \cup B \cup C}$の元の個数が400のとき，全体集合$V$の元の個数として，適切なものはどれか。ただし，$X \cap Y$は$X$と$Y$の積集合，$X \cup Y$は$X$と$Y$の和集合，$\overline{X}$は$X$の補集合とする。

① 600　② 720　③ 730　④ 890　⑤ 1000

●3群　解析に関するもの（全6問題から3問題を選択解答）

I 3-1

行列$\mathrm{A} = \begin{pmatrix} 1 & 0 & 0 \\ a & 1 & 0 \\ b & c & 1 \end{pmatrix}$の逆行列として，適切なものはどれか。

① $\begin{pmatrix} 1 & 0 & 0 \\ -a & 1 & 0 \\ ac+b & -c & 1 \end{pmatrix}$

② $\begin{pmatrix} 1 & 0 & 0 \\ a & 1 & 0 \\ ac-b & c & 1 \end{pmatrix}$

③ $\begin{pmatrix} 1 & c & b \\ 0 & 1 & a \\ 0 & 0 & 1 \end{pmatrix}$

④ $\begin{pmatrix} 1 & 0 & 0 \\ -a & 1 & 0 \\ ac-b & -c & 1 \end{pmatrix}$

⑤ $\begin{pmatrix} 1 & 0 & 0 \\ a & 1 & 0 \\ ac+b & c & 1 \end{pmatrix}$

I 3-2

重積分

$$\iint_R x\,dxdy$$

の値は，次のどれか。ただし，領域Rを$0 \leq x \leq 1$，$0 \leq y \leq \sqrt{1-x^2}$とする。

① $\frac{\pi}{3}$　② $\frac{1}{3}$　③ $\frac{\pi}{2}$　④ $\frac{\pi}{4}$　⑤ $\frac{1}{4}$

I 3-3

数値解析に関する次の記述のうち，最も不適切なものはどれか。

① 複数の式が数学的に等価である場合は，どの式を用いて計算しても結果は等しくなる。

② 絶対値が近い2数の加減算では有効桁数が失われる桁落ち誤差を生じることがある。

③　絶対値の極端に離れる2数の加減算では情報が失われる情報落ちが生じることがある。

④　連立方程式の解は，係数行列の逆行列を必ずしも計算しなくても求めることができる。

⑤　有限要素法において要素分割を細かくすると一般的に近似誤差は小さくなる。

I 3-4

長さ2.4［m］，断面積1.2×10^2［mm^2］の線形弾性体からなる棒の上端を固定し，下端を2.0［kN］の力で軸方向下向きに引っ張ったとき，この棒に生じる伸びの値はどれか。ただし，この線形弾性体のヤング率は2.0×10^2［GPa］とする。なお，自重による影響は考慮しないものとする。

①　0.010［mm］
②　0.020［mm］
③　0.050［mm］
④　0.10［mm］
⑤　0.20［mm］

I 3-5

モータと動力伝達効率が1の（トルク損失のない）変速機から構成される理想的な回転軸系を考える。変速機の出力軸に慣性モーメントI［$kg \cdot m^2$］の円盤が取り付けられている。この円盤を時間T［s］の間に角速度ω_1［rad／s］からω_2［rad／s］（$\omega_2 > \omega_1$）に一定の角加速度$(\omega_2 - \omega_1)/T$で増速するために必要なモータ出力軸のトルクτ［Nm］として，適切なものはどれか。ただし，モータ出力軸と変速機の慣性モーメントは無視できるものとし，変速機の入力軸の回転速度と出力軸の回転速度の比を$1:1/n$（$n>1$）とする。

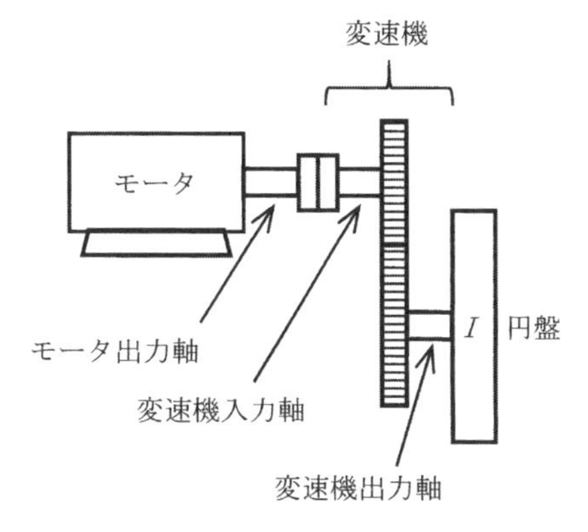

図　モータ，変速機，円盤から構成される回転軸系

① $\tau = (1/n^2) \times I \times (\omega_2 - \omega_1) / T$

② $\tau = (1/n) \times I \times (\omega_2 - \omega_1) / T$

③ $\tau = I \times (\omega_2 - \omega_1) / T$

④ $\tau = n \times I \times (\omega_2 - \omega_1) / T$

⑤ $\tau = n^2 \times I \times (\omega_2 - \omega_1) / T$

I 3-6

長さがL，抵抗がrの導線を複数本接続して，下図に示すような3種類の回路(a)，(b)，(c)を作製した。(a)，(b)，(c)の各回路におけるAB間の合成抵抗の大きさをそれぞれR_a，R_b，R_cとするとき，R_a，R_b，R_cの大小関係として，適切なものはどれか。ただし，導線の接続部分で付加的な抵抗は存在しないものとする。

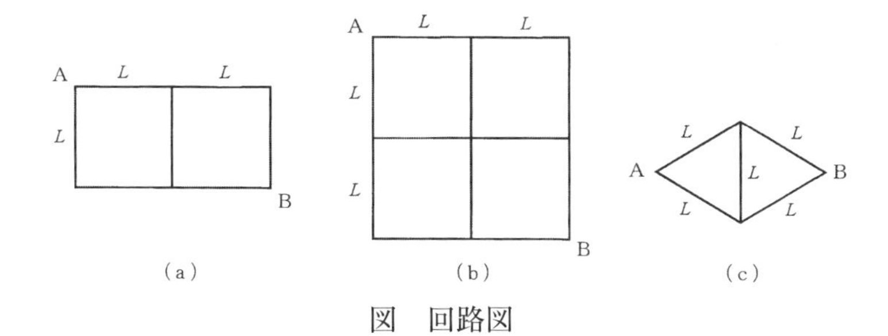

図　回路図

① $R_a < R_b < R_c$

② $R_a < R_c < R_b$

③ $R_c < R_a < R_b$

④ $R_c < R_b < R_a$

⑤ $R_b < R_a < R_c$

●4群　材料・化学・バイオに関するもの（全6問題から3問題を選択解答）

I 4-1

原子に関する次の記述のうち，適切なものはどれか。ただし，いずれの元素も電荷がない状態とする。

① ${}^{40}_{20}Ca$と${}^{40}_{18}Ar$の中性子の数は等しい。

② ${}^{35}_{17}Cl$と${}^{37}_{17}Cl$の中性子の数は等しい。

③ ${}^{35}_{17}Cl$と${}^{37}_{17}Cl$の電子の数は等しい。

④ ${}^{40}_{20}Ca$と${}^{40}_{18}Ar$は互いに同位体である。

⑤ ${}^{35}_{17}Cl$と${}^{37}_{17}Cl$は互いに同素体である。

I 4-2

コロイドに関する次の記述のうち，最も不適切なものはどれか。

① コロイド溶液に少量の電解質を加えると，疎水コロイドの粒子が集合して沈殿する現象を凝析という。

② 半透膜を用いてコロイド粒子と小さい分子を分離する操作を透析という。

③ コロイド溶液に強い光線をあてたとき，光の通路が明るく見える現象をチンダル現象という。

④ コロイド溶液に直流電圧をかけたとき，電荷をもったコロイド粒子が移動する現象を電気泳動という。

⑤ 流動性のない固体状態のコロイドをゾルという。

I 4-3

金属材料に関する次の記述の，[　　] に入る語句の組合せとして，最も適切なものはどれか。

常温での固体の純鉄（Fe）の結晶構造は [ア] 構造であり，α-Fe と呼ばれ，磁性は [イ] を示す。その他，常温で [イ] を示す金属として [ウ] がある。
純鉄をある温度まで加熱すると，γ-Feへ相変態し，それに伴い [エ] する。

	ア	イ	ウ	エ
①	体心立方	強磁性	コバルト	膨張
②	面心立方	強磁性	クロム	膨張
③	体心立方	強磁性	コバルト	収縮
④	面心立方	常磁性	クロム	収縮
⑤	体心立方	常磁性	コバルト	膨張

I 4-4

金属材料の腐食に関する次の記述のうち，適切なものはどれか。

① アルミニウムは表面に酸化物皮膜を形成することで不働態化する。
② 耐食性のよいステンレス鋼は，鉄に銅を5％以上含有させた合金鋼と定義される。
③ 腐食の速度は，材料の使用環境温度には依存しない。
④ 腐食は，局所的に生じることはなく，全体で均一に生じる。
⑤ 腐食とは，力学的作用によって表面が逐次減量する現象である。

I 4-5

タンパク質に関する次の記述の，[　　]に入る語句の組合せとして，最も適切なものはどれか。

タンパク質は[ア]が[イ]結合によって連結した高分子化合物であり，生体内で様々な働きをしている。タンパク質を主成分とする[ウ]は，生体内の化学反応を促進させる生体触媒であり，アミラーゼは[エ]を加水分解する。

	ア	イ	ウ	エ
①	グルコース	イオン	酵素	デンプン
②	グルコース	ペプチド	抗体	セルロース
③	アミノ酸	ペプチド	酵素	デンプン
④	アミノ酸	ペプチド	抗体	セルロース
⑤	アミノ酸	イオン	酵素	デンプン

I 4-6

PCR（ポリメラーゼ連鎖反応）法は，細胞や血液サンプルからDNAを高感度で増幅することができるため，遺伝子診断や微生物検査，動物や植物の系統調査等に用いられている。PCR法は通常，(1)DNAの熱変性，(2) プライマーのアニーリング，(3) 伸長反応の3段階からなっている。PCR法に関する記述のうち，最も適切なものはどれか。

① アニーリング温度を上げすぎると，1本鎖DNAに対するプライマーの非特異的なアニーリングが起こりやすくなる。
② 伸長反応の時間は増幅したい配列の長さによって変える必要があり，増幅したい配列が長くなるにつれて伸長反応時間は短くする。

③　PCR法により増幅したDNAには，プライマーの塩基配列は含まれない。

④　耐熱性の低いDNAポリメラーゼが，PCR法に適している。

⑤　DNAの熱変性では，２本鎖DNAの水素結合を切断して１本鎖DNAに解離させるために加熱を行う。

●5群　環境･エネルギー･技術に関するもの（全6問題から3問題を選択解答）

Ⅰ 5-1

生物多様性国家戦略2023-2030に記載された，日本における生物多様性に関する次の記述のうち，最も不適切なものはどれか。

①　我が国に生息・生育する生物種は固有種の比率が高いことが特徴で，爬虫類の約６割，両生類の約８割が固有種となっている。

②　高度経済成長期以降，急速で規模の大きな開発・改変によって，自然性の高い森林，草原，農地，湿原，干潟等の規模や質が著しく縮小したが，近年では大規模な開発・改変による生物多様性への圧力は低下している。

③　里地里山は，奥山自然地域と都市地域との中間に位置し，生物多様性保全上重要な地域であるが，農地，水路・ため池，農用林などの利用拡大等により，里地里山を構成する野生生物の生息・生育地が減少した。

④　国外や国内の他の地域から導入された生物が，地域固有の生物相や生態系を改変し，在来種に大きな影響を与えている。

⑤　温暖な気候に生育するタケ類の分布の北上や，南方系チョウ類の個体数増加及び分布域の北上が確認されている。

Ⅰ 5-2

大気汚染物質に関する次の記述のうち，最も不適切なものはどれか。

① 二酸化硫黄は，硫黄分を含む石炭や石油などの燃焼によって生じ，呼吸器疾患や酸性雨の原因となる。

② 二酸化窒素は，物質の燃焼時に発生する一酸化窒素が，大気中で酸化されて生成される物質で，呼吸器疾患の原因となる。

③ 一酸化炭素は，有機物の不完全燃焼によって発生し，血液中のヘモグロビンと結合することで酸素運搬機能を阻害する。

④ 光化学オキシダントは，工場や自動車から排出される窒素酸化物や揮発性有機化合物などが，太陽光により光化学反応を起こして生成される酸化性物質の総称である。

⑤ PM2.5は，粒径10μm以下の浮遊粒子状物質のうち，肺胞に最も付着しやすい粒径2.5μm付近の大きさを有するものである。

Ⅰ 5-3

日本のエネルギーに関する次の記述のうち，最も不適切なものはどれか。

① 日本の太陽光発電導入量，太陽電池の国内出荷量に占める国内生産品の割合は，いずれも2009年度以降2020年度まで毎年拡大している。

② 2020年度の日本の原油輸入の中東依存度は90%を上回り，諸外国と比べて高い水準にあり，特に輸入量が多い上位2か国はサウジアラビアとアラブ首長国連邦である。

③ 2020年度の日本に対するLNGの輸入供給源は，中東以外の地域が80%以上を占めており，特に2012年度から豪州が最大のLNG輸入先となっている。

④ 2020年末時点での日本の風力発電の導入量は4百万kWを上回り，再エネの中でも相対的にコストの低い風力発電の導入を推進するため，電力会社の系統受入容量の拡大などの対策が行われて

いる。

⑤ 環境適合性に優れ，安定的な発電が可能なベースロード電源である地熱発電は，日本が世界第3位の資源量を有する電源として注目を集めている。

I 5-4

天然ガスは，日本まで輸送する際に容積を小さくするため，液化天然ガス（LNG, Liquefied Natural Gas）の形で運ばれている。0［℃］，1気圧の天然ガスを液化すると体積は何分の1になるか，次のうち最も近い値はどれか。
なお，天然ガスは全てメタン（CH_4）で構成される理想気体とし，LNGの密度は温度によらず425［kg/m^3］で一定とする。

① 1/400　② 1/600　③ 1/800　④ 1/1000　⑤ 1/1200

I 5-5

労働者や消費者の安全に関連する次の（ア）～（オ）の日本の出来事を年代の古い順から並べたものとして，適切なものはどれか。

(ア) 職場における労働者の安全と健康の確保などを図るために，労働安全衛生法が制定された。
(イ) 製造物の欠陥による被害者の保護を図るために，製造物責任法が制定された。
(ウ) 年少者や女子の労働時間制限などを図るために，工場法が制定された。
(エ) 健全なる産業の振興と労働者の幸福増進などを図るために，第1回の全国安全週間が実施された。
(オ) 工業標準化法（現在の産業標準化法）が制定され，日本工業規格（JIS，現在の日本産業規格）が定められることになった。

① ウ―エ―オ―ア―イ
② ウ―オ―エ―ア―イ
③ エ―ウ―オ―イ―ア
④ エ―オ―ウ―イ―ア
⑤ オ―ウ―ア―エ―イ

I
5-6

科学と技術の関わりは多様であり，科学的な発見の刺激により技術的な応用がもたらされることもあれば，革新的な技術が科学的な発見を可能にすることもある。こうした関係についての次の記述のうち，不適切なものはどれか。

① 望遠鏡が発明されたのちに土星の環が確認された。
② 量子力学が誕生したのちにトランジスターが発明された。
③ 電磁波の存在が確認されたのちにレーダーが開発された。
④ 原子核分裂が発見されたのちに原子力発電の利用が始まった。
⑤ ウイルスが発見されたのちにワクチン接種が始まった。

Ⅱ　適性科目

Ⅱ　次の15問題を解答せよ。（解答欄に1つだけマークすること。）

Ⅱ-1

技術士法第4章（技術士等の義務）の規定において技術士等に求められている義務・責務に関わる（ア）～（エ）の説明について，正しいものは○，誤っているものは×として，適切な組合せはどれか。

（ア） 業務遂行の過程で与えられる情報や知見は，発注者や雇用主の財産であり，技術士等は守秘の義務を負っているが，依頼者からの情報を基に独自で調査して得られた情報はその限りではない。

（イ） 情報の意図的隠蔽は社会との良好な関係を損なうことを認識し，たとえその情報が自分自身や所属する組織に不利であっても公開に努める必要がある。

（ウ） 公衆の安全を確保するうえで必要不可欠と判断した情報については，所属する組織にその情報を速やかに公開するように働きかける。それでも事態が改善されない場合においては守秘義務を優先する。

（エ） 技術士等の判断が依頼者に覆された場合，依頼者の主張が安全性に対し懸念を生じる可能性があるときでも，予想される可能性について発言する必要はない。

	ア	イ	ウ	エ
①	○	×	○	×
②	○	○	×	×

③	×	○	×	×
④	×	×	○	○
⑤	×	×	○	×

Ⅱ-2

企業や組織は，保有する営業情報や技術情報を用いて他社との差別化を図り，競争力を向上させている。これらの情報の中には，秘密とすることでその価値を発揮するものも存在し，企業活動が複雑化する中，秘密情報の漏洩経路も多様化しており，情報漏洩を未然に防ぐための対策が企業に求められている。
情報漏洩対策に関する次の記述のうち，不適切なものはどれか。

① 社内規定等において，秘密情報の分類ごとに，アクセス権の設定に関するルールを明確にしたうえで，当該ルールに基づき，適切にアクセス権の範囲を設定する。
② 社内の規定に基づいて，秘密情報が記録された媒体等（書類，書類を綴じたファイル，USBメモリ，電子メール等）に，自社の秘密情報であることが分かるように表示する。
③ 秘密情報を取り扱う作業については，複数人での作業を避け，可能な限り単独作業で実施する。
④ 電子化された秘密情報について，印刷，コピー&ペースト，ドラッグ&ドロップ，USBメモリへの書込みができない設定としたり，コピーガード付きのUSBメモリやCD-R等に保存する。
⑤ 従業員同士で互いの業務態度が目に入ったり，背後から上司等の目につきやすくするような座席配置としたり，秘密情報が記録された資料が保管された書棚等が従業員等からの死角とならないようにレイアウトを工夫する。

Ⅱ-3 国民生活の安全・安心を損なう不祥事は，事業者内部からの通報をきっかけに明らかになることも少なくない。こうした不祥事による国民への被害拡大を防止するために通報する行為は，正当な行為として事業者による解雇等の不利益な取扱いから保護されるべきものである。公益通報者保護法は，このような観点から，通報者がどこへどのような内容の通報を行えば保護されるのかという制度的なルールを明確にしたものである。2022年に改正された公益通報者保護法では，事業者に対し通報の受付や調査などを担当する従業員を指定する義務，事業者内部の公益通報に適切に対応する体制を整備する義務等が新たに規定されている。

公益通報者保護法に関する次の記述のうち，不適切なものはどれか。

① 通報の対象となる法律は，すべての法律が対象ではなく，「国民の生命，身体，財産その他の利益の保護に関わる法律」として公益通報者保護法や政令で定められている。

② 公務員は，国家公務員法，地方公務員法が適用されるため，通報の主体の適用範囲からは除外されている。

③ 公益通報者が労働者の場合，公益通報をしたことを理由として事業者が公益通報者に対して行った解雇は無効となり，不利益な取り扱いをすることも禁止されている。

④ 不利益な取扱いとは，降格，減給，自宅待機命令，給与上の差別，退職の強要，専ら雑務に従事させること，退職金の減額・没収等が該当する。

⑤ 事業者は，公益通報によって損害を受けたことを理由として，公益通報者に対して賠償を請求することはできない。

Ⅱ-4 ものづくりに携わる技術者にとって，知的財産を理解することは非常に大事なことである。知的財産の特徴の１つとして，「もの」とは異なり「財産的価値を有する情報」であることが挙げられる。これらの情報は，容易に模倣されるという特質を持っており，しかも利用されることにより消費されるということがないため，多くの者が同時に利用することができる。こうしたことから知的財産権制度は，創作者の権利を保護するため，元来自由利用できる情報を，社会が必要とする限度で自由を制限する制度ということができる。
次の（ア）～（オ）のうち，知的財産権における産業財産権に含まれるものを○，含まれないものを×として，適切な組合せはどれか。

（ア）特許権（発明の保護）
（イ）実用新案権（物品の形状等の考案の保護）
（ウ）意匠権（物品のデザインの保護）
（エ）商標権（商品・サービスに使用するマークの保護）
（オ）著作権（文芸，学術，美術，音楽，プログラム等の精神的作品の保護）

	ア	イ	ウ	エ	オ
①	○	○	○	○	○
②	○	○	○	○	×
③	○	○	○	×	○
④	○	○	×	○	○
⑤	○	×	○	○	○

Ⅱ-5

技術の高度化，統合化や経済社会のグローバル化等に伴い，技術者に求められる資質能力はますます高度化，多様化し，国際的な同等性を備えることも重要になっている。技術者が業務を履行するために，技術ごとの専門的な業務の性格・内容，業務上の立場は様々であるものの，（遅くとも）35歳程度の技術者が，技術士資格の取得を通じて，実務経験に基づく専門的学識及び高等の専門的応用能力を有し，かつ，豊かな創造性を持って複合的な問題を明確にして解決できる技術者（技術士）として活躍することが期待される。2021年6月にIEA（International Engineering Alliance；国際エンジニアリング連合）により「GA&PCの改訂（第４版）」が行われ，国際連合による持続可能な開発目標（SDGs）や多様性，包摂性等，より複雑性を増す世界の動向への対応や，データ・情報技術，新興技術の活用やイノベーションへの対応等が新たに盛り込まれた。

「GA&PCの改訂（第４版）」を踏まえ，「技術士に求められる資質能力（コンピテンシー）」（令和５年１月 文部科学省科学技術・学術審議会 技術士分科会）に挙げられているキーワードのうち誤ったものの数はどれか。

※GA&PC；「修了生としての知識・能力と専門職としてのコンピテンシー」

※GA；Graduate Attributes，PC；Professional Competencies

(ア) 専門的学識
(イ) 問題解決
(ウ) マネジメント
(エ) 評価
(オ) コミュニケーション
(カ) リーダーシップ
(キ) 技術者倫理
(ク) 継続研さん

① 0　② 1　③ 2　④ 3　⑤ 4

Ⅱ-6

製造物責任法（PL法）は，製造物の欠陥により人の生命，身体又は財産に係る被害が生じた場合における製造業者等の損害賠償の責任について定めることにより，被害者の保護を図り，もって国民生活の安定向上と国民経済の健全な発展に寄与することを目的とする。

次の（ア）～（オ）のPL法に関する記述について，正しいものは○，誤っているものは×として，適切な組合せはどれか。

（ア） PL法における「製造物」の要件では，不動産は対象ではない。従って，エスカレータは，不動産に付合して独立した動産でなくなることから，設置された不動産の一部として，いかなる場合も適用されない。

（イ） ソフトウエア自体は無体物であり，PL法の「製造物」には当たらない。ただし，ソフトウエアを組み込んだ製造物が事故を起こした場合，そのソフトウエアの不具合が当該製造物の欠陥と解されることがあり，損害との因果関係があれば適用される。

（ウ） 原子炉の運転等により生じた原子力損害については「原子力損害の賠償に関する法律」が適用され，PL法の規定は適用されない。

（エ）「修理」,「修繕」,「整備」は，基本的にある動産に本来存在する性質の回復や維持を行うことと考えられ，PL法で規定される責任の対象にならない。

（オ） PL法は，国際的に統一された共通の規定内容であるので，海外への製品輸出や，現地生産の場合は，我が国のPL法に基づけばよい。

	ア	イ	ウ	エ	オ
①	○	×	○	○	×
②	○	○	×	×	○
③	×	○	○	○	×
④	×	×	○	○	×
⑤	×	×	×	×	○

Ⅱ-7　日本学術会議は，科学者が，社会の信頼と負託を得て，主体的かつ自律的に科学研究を進め，科学の健全な発達を促すため，平成18年10月に，すべての学術分野に共通する基本的な規範である声明「科学者の行動規範について」を決定，公表した。その後，データのねつ造や論文盗用といった研究活動における不正行為の事案が発生したことや，東日本大震災を契機として科学者の責任の問題がクローズアップされたこと，デュアルユース問題について議論が行われたことから，平成25年1月，同声明の改訂が行われた。
次の「科学者の行動規範」に関する（ア）～（エ）の記述について，正しいものは○，誤っているものは×として適切な組合せはどれか。

（ア） 科学者は，研究成果を論文などで公表することで，各自が果たした役割に応じて功績の認知を得るとともに責任を負わなければならない。研究・調査データの記録保存や厳正な取扱いを徹底し，ねつ造，改ざん，盗用などの不正行為を為さず，また加担しない。

（イ） 科学者は，社会と科学者コミュニティとのより良い相互理解のために，市民との対話と交流に積極的に参加する。また，社会の様々な課題の解決と福祉の実現を図るために，政策立案・決定者に対して政策形成に有効な科学的助言の提供に努める。その際，科学者の合意に基づく助言を目指し，意見の相違が存在するときは科学者コミュニティ内での多数決により統一見解を決めてから助言を行う。

（ウ） 科学者は，公共の福祉に資することを目的として研究活動を行い，客観的で科学的な根拠に基づく公正な助言を行う。その際，科学者の発言が世論及び政策形成に対して与える影響の重大さと責任を自覚し，権威を濫用しない。また，科学的助言の質の確保に最大限努め，同時に科学的知見に係る不確実性及び見解の多様性について明確に説明する。

（エ） 科学者は，政策立案・決定者に対して科学的助言を行う際には，科学的知見が政策形成の過程において十分に尊重されるべきものであるが，政策決定の唯一の判断根拠ではないことを認識する。科学者コミュニティの助言とは異なる政策決定が為された場合，必要に応じて政策立案・決定者に社会への説明を要請する。

	ア	イ	ウ	エ
①	×	○	○	○
②	○	×	○	○
③	○	○	×	○
④	○	○	○	×
⑤	○	○	○	○

Ⅱ-8

JIS Q 31000：2019「リスクマネジメント-指針」は，ISO 31000：2018を基に作成された規格である。この規格は，リスクのマネジメントを行い，意思を決定し，目的の設定及び達成を行い，並びにパフォーマンスの改善のために，組織における価値を創造し，保護する人々が使用するためのものである。リスクマネジメントは，規格に記載された原則，枠組み及びプロセスに基づいて行われる。図1は，リスクマネジメントプロセスを表したものであり，リスクアセスメントを中心とした活動の体系が示されている。
図1の ＿＿＿ に入る語句の組合せとして，適切なものはどれか。

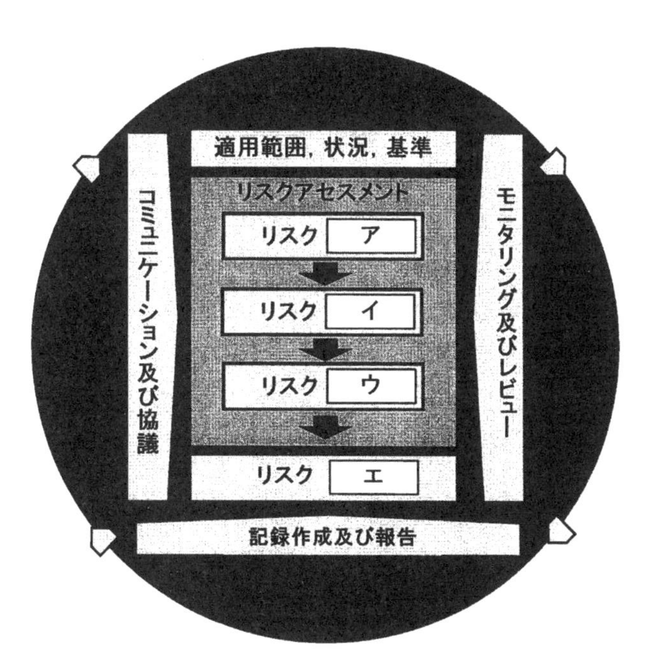

図1　リスクマネジメントプロセス

	ア	イ	ウ	エ
①	分析	評価	対応	管理
②	特定	分析	評価	対応
③	特定	評価	対応	管理
④	分析	特定	評価	対応
⑤	分析	評価	特定	管理

Ⅱ-9

技術者にとって，過去の「失敗事例」は貴重な情報であり，対岸の火事とせず，他山の石として，自らの業務に活かすことは重要である。

次の事故・事件に関する記述のうち，事実と異なっているものはどれか。

① 2000年，大手乳業企業の低脂肪乳による集団食中毒事件；

原因は，脱脂粉乳工場での停電復旧後の不適切な処置であった。初期の一部消費者からの苦情に対し，全消費者への速やかな情報開示がされず，結果として製品回収が遅れ被害が拡大した。組織として経営トップの危機管理の甘さがあり，経営トップの責任体制，リーダーシップの欠如などが指摘された。

② 2004年，六本木高層商業ビルでの回転ドアの事故；

原因は，人（事故は幼児）の挟まれに対する安全制御装置（検知と非常停止）の不適切な設計とその運用管理の不備であった。設計段階において，高層ビルに適した機能追加やデザイン性を優先し，海外オリジナルの軽量設計を軽視して制御安全に頼る設計としていたことなどが指摘された。

③ 2005年，JR西日本福知山線の列車の脱線転覆事故；

原因は，自動列車停止装置（ATS）が未設置の急カーブ侵入部において，制限速度を大きく超え，ブレーキが遅れたことであった。組織全体で安全を確保する仕組みが構築できていなかった背景として，会社全体で安全最優先の風土が構築できておらず，特に経営層において安全最優先の認識と行動が不十分であったことが指摘された。

④ 2006年，東京都の都営アパートにおける海外メーカ社製のエレベータ事故；

原因は，保守点検整備を実施した会社が原設計や保守ノウハウを十分に理解していなかったことであった。その結果ゴンドラのケーブルが破断し落下したものである。

⑤ 2012年，中央自動車道笹子トンネルの天井崩落事故；

原因は，トンネル給排気ダクト用天井のアンカーボルト部の劣化脱落である。建設当時の設計，施工に関する技術不足があり，またその後の保守点検（維持管理）も不十分であった。この事故は，日本国内全体の社会インフラの老朽化と適切な維持管理に対する本格的な取組の契機となった。

Ⅱ-10

平成23年3月に発生した東日本大震災によって，我が国の企業・組織は，巨大な津波や強い地震動による深刻な被害を受け，電力，燃料等の不足に直面した。また，経済活動への影響は，サプライチェーンを介して，国内のみならず，海外の企業にまで及んだ。我々は，この甚大な災害の教訓も踏まえ，今後発生が懸念されている大災害に立ち向かわなければならない。我が国の企業・組織は，国内外における大災害のあらゆる可能性を直視し，より厳しい事態を想定すべきであり，それらを踏まえ，不断の努力により，甚大な災害による被害にも有効な事業計画（BCP；Business Continuity Plan）や事業継続マネジメント（BCM；Business Continuity Management）に関する戦略を見いだし，対策を実施し，取組の改善を続けていくべきである。

「事業継続ガイドライン―あらゆる危機的事象を乗り越えるための戦略と対応―（令和3年4月）内閣府」に記載されているBCP，BCMに関する次の（ア）～（エ）の記述について，正しいものを○，誤ったものを×として，適切な組合せはどれか。

（ア） BCPが有効に機能するためには，経営者の適切なリーダーシップが求められる。

（イ） 想定する発生事象（インシデント）により企業・組織が被害を受けた場合は，平常時とは異なる状況なので，法令や条例による規制その他の規定は遵守する必要はない。

（ウ） 企業・組織の事業内容や業務体制，内外の環境は常に変化しているので，経営者が率先して，BCMの定期的及び必要な時期での見直しと，継続的な改善を実施することが必要である。

（エ） 事業継続には，地域の復旧が前提になる場合も多いことも考慮し，地域の救援・復旧にできる限り積極的に取り組む経営判断が望まれる。

	ア	イ	ウ	エ
①	○	○	○	○
②	×	○	○	○
③	○	×	○	○
④	○	○	×	○
⑤	○	○	○	×

Ⅱ-11

技術者の行動が倫理的かどうかを吟味するためのツールとして様々なエシックス・テストがある。
代表的なエシックス・テストに関する次の記述の，[　　]に入る語句の組合せとして，適切なものはどれか。

[ア] テスト：自分が今行おうとしている行為を，もしみんながやったらどうなるかを考えてみる。その場合に，明らかに社会が成り立たないと考えられ，矛盾が起こると予想されるならば，それは倫理的に不適切な行為であると考えられる。

[イ] テスト：もし自分が今行おうとしている行為によって直接影響を受ける立場であっても，同じ意思決定をするかどうかを考えてみる。「自分の嫌だということは人にもするな」という黄金律に基づくため，「黄金律テスト」とも呼ばれる。

[ウ] テスト：自分がしばしばこの選択肢を選んだら，どう見られるだろうかを考えてみる。

[エ] テスト：その行動をとったことが新聞などで報道されたらどうなるか考えてみる。

[専門家] テスト：その行動をとることは専門家からどのように評価されるか，倫理綱領などを参考に考えてみる。

	ア	イ	ウ	エ
①	普遍化可能性	危害	世評	美徳
②	普遍化可能性	可逆性	美徳	世評
③	普遍化可能性	可逆性	世評	常識
④	常識	普遍化可能性	美徳	世評
⑤	常識	危害	世評	普遍化可能性

Ⅱ-12

我が国をはじめとする主要国では，武器や軍事転用可能な貨物・技術が，我が国及び国際社会の安全性を脅かす国家やテロリスト等，懸念活動を行うおそれのある者に渡ることを防ぐため，先進国を中心とした国際的な枠組み（国際輸出管理レジーム）を作り，国際社会と協調して輸出等の管理を行っている。我が国においては，この安全保障の観点に立った貿易管理の取組を，外国為替及び外国貿易法（外為法）に基づき実施している。
安全保障貿易に関する次の記述のうち，不適切なものはどれか。

① リスト規制とは，武器並びに大量破壊兵器及び通常兵器の開発等に用いられるおそれの高いものを法令等でリスト化して，そのリストに該当する貨物や技術を輸出や提供する場合には，経済産業大臣の許可が必要となる制度である。
② キャッチオール規制とは，リスト規制に該当しない貨物や技術であっても，大量破壊兵器等や通常兵器の開発等に用いられるおそれのある場合には，経済産業大臣の許可が必要となる制度である。
③ 外為法における「技術」とは，貨物の設計，製造又は使用に必要な特定の情報をいい，この情報は，技術データ又は技術支援の形態で提供され，許可が必要な取引の対象となる技術は，外国為替令別表にて定められている。
④ 技術提供の場が日本国内であれば，国内非居住者に技術提供す

る場合でも，提供する技術が外国為替令別表で規定されているかを確認する必要はない。

⑤ 国際特許の出願をするために外国の特許事務所に出願内容の技術情報を提供する場合，出願をするための必要最小限の技術提供であれば，許可申請は不要である。

Ⅱ-13

「国民の安全・安心の確保」「持続可能な地域社会の形成」「経済成長の実現」の役割を担うインフラの機能を，将来にわたって適切に発揮させる必要があり，メンテナンスサイクルの核となる個別施設計画の充実化やメンテナンス体制の確保など，インフラメンテナンスの取組を着実に推進するために，平成26年に「国土交通省インフラ長寿命化計画（行動計画）」が策定された。令和３年６月に今後の取組の方向性を示す第二期の行動計画が策定されており，この中で「個別施設計画の策定・充実」「点検・診断/修繕・更新等」「基準類等の充実」といった具体的な７つの取組が示されている。
この７つの取組のうち，残り４つに含まれないものはどれか。

① 予算管理
② 体制の構築
③ 新技術の開発・導入
④ 情報基盤の整備と活用
⑤ 技術継承の取組

Ⅱ-14

技術者にとって製品の安全確保は重要な使命の１つであり，この安全確保に関しては国際安全規格ガイド【ISO/IEC Guide51-2014（JIS Z 8051-2015)】がある。この「安全」とは，絶対安全を意味するものではなく，「リスク」（危害の発生確率及びその危害の度合いの組合せ）という数量概念を用いて，許容不可能な「リスク」

がないことをもって，「安全」と規定している。
次の記述のうち，不適切なものはどれか。

①「安全」を達成するためには，リスクアセスメント及びリスク低減の反復プロセスが必須である。許容可能と評価された最終的な「残留リスク」については，その妥当性を確認し，その内容については文書化する必要がある。
②リスク低減とリスク評価の考え方として，「ALARP」の原理がある。この原理では，あらゆるリスクは合理的に実行可能な限り軽減するか，又は合理的に実行可能な最低の水準まで軽減することが要求される。
③「ALARP」の適用に当たっては，当該リスクについてリスク軽減を更に行うことが実際的に不可能な場合，又はリスク軽減費用が製品原価として当初計画した事業予算に収まらない場合にだけ，そのリスクは許容可能である。
④設計段階のリスク低減方策はスリーステップメソッドと呼ばれる。そのうちのステップ1は「本質的安全設計」であり，リスク低減のプロセスにおける，最初で，かつ最も重要なプロセスである。
⑤警告は，製品そのもの及び/又はそのこん包に表示し，明白で，読みやすく，容易に消えなく，かつ理解しやすいもので，簡潔で明確に分かりやすい文章とすることが望ましい。

Ⅱ-15

環境基本法は，環境の保全について，基本理念を定め，並びに国，地方公共団体，事業者及び国民の責務を明らかにするとともに，環境の保全に関する施策の基本となる事項を定めることにより，環境の保全に関する施策を総合的かつ計画的に推進し，もって現在及び将来の国民の健康で文化的な生活の確保に寄与するとともに人類の福祉に貢献することを目的としている。

環境基本法第二条において「公害とは，環境の保全上の支障のうち，事業活動その他の人の活動に伴って生ずる相当範囲にわたる７つの項目（典型７公害）によって，人の健康又は生活環境に係る被害が生ずることをいう」と定義されている。
上記の典型7公害として「大気の汚染」，「水質の汚濁」，「土壌の汚染」などが記載されているが，次のうち，残りの典型７公害として規定されていないものはどれか。

① 騒音
② 地盤の沈下
③ 廃棄物投棄
④ 悪臭
⑤ 振動

令和4年度

技術士第一次試験「基礎・適性科目」

Ⅰ　基礎科目

〔問題群〕　〔頁〕

Ⅰ．次の1群～5群の全ての問題群からそれぞれ3問題，計15問題を選び解答せよ。(解答欄に1つだけマークすること。)

（注）
①いずれかの問題群で４問題以上を解答した場合は「無効」となります。
②１問題について解答欄に２つ以上マークした問題は、採点の対象となりません。

●１群　設計・計画に関するもの（全６問題から３問題を選択解答）

Ⅰ 1-1

金属材料の一般的性質に関する次の（A）～（D）の記述の，［　　］に入る語句の組合せとして，適切なものはどれか。

（A）疲労限度線図では，規則的な繰り返し応力における平均応力を［　ア　］方向に変更すれば，少ない繰り返し回数で疲労破壊する傾向が示されている。

（B）材料に長時間一定荷重を加えるとひずみが時間とともに増加する。これをクリープという。［　イ　］ではこのクリープが顕著になる傾向がある。

（C）弾性変形下では，縦弾性係数の値が［　ウ　］と少しの荷重でも変形しやすい。

(D) 部材の形状が急に変化する部分では，局所的にvon Mises相当応力（相当応力）が エ なる。

	ア	イ	ウ	エ
①	引張	材料の温度が高い状態	小さい	大きく
②	引張	材料の温度が高い状態	大きい	小さく
③	圧縮	材料の温度が高い状態	小さい	小さく
④	圧縮	引張強さが大きい材料	小さい	大きく
⑤	引張	引張強さが大きい材料	大きい	大きく

I 1-2

確率分布に関する次の記述のうち，不適切なものはどれか。

① 1個のサイコロを振ったときに，1から6までのそれぞれの目が出る確率は，一様分布に従う。

② 大量生産される工業製品のなかで，不良品が発生する個数は，ポアソン分布に従うと近似できる。

③ 災害が起こってから次に起こるまでの期間は，指数分布に従うと近似できる。

④ ある交差点における5年間の交通事故発生回数は，正規分布に従うと近似できる。

⑤ 1枚のコインを5回投げたときに，表が出る回数は，二項分布に従う。

I 1-3

次の記述の，[　　] に入る語句として，適切なものはどれか。

ある棒部材に，互いに独立な引張力 F_a と圧縮力 F_b が同時に作用する。引張力 F_a は平均300N，標準偏差30Nの正規分布に従い，圧縮力 F_b は平均200N，標準偏差40Nの正規分布に従う。棒部材の合力が200N以上の引張力となる確率は［　　］となる。ただし，平均０，標準偏差１の正規分布で値がz以上となる確率は以下の表により表される。

表　標準正規分布に従う確率変数zと上側確率

z	1.0	1.5	2.0	2.5	3.0
確率［%］	15.9	6.68	2.28	0.62	0.13

① 0.2%未満
② 0.2%以上１%未満
③ １%以上５%未満
④ ５%以上10%未満
⑤ 10%以上

I 1-4

ある工業製品の安全率をxとする（x＞１）。この製品の期待損失額は，製品に損傷が生じる確率とその際の経済的な損失額の積として求められ，損傷が生じる確率は１／（１＋x），経済的な損失額は９億円である。一方，この製品を造るための材料費やその調達を含む製造コストがx億円であるとした場合に，製造にかかる総コスト（期待損失額と製造コストの合計）を最小にする安全率xの値はどれか。

① 2.0　② 2.5　③ 3.0　④ 3.5　⑤ 4.0

I 1-5

次の記述の、［　　］に入る語句の組合せとして，適切なものはどれか。

断面が円形の等分布荷重を受ける片持ばりにおいて，最大曲げ応力は断面の円の直径の［ア］に［イ］し，最大たわみは断面の円の直径の［ウ］に［イ］する。また，この断面を円から長方形に変更すると，最大曲げ応力は断面の長方形の高さの［エ］に［イ］する。ただし，断面形状ははりの長さ方向に対して一様である。また，はりの長方形断面の高さ方向は荷重方向に一致する。

	ア	イ	ウ	エ
①	3乗	比例	4乗	3乗
②	4乗	比例	3乗	2乗
③	3乗	反比例	4乗	2乗
④	4乗	反比例	3乗	3乗
⑤	3乗	反比例	4乗	3乗

I 1-6

ある施設の計画案（ア）～（オ）がある。これらの計画案による施設の建設によって得られる便益が，将来の社会条件a，b，cにより表1のように変化するものとする。また，それぞれの計画案に要する建設費用が表2に示されるとおりとする。将来の社会条件の発生確率が，それぞれa＝70%，b＝20%，c＝10%と予測される場合，期待される価値（＝便益－費用）が最も大きくなる計画案はどれか。

表1　社会条件によって変化する便益(単位:億円)

社会条件＼計画案	ア	イ	ウ	エ	オ
a	5	5	3	6	7
b	4	4	6	5	4
c	4	7	7	3	5

表2　計画案に要する建設費用(単位:億円)

計画案	ア	イ	ウ	エ	オ
建設費用	3	3	3	4	6

①　ア　②　イ　③　ウ　④　エ　⑤　オ

●2群　情報・論理に関するもの（全6問題から3問題を選択解答）

I 2-1

テレワーク環境における問題に関する次の記述のうち，最も不適切なものはどれか。

① Web会議サービスを利用する場合，意図しない参加者を会議へ参加させないためには，会議参加用のURLを参加者に対し安全な通信路を用いて送付すればよい。

② 各組織のネットワーク管理者は，テレワークで用いるVPN製品等の通信機器の脆弱性について，常に情報を収集することが求められている。

③ テレワーク環境では，オフィス勤務の場合と比較してフィッシング等の被害が発生する危険性が高まっている。

④ ソーシャルハッキングへの対策のため，第三者の出入りが多いカフェやレストラン等でのテレワーク業務は避ける。

⑤ テレワーク業務におけるインシデント発生時において，適切な連絡先が確認できない場合，被害の拡大につながるリスクがある。

I 2-2

4つの集合A，B，C，Dが以下の4つの条件を満たしているとき，集合A，B，C，Dすべての積集合の要素数の値はどれか。

条件1　A，B，C，Dの要素数はそれぞれ11である。

条件２　A，B，C，Dの任意の２つの集合の積集合の要素数はいずれも７である。
条件３　A，B，C，Dの任意の３つの集合の積集合の要素数はいずれも４である。
条件４　A，B，C，Dすべての和集合の要素数は16である。

①　8　②　4　③　2　④　1　⑤　0

I 2-3

仮想記憶のページ置換手法としてLRU（Least Recently Used）が使われており，主記憶に格納できるページ数が3，ページの主記憶からのアクセス時間がH［秒］，外部記憶からのアクセス時間がM［秒］であるとする（HはMよりはるかに小さいものとする）。ここでLRUとは最も長くアクセスされなかったページを置換対象とする方式である。仮想記憶にページが何も格納されていない状態から開始し，プログラムが次の順番でページ番号を参照する場合の総アクセス時間として，適切なものはどれか。

2⇒1⇒1⇒2⇒3⇒4⇒1⇒3⇒4

なお，主記憶のページ数が1であり，2⇒2⇒1⇒2の順番でページ番号を参照する場合，最初のページ2へのアクセスは外部記憶からのアクセスとなり，同時に主記憶にページ2が格納される。以降のページ2，ページ1，ページ2への参照はそれぞれ主記憶，外部記憶，外部記憶からのアクセスとなるので，総アクセス時間は3M＋1H［秒］となる。

①　7M＋2H［秒］
②　6M＋3H［秒］
③　5M＋4H［秒］
④　4M＋5H［秒］
⑤　3M＋6H［秒］

I

2-4

次の記述の, ＿＿ に入る値の組合せとして, 適切なものはどれか。

同じ長さの2つのビット列に対して, 対応する位置のビットが異なっている箇所の数をそれらのハミング距離と呼ぶ。ビット列「0101011」と「0110000」のハミング距離は, 表1のように考えると4であり, ビット列「1110101」と「1001111」のハミング距離は ア である。4ビットの情報ビット列「X1　X2　X3　X4」に対して,「X5　X6　X7」をX5 = X2 + X3 + X4 (mod 2), X6 = X1 + X3 + X4(mod 2), X7 = X1 + X2 + X4(mod 2)(mod 2は整数を2で割った余りを表す) とおき, これらを付加したビット列「X1　X2　X3　X4　X5　X6　X7」を考えると, 任意の2つのビット列のハミング距離が3以上であることが知られている。このビット列「X1　X2　X3　X4　X5　X6　X7」を送信し通信を行ったときに, 通信過程で高々1ビットしか通信の誤りが起こらないという仮定の下で, 受信ビット列が「0100110」であったとき, 表2のように考えると「1100110」が送信ビット列であることがわかる。同じ仮定の下で, 受信ビット列が「1000010」であったとき, 送信ビット列は イ であることがわかる。

表1　ハミング距離の計算

1つめのビット列	0	1	0	1	0	1	1
2つめのビット列	0	1	1	0	0	0	0
異なるビット位置と個数計算			1	2		3	4

表2　受信ビット列が「0100110」の場合

受信ビット列の正誤	送信ビット列								X1, X2, X3, X4に対応する付加ビット列		
	X1	X2	X3	X4	X5	X6	X7	⇒	X2+X3+X4(mod 2)	X1+X3+X4(mod 2)	X1+X2+X4(mod 2)
全て正しい	0	1	0	0	1	1	0		1	0	1
X1のみ誤り	1	1	0	0	同上			一致	1	1	0
X2のみ誤り	0	0	0	0	同上				0	0	0
X3のみ誤り	0	1	1	0	同上				0	1	1
X4のみ誤り	0	1	0	1	同上				0	1	0
X5のみ誤り	0	1	0	0	0	1	0		1	0	1
X6のみ誤り	同上				1	0	0		同上		
X7のみ誤り	同上				1	1	1		同上		

	ア	イ
①	4	「0000010」
②	5	「1100010」
③	4	「1001010」
④	5	「1000110」
⑤	4	「1000011」

I 2-5

次の記述の, ＿＿＿ に入る値の組合せとして，適切なものはどれか。

nを0又は正の整数, $a_i \in \{0,1\}$ ($i=0,1,\cdots,n$) とする。図は2進数 $(a_n a_{n-1} \cdots a_1 a_0)_2$ を10進数sに変換するアルゴリズムの流れ図である。

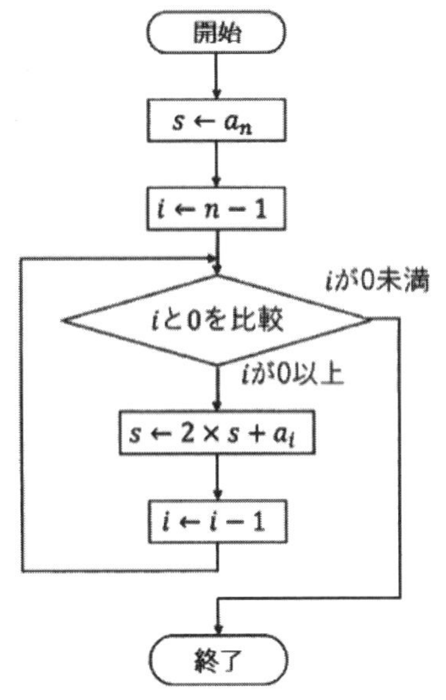

図　10進数sを求めるアルゴリズムの流れ図

このアルゴリズムを用いて2進数 $(1011)_2$を10進数sに変換すると，sには初めに1が代入され，その後，順に2，5と更新され，最後に11となり終了する。このようにsが更新される過程を

$$1 \rightarrow 2 \rightarrow 5 \rightarrow 11$$

と表す。同様に，２進数 $(11001011)_2$ を10進数sに変換すると，sは次のように更新される。

1 → 3 → 6 → ［ア］→［イ］→［ウ］→［エ］→ 203

	ア	イ	ウ	エ
①	12	25	51	102
②	13	26	50	102
③	13	26	52	101
④	13	25	50	101
⑤	12	25	50	101

I 2-6

IPv4アドレスは32ビットを８ビットごとにピリオド（.）で区切り４つのフィールドに分けて，各フィールドの８ビットを10進数で表記する。一方IPv6アドレスは128ビットを16ビットごとにコロン（：）で区切り，８つのフィールドに分けて各フィールドの16ビットを16進数で表記する。IPv6アドレスで表現できるアドレス数はIPv4アドレスで表現できるアドレス数の何倍の値となるかを考えた場合，適切なものはどれか。

① 2^4倍　② 2^{16}倍　③ 2^{32}倍　④ 2^{96}倍　⑤ 2^{128}倍

●３群　解析に関するもの（全６問題から３問題を選択解答）

I 3-1

$x=x_i$における導関数$\dfrac{df}{dx}$の差分表現として，誤っているものはどれか。ただし，添え字iは格子点を表すインデックス，格子幅をΔとする。

① $\dfrac{f_{i+1}-f_i}{\Delta}$

② $\dfrac{3f_i-4f_{i-1}+f_{i-2}}{2\Delta}$

③ $\dfrac{f_{i+1}-f_{i-1}}{2\Delta}$

④ $\dfrac{f_{i+1}-2f_i+f_{i-1}}{\Delta^2}$

⑤ $\dfrac{f_i-f_{i-1}}{\Delta}$

I 3-2

3次元直交座標系における任意のベクトル$\mathrm{a}=(a_1, a_2, a_3)$と$\mathrm{b}=(b_1, b_2, b_3)$に対して必ずしも成立しない式はどれか。ただし$\mathrm{a}\cdot\mathrm{b}$及び$\mathrm{a}\times\mathrm{b}$はそれぞれベクトルaとbの内積及び外積を表す。

① $(\mathrm{a}\times\mathrm{b})\cdot\mathrm{a}=0$
② $\mathrm{a}\times\mathrm{b}=\mathrm{b}\times\mathrm{a}$
③ $\mathrm{a}\cdot\mathrm{b}=\mathrm{b}\cdot\mathrm{a}$
④ $\mathrm{b}\cdot(\mathrm{a}\times\mathrm{b})=0$
⑤ $\mathrm{a}\times\mathrm{a}=0$

I 3-3

数値解析の精度を向上する方法として次のうち，最も不適切なものはどれか。

① 丸め誤差を小さくするために，計算機の浮動小数点演算を単精度から倍精度に変更した。
② 有限要素解析において，高次要素を用いて要素分割を行った。
③ 有限要素解析において，できるだけゆがんだ要素ができないよ

うに要素分割を行った。

④ Newton法などの反復計算において，反復回数が多いので収束判定条件を緩和した。

⑤ 有限要素解析において，解の変化が大きい領域の要素分割を細かくした。

I 3-4

両端にヒンジを有する２つの棒部材ＡＣとＢＣがあり，点Ｃにおいて鉛直下向きの荷重Ｐを受けている。棒部材ＡＣとＢＣに生じる軸方向力をそれぞれN_1とN_2とするとき，その比$\frac{N_1}{N_2}$として，適切なものはどれか。なお，棒部材の伸びは微小とみなしてよい。

① $\frac{1}{2}$

② $\frac{1}{\sqrt{3}}$

③ 1

④ $\sqrt{3}$

⑤ 2

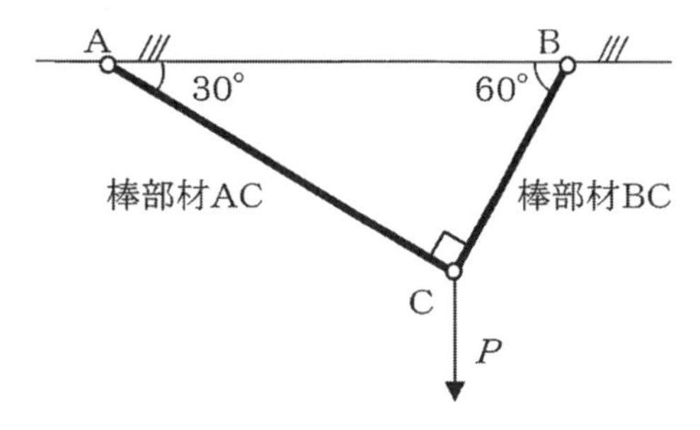

図　両端にヒンジを有する棒部材からなる構造

I 3-5

モータの出力軸に慣性モーメントI[kg·m^2]の円盤が取り付けられている。この円盤を時間T[s]の間に角速度ω_1[rad／s]からω_2[rad／s]（$\omega_2 > \omega_1$）に一定の角加速度（$\omega_2 - \omega_1$）／Tで増速するために必要なモータ出力軸のトルクτ[Nm]として適切なものはどれか。ただし，モータ出力軸の慣性モーメントは無視できるものとする。

① $\tau = I\ (\omega_2 - \omega_1)$

② $\tau = I\ (\omega_2 - \omega_1) \cdot T$

③　$\tau = I\ (\omega_2 - \omega_1)\ /\mathrm{T}$

④　$\tau = I\ (\omega_2^2 - \omega_1^2)\ /\ 2$

⑤　$\tau = I\ (\omega_2^2 - \omega_1^2)\cdot \mathrm{T}$

I 3-6

図（a）に示すような上下に張力Tで張られた糸の中央に物体が取り付けられた系の振動を考える。糸の長さは$2L$，物体の質量はmである。図（a）の拡大図に示すように，物体の横方向の変位をxとし，そのときの糸の傾きをθとすると，復元力は$2T\sin\theta$と表され，運動方程式よりこの系の固有振動数f_aを求めることができる。同様に，図（b）に示すような上下に張力Tで張られた長さ$4L$の糸の中央に質量$2m$の物体が取り付けられた系があり，この系の固有振動数をf_bとする。f_aとf_bの比として適切なものはどれか。ただし，どちらの系でも，糸の質量，及び物体の大きさは無視できるものとする。また，物体の鉛直方向の変位はなく，振動している際の張力変動は無視することができ，変位xと傾きθは微小なものとみなしてよい。

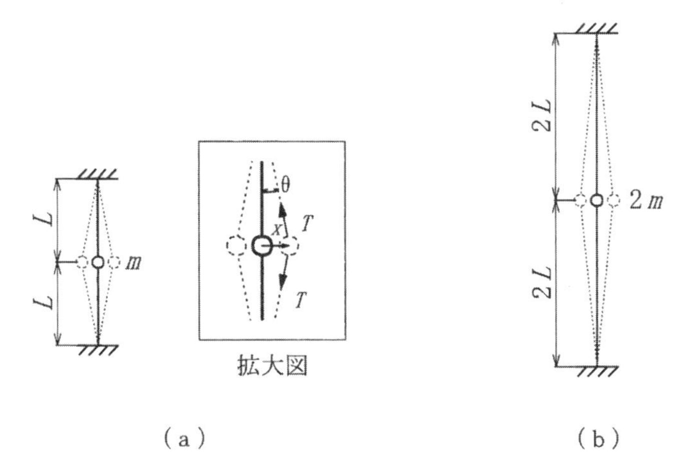

図　張られた糸に物体が取り付けられた2つの系

① $f_a : f_b = 1 : 1$

② $f_a : f_b = 1 : \sqrt{2}$

③ $f_a : f_b = 1 : 2$

④ $f_a : f_b = \sqrt{2} : 1$

⑤ $f_a : f_b = 2 : 1$

●4群　材料・化学・バイオに関するもの（全6問題から3問題を選択解答）

I 4-1

次の記述のうち，最も不適切なものはどれか。ただし，いずれも常温・常圧下であるものとする。

① 酢酸は弱酸であり，炭酸の酸性度は酢酸より弱く，フェノールの酸性度は炭酸よりさらに弱い。

② 塩酸及び酢酸の0.1mol／L水溶液は同一のpHを示す。

③ 水酸化ナトリウム，水酸化カリウム，水酸化カルシウム，水酸化バリウムは水に溶けて強塩基性を示す。

④ 炭酸カルシウムに希塩酸を加えると，二酸化炭素を発生する。

⑤ 塩化アンモニウムと水酸化カルシウムの混合物を加熱すると，アンモニアを発生する。

I 4-2

次の物質のうち，下線を付けた原子の酸化数が最小なものはどれか。

① $H_2\underline{S}$　② $\underline{Mn}$　③ $\underline{Mn}O_4^-$　④ $\underline{N}H_3$　⑤ $H\underline{N}O_3$

I 4-3

金属材料に関する次の記述の, [　　] に入る語句及び数値の組合せとして, 適切なものはどれか。

ニッケルは, [ア] に分類される金属であり, ニッケル合金やニッケルめっき鋼板などの製造に使われている。
幅0.50m, 長さ1.0m, 厚さ0.60mmの鋼板に, ニッケルで厚さ10μmの片面めっきを施すには, [イ] kgのニッケルが必要である。このニッケルめっき鋼板におけるニッケルの質量百分率は, [ウ] %である。ただし, 鋼板, ニッケルの密度は, それぞれ, 7.9×10^3kg／m^3, 8.9×10^3kg／m^{3}とする。

	ア	イ	ウ
①	レアメタル	4.5×10^{-2}	1.8
②	ベースメタル	4.5×10^{-2}	0.18
③	レアメタル	4.5×10^{-2}	0.18
④	ベースメタル	8.9×10^{-2}	0.18
⑤	レアメタル	8.9×10^{-2}	1.8

I 4-4

材料の力学特性試験に関する次の記述の, [　　] に入る語句の組合せとして, 適切なものはどれか。

材料の弾塑性挙動を, 試験片の両端を均一に引っ張る一軸引張試験機を用いて測定したとき, 試験機から一次的に計測できるものは荷重と変位である。荷重を [ア] の試験片の断面積で除すことで [イ] が得られ, 変位を [ア] の試験片の長さで除すことで [ウ] が得られる。
[イ] − [ウ] 曲線において, 試験開始の初期に現れる直線領域を [エ] 変形領域と呼ぶ。

	ア	イ	ウ	エ
①	変形前	公称応力	公称ひずみ	弾性
②	変形後	真応力	公称ひずみ	弾性
③	変形前	公称応力	真ひずみ	塑性
④	変形後	真応力	真ひずみ	塑性
⑤	変形前	公称応力	公称ひずみ	塑性

I 4-5

酵素に関する次の記述のうち，最も適切なものはどれか。

① 酵素を構成するフェニルアラニン，ロイシン，バリン，トリプトファンなどの非極性アミノ酸の側鎖は，酵素の外表面に存在する傾向がある。

② 至適温度が20℃以下，あるいは100℃以上の酵素は存在しない。

③ 酵素は，アミノ酸がペプチド結合によって結合したタンパク質を主成分とする無機触媒である。

④ 酵素は，活性化エネルギーを増加させる触媒の働きを持っている。

⑤ リパーゼは，高級脂肪酸トリグリセリドのエステル結合を加水分解する酵素である。

I 4-6

ある二本鎖DNAの一方のポリヌクレオチド鎖の塩基組成を調べたところ，グアニン（G）が25%，アデニン（A）が15%であった。このとき，同じ側の鎖，又は相補鎖に関する次の記述のうち，最も適切なものはどれか。

① 同じ側の鎖では，シトシン（C）とチミン（T）の和が40%である。

② 同じ側の鎖では，グアニン（G）とシトシン（C）の和が90%

である。

③　相補鎖では，チミン（T）が25%である。

④　相補鎖では，シトシン（C）とチミン（T）の和が50%である。

⑤　相補鎖では，グアニン（G）とアデニン（A）の和が60%である。

●5群　環境・エネルギー・技術に関するもの（全6問題から3問題を選択解答）

気候変動に関する政府間パネル（IPCC）第6次評価報告書第1～3作業部会報告書政策決定者向け要約の内容に関する次の記述のうち，不適切なものはどれか。

①　人間の影響が大気，海洋及び陸域を温暖化させてきたことには疑う余地がない。

②　2011～2020年における世界平均気温は，工業化以前の状態の近似値とされる1850～1900年の値よりも約3℃高かった。

③　気候変動による影響として，気象や気候の極端現象の増加，生物多様性の喪失，土地・森林の劣化，海洋の酸性化，海面水位上昇などが挙げられる。

④　気候変動に対する生態系及び人間の脆弱性は，社会経済的開発の形態などによって，地域間及び地域内で大幅に異なる。

⑤　世界全体の正味の人為的な温室効果ガス排出量について，2010～2019年の期間の年間平均値は過去のどの10年の値よりも高かった。

I 5-2

廃棄物に関する次の記述のうち，不適切なものはどれか。

① 一般廃棄物と産業廃棄物の近年の総排出量を比較すると，一般廃棄物の方が多くなっている。

② 特別管理産業廃棄物とは，産業廃棄物のうち，爆発性，毒性，感染性その他の人の健康又は生活環境に係る被害を生ずるおそれがあるものである。

③ バイオマスとは，生物由来の有機性資源のうち化石資源を除いたもので，廃棄物系バイオマスには，建設発生木材や食品廃棄物，下水汚泥などが含まれる。

④ RPFとは，廃棄物由来の紙，プラスチックなどを主原料とした固形燃料のことである。

⑤ 2020年東京オリンピック競技大会・東京パラリンピック競技大会のメダルは，使用済小型家電由来の金属を用いて製作された。

I 5-3

石油情勢に関する次の記述の，［　　］に入る数値及び語句の組合せとして，適切なものはどれか。

日本で消費されている原油はそのほとんどを輸入に頼っているが，エネルギー白書2021によれば輸入原油の中東地域への依存度（数量ベース）は2019年度で約［ア］%と高く，その大半は同地域における地政学的リスクが大きい［イ］海峡を経由して運ばれている。また，同年における最大の輸入相手国は［ウ］である。石油及び石油製品の輸入金額が，日本の総輸入金額に占める割合は，2019年度には約［エ］%である。

	ア	イ	ウ	エ
①	90	ホルムズ	サウジアラビア	10
②	90	マラッカ	クウェート	32
③	90	ホルムズ	クウェート	10
④	67	マラッカ	クウェート	10
⑤	67	ホルムズ	サウジアラビア	32

I 5-4

水素に関する次の記述の，［　　］に入る数値及び語句の組合せとして，適切なものはどれか。

水素は燃焼後に水になるため，クリーンな二次エネルギーとして注目されている。水素の性質として，常温では気体であるが，1気圧の下で，［ア］℃まで冷やすと液体になる。液体水素になると，常温の水素ガスに比べてその体積は約［イ］になる。また，水素と酸素が反応すると熱が発生するが，その発熱量は［ウ］当たりの発熱量でみるとガソリンの発熱量よりも大きい。そして，水素を利用することで，鉄鉱石を還元して鉄に変えることもできる。コークスを使って鉄鉱石を還元する場合は二酸化炭素（CO_2）が発生するが，水素を使って鉄鉱石を還元する場合は，コークスを使う場合と比較してCO_2発生量の削減が可能である。なお，水素と鉄鉱石の反応は［エ］反応となる。

	ア	イ	ウ	エ
①	−162	1／600	重量	吸熱
②	−162	1／800	重量	発熱
③	−253	1／600	体積	発熱
④	−253	1／800	体積	発熱
⑤	−253	1／800	重量	吸熱

Ⅰ 5-5

科学技術とリスクの関わりについての次の記述のうち，不適切なものはどれか。

① リスク評価は，リスクの大きさを科学的に評価する作業であり，その結果とともに技術的可能性や費用対効果などを考慮してリスク管理が行われる。
② レギュラトリーサイエンスは，リスク管理に関わる法や規制の社会的合意の形成を支援することを目的としており，科学技術と社会との調和を実現する上で重要である。
③ リスクコミュニケーションとは，リスクに関する，個人，機関，集団間での情報及び意見の相互交換である。
④ リスクコミュニケーションでは，科学的に評価されたリスクと人が認識するリスクの間に往々にして隔たりがあることを前提としている。
⑤ リスクコミュニケーションに当たっては，リスク情報の受信者を混乱させないために，リスク評価に至った過程の開示を避けることが重要である。

Ⅰ 5-6

次の（ア）～（オ）の科学史・技術史上の著名な業績を，年代の古い順から並べたものとして，適切なものはどれか。

（ア） ヘンリー・ベッセマーによる転炉法の開発
（イ） 本多光太郎による強力磁石鋼KS鋼の開発
（ウ） ウォーレス・カロザースによるナイロンの開発
（エ） フリードリヒ・ヴェーラーによる尿素の人工的合成
（オ） 志賀潔による赤痢菌の発見

① ア―エ―イ―オ―ウ
② ア―エ―オ―イ―ウ

③　エ―ア―オ―イ―ウ

④　エ―オ―ア―ウ―イ

⑤　オ―エ―ア―ウ―イ

Ⅱ　適性科目

Ⅱ　次の15問題を解答せよ。（解答欄に1つだけマークすること。）

Ⅱ-1

技術士及び技術士補は，技術士法第４章（技術士等の義務）の規定の遵守を求められている。次に掲げる記述について，第４章の規定に照らして，正しいものは○，誤っているものは×として，適切な組合せはどれか。

(ア) 技術士等の秘密保持義務は，所属する組織の業務についてであり，退職後においてまでその制約を受けるものではない。

(イ) 技術は日々変化，進歩している。技術士は，名称表示している専門技術業務領域について能力開発することによって，業務領域を拡大することができる。

(ウ) 技術士等は，顧客から受けた業務を誠実に実施する義務を負っている。顧客の指示が如何なるものであっても，指示通りに実施しなければならない。

(エ) 技術士は，その業務に関して技術士の名称を表示するときは，その登録を受けた技術部門を明示してするものとし，登録を受けていない技術部門を表示してはならない。

(オ) 技術士等は，その業務を行うに当たっては，公共の安全，環境の保全その他の公益を害することのないよう努めなければならないが，顧客の利益を害する場合は守秘義務を優先する必要がある。

(カ) 企業に所属している技術士補は，顧客がその専門分野の能力を認めた場合は，技術士補の名称を表示して技術士に代わって主体的に業務を行ってよい。

(キ) 技術士は，その登録を受けた技術部門に関しては，十分な知識及び技能を有しているので，その登録部門以外に関する知識及び技能の水準を重点的に向上させるよう努めなければならない。

	ア	イ	ウ	エ	オ	カ	キ
①	×	○	×	×	○	×	○
②	×	×	×	○	×	○	×
③	○	×	○	×	○	×	○
④	×	○	×	○	×	×	×
⑤	○	×	×	○	×	○	×

Ⅱ-2

PDCAサイクルとは，組織における業務や管理活動などを進める際の，基本的な考え方を簡潔に表現したものであり，国内外において広く浸透している。PDCAサイクルは，P，D，C，Aの４つの段階で構成されており，この活動を継続的に実施していくことを，「PDCAサイクルを回す」という。文部科学省（研究及び開発に関する評価指針（最終改定）平成29年４月）では，「PDCAサイクルを回す」という考え方を一般的な日本語にも言い換えているが，次の記述のうち，適切なものはどれか。

① 計画→点検→実施→処置→計画（以降，繰り返す）
② 計画→点検→処置→実施→計画（以降，繰り返す）
③ 計画→実施→処置→点検→計画（以降，繰り返す）
④ 計画→実施→点検→処置→計画（以降，繰り返す）
⑤ 計画→処置→点検→実施→計画（以降，繰り返す）

Ⅱ-3

近年，世界中で環境破壊，貧困など様々な社会的問題が深刻化している。また，情報ネットワークの発達によって，個々の組織の活動が社会に与える影響はますます大きく，そして広がるようになってきている。このため社会を構成するあらゆる組織に対して，社会的に責任ある行動がより強く求められている。ISO26000には社会的責任の７つの原則として「人権の尊重」,「国際行動規範の尊重」,「倫理的な行動」他４つが記載されている。次のうち，その４つに該当しないものはどれか。

① 透明性
② 法の支配の尊重
③ 技術の継承
④ 説明責任
⑤ ステークホルダーの利害の尊重

Ⅱ-4

我が国では社会課題に対して科学技術・イノベーションの力で立ち向かうために「Society5.0」というコンセプトを打ち出している。「Society5.0」に関する次の記述の，[　　] に入る語句の組合せとして，適切なものはどれか。

Society5.0とは，我が国が目指すべき未来社会として，第５期科学技術基本計画（平成28年１月閣議決定）において，我が国が提唱したコンセプトである。
Society5.0は，[ア] 社会（Society1.0），[イ] 社会（Society2.0），工業社会（Society3.0），情報社会（Society4.0）に続く社会であり，具体的には，「サイバー空間（仮想空間）とフィジカル空間（現実空間）を高度に融合させたシステムにより，経済発展と [ウ] 的課題の解決を両立する [エ] 中心の社会」と定義されている。
我が国がSociety5.0として目指す社会は，ICTの浸透によって人々の生活をあらゆる面でより良い方向に変化させるデジタルトランスフォーメーションにより,「直面する脅威や先の見えない不確実な状況に対し, [オ] 性・強靭性を備え, 国民の安全と安心を確保するとともに, 一人ひとりが多様な幸せ(well-being)を実現できる社会」である。

	ア	イ	ウ	エ	オ
①	狩猟	農耕	社会	人間	持続可能
②	農耕	狩猟	社会	人間	持続可能
③	狩猟	農耕	社会	人間	即応
④	農耕	狩猟	技術	自然	即応
⑤	狩猟	農耕	技術	自然	即応

Ⅱ-5 職場のパワーハラスメントやセクシュアルハラスメント等の様々なハラスメントは, 働く人が能力を十分に発揮することの妨げになることはもちろん, 個人としての尊厳や人格を不当に傷つける等の人権に関わる許されない行為である。また, 企業等にとっても, 職場秩序の乱れや業務への支障が生じたり, 貴重な人材の損失につながり, 社会的評価にも悪影響を与えかねない大きな問題である。職場のハラスメントに関する次の記述のうち, 適切なものの数はどれか。

(ア) ハラスメントの行為者としては, 事業主, 上司, 同僚, 部下に限らず, 取引先, 顧客, 患者及び教育機関における教員・学生等がなり得る。

(イ) ハラスメントであるか否かについては, 相手から意思表示があるかないかにより決定される。

(ウ) 職場の同僚の前で, 上司が部下の失敗に対し,「ばか」,「のろま」などの言葉を用いて大声で叱責する行為は, 本人はもとより職場全体のハラスメントとなり得る。

(エ) 職場で不満を感じたりする指示や注意・指導があったとしても，客観的にみて，これらが業務の適切な範囲で行われている場合には，ハラスメントに当たらない。

(オ) 上司が，長時間労働をしている妊婦に対して，「妊婦には長時間労働は負担が大きいだろうから，業務分担の見直しを行い，あなたの残業量を減らそうと思うがどうか」と配慮する行為はハラスメントに該当する。

(カ) 部下の性的指向（人の恋愛・性愛がいずれの性別を対象にするかをいう）または，性自認（性別に関する自己意識）を話題に挙げて上司が指導する行為は，ハラスメントになり得る。

(キ) 職場のハラスメントにおいて，「優越的な関係」とは職務上の地位などの「人間関係による優位性」を対象とし，「専門知識による優位性」は含まれない。

① 1　② 2　③ 3　④ 4　⑤ 5

Ⅱ-6

技術者にとって安全の確保は重要な使命の１つである。この安全とは，絶対安全を意味するものではなく，リスク（危害の発生確率及びその危害の度合いの組合せ）という数量概念を用いて，許容不可能なリスクがないことをもって，安全と規定している。この安全を達成するためには，リスクアセスメント及びリスク低減の反復プロセスが必要である。安全の確保に関する次の記述のうち，不適切なものはどれか。

① リスク低減反復プロセスでは，評価したリスクが許容可能なレベルとなるまで反復し，その許容可能と評価した最終的な「残留リスク」については，妥当性を確認し文書化する。

② リスク低減とリスク評価に関して，「ALARP」の原理がある。「ALARP」とは，「合理的に実行可能な最低の」を意味する。

③ 「ALARP」が適用されるリスク水準領域において，評価するリスクについては，合理的に実行可能な限り低減するか，又は合理的に実行可能な最低の水準まで低減することが要求される。
④ 「ALARP」の適用に当たっては，当該リスクについてリスク低減をさらに行うことが実際的に不可能な場合，又は費用に比べて改善効果が甚だしく不釣合いな場合だけ，そのリスクは許容可能となる。
⑤ リスク低減方策のうち，設計段階においては，本質的安全設計，ガード及び保護装置，最終使用者のための使用上の情報の３方策があるが，これらの方策には優先順位はない。

Ⅱ-7 **倫理問題への対処法としての功利主義と個人尊重主義とは，ときに対立することがある。次の記述の，［　　］に入る語句の組合せとして，適切なものはどれか。**

倫理問題への対処法としての「功利主義」とは，19世紀のイギリスの哲学者であるベンサムやミルらが主張した倫理学説で,「最大多数の［　ア　］」を原理とする。倫理問題で選択肢がいくつかあるとき，そのどれが最大多数の［　ア　］につながるかで優劣を判断する。しかしこの種の功利主義のもとでは，特定個人への不利益が生じたり，［　イ　］が制限されたりすることがある。一方，「個人尊重主義」の立場からは，［　イ　］はできる限り尊重すべきである。功利主義においては，特定の個人に犠牲を強いることになった場合には，個人尊重主義と対立することになる。功利主義のもとでの犠牲が個人にとって許容できるものかどうか。その確認の方法として,「黄金律」テストがある。黄金律とは,「［　ウ　］」あるいは「自分の望まないことを人にするな」という教えである。自分がされた場合には憤慨するようなことを，他人にはしていないかチェックする「黄金律」テストの結果，自分としては損害を許容できないとの結論に達したならば，他の行動を考える倫理的必要性が高いとされる。また，重要なのは，たとえ「黄金律」テストで自分でも許容できる範囲であると判断された場合でも，次のステップとして「相手の価値観においてはどうだろうか」と考えることである。権利にもレベルがあり，生活を維持する権利は生活を改善する権利に優先する。この場合の生活の維持とは，盗まれない権利，だまされない権利などまでを含むものである。また，安全，［ エ ］に関する権利は最優先されなければならない。

	ア	イ	ウ	エ
①	最大幸福	多数派の権利	自分の望むことを人にせよ	身分
②	最大利潤	個人の権利	人が望むことを自分にせよ	健康
③	最大幸福	個人の権利	自分の望むことを人にせよ	健康
④	最大利潤	多数派の権利	人が望むことを自分にせよ	健康
⑤	最大幸福	個人の権利	人が望むことを自分にせよ	身分

Ⅱ-8

安全保障貿易管理とは，我が国を含む国際的な平和及び安全の維持を目的として，武器や軍事転用可能な技術や貨物が，我が国及び国際的な平和と安全を脅かすおそれのある国家やテロリスト等，懸念活動を行うおそれのある者に渡ることを防ぐための技術の提供や貨物の輸出の管理を行うことである。先進国が有する高度な技術や貨物が，大量破壊兵器等（核兵器・化学兵器・生物兵器・ミサイル）を開発等（開発・製造・使用又は貯蔵）している国等に渡ること，また通常兵器が過剰に蓄積されることなどの国際的な脅威を未然に防ぐために，先進国を中心とした枠組みを作って，安全保障貿易管理を推進している。
安全保障貿易管理は，大量破壊兵器等や通常兵器に係る「国際輸出管理レジーム」での合意を受けて，我が国を含む国際社会が一体となって，管理に取り組んでいるものであり，我が国では外国為替及び外国貿易法（外為法）等に基づき規制が行われている。安全保障貿易管理に関する次の記述のうち，適切なものの数はどれか。

（ア） 自社の営業担当者は，これまで取引のないA社（海外）から製品の大口の引き合いを受けた。A社からすぐに製品の評価をしたいので，少量のサンプルを納入して欲しいと言われた。当該製品は国内では容易に入手が可能なものであるため，規制はないと判断し，商機を逃すまいと急いでA社に向けて評価用サンプルを輸出した。

（イ） 自社は商社として，メーカーの製品を海外へ輸出している。メーカーから該非判定書を入手しているが，メーカーを信用しているため，自社では判定書の内容を確認していない。また，製品に関する法令改正を確認せず，5年前に入手した該非判定書を使い回している。

（ウ） 自社は従来，自動車用の部品（非該当）を生産し，海外へも販売を行っていた。あるとき，昔から取引のあるA社から，B社（海外）もその部品の購入意向があることを聞いた。自社では，信頼していたA社からの紹介ということもあり，すぐに取引を開始した。

（エ） 自社では，リスト規制品の場合，営業担当者は該非判定の結果及び取引審査の結果を出荷部門へ連絡し，出荷指示をしている。出荷部門では該非判定・取引審査の完了を確認し，さらに，輸出・提供するものと審査したものとの同一性や，輸出許可の取得の有無を確認して出荷を行った。

① 0　② 1　③ 2　④ 3　⑤ 4

Ⅱ-9

知的財産を理解することは，ものづくりに携わる技術者にとって非常に大事なことである。知的財産の特徴の１つとして「財産的価値を有する情報」であることが挙げられる。情報は，容易に模倣されるという特質を持っており，しかも利用されることにより消費されるということがないため，多くの者が同時に利用することができる。こうしたことから知的財産権制度は，創作者の権利を保護するため，元来自由利用できる情報を，社会が必要とする限度で自由を制限する制度ということができる。
次の（ア）～（オ）のうち，知的財産権のなかの知的創作物についての権利等に含まれるものを○，含まれないものを×として，正しい組合せはどれか。

（ア）特許権（特許法）
（イ）実用新案権（実用新案法）
（ウ）意匠権（意匠法）
（エ）著作権（著作権法）
（オ）営業秘密（不正競争防止法）

	ア	イ	ウ	エ	オ
①	○	×	○	○	○
②	○	○	×	○	○
③	○	○	○	×	○
④	○	○	○	○	×
⑤	○	○	○	○	○

Ⅱ-10

循環型社会形成推進基本法は，環境基本法の基本理念にのっとり，循環型社会の形成について基本原則を定めている。この法律は，循環型社会の形成に関する施策を総合的かつ計画的に推進し，現在及び将来の国民の健康で文化的な生活の確保に寄与することを目的としている。次の（ア）～（エ）の記述について，正しいものは○，誤っているものは×として，適切な組合せはどれか。

（ア）「循環型社会」とは，廃棄物等の発生抑制，循環資源の循環的な利用及び適正な処分が確保されることによって，天然資源の消費を抑制し，環境への負荷ができる限り低減される社会をいう。

（イ）「循環的な利用」とは，再使用，再生利用及び熱回収をいう。

（ウ）「再生利用」とは，循環資源を製品としてそのまま使用すること，並びに循環資源の全部又は一部を部品その他製品の一部として使用することをいう。

（エ）廃棄物等の処理の優先順位は，［1］発生抑制，［2］再生利用，［3］再使用，［4］熱回収，［5］適正処分である。

	ア	イ	ウ	エ
①	○	○	○	○
②	×	○	×	○
③	○	×	○	×
④	○	○	×	×
⑤	○	×	○	○

Ⅱ-11 製造物責任法（PL法）は，製造物の欠陥により人の生命，身体又は財産に係る被害が生じた場合における製造業者等の損害賠償の責任について定めることにより，被害者の保護を図り，もって国民生活の安定向上と国民経済の健全な発展に寄与することを目的とする。次の（ア）～（ク）のうち，「PL法としての損害賠償責任」には該当しないものの数はどれか。なお，いずれの事例も時効期限内とする。

(ア) 家電量販店にて購入した冷蔵庫について，製造時に組み込まれた電源装置の欠陥により，発火して住宅に損害が及んだ場合。

(イ) 建設会社が造成した土地付き建売住宅地の住宅について，不適切な基礎工事により，地盤が陥没して住居の一部が損壊した場合。

(ウ) 雑居ビルに設置されたエスカレータ設備について，工場製造時の欠陥により，入居者が転倒して怪我をした場合。

(エ) 電力会社の電力系統について，発生した変動（周波数）により，一部の工場設備が停止して製造中の製品が損傷を受けた場合。

(オ) 産業用ロボット製造会社が製作販売した作業ロボットについて，製造時に組み込まれた制御用専用ソフトウエアの欠陥により，アームが暴走して工場作業者が怪我をした場合。

(カ) 大学ベンチャー企業が国内のある湾で自然養殖し，一般家庭へ直接出荷販売した活魚について，養殖場のある湾内に発生した菌の汚染により，集団食中毒が発生した場合。

(キ) 輸入業者が輸入したイタリア産の生ハムについて，イタリアでの加工処理設備の欠陥により，消費者の健康に害を及ぼした場合。

(ク) マンションの管理組合が保守点検を発注したエレベータについて，その保守専門業者の作業ミスによる不具合により，その作業終了後の住民使用開始時に住民が死亡した場合。

① 1　　② 2　　③ 3　　④ 4　　⑤ 5

Ⅱ-12　公正な取引を行うことは，技術者にとって重要な責務である。私的独占の禁止及び公正取引の確保に関する法律（独占禁止法）では，公正かつ自由な競争を促進するため，私的独占，不当な取引制限，不公正な取引方法などを禁止している。また，金融商品取引法では，株や証券などの不公正取引行為を禁止している。公正な取引に関する次の（ア）～（エ）の記述のうち，正しいものは○，誤っているものは×として，適切な組合せはどれか。

（ア）国や地方公共団体などの公共工事や物品の公共調達に関する入札の際，入札に参加する事業者たちが事前に相談して，受注事業者や受注金額などを決めてしまう行為は，インサイダー取引として禁止されている。

（イ）相場を意図的・人為的に変動させ，その相場があたかも自然の需給によって形成されたかのように他人に認識させ，その相場の変動を利用して自己の利益を図ろうとする行為は，相場操縦取引として禁止されている。

（ウ）事業者又は業界団体の構成事業者が相互に連絡を取り合い，本来各事業者が自主的に決めるべき商品の価格や販売・生産数量などを共同で取り決め，競争を制限する行為は，談合として禁止されている。

（エ）上場会社の関係者等がその職務や地位により知り得た，投資者の投資判断に重大な影響を与える未公表の会社情報を利用して自社株等を売買する行為は，カルテルとして禁止されている。

	ア	イ	ウ	エ
①	○	×	○	○
②	○	○	○	×
③	×	○	×	○
④	○	×	×	○
⑤	×	○	×	×

Ⅱ-13 情報通信技術が発達した社会においては，企業や組織が適切な情報セキュリティ対策をとることは当然の責務である。2020年は新型コロナウイルス感染症に関連した攻撃や，急速に普及したテレワークやオンライン会議環境の脆弱性を突く攻撃が世界的に問題となった。また，2017年に大きな被害をもたらしたランサムウェアが，企業・組織を標的に「恐喝」を行う新たな攻撃となり観測された。情報セキュリティマネジメントとは，組織が情報を適切に管理し，機密を守るための包括的枠組みを示すもので，情報資産を扱う際の基本方針やそれに基づいた具体的な計画などトータルなリスクマネジメント体系を示すものである。情報セキュリティに関する次の(ア)～（オ）の記述について，正しいものは○，誤っているものは×として，適切な組合せはどれか。

(ア) 情報セキュリティマネジメントでは，組織が保護すべき情報資産について，情報の機密性，完全性，可用性を維持することが求められている。

(イ) 情報の可用性とは，保有する情報が正確であり，情報が破壊，改ざん又は消去されていない情報を確保することである。

(ウ) 情報セキュリティポリシーとは，情報管理に関して組織が規定する組織の方針や行動指針をまとめたものであり，PDCAサイクルを止めることなく実施し，ネットワーク等の情報セキュリティ監査や日常のモニタリング等で有効性を確認することが必要である。

(エ) 情報セキュリティは人の問題でもあり，組織幹部を含めた全員にセキュリティ教育を実施して遵守を徹底させることが重要であり，浸透具合をチェックすることも必要である。

(オ) 情報セキュリティに関わる事故やトラブルが発生した場合には，セキュリティポリシーに記載されている対応方法に則して，適切かつ迅速な初動処理を行い，事故の分析，復旧作業，再発防止策を実施する。必要な項目があれば，セキュリティポリシーの改定や見直しを行う。

	ア	イ	ウ	エ	オ
①	×	○	○	×	○
②	×	×	○	○	○
③	○	×	○	○	○
④	○	○	×	○	×
⑤	○	○	×	○	○

Ⅱ-14 SDGs（Sustainable Development Goals：持続可能な開発目標）とは，持続可能で多様性と包摂性のある社会の実現のため，2015年9月の国連サミットで全会一致で採択された国際目標である。次の（ア）～（キ）の記述のうち，SDGsの説明として正しいものは○，誤っているものは×として，適切な組合せはどれか。

（ア） SDGsは，先進国だけが実行する目標である。

（イ） SDGsは，前身であるミレニアム開発目標（MDGs）を基にして，ミレニアム開発目標が達成できなかったものを全うすることを目指している。

（ウ） SDGsは，経済，社会及び環境の三側面を調和させることを目指している。

（エ） SDGsは，「誰一人取り残さない」ことを目指している。

（オ） SDGsでは，すべての人々の人権を実現し，ジェンダー平等とすべての女性と女児のエンパワーメントを達成することが目指されている。

（カ） SDGsは，すべてのステークホルダーが，協同的なパートナーシップの下で実行する。

（キ） SDGsでは，気候変動対策等，環境問題に特化して取組が行われている。

	ア	イ	ウ	エ	オ	カ	キ
①	×	×	○	○	○	○	○
②	×	○	×	○	×	○	×
③	×	○	○	○	○	○	×
④	○	×	○	×	○	×	○
⑤	×	○	○	○	○	×	×

Ⅱ-15 CPD（Continuing Professional Development）は，技術者が自らの技術力や研究能力向上のために自分の能力を継続的に磨く活動を指し，継続教育，継続学習，継続研鑽などを意味する。CPDに関する次の（ア）～（エ）の記述について，正しいものは○，誤っているものは×として，適切な組合せはどれか。

（ア） CPDへの適切な取組を促すため，それぞれの学協会は積極的な支援を行うとともに，質や量のチェックシステムを導入して，資格継続に制約を課している場合がある。

（イ） 技術士のCPD活動の形態区分には，参加型（講演会，企業内研修，学協会活動），発信型（論文・報告文，講師・技術指導，図書執筆，技術協力），実務型（資格取得，業務成果），自己学習型（多様な自己学習）がある。

（ウ） 技術者はCPDへの取組を記録し，その内容について証明可能な状態にしておく必要があるとされているので，記録や内容の証明がないものは実施の事実があったとしてもCPDとして有効と認められない場合がある。

（エ） 技術提供サービスを行うコンサルティング企業に勤務し，日常の業務として自身の技術分野に相当する業務を遂行しているのであれば，それ自体がCPDの要件をすべて満足している。

	ア	イ	ウ	エ
①	○	○	○	○
②	×	○	×	○
③	○	×	○	○
④	○	×	○	×
⑤	○	○	○	×

令和3年度
技術士第一次試験「基礎・適性科目」

Ⅰ　基礎科目

〔問題群〕　〔頁〕

Ⅰ．次の1群～5群の全ての問題群からそれぞれ3問題，計15問題を選び解答せよ。(解答欄に1つだけマークすること。)

(注)
①いずれかの問題群で4問題以上を解答した場合は「無効」となります。
②1問題について解答欄に2つ以上マークした問題は、採点の対象となりません。

●1群　設計・計画に関するもの（全6問題から3問題を選択解答）

Ⅰ 1-1

次のうち，ユニバーサルデザインの特性を備えた製品に関する記述として，最も不適切なものはどれか。

① 小売店の入り口のドアを，ショッピングカートやベビーカーを押していて手がふさがっている人でも通りやすいよう，自動ドアにした。

② 録音再生機器（オーディオプレーヤーなど）に，利用者がゆっくり聴きたい場合や速度を速めて聴きたい場合に対応できるよう，再生速度が変えられる機能を付けた。

③ 駅構内の施設を案内する表示に，視覚的な複雑さを軽減し素早

く効果的に情報が伝えられるよう，ピクトグラム（図記号）を付けた。

④　冷蔵庫の扉の取っ手を，子どもがいたずらしないよう，扉の上の方に付けた。

⑤　電子機器の取扱説明書を，個々の利用者の能力や好みに合うよう，大きな文字で印刷したり，点字や音声・映像で提供したりした。

I 1-2

下図に示した，互いに独立な３個の要素が接続されたシステムＡ～Ｅを考える。3個の要素の信頼度はそれぞれ0.9，0.8，0.7である。各システムを信頼度が高い順に並べたものとして，最も適切なものはどれか。

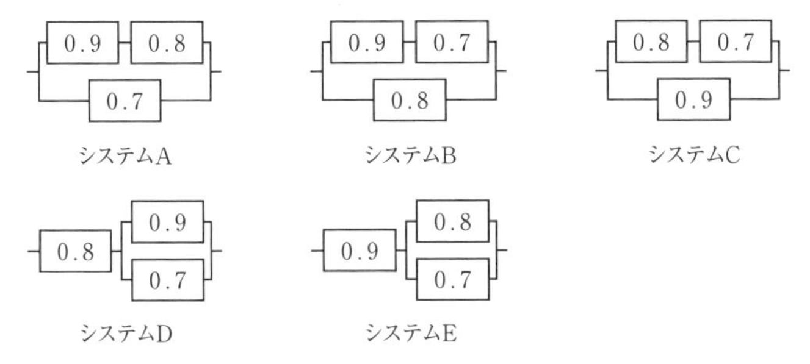

図　システム構成図と各要素の信頼度

①　C＞B＞E＞A＞D
②　C＞B＞A＞E＞D
③　C＞E＞B＞D＞A
④　E＞D＞A＞B＞C
⑤　E＞D＞C＞B＞A

I 1-3

設計や計画のプロジェクトを管理する方法として知られる，PDCAサイクルに関する次の（ア）～（エ）の記述について，それぞれの正誤の組合せとして，最も適切なものはどれか。

(ア) Pは，Planの頭文字を取ったもので，プロジェクトの目標とそれを達成するためのプロセスを計画することである。

(イ) Dは，Doの頭文字を取ったもので，プロジェクトを実施することである。

(ウ) Cは，Changeの頭文字を取ったもので，プロジェクトで変更される事項を列挙することである。

(エ) Aは，Adjustの頭文字を取ったもので，プロジェクトを調整することである。

	ア	イ	ウ	エ
①	正	誤	正	正
②	正	正	誤	誤
③	正	正	正	誤
④	誤	正	誤	正
⑤	誤	誤	正	正

I 1-4

ある装置において，平均故障間隔（MTBF：Mean Time Between Failures）がA時間，平均修復時間（MTTR：Mean Time To Repair）がB時間のとき，この装置の定常アベイラビリティ（稼働率）の式として，最も適切なものはどれか。

① A／（A－B）
② B／（A－B）
③ A／（A＋B）
④ B／（A＋B）
⑤ A／B

I 1-5

構造設計に関する次の（ア）～（エ）の記述について，それぞれの正誤の組合せとして，最も適切なものはどれか。ただし、応力とは単位面積当たりの力を示す。

（ア） 両端がヒンジで圧縮力を受ける細長い棒部材について，オイラー座屈に対する安全性を向上させるためには部材長を長くすることが有効である。

（イ） 引張強度の異なる，2つの細長い棒部材を考える。幾何学的形状と縦弾性係数，境界条件が同一とすると，2つの棒部材の，オイラーの座屈荷重は等しい。

（ウ） 許容応力とは，応力で表した基準強度に安全率を掛けたものである。

（エ） 構造物は，設定された限界状態に対して設計される。考慮すべき限界状態は1つの構造物につき必ず1つである。

	ア	イ	ウ	エ
①	正	誤	正	正
②	正	正	誤	正
③	誤	誤	誤	正
④	誤	正	正	誤
⑤	誤	正	誤	誤

I 1-6

製図法に関する次の（ア）～（オ）の記述について，それぞれの正誤の組合せとして，最も適切なものはどれか。

（ア） 対象物の投影法には，第一角法，第二角法，第三角法，第四角法，第五角法がある。

（イ） 第三角法の場合は，平面図は正面図の上に，右側面図は正面図の右にというように，見る側と同じ側に描かれる。

(ウ) 第一角法の場合は，平面図は正面図の上に，左側面図は正面図の右にというように，見る側とは反対の側に描かれる。

(エ) 図面の描き方が，各会社や工場ごとに相違していては，いろいろ混乱が生じるため，日本では製図方式について国家規格を制定し，改訂を加えてきた。

(オ) ISOは，イタリアの規格である。

	ア	イ	ウ	エ	オ
①	誤	正	正	正	誤
②	正	誤	正	誤	正
③	誤	正	誤	正	誤
④	誤	誤	正	誤	正
⑤	正	誤	誤	正	誤

●2群　情報・論理に関するもの（全6問題から3問題を選択解答）

情報セキュリティと暗号技術に関する次の記述のうち，最も適切なものはどれか。

① 公開鍵暗号方式では，暗号化に公開鍵を使用し，復号に秘密鍵を使用する。

② 公開鍵基盤の仕組みでは，ユーザとその秘密鍵の結びつきを証明するため，第三者機関である認証局がそれらデータに対するディジタル署名を発行する。

③ スマートフォンがウイルスに感染したという報告はないため，スマートフォンにおけるウイルス対策は考えなくてもよい。

④ ディジタル署名方式では，ディジタル署名の生成には公開鍵を使用し，その検証には秘密鍵を使用する。

⑤ 現在，無線LANの利用においては，WEP（Wired Equivalent Privacy）方式を利用することが推奨されている。

I 2-2

次の論理式と等価な論理式はどれか。

$\overline{\overline{A}\cdot\overline{B}+A\cdot B}$

ただし，論理式中の＋は論理和，・は論理積を表し，論理変数Xに対して$\overline{X}$はXの否定を表す。2変数の論理和の否定は各変数の否定の論理積に等しく，2変数の論理積の否定は各変数の否定の論理和に等しい。また，論理変数Xの否定の否定は論理変数Xに等しい。

① $(A+B)\cdot\overline{(A+B)}$
② $(A+B)\cdot(\overline{A}+\overline{B})$
③ $(A\cdot B)\cdot(\overline{A}\cdot\overline{B})$
④ $(A\cdot B)\cdot\overline{(A\cdot B)}$
⑤ $(A+B)+(\overline{A}+\overline{B})$

I 2-3

通信回線を用いてデータを伝送する際に必要となる時間を伝送時間と呼び，伝送時間を求めるには，次の計算式を用いる。

$$\text{伝送時間}=\frac{\text{データ量}}{\text{回線速度}\times\text{回線利用率}}$$

ここで，回線速度は通信回線が1秒間に送ることができるデータ量で，回線利用率は回線容量のうちの実際のデータが伝送できる割合を表す。

データ量5Gバイトのデータを2分の1に圧縮し，回線速度が200Mbps，回線利用率が70%である通信回線を用いて伝送する場合の伝送時間に最も近い値はどれか。ただし，1Gバイト＝10^9バイトとし，bpsは回線速度の単位で，1Mbpsは1秒間に伝送できるデータ量が10^6ビットであることを表す。

① 286秒　② 143秒　③ 100秒　④ 18秒　⑤ 13秒

I 2-4

西暦年号は次の（ア）若しくは（イ）のいずれかの条件を満たすときにうるう年として判定し，いずれにも当てはまらない場合はうるう年でないと判定する。

（ア）西暦年号が4で割り切れるが100で割り切れない。
（イ）西暦年号が400で割り切れる。

うるう年か否かの判定を表現している決定表として，最も適切なものはどれか。
なお，決定表の条件部での“Y”は条件が真，“N”は条件が偽であることを表し，“—”は条件の真偽に関係ない又は論理的に起こりえないことを表す。動作部での“X”は条件が全て満たされたときその行で指定した動作の実行を表し，“—”は動作を実行しないことを表す。

①

条件部	西暦年号が4で割り切れる	N	Y	Y	Y
	西暦年号が100で割り切れる	—	N	Y	Y
	西暦年号が400で割り切れる	—	—	N	Y
動作部	うるう年と判定する	—	X	X	X
	うるう年でないと判定する	X	—	—	—

②

条件部	西暦年号が4で割り切れる	N	Y	Y	Y
	西暦年号が100で割り切れる	—	N	Y	Y
	西暦年号が400で割り切れる	—	—	N	Y
動作部	うるう年と判定する	—	X	—	X
	うるう年でないと判定する	X	—	X	—

③

条件部	西暦年号が4で割り切れる	N	Y	Y	Y
	西暦年号が100で割り切れる	—	N	Y	Y
	西暦年号が400で割り切れる	—	—	N	Y
動作部	うるう年と判定する	—	—	X	X
	うるう年でないと判定する	X	X	—	—

④

条件部	西暦年号が4で割り切れる	N	Y	Y	Y
	西暦年号が100で割り切れる	—	N	Y	Y
	西暦年号が400で割り切れる	—	—	N	Y
動作部	うるう年と判定する	—	X	—	—
	うるう年でないと判定する	X	—	X	X

⑤

条件部	西暦年号が4で割り切れる	N	Y	Y	Y
	西暦年号が100で割り切れる	—	N	Y	Y
	西暦年号が400で割り切れる	—	—	N	Y
動作部	うるう年と判定する	—	—	—	X
	うるう年でないと判定する	X	X	X	—

I
2-5

演算式において，＋，－，×，÷などの演算子を，演算の対象であるAやBなどの演算数の間に書く「A＋B」のような記法を中置記法と呼ぶ。また，「AB＋」のように演算数の後に演算子を書く記法を逆ポーランド表記法と呼ぶ。中置記法で書かれる式「(A＋B)×(C－D)」を下図のような構文木で表し，これを深さ優先順で，「左部分木，右部分木，節」の順に走査すると得られる「AB＋CD－×」は，この式の逆ポーランド表記法となっている。
中置記法で「(A＋B÷C)×(D－F)」と書かれた式を逆ポーランド表記法で表したとき，最も適切なものはどれか。

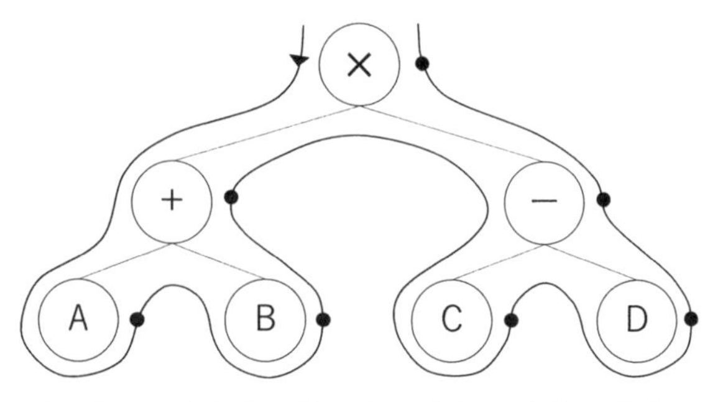

図　(A＋B)×(C−D)を表す構文木。矢印の方向に走査し，ノードを上位に向かって走査するとき（●で示す）に記号を書き出す。

① ABC÷＋DF−×
② AB＋C÷DF−×
③ ABC÷＋D×F−
④ ×＋A÷BC−DF
⑤ AB＋C÷D×F−

I
2-6

アルゴリズムの計算量は漸近的記法（オーダ表記）により表される場合が多い。漸近的記法に関する次の**（ア）～（エ）**の正誤の組合せとして，最も適切なものはどれか。ただし，正の整数全体からなる集合を定義域とし，非負実数全体からなる集合を値域とする関数f, gに対して，$f(n)=O(g(n))$とは，すべての整数$n \geq n_0$に対して$f(n) \leq c \cdot g(n)$であるような正の整数cとn_0が存在するときをいう。

（ア） $5n^3+1=O\left(n^3\right)$

（イ） $n\log_2 n=O\left(n^{1.5}\right)$

（ウ） $n^3 3^n=O\left(4^n\right)$

（エ） $2^{2^n}=O\left(10^{n^{100}}\right)$

	ア	イ	ウ	エ
①	正	誤	誤	誤
②	正	正	誤	正
③	正	正	正	誤
④	正	誤	正	誤
⑤	誤	誤	誤	正

●3群　解析に関するもの（全6問題から3問題を選択解答）

I 3-1

3次元直交座標系(x,y,z)におけるベクトル
$\boldsymbol{V}=(V_x, V_y, V_z)=(y+z, x^2+y^2+z^2, z+2y)$の点(2,3,1)での回転
$\mathrm{rot}\boldsymbol{V}=\left(\frac{\partial V_z}{\partial y}-\frac{\partial V_y}{\partial z}\right)\boldsymbol{i}+\left(\frac{\partial V_x}{\partial z}-\frac{\partial V_z}{\partial x}\right)\boldsymbol{j}+\left(\frac{\partial V_y}{\partial x}-\frac{\partial V_x}{\partial y}\right)\boldsymbol{k}$として，最も適切なものはどれか。ただし，$\boldsymbol{i}$，$\boldsymbol{j}$, $\boldsymbol{k}$はそれぞれx,y,z軸方向の単位ベクトルである。

① 7　② (0,6,1)　③ 4　④ (0,1,3)　⑤ (4,14,7)

I 3-2

3次関数 $f(x)=ax^3+bx^2+cx+d$ があり，a,b,c,dは任意の実数とする。積分$\int_{-1}^{1} f(x)\,dx$として恒等的に正しいものはどれか。

① $2f(0)$

② $f\left(-\sqrt{\frac{1}{3}}\right)+f\left(\sqrt{\frac{1}{3}}\right)$

③ $f(-1)+f(1)$

④ $\dfrac{f\left(-\sqrt{\dfrac{3}{5}}\right)}{2}+\dfrac{8f(0)}{9}+\dfrac{f\left(\sqrt{\dfrac{5}{3}}\right)}{2}$

⑤ $\dfrac{f(-1)}{2}+f(0)+\dfrac{f(1)}{2}$

I 3-3

線形弾性体の２次元有限要素解析に利用される（ア）～（ウ）の要素のうち，要素内でひずみが一定であるものはどれか。

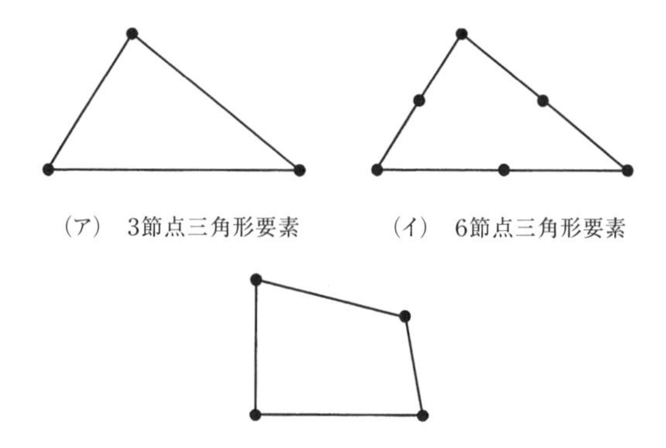

（ア） 3節点三角形要素　（イ） 6節点三角形要素

（ウ） 4節点アイソパラメトリック四辺形要素

図　2次元解析に利用される有限要素

①（ア）　②（イ）　③（ウ）　④（ア）と（イ）　⑤（ア）と（ウ）

I 3-4

下図に示すように断面積0.1m²，長さ2.0mの線形弾性体の棒の両端が固定壁に固定されている。この線形弾性体の縦弾性係数を2.0×10^3MPa，線膨張率を1.0×10^{-4}K^{-1}とする。最初に棒の温度は一様に10℃で棒の応力はゼロであった。その後，棒の温度が一様に30℃となったときに棒に生じる応力として，最も適切なものはどれか。

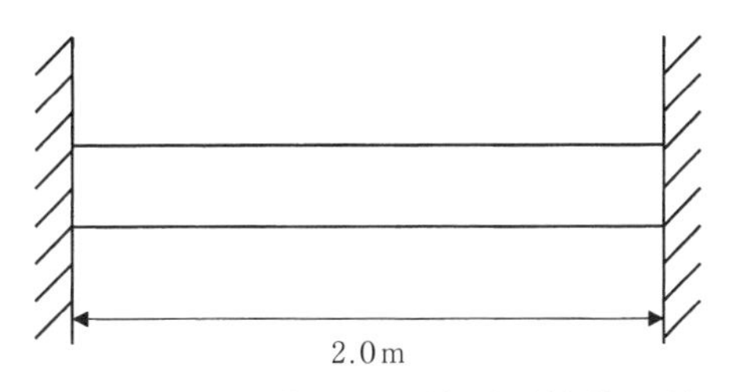

図　両端を固定された線形弾性体の棒

① 2.0MPaの引張応力
② 4.0MPaの引張応力
③ 4.0MPaの圧縮応力
④ 8.0MPaの引張応力
⑤ 8.0MPaの圧縮応力

I 3-5

上端が固定されてつり下げられたばね定数kのばねがある。このばねの下端に質量mの質点がつり下げられ，平衡位置（つり下げられた質点が静止しているときの位置，すなわち，つり合い位置）を中心に振幅aで調和振動（単振動）している。質点が最も下の位置にきたとき，ばねに蓄えられているエネルギーとして，最も適切なものはどれか。ただし，重力加速度をgとする。

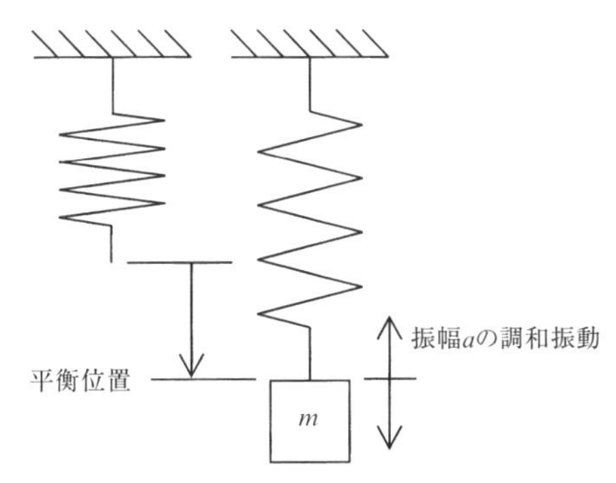

図　上端が固定されたばねがつり下げられている状態と
そのばねに質量mの質点がつり下げられた状態

① 0

② $\dfrac{1}{2}ka^2$

③ $\dfrac{1}{2}ka^2 - mga$

④ $\dfrac{1}{2}k\left(\dfrac{mg}{k} + a\right)^2$

⑤ $\dfrac{1}{2}ka^2 + mga$

I 3-6

下図に示すように，厚さが一定で半径a，面密度ρの一様な四分円の板がある。重心の座標として，最も適切なものはどれか。

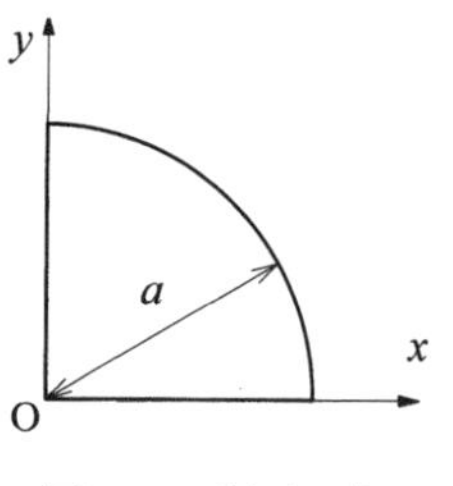

図　四分円の板

① $\left(\dfrac{\sqrt{3}a}{4}, \dfrac{\sqrt{3}a}{4}\right)$

② $\left(\dfrac{a}{2}, \dfrac{a}{2}\right)$

③ $\left(\dfrac{a}{\sqrt{2}}, \dfrac{a}{\sqrt{2}}\right)$

④ $\left(\dfrac{3a}{4\pi}, \dfrac{3a}{4\pi}\right)$

⑤ $\left(\dfrac{4a}{3\pi}, \dfrac{4a}{3\pi}\right)$

●4群　材料･化学･バイオに関するもの（全6問題から3問題を選択解答）

I 4-1

同位体に関する次の（ア）～（オ）の記述について，それぞれの正誤の組合せとして，最も適切なものはどれか。

(ア) 質量数が異なるので，化学的性質も異なる。
(イ) 陽子の数は等しいが，電子の数は異なる。
(ウ) 原子核中に含まれる中性子の数が異なる。
(エ) 放射線を出す同位体の中には，放射線を出して別の元素に変化するものがある。
(オ) 放射線を出す同位体は，年代測定などに利用されている。

	ア	イ	ウ	エ	オ
①	正	正	誤	誤	誤
②	正	正	正	正	誤
③	誤	誤	正	正	正
④	誤	正	誤	正	正
⑤	誤	誤	正	誤	誤

I 4-2

次の化学反応のうち，酸化還元反応でないものはどれか。

①$2Na + 2H_2O \rightarrow 2NaOH + H_2$
②$NaClO + 2HCl \rightarrow NaCl + H_2O + Cl_2$
③$3H_2 + N_2 \rightarrow 2NH_3$
④$2NaCl + CaCO_3 \rightarrow Na_2CO_3 + CaCl_2$
⑤$NH_3 + 2O_2 \rightarrow HNO_3 + H_2O$

I 4-3

金属の変形に関する次の記述について，[　　]に入る語句及び数値の組合せとして，最も適切なものはどれか。

金属が比較的小さい引張応力を受ける場合，応力（σ）とひずみ（ε）は次の式で表される比例関係にある。

$$\sigma = E\varepsilon$$

これは[ア]の法則として知られており，比例定数Eを[イ]という。常温での[イ]は，マグネシウムでは[ウ]GPa，タングステンでは[エ]GPaである。温度が高くなると[イ]は，[オ]なる。

※応力とは単位面積当たりの力を示す。

	ア	イ	ウ	エ	オ
①	フック	ヤング率	45	407	大きく
②	フック	ヤング率	45	407	小さく
③	フック	ポアソン比	407	45	小さく
④	ブラッグ	ポアソン比	407	45	大きく
⑤	ブラッグ	ヤング率	407	45	小さく

I 4-4

鉄の製錬に関する次の記述の，[　　]に入る語句及び数値の組合せとして，最も適切なものはどれか。

地殻中に存在する元素を存在比（wt%）の大きい順に並べると，鉄は，酸素，ケイ素，[ア]についで4番目となる。鉄の製錬は，鉄鉱石（Fe_2O_3），石灰石，コークスを主要な原料として[イ]で行われる。

[イ]において，鉄鉱石をコークスで[ウ]することにより銑鉄（Fe）を得ることができる。この方法で銑鉄を1000kg製造するのに必要な鉄鉱石は，最低[エ]kgである。ただし，酸素及び鉄の原

子量は16及び56とし，鉄鉱石及び銑鉄中に不純物を含まないものとして計算すること。

	ア	イ	ウ	エ
①	アルミニウム	高炉	還元	1429
②	アルミニウム	電炉	還元	2857
③	アルミニウム	高炉	酸化	2857
④	銅	電炉	酸化	2857
⑤	銅	高炉	還元	1429

I 4-5

アミノ酸に関する次の記述の，[ ]に入る語句の組合せとして，最も適切なものはどれか。

一部の特殊なものを除き，天然のタンパク質を加水分解して得られるアミノ酸は20種類である。アミノ酸のα－炭素原子には，アミノ基と[ア]，そしてアミノ酸の種類によって異なる側鎖（R基）が結合している。R基に脂肪族炭化水素鎖や芳香族炭化水素鎖を持つイソロイシンやフェニルアラニンは[イ]性アミノ酸である。システインやメチオニンのR基には[ウ]が含まれており，そのためタンパク質中では2個のシステイン側鎖の間に共有結合ができることがある。

	ア	イ	ウ
①	カルボキシ基	疎水	硫黄(S)
②	ヒドロキシ基	疎水	硫黄(S)
③	カルボキシ基	親水	硫黄(S)
④	カルボキシ基	親水	窒素(N)
⑤	ヒドロキシ基	親水	窒素(N)

Ⅰ 4-6

DNAの構造的な変化によって生じる突然変異を遺伝子突然変異という。遺伝子突然変異では，1つの塩基の変化でも形質発現に影響を及ぼすことが多く，置換，挿入，欠失などの種類がある。遺伝子突然変異に関する次の記述のうち，最も適切なものはどれか。

① 1塩基の置換により遺伝子の途中のコドンが終止コドンに変わると，タンパク質の合成がそこで終了するため，正常なタンパク質の合成ができなくなる。この遺伝子突然変異を中立突然変異という。
② 遺伝子に1塩基の挿入が起こると，その後のコドンの読み枠がずれるフレームシフトが起こるので，アミノ酸配列が大きく変わる可能性が高い。
③ 鎌状赤血球貧血症は，1塩基の欠失により赤血球中のヘモグロビンの1つのアミノ酸がグルタミン酸からバリンに置換されたために生じた遺伝子突然変異である。
④ 高等動植物において突然変異による形質が潜性（劣性）であった場合，突然変異による形質が発現するためには，2本の相同染色体上の特定遺伝子の片方に変異が起こればよい。
⑤ 遺伝子突然変異はX線や紫外線，あるいは化学物質などの外界からの影響では起こりにくい。

●5群　環境・エネルギー・技術に関するもの（全6問題から3問題を選択解答）

Ⅰ 5-1

気候変動に対する様々な主体における取組に関する次の記述のうち，最も不適切なものはどれか。

① RE100は，企業が自らの事業の使用電力を100％再生可能エネルギーで賄うことを目指す国際的なイニシアティブであり，2020年時点で日本を含めて各国の企業が参加している。

② 温室効果ガスであるフロン類については，オゾン層保護の観点から特定フロンから代替フロンへの転換が進められてきており，地球温暖化対策としても十分な効果を発揮している。

③ 各国の中央銀行総裁及び財務大臣からなる金融安定理事会の作業部会である気候関連財務情報開示タスクフォース（TCFD）は，投資家等に適切な投資判断を促すため気候関連財務情報の開示を企業等へ促すことを目的としており，2020年時点において日本国内でも200以上の機関が賛同を表明している。

④ 2050年までに温室効果ガス又は二酸化炭素の排出量を実質ゼロにすることを目指す旨を表明した地方自治体が増えており，これらの自治体を日本政府は「ゼロカーボンシティ」と位置付けている。

⑤ ZEH（ゼッチ）及びZEH－M（ゼッチ・マンション）とは，建物外皮の断熱性能等を大幅に向上させるとともに，高効率な設備システムの導入により，室内環境の質を維持しつつ大幅な省エネルギーを実現したうえで，再生可能エネルギーを導入することにより，一次エネルギー消費量の収支をゼロとすることを目指した戸建住宅やマンション等の集合住宅のことであり，政府はこれらの新築・改修を支援している。

I 5-2

環境保全のための対策技術に関する次の記述のうち，最も不適切なものはどれか。

① ごみ焼却施設におけるダイオキシン類対策においては，炉内の温度管理や滞留時間確保等による完全燃焼，及びダイオキシン類の再合成を防ぐために排ガスを200℃以下に急冷するなどが有効である。

② 屋上緑化や壁面緑化は，建物表面温度の上昇を抑えることで気温上昇を抑制するとともに，居室内への熱の侵入を低減し，空調エネルギー消費を削減することができる。

③ 産業廃棄物の管理型処分場では，環境保全対策として遮水工や浸出水処理設備を設けることなどが義務付けられている。

④ 掘削せずに土壌の汚染物質を除去する「原位置浄化」技術には化学的作用や生物学的作用等を用いた様々な技術があるが，実際に土壌汚染対策法に基づいて実施された対策措置においては掘削除去の実績が多い状況である。

⑤ 下水処理の工程は一次処理から三次処理に分類できるが，活性汚泥法などによる生物処理は一般的に一次処理に分類される。

I 5-3

エネルギー情勢に関する次の記述の，[　　] に入る数値の組合せとして，最も適切なものはどれか。

日本の総発電電力量のうち，水力を除く再生可能エネルギーの占める割合は年々増加し，2018年度時点で約 [ア] %である。特に，太陽光発電の導入量が近年着実に増加しているが，その理由の1つとして，そのシステム費用の低下が挙げられる。実際，国内に設置された事業用太陽光発電のシステム費用はすべての規模で毎年低下傾向にあり，10kW以上の平均値（単純平均）は，2012年の約42万円／kWから2020年には約 [イ] 万円／kWまで低下している。一方，太陽光発電や風力発電の出力は，天候等の気象環境に依存する。例えば，風力発電で利用する風のエネルギーは，風速の [ウ] 乗に比例する。

	ア	イ	ウ
①	9	25	3
②	14	25	3
③	14	15	3
④	9	25	2
⑤	14	15	2

I 5-4

IEAの資料による2018年の一次エネルギー供給量に関する次の記述の, [　　] に入る国名の組合せとして, 最も適切なものはどれか。

各国の1人当たりの一次エネルギー供給量（以下,「1人当たり供給量」と略称）を石油換算トンで表す。1石油換算トンは約42GJ（ギガジュール）に相当する。世界平均の1人当たり供給量は1.9トンである。中国の1人当たり供給量は, 世界平均をやや上回り, 2.3トンである。[ア] の1人当たり供給量は, 6トン以上である。
[イ] の1人当たり供給量は, 5トンから6トンの間にある。
[ウ] の1人当たり供給量は, 3トンから4トンの間にある。

	ア	イ	ウ
①	アメリカ及びカナダ	ドイツ及び日本	韓国及びロシア
②	アメリカ及びカナダ	韓国及びロシア	ドイツ及び日本
③	ドイツ及び日本	アメリカ及びカナダ	韓国及びロシア
④	韓国及びロシア	ドイツ及び日本	アメリカ及びカナダ
⑤	韓国及びロシア	アメリカ及びカナダ	ドイツ及び日本

I 5-5

次の（ア）～（オ）の, 社会に大きな影響を与えた科学技術の成果を, 年代の古い順から並べたものとして, 最も適切なものはどれか。

（ア）フリッツ・ハーバーによるアンモニアの工業的合成の基礎の確立
（イ）オットー・ハーンによる原子核分裂の発見
（ウ）アレクサンダー・グラハム・ベルによる電話の発明
（エ）ハインリッヒ・ルドルフ・ヘルツによる電磁波の存在の実験的な確認
（オ）ジェームズ・ワットによる蒸気機関の改良

① ア－オ－ウ－エ－イ

② ウ－エ－オ－イ－ア
③ ウ－オ－ア－エ－イ
④ オ－ウ－エ－ア－イ
⑤ オ－エ－ウ－イ－ア

I 5-6

日本の科学技術基本計画は，1995年に制定された科学技術基本法（現，科学技術・イノベーション基本法）に基づいて一定期間ごとに策定され，日本の科学技術政策を方向づけてきた。次の（ア）～（オ）は，科学技術基本計画の第1期から第5期までのそれぞれの期の特徴的な施策を1つずつ選んで順不同で記したものである。これらを第1期から第5期までの年代の古い順から並べたものとして，最も適切なものはどれか。

（ア） ヒトに関するクローン技術や遺伝子組換え食品等を例として，科学技術が及ぼす「倫理的・法的・社会的課題」への責任ある取組の推進が明示された。
（イ）「社会のための，社会の中の科学技術」という観点に立つことの必要性が明示され，科学技術と社会との双方向のコミュニケーションを確立していくための条件整備などが図られた。
（ウ）「ポストドクター等1万人支援計画」が推進された。
（エ） 世界に先駆けた「超スマート社会」の実現に向けた取組が「Society 5.0」として推進された。
（オ） 目指すべき国の姿として，東日本大震災からの復興と再生が掲げられた。

① イ－ア－ウ－エ－オ
② イ－ウ－ア－オ－エ
③ ウ－ア－イ－エ－オ
④ ウ－イ－ア－オ－エ
⑤ ウ－イ－エ－ア－オ

Ⅱ　適性科目

Ⅱ　次の15問題を解答せよ。（解答欄に1つだけマークすること。）

Ⅱ-1

技術士法第4章に規定されている，技術士等が求められている義務・責務に関わる次の（ア）～（キ）の記述のうち，あきらかに不適切なものの数を選べ。
なお，技術士等とは，技術士及び技術士補を指す。

（ア） 技術士等は，その業務に関して知り得た情報を顧客の許可なく第三者に提供してはならない。

（イ） 技術士等の秘密保持義務は，所属する組織の業務についてであり，退職後においてまでその制約を受けるものではない。

（ウ） 技術士等は，顧客から受けた業務を誠実に実施する義務を負っている。顧客の指示が如何なるものであっても，指示通り実施しなければならない。

（エ） 技術士等は，その業務を行うに当たっては，公共の安全，環境の保全その他の公益を害することのないよう努めなければならないが，顧客の利益を害する場合は守秘義務を優先する必要がある。

（オ） 技術士は，その業務に関して技術士の名称を表示するときは，その登録を受けた技術部門を明示するものとし，登録を受けていない技術部門を表示してはならないが，技術士を補助する技術士補の技術部門表示は，その限りではない。

（カ） 企業に所属している技術士補は，顧客がその専門分野能力を認めた場合は，技術士補の名称を表示して技術士に代わって主体的に業務を行ってよい。

(キ) 技術は日々変化，進歩している。技術士は，常に，その業務に関して有する知識及び技能の水準を向上させ，名称表示している専門技術業務領域の能力開発に努めなければならない。

① 7　② 6　③ 5　④ 4　⑤ 3

Ⅱ-2

「公衆の安全，健康，及び福利を最優先すること」は，技術者倫理で最も大切なことである。ここに示す「公衆」は，技術業の業務によって危険を受けうるが，技術者倫理における1つの考え方として，「公衆」は，［ア］である」というものがある。
次の記述のうち，「［ア］」に入るものとして，最も適切なものはどれか。

① 国家や社会を形成している一般の人々
② 背景などを異にする多数の組織されていない人々
③ 専門職としての技術業についていない人々
④ よく知らされたうえでの同意を与えることができない人々
⑤ 広い地域に散在しながらメディアを通じて世論を形成する人々

Ⅱ-3

科学技術に携わる者が自らの職務内容について，そのことを知ろうとする者に対して，わかりやすく説明する責任を説明責任（accountability）と呼ぶ。説明を行う者は，説明を求める相手に対して十分な情報を提供するとともに，説明を受ける者が理解しやすい説明を心がけることが重要である。以下に示す説明責任に関する（ア）～（エ）の記述のうち，正しいものを○，誤ったものを×として，最も適切な組合せはどれか。

(ア) 技術者は，説明責任を遂行するに当たり，説明を行う側が努力する一方で，説明を受ける側もそれを受け入れるために相応に努力することが重要である。

(イ) 技術者は，自らが関わる業務において，利益相反の可能性がある場合には，説明責任と公正さを重視して，雇用者や依頼者に対し，利益相反に関連する情報を開示する。

(ウ) 公正で責任ある研究活動を推進するうえで，どの研究領域であっても共有されるべき「価値」があり，その価値の1つに「研究実施における説明責任」がある。

(エ) 技術者は，時として守秘義務と説明責任のはざまにおかれることがあり，守秘義務を果たしつつ説明責任を果たすことが求められる。

	ア	イ	ウ	エ
①	○	○	○	○
②	×	○	○	○
③	○	×	○	○
④	○	○	×	○
⑤	○	○	○	×

Ⅱ-4

安全保障貿易管理（輸出管理）は，先進国が保有する高度な貨物や技術が，大量破壊兵器等の開発や製造等に関与している懸念国やテロリスト等の懸念組織に渡ることを未然に防ぐため，国際的な枠組みの下，各国が協調して実施している。近年，安全保障環境は一層深刻になるとともに，人的交流の拡大や事業の国際化の進展等により，従来にも増して安全保障貿易管理の重要性が高まっている。大企業や大学，研究機関のみならず，中小企業も例外ではなく，業として輸出等を行う者は，法令を遵守し適切に輸出管理を行わなければならない。輸出管理を適切に実施することにより，法令違反の未然防止はもとより，懸念取引等に巻き込まれるリスクも低減する。

輸出管理に関する次の記述のうち，最も適切なものはどれか。

① α大学の大学院生は，ドローンの輸出に関して学内手続をせずに，発送した。
② α大学の大学院生は，ロボットのデモンストレーションを実施するためにA国β大学に輸出しようとするロボットに，リスト規制に該当する角速度・加速度センサーが内蔵されているため，学内手続の申請を行いセンサーが主要な要素になっていないことを確認した。その結果,規制に該当しないものと判断されたので,輸出を行った。
③ α大学の大学院生は，学会発表及びB国γ研究所と共同研究の可能性を探るための非公開の情報を用いた情報交換を実施することを目的とした外国出張の申請書を作成した。申請書の業務内容欄には「学会発表及び研究概要打合せ」と記載した。研究概要打合せは，輸出管理上の判定欄に「公知」と記載した。
④ α大学の大学院生は，C国において地質調査を実施する計画を立てており,「赤外線カメラ」をハンドキャリーする予定としていた。この大学院生は，過去に学会発表でC国に渡航した経験があるので，直前に海外渡航申請の提出をした。
⑤ α大学の大学院生は，自作した測定装置は大学の輸出管理の対象にならないと考え，輸出管理手続をせずに海外に持ち出すことにした。

Ⅱ-5

SDGs（Sustainable Development Goals：持続可能な開発目標）とは，2030年の世界の姿を表した目標の集まりであり，貧困に終止符を打ち，地球を保護し，すべての人が平和と豊かさを享受できるようにすることを目指す普遍的な行動を呼びかけている。SDGsは2015年に国連本部で開催された「持続可能な開発サミット」で採択された17の目標と169のターゲットから構成され，それらには「経済に関すること」「社会に関すること」「環境に関すること」などが含まれる。また，SDGsは発展途上国のみならず，先進国自身が取り組むユニバーサル（普遍的）なものであり，我が国も積極的に取り組んでいる。国連で定めるSDGsに関する次の(ア)～（エ）の記述のうち，正しいものを○，誤ったものを×として，最も適切な組合せはどれか。

(ア) SDGsは，政府・国連に加えて，企業・自治体・個人など誰もが参加できる枠組みになっており，地球上の「誰一人取り残さない（leave no one behind)」ことを誓っている。
(イ) SDGsには，法的拘束力があり，処罰の対象となることがある。
(ウ) SDGsは，深刻化する気候変動や，貧富の格差の広がり，紛争や難民・避難民の増加など，このままでは美しい地球を子・孫・ひ孫の代につないでいけないという危機感から生まれた。
(エ) SDGsの達成には，目指すべき社会の姿から振り返って現在すべきことを考える「バックキャスト（Backcast)」ではなく，現状をベースとして実現可能性を踏まえた積み上げを行う「フォーキャスト（Forecast)」の考え方が重要とされている。

	ア	イ	ウ	エ
①	○	×	○	○
②	○	○	○	×
③	×	○	×	○
④	○	×	○	×
⑤	×	×	○	○

Ⅱ-6 AIに関する研究開発や利活用は今後飛躍的に発展することが期待されており，AIに対する信頼を醸成するための議論が国際的に実施されている。我が国では，政府において，「AI-Readyな社会」への変革を推進する観点から，2018年5月より，政府統一のAI社会原

則に関する検討を開始し，2019年3月に「人間中心のAI社会原則」が策定・公表された。また，開発者及び事業者において，基本理念及びAI社会原則を踏まえたAI利活用の原則が作成・公表された。以下に示す（ア）～（コ）の記述のうち，AIの利活用者が留意すべき原則にあきらかに該当しないものの数を選べ。

（ア）適正利用の原則
（イ）適正学習の原則
（ウ）連携の原則
（エ）安全の原則
（オ）セキュリティの原則
（カ）プライバシーの原則
（キ）尊厳・自律の原則
（ク）公平性の原則
（ケ）透明性の原則
（コ）アカウンタビリティの原則

① 0　② 1　③ 2　④ 3　⑤ 4

Ⅱ-7

近年，企業の情報漏洩が社会問題化している。営業秘密等の漏えいは，企業にとって社会的な信用低下や顧客への損害賠償等，甚大な損失を被るリスクがある。例えば，2012年に提訴された，新日鐵住金において変圧器用の電磁鋼板の製造プロセス及び製造設備の設計図等が外国ライバル企業へ漏えいした事案では，賠償請求・差止め請求がなされたなど，基幹技術など企業情報の漏えい事案が多発している。また，サイバー空間での窃取，拡散など漏えい態様も多様化しており，抑止力向上と処罰範囲の整備が必要となっている。営業秘密に関する次の（ア）～（エ）の記述のうち，正しいものは○，誤っているものは×として，最も適切な組合せはどれか。

(ア) 顧客名簿や新規事業計画書は，企業の研究・開発や営業活動の過程で生み出されたものなので営業秘密である。

(イ) 有害物質の垂れ流し，脱税等の反社会的な活動についての情報は，法が保護すべき正当な事業活動ではなく，有用性があるとはいえないため，営業秘密に該当しない。

(ウ) 刊行物に記載された情報や特許として公開されたものは，営業秘密に該当しない。

(エ)「営業秘密」として法律により保護を受けるための要件の1つは，秘密として管理されていることである。

	ア	イ	ウ	エ
①	○	○	○	×
②	○	○	×	○
③	○	×	○	○
④	×	○	○	○
⑤	○	○	○	○

Ⅱ-8

我が国の製造物責任（PL）法には，製造物責任の対象となる「製造物」について定められている。
次の（ア）～（エ）の記述のうち，正しいものは○，誤っているものは×として，最も適切な組合せはどれか。

(ア) 土地，建物などの不動産は責任の対象とならない。ただし，エスカレータなどの動産は引き渡された時点で不動産の一部となるが，引き渡された時点で存在した欠陥が原因であった場合は責任の対象となる。

(イ) ソフトウエア自体は無体物であり，責任の対象とならない。ただし，ソフトウエアを組み込んだ製造物による事故が発生した場合，ソフトウエアの不具合と損害との間に因果関係が認められる場合は責任の対象となる。

（ウ） 再生品とは，劣化，破損等により修理等では使用困難な状態となった製造物について当該製造物の一部を利用して形成されたものであり責任の対象となる。この場合，最後に再生品を製造又は加工した者が全ての責任を負う。

（エ）「修理」，「修繕」，「整備」は，基本的にある動産に本来存在する性質の回復や維持を行うことと考えられ，責任の対象とならない。

	ア	**イ**	**ウ**	**エ**
①	○	×	○	○
②	×	○	○	×
③	○	○	×	○
④	○	×	○	×
⑤	×	○	×	○

Ⅱ-9

ダイバーシティ（Diversity）とは，一般に多様性，あるいは，企業で人種・国籍・性・年齢を問わずに人材を活用することを意味する。また，ダイバーシティ経営とは「多様な人材を活かし，その能力が最大限発揮できる機会を提供することで，イノベーションを生み出し，価値創造につなげている経営」と定義されている。「能力」には，多様な人材それぞれの持つ潜在的な能力や特性なども含んでいる。「イノベーションを生み出し，価値創造につなげている経営」とは，組織内の個々の人材がその特性を活かし，生き生きと働くことのできる環境を整えることによって，自由な発想が生まれ，生産性を向上し，自社の競争力強化につながる，といった一連の流れを生み出しうる経営のことである。

「多様な人材」に関する次の（ア）～（コ）の記述のうち，あきらかに不適切なものの数を選べ。

(ア) 性別
(イ) 年齢
(ウ) 人種
(エ) 国籍
(オ) 障がいの有無
(カ) 性的指向
(キ) 宗教・信条
(ク) 価値観
(ケ) 職歴や経験
(コ) 働き方

① 0　② 1　③ 2　④ 3　⑤ 4

Ⅱ-10

多くの国際安全規格は，ISO/IEC Guide51（JIS Z 8051）に示された「規格に安全側面（安全に関する規定）を導入するためのガイドライン」に基づいて作成されている。このGuide51には「設計段階で取られるリスク低減の方策」として以下が提示されている。

- 「ステップ1」：本質的安全設計
- 「ステップ2」：ガード及び保護装置
- 「ステップ3」：使用上の情報（警告，取扱説明書など）

次の（ア）～（カ）の記述のうち，このガイドラインが推奨する行動として，あきらかに誤っているものの数を選べ。

(ア) ある商業ビルのメインエントランスに設置する回転ドアを設計する際に，施工主の要求仕様である「重厚感のある意匠」を優先して，リスク低減に有効な「軽量設計」は採用せずに，インターロックによる制御安全機能，及び警告表示でリスク軽減を達成させた。

(イ) 建設作業用重機の本質的安全設計案が，リスクアセスメントの検討結果，リスク低減策として的確と評価された。しかし，僅かに計画予算を超えたことから，ALARPの考え方を導入し，その設計案の一部を採用しないで，代わりに保護装置の追加，及び警告表示と取扱説明書を充実させた。

(ウ) ある海外工場から充電式掃除機を他国へ輸出したが，「警告」の表示は，明白で，読みやすく，容易で消えなく，かつ，理解しやすいものとした。また，その表記は，製造国の公用語だけでなく，輸出であることから国際的にも判るように，英語も併記した。

(エ) 介護ロボットを製造販売したが，「警告」には，警告を無視した場合の，製品のハザード，そのハザードによってもたらされる危害，及びその結果について判りやすく記載した。

(オ) ドラム式洗濯乾燥機を製造販売したが，「取扱説明書」には，使用者が適切な意思決定ができるように，必要な情報をわかり易く記載した。また，万一の製品の誤使用を回避する方法も記載した。

(カ) エレベータを製造販売したが「取扱説明書」に推奨されるメンテナンス方法について記載した。ここで，メンテナンスの実施は納入先の顧客（使用者）が主体で行う場合もあるため，その作業者の訓練又は個人用保護具の必要性についても記載した。

① 1　② 2　③ 3　④ 4　⑤ 5

Ⅱ-11 再生可能エネルギーは，現時点では安定供給面，コスト面で様々な課題があるが，エネルギー安全保障にも寄与できる有望かつ多様で，長期を展望した環境負荷の低減を見据えつつ活用していく重要な低炭素の国産エネルギー源である。また，2016年のパリ協定では，世界の平均気温上昇を産業革命以前に比べて2℃より十分低く保ち，1．5℃に抑える努力をすること，そのためにできるかぎり早く世界の温室効果ガス排出量をピークアウトし，21世紀後半には，温室効果ガス排出量と（森林などによる）吸収量のバランスをとることなどが合意された。再生可能エネルギーは温室効果ガスを排出しないことから，パリ協定の実現に貢献可能である。
再生可能エネルギーに関する次の（ア）～（オ）の記述のうち，正しいものは○，誤っているものは×として，最も適切な組合せはどれか。

（ア） 石炭は，古代原生林が主原料であり，燃焼により排出される炭酸ガスは，樹木に吸収され，これらの樹木から再び石炭が作られるので，再生可能エネルギーの1つである。

（イ） 空気熱は，ヒートポンプを利用することにより温熱供給や冷熱供給が可能な，再生可能エネルギーの1つである。

（ウ） 水素燃料は，クリーンなエネルギーであるが，天然にはほとんど存在していないため，水や化石燃料などの各種原料から製造しなければならず，再生可能エネルギーではない。

（エ） 月の引力によって周期的に生じる潮汐の運動エネルギーを取り出して発電する潮汐発電は，再生可能エネルギーの1つである。

（オ） バイオガスは，生ゴミや家畜の糞尿を微生物などにより分解して製造される生物資源の1つであるが，再生可能エネルギーではない。

	ア	イ	ウ	エ	オ
①	○	○	○	○	○
②	○	×	○	×	○
③	×	○	○	○	×
④	×	○	×	○	×
⑤	×	×	×	×	○

Ⅱ-12 技術者にとって労働者の安全衛生を確保することは重要な使命の1つである。労働安全衛生法は「職場における労働者の安全と健康を確保」するとともに,「快適な職場環境を形成」する目的で制定されたものである。次に示す安全と衛生に関する（ア）～（キ）の記述のうち，適切なものの数を選べ。

（ア） 総合的かつ計画的な安全衛生対策を推進するためには，目的達成の手段方法として「労働災害防止のための危害防止基準の確立」「責任体制の明確化」「自主的活動の促進の措置」などがある。

（イ） 労働災害の原因は，設備，原材料，環境などの「不安全な状態」と，労働者の「不安全な行動」に分けることができ，災害防止には不安全な状態・不安全な行動を無くす対策を講じることが重要である。

（ウ） ハインリッヒの法則では,「人間が起こした330件の災害のうち，1件の重い災害があったとすると，29回の軽傷，傷害のない事故を300回起こしている」とされる。29の軽傷の要因を無くすことで重い災害を無くすことができる。

（エ） ヒヤリハット活動は,作業中に「ヒヤっとした」「ハッとした」危険有害情報を活用する災害防止活動である。情報は，朝礼などの機会に報告するようにし,「情報提供者を責めない」職場ルールでの実施が基本となる。

（オ） 安全の4S活動は，職場の安全と労働者の健康を守り，そして生産性の向上を目指す活動として，整理（Seiri），整頓（Seiton），清掃（Seisou），しつけ（Shituke）がある。

(カ) 安全データシート（SDS：Safety Data Sheet）は，化学物質の危険有害性情報を記載した文書のことであり，化学物質及び化学物質を含む製品の使用者は，危険有害性を把握し，リスクアセスメントを実施し，労働者へ周知しなければならない。

(キ) 労働衛生の健康管理とは，労働者の健康状態を把握し管理することで，事業者には健康診断の実施が義務づけられている。一定規模以上の事業者は，健康診断の結果を行政機関へ提出しなければならない。

① 3　② 4　③ 5　④ 6　⑤ 7

Ⅱ-13

産業財産権制度は，新しい技術，新しいデザイン，ネーミングなどについて独占権を与え，模倣防止のための保護，研究開発へのインセンティブを付与し，取引上の信用を維持することによって，産業の発展を図ることを目的にしている。これらの権利は，特許庁に出願し，登録することによって，一定期間，独占的に実施（使用）することができる。

従来型の経営資源である人・物・金を活用して利益を確保する手法に加え，産業財産権を最大限に活用して利益を確保する手法について熟知することは，今や経営者及び技術者にとって必須の事項といえる。

産業財産権の取得は，利益を確保するための手段であって目的ではなく，取得後どのように活用して利益を確保するかを，研究開発時や出願時などのあらゆる節目で十分に考えておくことが重要である。

次の知的財産権のうち，「産業財産権」に含まれないものはどれか。

① 特許権
② 実用新案権
③ 回路配置利用権
④ 意匠権
⑤ 商標権

Ⅱ-14 個人情報の保護に関する法律（以下，個人情報保護法と呼ぶ）は，利用者や消費者が安心できるように，企業や団体に個人情報をきちんと大切に扱ってもらったうえで，有効に活用できるよう共通のルールを定めた法律である。
個人情報保護法に基づき，個人情報の取り扱いに関する次の（ア）～（エ）の記述のうち，正しいものは○，誤っているものは×として，最も適切な組合せはどれか。

（ア） 学習塾で，生徒同士のトラブルが発生し，生徒Aが生徒Bにケガをさせてしまった。生徒Aの保護者は生徒Bとその保護者に謝罪するため，生徒Bの連絡先を教えて欲しいと学習塾に尋ねてきた。学習塾では，「謝罪したい」という理由を踏まえ，生徒名簿に記載されている生徒Bとその保護者の氏名，住所，電話番号を伝えた。

（イ） クレジットカード会社に対し，カードホルダーから「請求に誤りがあるようなので確認して欲しい」との照会があり，クレジット会社が調査を行った結果，処理を誤った加盟店があることが判明した。クレジットカード会社は，当該加盟店に対し，直接カードホルダーに請求を誤った経緯等を説明するよう依頼するため，カードホルダーの連絡先を伝えた。

（ウ） 小売店を営んでおり，人手不足のためアルバイトを募集していたが，なかなか人が集まらなかった。そのため，店のポイントプログラムに登録している顧客をアルバイトに勧誘しようと思い，事前にその顧客の同意を得ることなく，登録された電話番号に電話をかけた。

(エ) 顧客の氏名，連絡先，購入履歴等を顧客リストとして作成し，新商品やセールの案内に活用しているが，複数の顧客にイベントの案内を電子メールで知らせる際に，CC（Carbon Copy）に顧客のメールアドレスを入力し，一斉送信した。

	ア	イ	ウ	エ
①	○	×	×	×
②	×	○	×	×
③	×	×	○	×
④	×	×	×	○
⑤	×	×	×	×

Ⅱ-15

リスクアセスメントは，職場の潜在的な危険性又は有害性を見つけ出し，これを除去，低減するための手法である。労働安全衛生マネジメントシステムに関する指針では，「危険性又は有害性等の調査及びその結果に基づき講ずる措置」の実施，いわゆるリスクアセスメント等の実施が明記されているが，2006年4月1日以降，その実施が労働安全衛生法第28条の2により努力義務化された。なお，化学物質については，2016年6月1日にリスクアセスメントの実施が義務化された。
リスクアセスメント導入による効果に関する次の（ア）～（オ）の記述のうち，正しいものは○，間違っているものは×として，最も適切な組合せはどれか。

(ア) 職場のリスクが明確になる
(イ) リスクに対する認識を共有できる
(ウ) 安全対策の合理的な優先順位が決定できる

(エ) 残留リスクに対して「リスクの発生要因」の理由が明確になる
(オ) 専門家が分析することにより「危険」に対する度合いが明確になる

	ア	イ	ウ	エ	オ
①	○	○	○	○	○
②	○	○	○	○	×
③	○	○	○	×	×
④	○	○	×	×	×
⑤	×	×	×	×	×

令和2年度

技術士第一次試験「基礎・適性科目」

I　基礎科目

〔問題群〕　〔頁〕

Ⅰ．次の1群～5群の全ての問題群からそれぞれ3問題，計15問題を選び解答せよ。(解答欄に1つだけマークすること。)

（注）
①いずれかの問題群で４問題以上を解答した場合は「無効」となります。
②１問題について解答欄に２つ以上マークした問題は、採点の対象となりません。

●1群　設計・計画に関するもの（全６問題から３問題を選択解答）

Ⅰ 1-1

ユニバーサルデザインに関する次の記述について，［　　］に入る語句の組合せとして最も適切なものはどれか。

北欧発の考え方である，障害者と健常者が一緒に生活できる社会を目指す［ア］，及び，米国発のバリアフリーという考え方の広がりを受けて，ロナルド・メイス（通称ロン・メイス）により1980年代に提唱された考え方が，ユニバーサルデザインである。ユニバーサルデザインは，特別な設計やデザインの変更を行うことなく，可能な限りすべての人が利用できうるよう製品や［イ］を設計することを意味する。ユニバーサルデザインの７つの原則は,（1）誰でもが公平に利用できる,（2）柔軟性がある,（3）シンプルかつ［ウ］な利用が可能,（4）必要な情報がすぐにわかる,（5）［エ］しても危険が起こらない,（6）小さな力でも利用できる,（7）じゅうぶんな大きさや広さが確保されている，である。

	ア	イ	ウ	エ
①	カスタマイゼーション	環境	直感的	ミス
②	ノーマライゼーション	制度	直感的	長時間利用
③	ノーマライゼーション	環境	直感的	ミス
④	カスタマイゼーション	制度	論理的	長時間利用
⑤	ノーマライゼーション	環境	論理的	長時間利用

I 1-2

ある材料に生ずる応力S［MPa］とその材料の強度R［MPa］を確率変数として，$Z=R-S$が0を下回る確率Pr（$Z<0$）が一定値以下となるように設計する。応力Sは平均μ_s，標準偏差σ_sの正規分布に，強度Rは平均μ_R，標準偏差σ_Rの正規分布に従い，互いに独立な確率変数とみなせるとする。$\mu_s:\sigma_s:\mu_R:\sigma_R$の比として（ア）から（エ）の4ケースを考えるとき，Pr（$Z<0$）を小さい順に並べたものとして最も適切なものはどれか。

	μ_s	σ_s	μ_R	σ_R
（ア）	10	$2\sqrt{2}$	14	1
（イ）	10	1	13	$2\sqrt{2}$
（ウ）	9	1	12	$\sqrt{3}$
（エ）	11	1	12	1

①ウ→イ→エ→ア

②ア→ウ→イ→エ

③ア→イ→ウ→エ

④ウ→ア→イ→エ

⑤ア→ウ→エ→イ

I 1-3

次の（ア）から（オ）の記述について，それぞれの正誤の組合せとして，最も適切なものはどれか。

（ア）荷重を増大させていくと，建物は多くの部材が降伏し，荷重が上がらなくなり大きく変形します。最後は建物が倒壊してしまいます。このときの荷重が弾性荷重です。

（イ）非常に大きな力で棒を引っ張ると，最後は引きちぎれてしまいます。これを破断と呼んでいます。破断は，引張応力度がその材料固有の固有振動数に達したために生じたものです。

（ウ）細長い棒の両端を押すと，押している途中で，急に力とは直交する方向に変形してしまうことがあります。この現象を座屈と呼んでいます。

（エ）太く短い棒の両端を押すと，破断強度までじわじわ縮んで，最後は圧壊します。

（オ）建物に加わる力を荷重，また荷重を支える要素を部材あるいは構造部材と呼びます。

	ア	イ	ウ	エ	オ
①	正	正	正	誤	誤
②	誤	正	正	正	誤
③	誤	誤	正	正	正
④	正	誤	誤	正	正
⑤	正	正	誤	誤	正

I 1-4

ある工場で原料A，Bを用いて，製品1，2を生産し販売している。下表に示すように製品1を1[kg]生産するために原料A,Bはそれぞれ3[kg]，1[kg]必要で，製品2を1[kg]生産するためには原料A,Bをそれぞれ2[kg]，3[kg]必要とする。原料A，Bの使用量については，1日当たりの上限があり，それぞれ24[kg]，15[kg]である。

(1) 製品1，2の1［kg］当たりの販売利益が，各々2［百万円/kg］，3［百万円/kg］の時，1日当たりの全体の利益z［百万円］が最大となるように製品1並びに製品2の1日当たりの生産量x_1[kg]，x_2[kg]を決定する。なお，$x_1 \geqq 0$，$x_2 \geqq 0$とする。

表　製品の製造における原料使用量，使用条件，及び販売利益

	製品1	製品2	使用上限
原料A[kg]	3	2	24
原料B[kg]	1	3	15
利益[百万円／kg]	2	3	

(2) 次に，製品1の販売利益がΔc［百万円/kg］だけ変化する，すなわち（2+Δc）[百万円/kg]となる場合を想定し，zを最大にする製品1，2の生産量が，(1) で決定した製品1，2の生産量と同一であるΔc[百万円/kg]の範囲を求める。

1日当たりの生産量x_1[kg]及びx_2[kg]の値と，Δc[百万円/kg]の範囲の組合せとして，最も適切なものはどれか。

① $x_1 = 0$，$x_2 = 5$，$-1 \leqq \Delta c \leqq 5/2$
② $x_1 = 6$，$x_2 = 3$，$\Delta c \leqq -1$，$5/2 \leqq \Delta c$
③ $x_1 = 6$，$x_2 = 3$，$-1 \leqq \Delta c \leqq 1$
④ $x_1 = 0$，$x_2 = 5$，$\Delta c \leqq -1$，$5/2 \leqq \Delta c$
⑤ $x_1 = 6$，$x_2 = 3$，$-1 \leqq \Delta c \leqq 5/2$

I 1-5

製図法に関する次の（ア）から（オ）の記述について，それぞれの正誤の組合せとして，最も適切なものはどれか。

（ア）第三角法の場合は，平面図は正面図の上に，右側面図は正面図の右にというように，見る側と同じ側に描かれる。

（イ）第一角法の場合は，平面図は正面図の上に，左側面図は正面図の右にというように，見る側とは反対の側に描かれる。

（ウ）対象物内部の見えない形を図示する場合は，対象物をある箇所で切断したと仮定して，切断面の手前を取り除き，その切り口の形状を，外形線によって図示することとすれば，非常にわかりやすい図となる。このような図が想像図である。

（エ）第三角法と第一角法では，同じ図面でも，違った対象物を表している場合があるが，用いた投影法は明記する必要がない。

（オ）正面図とは，その対象物に対する情報量が最も多い，いわば図面の主体になるものであって，これを主投影図とする。したがって，ごく簡単なものでは，主投影図だけで充分に用が足りる。

	ア	イ	ウ	エ	オ
①	正	正	誤	誤	誤
②	誤	正	正	誤	誤
③	誤	誤	正	正	誤
④	誤	誤	誤	正	正
⑤	正	誤	誤	誤	正

I
1-6

下図に示されるように，信頼度が0.7であるn個の要素が並列に接続され，さらに信頼度0.95の１個の要素が直列に接続されたシステムを考える。それぞれの要素は互いに独立であり，nは２以上の整数とする。システムの信頼度が0.94以上となるために必要なnの最小値について，最も適切なものはどれか。

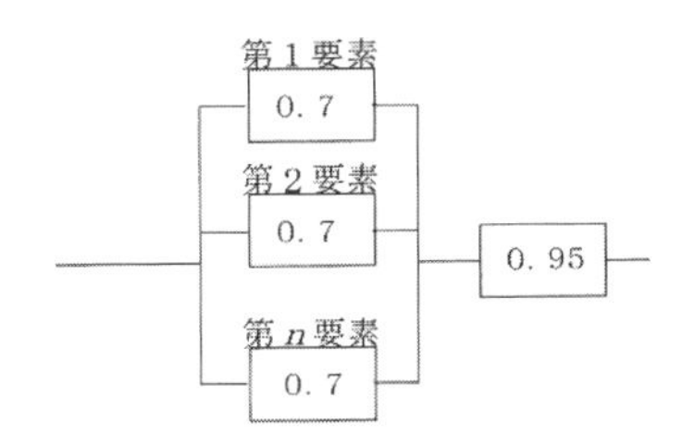

図　システム構成図と各要素の信頼度

① 2
② 3
③ 4
④ 5
⑤ nに依らずシステムの信頼度は0.94未満であり，最小値は存在しない。

●2群　情報・論理に関するもの（全6問題から3問題を選択解答）

I 2-1

情報の圧縮に関する次の記述のうち，最も不適切なものはどれか。

① 復号化によって元の情報を完全に復元でき，情報の欠落がない圧縮は可逆圧縮と呼ばれ，テキストデータ等の圧縮に使われることが多い。
② 復号化によって元の情報には完全には戻らず，情報の欠落を伴う圧縮は非可逆圧縮と呼ばれ，音声や映像等の圧縮に使われることが多い。
③ 静止画に対する代表的な圧縮方式としてJPEGがあり，動画に対する代表的な圧縮方式としてMPEGがある。
④ データ圧縮では，情報源に関する知識（記号の生起確率など）が必要であり，情報源の知識が無い場合にはデータ圧縮することはできない。

⑤ 可逆圧縮には限界があり，どのような方式であっても，その限界を超えて圧縮することはできない。

I 2-2

下表に示す真理値表の演算結果と一致する，論理式 $f(x, y, z)$ として正しいものはどれか。ただし，変数 X，Y に対して，$X+Y$ は論理和，XY は論理積，$\overline{X}$ は論理否定を表す。

① $f(x,y,z) = xy + z$
② $f(x,y,z) = \bar{x}y + \overline{yz}$
③ $f(x,y,z) = xy + \bar{y}z$
④ $f(x,y,z) = xy + \overline{xy}$
⑤ $f(x,y,z) = xy + \bar{x}z$

表　$f(x,y,z)$ の真理値表

x	y	z	$f(x,y,z)$
0	0	0	0
0	0	1	1
0	1	0	0
0	1	1	0
1	0	0	0
1	0	1	1
1	1	0	1
1	1	1	1

I 2-3

標的型攻撃に対する有効な対策として，最も不適切なものはどれか。

① メール中のオンラインストレージのＵＲＬリンクを使用したファイルの受信は，正規のサービスかどうかを確認し，メールゲートウェイで検知する。
② 標的型攻撃への対策は，複数の対策を多層的に組合せて防御する。
③ あらかじめ組織内に連絡すべき窓口を設け，利用者が標的型攻撃メールを受信した際の連絡先として周知させる。

④ あらかじめシステムや実行ポリシーで，利用者の環境で実行可能なファイルを制限しておく。
⑤ 擬似的な標的型攻撃メールを利用者に送信し，その対応を調査する訓練を定期的に実施する。

I 2-4

補数表現に関する次の記述の，［　　］に入る補数の組合せとして，最も適切なものはどれか。

一般に,k桁のn進数Xについて,Xのnの補数は$n^k - X$,Xの$n-1$の補数は$(n^k-1)-X$をそれぞれn進数で表現したものとして定義する。よって,3桁の10進数で表現した$(956)_{10}$の（n=）10の補数は,10^3から$(956)_{10}$を引いた$(44)_{10}$である。さらに(956)の（n－1=）9の補数は,10^3-1から$(956)_{10}$を引いた$(43)_{10}$である。
同様に,6桁の2進数$(100110)_2$の2の補数は［ア］,1の補数は［イ］である。

	ア	イ
①	$(000110)_2$	$(000101)_2$
②	$(011010)_2$	$(011001)_2$
③	$(000111)_2$	$(000110)_2$
④	$(011001)_2$	$(011010)_2$
⑤	$(011000)_2$	$(011001)_2$

I 2-5

次の［　　］に入る数値の組合せとして，最も適切なものはどれか。

次の図は2進数$(a_n\ a_{n-1} \cdots a_2\ a_1\ a_0)_2$を10進数$s$に変換するアルゴリズムの流れ図である。ただし，nは0又は正の整数であり，$a_i \in \{0,1\}$（$i = 0,1,\cdots,n$）である。

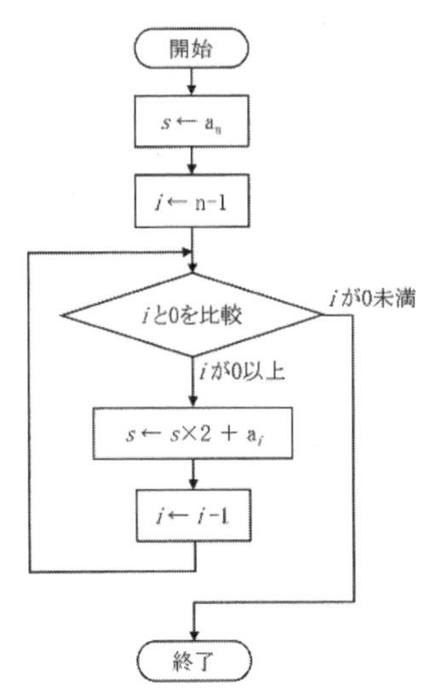

図　sを求めるアルゴリズムの流れ図

このアルゴリズムを用いて2進数$(1101)_2$を10進数に変換すると，sには初め1が代入され，その後順に3，6と更新され，最後にsには13が代入されて終了する。このようにsが更新される過程を，

$$1 \rightarrow 3 \rightarrow 6 \rightarrow 13$$

と表すことにする。同様に，2進数$(11010101)_2$を10進数に変換すると，sは次のように更新される。

1→3→6→13→［ア］→［イ］→［ウ］→213

	ア	イ	ウ
①	25	52	105
②	25	52	106
③	26	52	105
④	26	53	105
⑤	26	53	106

I 2-6

次の［　　］に入る数値の組合せとして，最も適切なものはどれか。

アクセス時間が50 [ns]のキャッシュメモリとアクセス時間が450 [ns]の主記憶からなる計算機システムがある。呼び出されたデータがキャッシュメモリに存在する確率をヒット率という。ヒット率が90%のとき，このシステムの実効アクセス時間として最も近い値は［ア］となり，主記憶だけの場合に比べて平均［イ］倍の速さで呼び出しができる。

	ア	イ
①	45 [ns]	2
②	60 [ns]	2
③	60 [ns]	5
④	90 [ns]	2
⑤	90 [ns]	5

●3群　解析に関するもの（全6問題から3問題を選択解答）

I 3-1

3次元直交座標系(x,y,z)におけるベクトル$V=(Vx,Vy,Vz)=(x,x^2y+yz^2,z^3)$の点$(1,3,2)$での発散$\mathrm{div}\,V=\frac{\partial V_x}{\partial x}+\frac{\partial V_y}{\partial y}+\frac{\partial V_z}{\partial z}$として，最も適切なものはどれか。

①　(-12,0,6)　②　18　③　24　④　(1,15,8)　⑤　(1,5,12)

I 3-2

関数$f(x,y)=x^2+2xy+3y^2$の(1,1)における最急勾配の大きさ$\|\mathrm{grad}f\|$として，最も適切なものはどれか。なお，勾配grad$f$は$\mathrm{grad}f=\left(\frac{\partial f}{\partial x}\ \frac{\partial f}{\partial y}\right)$である。

① 6　② (4,8)　③ 12　④ $4\sqrt{5}$　⑤ $\sqrt{2}$

I 3-3

数値解析の誤差に関する次の記述のうち，最も適切なものはどれか。

① 有限要素法において，要素分割を細かくすると，一般に近似誤差は大きくなる。
② 数値計算の誤差は，対象となる物理現象の法則で定まるので，計算アルゴリズムを改良しても誤差は減少しない。
③ 浮動小数点演算において，近接する2数の引き算では，有効桁数が失われる桁落ち誤差を生じることがある。
④ テイラー級数展開に基づき，微分方程式を差分方程式に置き換えるときの近似誤差は，格子幅によらずほぼ一定値となる。
⑤ 非線形現象を線形方程式で近似しても，線形方程式の数値計算法が数学的に厳密であれば，得られる結果には数値誤差はないとみなせる。

I
3-4

有限要素法において三角形要素の剛性マトリクスを求める際，面積座標がしばしば用いられる。下図に示す△ABCの内部（辺上も含む）の任意の点Pの面積座標は，

$$\left(\frac{S_A}{S},\frac{S_B}{S},\frac{S_C}{S}\right)$$

で表されるものとする。ここで，S，S_A，S_B，S_Cはそれぞれ，△ABC，△PBC，△PCA，△PABの面積である。△ABCの三辺の長さの比が，AB：BC：CA=3：4：5であるとき，△ABCの内心と外心の面積座標の組合せとして，最も適切なものはどれか。

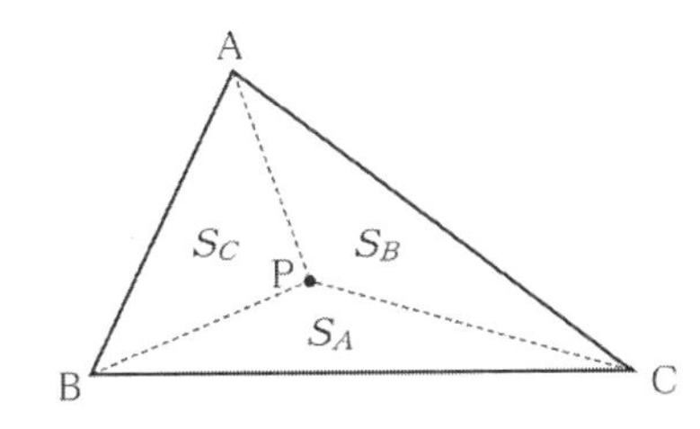

図　△ABCとその内部の点P

	内心の面積座標	外心の面積座標
①	$\left(\frac{1}{4},\frac{1}{5},\frac{1}{3}\right)$	$\left(\frac{1}{2},0,\frac{1}{2}\right)$
②	$\left(\frac{1}{4},\frac{1}{5},\frac{1}{3}\right)$	$\left(\frac{1}{3},\frac{1}{3},\frac{1}{3}\right)$
③	$\left(\frac{1}{3},\frac{1}{3},\frac{1}{3}\right)$	$\left(\frac{1}{2},0,\frac{1}{2}\right)$
④	$\left(\frac{1}{3},\frac{5}{12},\frac{1}{4}\right)$	$\left(\frac{1}{2},0,\frac{1}{2}\right)$
⑤	$\left(\frac{1}{3},\frac{5}{12},\frac{1}{4}\right)$	$\left(\frac{1}{3},\frac{1}{3},\frac{1}{3}\right)$

I
3-5

下図に示すように，１つの質点がばねで固定端に結合されているばね質点系Ａ，Ｂ，Ｃがある。図中のばねのばね定数ｋはすべて同じであり，質点の質量ｍはすべて同じである。ばね質点系Ａは質点が水平に単振動する系，Ｂは斜め45度に単振動する系，Ｃは垂直に単振動する系である。ばね質点系Ａ，Ｂ，Ｃの固有振動数をf_A，f_B，f_Cとしたとき，これらの大小関係として，最も適切なものはどれか。ただし，質点に摩擦は作用しないものとし，ばねの質量については考慮しないものとする。

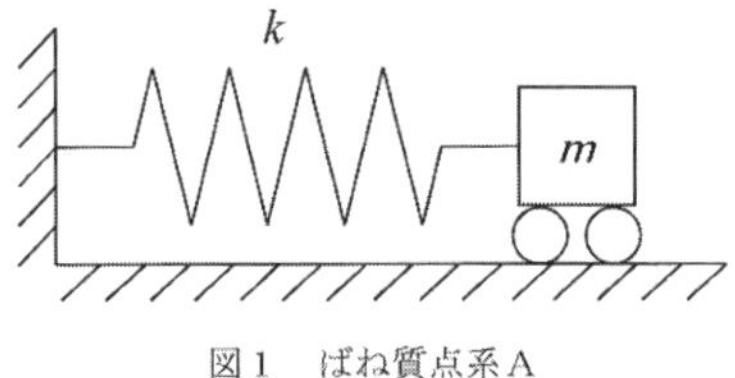

図１　ばね質点系Ａ

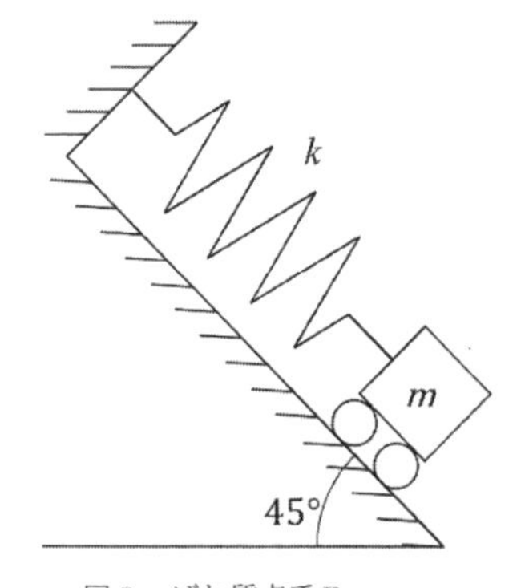

図２　ばね質点系Ｂ

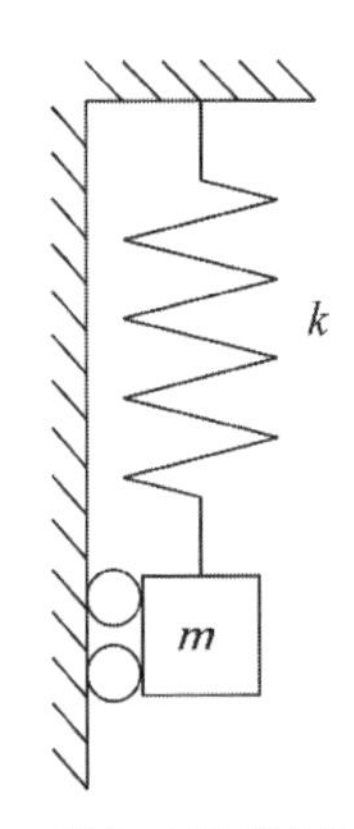

図３　ばね質点系Ｃ

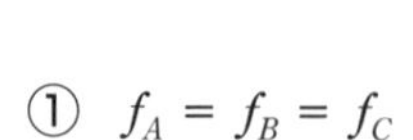

① $f_A = f_B = f_C$
② $f_A > f_B > f_C$
③ $f_A < f_B < f_C$
④ $f_A = f_C > f_B$
⑤ $f_A = f_C < f_B$

I 3-6

下図に示すように，円管の中を水が左から右へ流れている。点a，点bにおける圧力，流速及び管の断面積をそれぞれp_a，v_a，A_a及びp_b，v_b，A_bとする。流速v_bを表す式として最も適切なものはどれか。ただしρは水の密度で，水は非圧縮の完全流体とし，粘性によるエネルギー損失はないものとする。

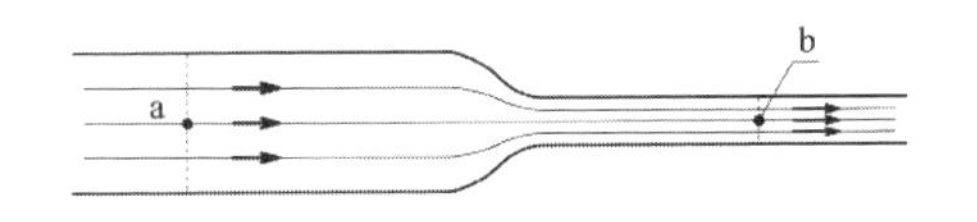

図　円管の中の水の流れ

① $v_b = \dfrac{A_b}{A_a}\sqrt{\dfrac{p_b - p_a}{\rho}}$

② $v_b = \dfrac{A_a}{A_b}\sqrt{\dfrac{p_a - p_b}{\rho}}$

③ $v_b = \dfrac{1}{\sqrt{1 - \dfrac{A_b}{A_a}}}\sqrt{\dfrac{2(p_b - p_a)}{\rho}}$

④ $v_b = \dfrac{1}{\sqrt{1 - \dfrac{A_b}{A_a}}}\sqrt{\dfrac{2(p_a - p_b)}{\rho}}$

⑤ $v_b = \dfrac{1}{\sqrt{1 - \left(\dfrac{A_b}{A_a}\right)^2}}\sqrt{\dfrac{2(p_a - p_b)}{\rho}}$

●4群　材料･化学･バイオに関するもの（全6問題から3問題を選択解答）

I 4-1

次の有機化合物のうち，同じ質量の化合物を完全燃焼させたとき，二酸化炭素の生成量が最大となるものはどれか。ただし，分子式右側の（　）内の数値は，その化合物の分子量である。

① メタンCH_4（16）
② エチレンC_2H_4（28）
③ エタンC_2H_6（30）
④ メタノールCH_4O（32）
⑤ エタノールC_2H_6O（46）

I 4-2

下記a～dの反応は，代表的な有機化学反応である付加，脱離，置換，転位の4種類の反応のうちいずれかに分類される。置換反応2つの組合せとして最も適切なものはどれか。

a　$CH_3CH_2CH_2OH + HBr \longrightarrow CH_3CH_2CH_2Br + H_2O$

b　C_6H_5–C(OH)(H)–CH_3 $\xrightarrow{\text{酸触媒}}$ C_6H_5–CH=CH_2 + H_2O

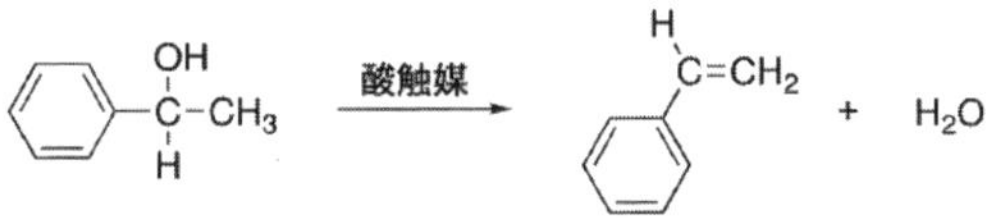

c　$CH_3CH_2CH{=}CH_2 + HBr \longrightarrow CH_3CH_2CHBrCH_3$

d　C_6H_5–C(=O)–OH + CH_3OH $\xrightarrow{\text{酸触媒}}$ C_6H_5–C(=O)–OCH_3 + H_2O

①（a，b）②（a，c）③（a，d）④（b，c）⑤（b，d）

I 4-3

鉄，銅，アルミニウムの密度，電気抵抗率，融点について，次の（ア）～（オ）の大小関係の組合せとして，最も適切なものはどれか。ただし，密度及び電気抵抗率は20［℃］での値，融点は1気圧での値で比較するものとする。

（ア）：鉄＞銅＞アルミニウム
（イ）：鉄＞アルミニウム＞銅
（ウ）：銅＞鉄＞アルミニウム
（エ）：銅＞アルミニウム＞鉄
（オ）：アルミニウム＞鉄＞銅

	密度	電気抵抗率	融点
①	（ア）	（ウ）	（オ）
②	（ア）	（エ）	（オ）
③	（イ）	（エ）	（ア）
④	（ウ）	（イ）	（ア）
⑤	（ウ）	（イ）	（オ）

I 4-4

アルミニウムの結晶構造に関する次の記述の，[　　　] に入る数値や数式の組合せとして，最も適切なものはどれか。
アルミニウムの結晶は，室温・大気圧下において面心立方構造を持っている。その一つの単位胞は [ア] 個の原子を含み，配位数が [イ] である。単位胞となる立方体の一辺の長さをa［cm］，アルミニウム原子の半径をR［cm］とすると，[ウ] の関係が成り立つ。

	ア	イ	ウ
①	2	12	$a=\frac{4R}{\sqrt{3}}$
②	2	8	$a=\frac{4R}{\sqrt{3}}$
③	4	12	$a=\frac{4R}{\sqrt{3}}$
④	4	8	$a=2\sqrt{2}R$
⑤	4	12	$a=2\sqrt{2}R$

I 4-5

アルコール酵母菌のグルコース（$C_6H_{12}O_6$）を基質とした好気呼吸とエタノール発酵は次の化学反応式で表される。

好気呼吸$C_6H_{12}O_6 + 6O_2 + 6H_2O \rightarrow 6CO_2 + 12H_2O$

エタノール発酵$C_6H_{12}O_6 \rightarrow 2C_2H_5OH + 2CO_2$

いま，アルコール酵母菌に基質としてグルコースを与えたところ，酸素を２モル吸収した。好気呼吸で消費されたグルコースとエタノール発酵で消費されたグルコースのモル比が１：６であった際の，二酸化炭素発生量として最も適切なものはどれか。

① 3モル　② 4モル　③ 6モル　④ 8モル　⑤ 12モル

I 4-6

PCR（ポリメラーゼ連鎖反応）法は，細胞や血液サンプルからDNAを高感度で増幅することができるため，遺伝子診断や微生物検査，動物や植物の系統調査等に用いられている。PCR法は通常，(１)DNAの熱変性，（２）プライマーのアニーリング，（３）伸長反応の３段階からなっている。PCR法に関する記述のうち，最も適切なものはどれか。

① DNAの熱変性では，２本鎖DNAの共有結合を切断して１本鎖DNAに解離させるために加熱を行う。
② アニーリング温度を上げすぎると，１本鎖DNAに対するプライマーの非特異的なアニーリングが起こりやすくなる。
③ 伸長反応の時間は増幅したい配列の長さによって変える必要があり，増幅したい配列が長くなるにつれて伸長反応時間は短くする。
④ 耐熱性の高いDNAポリメラーゼが，PCR法に適している。
⑤ PCR法により増幅したDNAには，プライマーの塩基配列は含まれない。

●5群　環境・エネルギー・技術に関するもの（全6問題から3問題を選択解答）

I 5-1

プラスチックごみ及びその資源循環に関する（ア）～（オ）の記述について，それぞれの正誤の組合せとして，最も適切なものはどれか。

（ア） 近年，マイクロプラスチックによる海洋生態系への影響が懸念されており，世界的な課題となっているが，マイクロプラスチックとは一般に5mm以下の微細なプラスチック類のことを指している。

（イ） 海洋プラスチックごみは世界中において発生しているが，特に先進国から発生しているものが多いと言われている。

（ウ） 中国が廃プラスチック等の輸入禁止措置を行う直前の2017年において，日本国内で約900万トンの廃プラスチックが排出されそのうち約250万トンがリサイクルされているが，海外に輸出され海外でリサイクルされたものは250万トンの半数以下であった。

（エ） 2019年6月に政府により策定された「プラスチック資源循環戦略」においては，基本的な対応の方向性を「3R＋Renewable」として，プラスチック利用の削減，再使用，再生利用の他に，紙やバイオマスプラスチックなどの再生可能資源による代替を，その方向性に含めている。

（オ） 陸域で発生したごみが河川等を通じて海域に流出されることから，陸域での不法投棄やポイ捨て撲滅の徹底や清掃活動の推進などもプラスチックごみによる海洋汚染防止において重要な対策となる。

	ア	イ	ウ	エ	オ
①	正	正	誤	正	誤
②	正	誤	誤	正	正
③	正	正	正	誤	誤
④	誤	誤	正	正	正
⑤	誤	正	誤	誤	正

I
5-2

生物多様性の保全に関する次の記述のうち，最も不適切なものはどれか。

① 生物多様性の保全及び持続可能な利用に悪影響を及ぼすおそれのある遺伝子組換え生物の移送，取扱い，利用の手続等について，国際的な枠組みに関する議定書が採択されている。

② 移入種（外来種）は在来の生物種や生態系に様々な影響を及ぼし，なかには在来種の駆逐を招くような重大な影響を与えるものもある。

③ 移入種問題は，生物多様性の保全上，最も重要な課題の１つとされているが，我が国では動物愛護の観点から，移入種の駆除の対策は禁止されている。

④ 生物多様性条約は，1992年にリオデジャネイロで開催された国連環境開発会議において署名のため開放され，所定の要件を満たしたことから，翌年，発効した。

⑤ 生物多様性条約の目的は，生物の多様性の保全，その構成要素の持続可能な利用及び遺伝資源の利用から生ずる利益の公正かつ衡平な配分を実現することである。

I 5-3

日本のエネルギー消費に関する次の記述のうち，最も不適切なものはどれか。

① 日本全体の最終エネルギー消費は2005年度をピークに減少傾向になり，2011年度からは東日本大震災以降の節電意識の高まりなどによってさらに減少が進んだ。
② 産業部門と業務他部門全体のエネルギー消費は，第一次石油ショック以降，経済成長する中でも製造業を中心に省エネルギー化が進んだことから同程度の水準で推移している。
③ 1単位の国内総生産（GDP）を産出するために必要な一次エネルギー消費量の推移を見ると，日本は世界平均を大きく下回る水準を維持している。
④ 家庭部門のエネルギー消費は，東日本大震災以降も，生活の利便性・快適性を追求する国民のライフスタイルの変化や世帯数の増加等を受け，継続的に増加している。
⑤ 運輸部門（旅客部門）のエネルギー消費は2002年度をピークに減少傾向に転じたが，これは自動車の燃費が改善したことに加え，軽自動車やハイブリッド自動車など低燃費な自動車のシェアが高まったことが大きく影響している。

I 5-4

エネルギー情勢に関する次の記述の，［　　］に入る数値又は語句の組合せとして，最も適切なものはどれか。

日本の電源別発電電力量（一般電気事業用）のうち，原子力の占める割合は2010年度時点で［ア］%程度であった。しかし，福島第一原子力発電所の事故などの影響で，原子力に代わり天然ガスの利用が増えた。現代の天然ガス火力発電は，ガスタービン技術を取り入れた［イ］サイクルの実用化などにより発電効率が高い。天然ガスは，米国において，非在来型資源のひとつである［ウ］ガスの生産が2005年以降顕著に拡大しており，日本も既に米国から［ ウ ］ガス由来の液化天然ガス（LNG）の輸入を始めている。

	ア	イ	ウ
①	30	コンバインド	シェール
②	20	コンバインド	シェール
③	20	再熱再生	シェール
④	30	コンバインド	タイトサンド
⑤	30	再熱再生	タイトサンド

I 5-5

日本の工業化は明治維新を経て大きく進展していった。この明治維新から第二次世界大戦に至るまでの日本の産業技術の発展に関する次の記述のうち，最も不適切なものはどれか。

① 江戸時代に成熟していた手工業的な産業が，明治維新によって開かれた新市場において，西洋技術を取り入れながら独自の発展を生み出していった。
② 西洋の先進国で標準化段階に達した技術一式が輸入され，低賃金の労働力によって価格競争力の高い製品が生産された。
③ 日本工学会に代表される技術系学協会は，欧米諸国とは異なり大学などの高学歴出身者たちによって組織された。
④ 工場での労働条件を改善しながら国際競争力を強化するために，テイラーの科学的管理法が注目され，その際に統計的品質管理の方法が導入された。
⑤ 工業化の進展にともない，技術官僚たちは行政における技術者の地位向上運動を展開した。

I

5-6

次の（ア）～（オ）の科学史・技術史上の著名な業績を，古い順から並べたものとして，最も適切なものはどれか。

（ア）　マリー及びピエール・キュリーによるラジウム及びポロニウムの発見
（イ）　ジェンナーによる種痘法の開発
（ウ）　ブラッテン，バーディーン，ショックレーによるトランジスタの発明
（エ）　メンデレーエフによる元素の周期律の発表
（オ）　ド・フォレストによる三極真空管の発明

①　イ－エ－ア－オ－ウ
②　イ－エ－オ－ウ－ア
③　イ－オ－エ－ア－ウ
④　エ－イ－オ－ア－ウ
⑤　エ－オ－イ－ア－ウ

Ⅱ　適性科目

Ⅱ　次の15問題を解答せよ。（解答欄に1つだけマークすること。）

Ⅱ-1　次に掲げる技術士法第四章において，[ア]～[キ]に入る語句の組合せとして，最も適切なものはどれか。

《技術士法第四章　技術士等の義務》

（信用失墜行為の禁止）

第44条　技術士又は技術士補は，技術士若しくは技術士補の信用を傷つけ，又は技術士及び技術士補全体の不名誉となるような行為をしてはならない。

（技術士等の秘密保持[ア]）

第45条　技術士又は技術士補は，正当の理由がなく，その業務に関して知り得た秘密を漏らし，又は盗用してはならない。技術士又は技術士補でなくなった後においても，同様とする。

（技術士等の[イ]確保の[ウ]）

第45条の2　技術士又は技術士補は，その業務を行うに当たっては，公共の安全，環境の保全その他の[イ]を害することのないよう努めなければならない。

（技術士の名称表示の場合の[ア]）

第46条　技術士は，その業務に関して技術士の名称を表示するときは，その登録を受けた[エ]を明示してするものとし，登録を受けていない[エ]を表示してはならない。

（技術士補の業務の[オ]等）

第47条　技術士補は，第2条第1項に規定する業務について技術士を補助する場合を除くほか，技術士補の名称を表示して当該業務を行ってはならない。

2　前条の規定は，技術士補がその補助する技術士の業務に関してする技術士補の名称の表示について［カ］する。

(技術士の［キ］向上の［ウ］)

第47条の2　技術士は，常に，その業務に関して有する知識及び技能の水準を向上させ，その他その［キ］の向上を図るよう努めなければならない。

	ア	イ	ウ	エ	オ	カ	キ
①	義務	公益	責務	技術部門	制限	準用	能力
②	責務	安全	義務	専門部門	制約	適用	能力
③	義務	公益	責務	技術部門	制約	適用	資質
④	責務	安全	義務	専門部門	制約	準用	資質
⑤	義務	公益	責務	技術部門	制限	準用	資質

Ⅱ-2

さまざまな理工系学協会は，会員や学協会自身の倫理観の向上を目指して，倫理規程，倫理綱領を定め，公開しており，技術者の倫理的意思決定を行う上で参考になる。それらを踏まえた次の記述のうち，最も不適切なものはどれか。

① 技術者は，製品，技術および知的生産物に関して，その品質，信頼性，安全性，および環境保全に対する責任を有する。また，職務遂行においては常に公衆の安全，健康，福祉を最優先させる。

② 技術者は，研究・調査データの記録保存や厳正な取扱いを徹底し，ねつ造，改ざん，盗用などの不正行為をなさず，加担しない。ただし，顧客から要求があった場合は，要求に沿った多少のデータ修正を行ってもよい。

③ 技術者は，人種，性，年齢，地位，所属，思想・宗教などによって個人を差別せず，個人の人権と人格を尊重する。

④ 技術者は，不正行為を防止する公正なる環境の整備・維持も重要な責務であることを自覚し，技術者コミュニティおよび自らの所属組織の職務・研究環境を改善する取り組みに積極的に参加する。

⑤ 技術者は，自己の専門知識と経験を生かして，将来を担う技術者・研究者の指導・育成に努める。

Ⅱ-3

科学研究と産業が密接に連携する今日の社会において，科学者は複数の役割を担う状況が生まれている。このような背景のなか，科学者・研究者が外部との利益関係等によって，公的研究に必要な公正かつ適正な判断が損なわれる，または損なわれるのではないかと第三者から見なされかねない事態を利益相反（Conflict of Interest：COI）という。法律で判断できないグレーゾーンに属する問題が多いことから，研究活動において利益相反が問われる場合が少なくない。実際に弊害が生じていなくても，弊害が生じているかのごとく見られることも含まれるため，指摘を受けた場合に的確に説明できるよう，研究者及び所属機関は適切な対応を行う必要がある。以下に示すCOIに関する（ア）～（エ）の記述のうち，正しいものは○，誤っているものは×として，最も適切な組合せはどれか。

（ア）公的資金を用いた研究開発の技術指導を目的にA教授はZ社と有償での兼業を行っている。A教授の所属する大学からの兼業許可では，毎週水曜日が兼業の活動日とされているが，毎週土曜日にZ社で開催される技術会議に出席する必要が生じた。そこでA教授は所属する大学のＣＯＩ委員会にこのことを相談した。

（イ）B教授は自らの研究と非常に近い競争関係にある論文の査読を依頼された。しかし，その論文の内容に対して公正かつ正当な評価を行えるかに不安があり，その論文の査読を辞退した。

（ウ） Ｃ教授は公的資金によりＹ社が開発した技術の性能試験及び，その評価に携わった。その後Ｙ社から自社の株購入の勧めがあり，少額の未公開株を購入した。取引はＣ教授の配偶者名義で行ったため，所属する大学のＣＯＩ委員会への相談は省略した。

（エ） Ｄ教授は自らの研究成果をもとに，Ｄ教授の所属する大学から兼業許可を得て研究成果活用型のベンチャー企業を設立した。公的資金で購入したＤ教授が管理する研究室の設備を，そのベンチャー企業が無償で使用する必要が生じた。そこでＤ教授は事前に所属する大学のＣＯＩ委員会にこのことを相談した。

	ア	イ	ウ	エ
①	○	○	○	○
②	○	○	○	×
③	○	○	×	○
④	○	×	○	○
⑤	×	○	○	○

Ⅱ-4

近年，企業の情報漏洩に関する問題が社会的現象となっている。営業秘密等の漏洩は企業にとって社会的な信用低下や顧客への損害賠償等，甚大な損失を被るリスクがある。例えば，石油精製業等を営む会社のポリカーボネート樹脂プラントの設計図面等を，その従業員を通じて競合企業が不正に取得し，さらに中国企業に不正開示した事案では，その図面の廃棄請求，損害賠償請求等が認められる（知財高裁 平成23. 9.27）など，基幹技術など企業情報の漏えい事案が多発している。また，サイバー空間での窃取，拡散など漏えい態様も多様化しており，抑止力向上と処罰範囲の整備が必要となっている。
営業秘密に関する次の（ア）～（エ）の記述について，正しいものは○，誤っているものは×として，最も適切な組合せはどれか。

（ア） 顧客名簿や新規事業計画書は，企業の研究・開発や営業活動の過程で生み出されたものなので営業秘密である。

（イ） 製造ノウハウやそれとともに製造過程で発生する有害物質の河川への垂れ流しといった情報は，社外に漏洩してはならない営業秘密である。

（ウ） 刊行物に記載された情報や特許として公開されたものは，営業秘密に該当しない。

（エ） 技術やノウハウ等の情報が「営業秘密」として不正競争防止法で保護されるためには，(1) 秘密として管理されていること，(2) 有用な営業上又は技術上の情報であること，(3) 公然と知られていないこと，の3つの要件のどれか1つに当てはまれば良い。

	ア	イ	ウ	エ
①	○	○	×	×
②	○	×	○	×
③	×	×	○	○
④	×	○	×	○
⑤	○	×	○	○

Ⅱ-5 ものづくりに携わる技術者にとって，知的財産を理解することは非常に大事なことである。知的財産の特徴の一つとして，「もの」とは異なり「財産的価値を有する情報」であることが挙げられる。情報は，容易に模倣されるという特質をもっており，しかも利用される

ことにより消費されるということがないため，多くの者が同時に利用することができる。こうしたことから知的財産権制度は，創作者の権利を保護するため，元来自由利用できる情報を，社会が必要とする限度で自由を制限する制度ということができる。
以下に示す（ア）～（コ）の知的財産権のうち，産業財産権に含まれないものの数はどれか。

（ア）特許権（発明の保護）
（イ）実用新案権（物品の形状等の考案の保護）
（ウ）意匠権（物品のデザインの保護）
（エ）著作権（文芸，学術等の作品の保護）
（オ）回路配置利用権（半導体集積回路の回路配置利用の保護）
（カ）育成者権（植物の新品種の保護）
（キ）営業秘密（ノウハウや顧客リストの盗用など不正競争行為を規制）
（ク）商標権（商品・サービスで使用するマークの保護）
（ケ）商号（商号の保護）
（コ）商品等表示（不正競争防止法）

① 4　② 5　③ 6　④ 7　⑤ 8

Ⅱ-6

我が国の「製造物責任法（ＰＬ法）」に関する次の記述のうち，最も不適切なものはどれか。

① この法律は，製造物の欠陥により人の生命，身体又は財産に係る被害が生じた場合における製造業者等の損害賠償の責任について定めることにより，被害者の保護を図り，もって国民生活の安定向上と国民経済の健全な発展に寄与することを目的としている。

② この法律において，製造物の欠陥に起因する損害についての賠償責任を製造業者等に対して追及するためには，製造業者等の故意あるいは過失の有無は関係なく，その欠陥と損害の間に相当因果関係が存在することを証明する必要がある。

③ この法律には「開発危険の抗弁」という免責事由に関する条項がある。これにより，当該製造物を引き渡した時点における科学・技術知識の水準で，欠陥があることを認識することが不可能であったことを製造事業者等が証明できれば免責される。

④ この法律に特段の定めがない製造物の欠陥による製造業者等の損害賠償の責任については，民法の規定が適用される。

⑤ この法律は，国際的に統一された共通の規定内容であるので，海外に製品を輸出，現地生産等の際には我が国のＰＬ法の規定に基づけばよい。

Ⅱ-7

製品安全性に関する国際安全規格ガイド【ISO/IEC Guide51(JIS Z 8051)】の重要な指針として「リスクアセスメント」があるが，2014年（JISは2015年）の改訂で，そのプロセス全体におけるリスク低減に焦点が当てられ，詳細化された。その下図中の（ア）～（エ）に入る語句の組合せとして，最も適切なものはどれか。

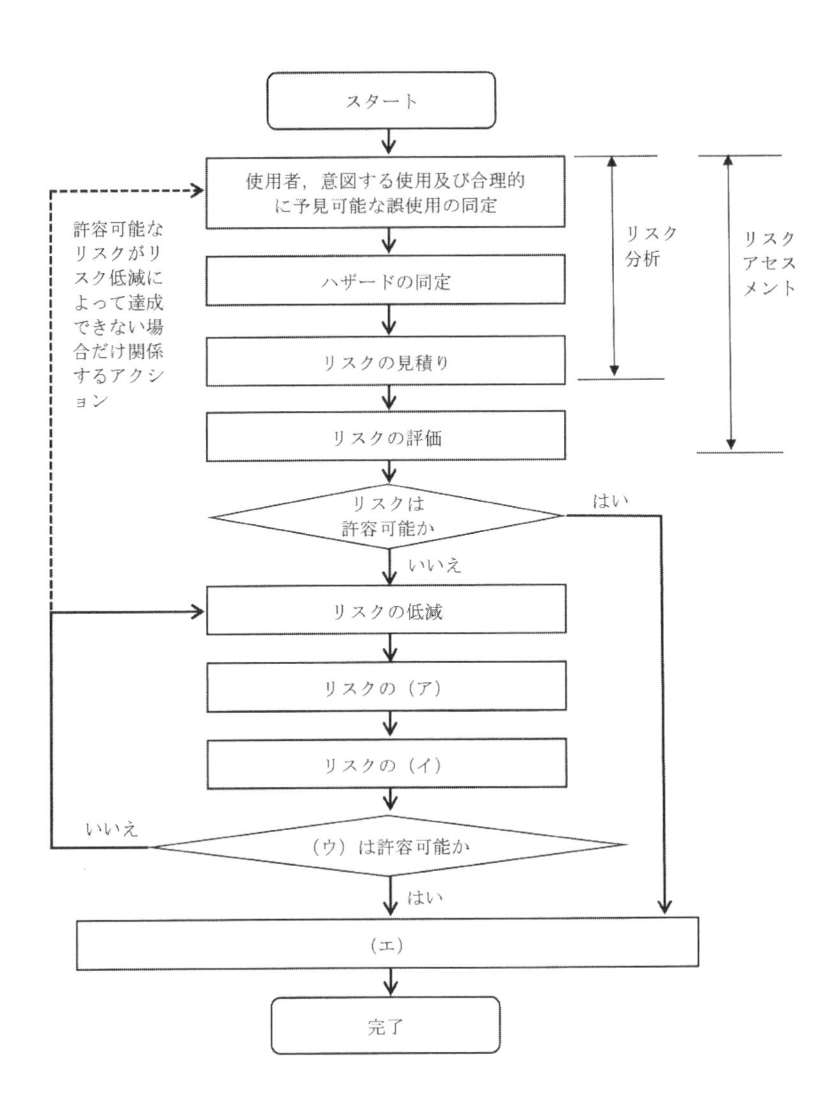

	ア	イ	ウ	エ
①	見積り	評価	発生リスク	妥当性確認及び文書化
②	同定	評価	発生リスク	合理性確認及び記録化
③	見積り	検証	残留リスク	妥当性確認及び記録化

④	見積り	評価	残留リスク	妥当性確認及び文書化
⑤	同定	検証	発生リスク	合理性確認及び文書化

Ⅱ-8

労働災害の実に9割以上の原因が，ヒューマンエラーにあると言われている。意図しないミスが大きな事故につながるので，現在では様々な研究と対策が進んでいる。
ヒューマンエラーの原因を知るためには，エラーに至った過程を辿る必要がある。もし仮にここで，ヒューマンエラーはなぜ起こるのかを知ったとしても，すべての状況に当てはまるとは限らない。だからこそ，人はどのような過程においてエラーを起こすのか，それを知る必要がある。
エラーの原因はさまざまあるが，しかし，エラーの原因を知れば知るほど，実はヒューマンエラーは「事故の原因ではなく結果」なのだということを知ることになる。
次の（ア）～（シ）の記述のうち，ヒューマンエラーに該当しないものの数はどれか。

（ア）無知・未経験・不慣れ
（イ）危険軽視・慣れ
（ウ）不注意
（エ）連絡不足
（オ）集団欠陥
（カ）近道・省略行動
（キ）場面行動本能
（ク）パニック
（ケ）錯覚
（コ）高齢者の心身機能低下
（サ）疲労
（シ）単調作業による意識低下

① 0　② 1　③ 2　④ 3　⑤ 4

Ⅱ-9 企業は，災害や事故で被害を受けても，重要業務が中断しないこと，中断しても可能な限り短い期間で再開することが望まれている。事業継続は企業自らにとっても，重要業務中断に伴う顧客の他社への流出，マーケットシェアの低下，企業評価の低下などから企業を守る経営レベルの戦略的課題と位置づけられる。事業継続を追求する計画を「事業継続計画（BCP:Business Continuity Plan）」と呼ぶ。以下に示すBCPに関する（ア）～（エ）の記述のうち，正しいものは○，誤っているものを×として，最も適切な組合せはどれか。

（ア） 事業継続の取組みが必要なビジネスリスクには，大きく分けて，突発的に被害が発生するもの（地震，水害，テロなど）と段階的かつ長期間に渡り被害が継続するもの（感染症，水不足，電力不足など）があり，事業継続の対策は，この双方のリスクによって違ってくる。

（イ） 我が国の企業は，地震等の自然災害の経験を踏まえ，事業所の耐震化，予想被害からの復旧計画策定などの対策を進めてきており，ＢＣＰについても，中小企業を含めてほぼ全ての企業が策定している。

（ウ） 災害により何らかの被害が発生したときは，災害前の様に業務を行うことは困難となるため，すぐに着手できる業務から優先順位をつけて継続するよう検討する。

（エ） 情報システムは事業を支える重要なインフラとなっている。必要な情報のバックアップを取得し，同じ災害で同時に被災しない場所に保存する。特に重要な業務を支える情報システムについては，バックアップシステムの整備が必要となる。

	ア	イ	ウ	エ
①	×	○	×	○
②	×	×	○	○
③	○	×	×	○
④	○	○	×	×
⑤	×	○	○	×

Ⅱ-10

近年，地球温暖化に代表される地球環境問題の抑止の観点から，省エネルギー技術や化石燃料に頼らない，エネルギーの多様化推進に対する関心が高まっている。例えば，各種機械やプラントなどのエネルギー効率の向上を図り，そこから排出される廃熱を回生することによって，化石燃料の化学エネルギー消費量を減らし，温室効果ガスの削減が行われている。とりわけ，環境負荷が小さい再生可能エネルギーの導入が注目されているが，現在のところ，急速な普及に至っていない。さまざまな課題を抱える地球規模でのエネルギー資源の解決には，主として「エネルギーの安定供給（Energy Security)」，「環境への適合（Environment)」，「経済効率性(Economic Efficiency)」の３Ｅの調和が大切である。
エネルギーに関する次の（ア）～（エ）の記述について，正しいものは○，誤っているものは×として，最も適切な組合せはどれか。

（ア） 再生可能エネルギーとは，化石燃料以外のエネルギー源のうち永続的に利用することができるものを利用したエネルギーであり，代表的な再生可能エネルギー源としては太陽光，風力，水力，地熱，バイオマスなどが挙げられる。

（イ） スマートシティやスマートコミュニティにおいて，地域全体のエネルギー需給を最適化する管理システムを，「地域エネルギー管理システム（CEMS：Community Energy Management System)」という。

(ウ) コージェネレーション（Cogeneration）とは，熱と電気（または動力）を同時に供給するシステムをいう。

(エ) ネット・ゼロ・エネルギー・ハウス（ＺＥＨ）は，高効率機器を導入すること等を通じて大幅に省エネを実現した上で，再生可能エネルギーにより，年間の消費エネルギー量を正味でゼロとすることを目指す住宅をいう。

	ア	イ	ウ	エ
①	○	○	○	○
②	×	○	○	○
③	○	×	○	○
④	○	○	×	○
⑤	○	○	○	×

Ⅱ-11 近年，我が国は急速な高齢化が進み，多くの高齢者が快適な社会生活を送るための対応が求められている。また，東京オリンピック・パラリンピックや大阪万博などの国際的なイベントが開催される予定があり，世界各国から多くの人々が日本を訪れることが予想される。これらの現状や今後の予定を考慮すると年齢，国籍，性別及び障害の有無などにとらわれず，快適に社会生活を送るための環境整備は重要である。その取組の一つとして，高齢者や障害者を対象としたバリアフリー化は活発に進められているが，バリアフリーは特別な対策であるため汎用性が低くなるので過剰な投資となることや，特別な対策を行うことで利用者に対する特別な意識が生まれる可能性があるなどの問題が指摘されている。バリアフリーの発想とは異なり，国籍，年齢，性別及び障害の有無などに関係なく全ての人が分け隔てなく使用できることを設計段階で考慮するユニバーサルデザインという考え方がある。ユニバーサルデザインは，1980年代に建築家でもあるノースカロライナ州立大学のロナルド・メイス教

授により提唱され，我が国でも「ユニバーサルデザイン2020行動計画」をはじめ，交通設備をはじめとする社会インフラや，多くの生活用品にその考え方が取り入れられている。
以下の（ア）～（キ）に示す原則のうち，その主旨の異なるものの数はどれか。

（ア）公平な利用（誰にでも公平に利用できること）
（イ）利用における柔軟性（使う上での自由度が高いこと）
（ウ）単純で直感に訴える利用法（簡単に直感的にわかる使用法となっていること）
（エ）認知できる情報（必要な情報がすぐ理解できること）
（オ）エラーに対する寛大さ（うっかりミスや危険につながらないデザインであること）
（カ）少ない身体的努力（無理な姿勢や強い力なしに楽に使用できること）
（キ）接近や利用のためのサイズと空間（接近して使えるような寸法・空間となっている）

① 0　② 1　③ 2　④ 3　⑤ 4

Ⅱ-12

「製品安全に関する事業者の社会的責任」は，ISO26000（社会的責任に関する手引き）2. 18にて，以下のとおり，企業を含む組織の社会的責任が定義されている。
組織の決定および活動が社会および環境に及ぼす影響に対して次のような透明かつ倫理的な行動を通じて組織が担う責任として，
－健康および社会の繁栄を含む持続可能な発展に貢献する
－ステークホルダー（利害関係者）の期待に配慮する
－関連法令を遵守し，国際行動規範と整合している
－その組織全体に統合され，その組織の関係の中で実践される

製品安全に関する社会的責任とは，製品の安全・安心を確保するための取組を実施し，さまざまなステークホルダー（利害関係者）の期待に応えることを指す。
以下に示す**（ア）**～**（キ）**の取組のうち，不適切なものの数はどれか。

（ア） 法令等を遵守した上でさらにリスクの低減を図ること
（イ） 消費者の期待を踏まえて製品安全基準を設定すること
（ウ） 製造物責任を負わないことに終始するのみならず製品事故の防止に努めること
（エ） 消費者を含むステークホルダー（利害関係者）とのコミュニケーションを強化して信頼関係を構築すること
（オ） 将来的な社会の安全性や社会的弱者にも配慮すること
（カ） 有事の際に迅速かつ適切に行動することにより被害拡大防止を図ること
（キ） 消費者の苦情や紛争解決のために，適切かつ容易な手段を提供すること

① 0　② 1　③ 2　④ 3　⑤ 4

Ⅱ-13

労働者が情報通信技術を利用して行うテレワーク（事業場外勤務）は，業務を行う場所に応じて，労働者の自宅で業務を行う在宅勤務，労働者の属するメインのオフィス以外に設けられたオフィスを利用するサテライトオフィス勤務，ノートパソコンや携帯電話等を活用して臨機応変に選択した場所で業務を行うモバイル勤務に分類がされる。
いずれも，労働者が所属する事業場での勤務に比べて，働く時間や場所を柔軟に活用することが可能であり，通勤時間の短縮及びこれに伴う精神的・身体的負担の軽減等のメリットが有る。使用者にと

っても，業務効率化による生産性の向上，育児・介護等を理由とした労働者の離職の防止や，遠隔地の優秀な人材の確保，オフィスコストの削減等のメリットが有る。
しかし，労働者にとっては，「仕事と仕事以外の切り分けが難しい」や「長時間労働になり易い」などが言われている。使用者にとっては，「情報セキュリティの確保」や「労務管理の方法」など，検討すべき問題・課題も多い。
テレワークを行う場合，労働基準法の適用に関する留意点について（ア）～（エ）の記述のうち，正しいものは○，誤っているものは×として，最も適切な組合せはどれか。

（ア） 労働者がテレワークを行うことを予定している場合，使用者は，テレワークを行うことが可能な勤務場所を明示することが望ましい。
（イ） 労働時間は自己管理となるため，使用者は，テレワークを行う労働者の労働時間について，把握する責務はない。
（ウ） テレワーク中，労働者が労働から離れるいわゆる中抜け時間については，自由利用が保証されている場合，休憩時間や時間単位の有給休暇として扱うことが可能である。
（エ） 通勤や出張時の移動時間中のテレワークでは，使用者の明示又は黙示の指揮命令下で行われるものは労働時間に該当する。

	ア	イ	ウ	エ
①	○	○	○	○
②	○	○	○	×
③	○	○	×	○
④	○	×	○	○
⑤	×	○	○	○

Ⅱ-14 先端技術の一つであるバイオテクノロジーにおいて，遺伝子組換え技術の生物や食品への応用研究開発及びその実用化が進んでいる。以下の遺伝子組換え技術に関する（ア）～（エ）の記述のうち，正しいものは○，誤っているものは×として，最も適切な組合せはどれか。

(ア) 遺伝子組換え技術は，その利用により生物に新たな形質を付与することができるため，人類が抱える様々な課題を解決する有効な手段として期待されている。しかし，作出された遺伝子組換え生物等の形質次第では，野生動植物の急激な減少などを引き起こし，生物の多様性に影響を与える可能性が危惧されている。

(イ) 遺伝子組換え生物等の使用については，生物の多様性へ悪影響が及ぶことを防ぐため，国際的な枠組みが定められている。日本においても，「遺伝子組換え生物等の使用等の規制による生物の多様性の確保に関する法律」により，遺伝子組換え生物等を用いる際の規制措置を講じている。

(ウ) 安全性審査を受けていない遺伝子組換え食品等の製造・輸入・販売は，法令に基づいて禁止されている。

(エ) 遺伝子組換え食品等の安全性審査では，組換えＤＮＡ技術の応用による新たな有害成分が存在していないかなど，その安全性について，食品安全委員会の意見を聴き，総合的に審査される。

	ア	イ	ウ	エ
①	○	○	○	○
②	○	○	○	×
③	○	○	×	○
④	○	×	○	○
⑤	×	○	○	○

Ⅱ-15

内部告発は，社会や組織にとって有用なものである。すなわち，内部告発により，組織の不祥事が社会に明らかとなって是正されることによって，社会が不利益を受けることを防ぐことができる。また，このような不祥事が社会に明らかになる前に，組織内部における通報を通じて組織が情報を把握すれば，問題が大きくなる前に組織内で不祥事を是正し，組織自らが自発的に不祥事を行ったことを社会に明らかにすることができ，これにより組織の信用を守ることにも繋がる。

このように，内部告発が社会や組織にとってメリットとなるものなので，不祥事を発見した場合には，積極的に内部告発をすることが望まれる。ただし，告発の方法等については，慎重に検討する必要がある。

以下に示す **（ア）** ～ **（カ）** の内部告発をするにあたって，適切なものの数はどれか。

（ア） 自分の抗議が正当であることを自ら確信できるように，あらゆる努力を払う。

（イ）「倫理ホットライン」などの組織内手段を活用する。

（ウ） 同僚の専門職が支持するように働きかける。

（エ） 自分の直属の上司に，異議を知らしめることが適当な場合はそうすべきである。

（オ） 目前にある問題をどう解決するかについて，積極的に且つ具体的に提言すべきである。

（カ） 上司が共感せず冷淡な場合は，他の理解者を探す。

① 6　② 5　③ 4　④ 3　⑤ 2

令和元年度（再試験）

技術士第一次試験「基礎・適性科目」

Ⅰ　基礎科目

〔問題群〕　〔頁〕

Ⅰ．次の1群～5群の全ての問題群からそれぞれ3問題，計15問題を選び解答せよ。(解答欄に1つだけマークすること。)

（注）
①いずれかの問題群で４問題以上を解答した場合は「無効」となります。
②１問題について解答欄に２つ以上マークした問題は、採点の対象となりません。

●1群　設計・計画に関するもの（全6問題から３問題を選択解答）

Ⅰ 1-1

次の各文章における ［　　］ の中の記号として，最も適切なものはどれか。

1）n個の非負の実数$a_1, a_2, \cdots, a_n$に関して

$$\sqrt[n]{a_1 a_2 \cdots a_n} \ \boxed{\text{ア}} \ \frac{a_1+a_2+\cdots+a_n}{n}$$

の関係が成り立つ。

2）$0<\theta\leqq\pi/2$において

$$\frac{\sin\theta}{\theta} \ \boxed{\text{イ}} \ \frac{2}{\pi}$$

の関係が成り立つ。

3）ある実数区間Rで微分可能な連続関数$f(x)$が定義され，$f(x)$のxでの2階微分$f''(x)$につき，$f''(x)>0$であるものとする。このとき実数区間Rに属する異なる2点x_1，x_2について

$$f\left(\frac{x_1+x_2}{2}\right) \quad \boxed{\text{ウ}} \quad \frac{f(x_1)+f(x_2)}{2}$$

の関係が成り立つ。

	ア	イ	ウ
①	≦	＝	＝
②	≦	≧	＝
③	＝	≦	＜
④	＜	＝	≧
⑤	≦	≧	＜

I 1-2

計画・設計の問題では，合理的な案を選択するために，最適化の手法が用いられることがある。これについて述べた次の文章の［　　］に入る用語の組合せとして，最も適切なものはどれか。ただし，以下の文中で，「案」を記述するための変数を設計変数と呼ぶこととする。

最適化問題の中で，目的関数や制約条件がすべて設計変数の線形関数で表現されている問題を線形計画問題といい，［ア］などの解法が知られている。設計変数，目的関数，制約条件の設定は必ずしも固定的なものでなく，主問題に対して［イ］が定義できる場合，制約条件と設計変数の関係を逆にして与えることができる。

また，最適化に基づく意思決定問題で，目的関数はただ一つとは限らない。複数の主体（利害関係者など）の目的関数が異なる場合に，これらを並列させることもあるし，また例えばリスクの制約のもとで，利益の最大化を目的関数にする問題を，あらためて利益の最大化と

リスクの最小化を並列させる問題としてとらえなおすことなどもできる。こういう問題を多目的最適化という。この問題では，設計変数を変化させたときに，ある目的関数は改良できても，他の目的関数は悪化する結果になることがある。こういう対立状況を［ウ］と呼び，この状況下にある解集合（どの方向に変化させても，すべての目的関数を同時に改善させることができない設計変数の領域）のことを［エ］という。

	ア	イ	ウ	エ
①	シンプレックス法	逆問題	トレードオン	パレート解
②	シンプレックス法	逆問題	トレードオフ	アクティブ解
③	シンプレックス法	双対問題	トレードオフ	パレート解
④	コンプレックス法	逆問題	トレードオン	アクティブ解
⑤	コンプレックス法	双対問題	トレードオン	パレート解

I 1-3

下図は，システム信頼性解析の一つであるFTA（Fault Tree Analysis）図である。図で，記号aはAND機能を表し，その下流（下側）の事象が同時に生じた場合に上流（上側）の事象が発現することを意味し，記号bはOR機能を表し，下流の事象のいずれかが生じた場合に上流の事象が発現することを意味する。事象Aが発現する確率に最も近い値はどれか。図中の最下段の枠内の数値は，最も下流で生じる事象の発現確率を表す。なお，記号の下流側の事象の発生はそれぞれ独立事象とする。

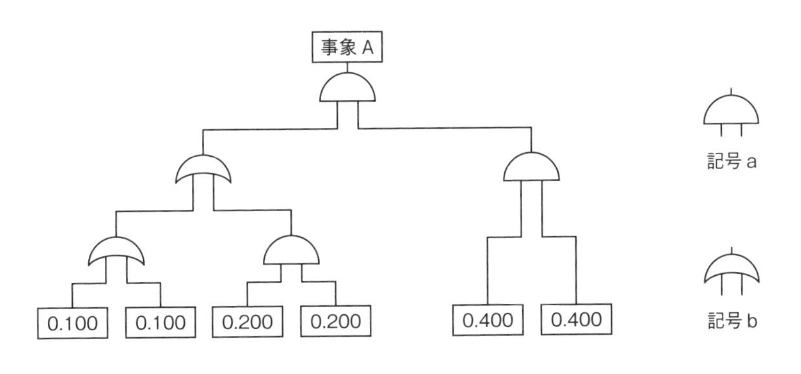

図　FTA図

① 0.036　② 0.038　③ 0.233　④ 0.641　⑤ 0.804

I 1-4

大規模プロジェクトの工程管理の方法の一つであるPERTに関する次の（ア）～（エ）の記述について，それぞれの正誤の組合せとして，最も適切なものはどれか。

(ア) PERTでは，プロジェクトを構成する作業の先行関係を表現するのに，矢線と結合点（ノード）とからなるアローダイヤグラムを用い，これに基づいて作業工程を計画・管理する。

(イ) アローダイヤグラムにて，結合点（ノード）i，結合点（ノード）j間の矢線で表される作業ijを考える。なお，矢線の始点をi，終点をjとする。このとき，jの最遅結合点時刻とiの最早結合点時刻の時間差が，作業ijの所要時間と等しい場合，この作業はクリティカルな作業となる。

(ウ) プロジェクト全体の工期を遅延させないためには，クリティカルパス上の作業は，遅延が許されない。

(エ) プロジェクト全体の工期の短縮のためには，余裕のあるクリティカルでない作業を短縮することが必要になる。

	ア	イ	ウ	エ
①	誤	正	正	誤
②	正	正	正	誤
③	正	誤	誤	誤
④	誤	誤	誤	正
⑤	誤	正	正	正

I 1-5

ある工業製品の安全率をxとする（ただしx≧1）。この製品の期待損失額は，製品に損傷が生じる確率とその際の経済的な損失額の積として求められ，それぞれ損傷が生じる確率は1/（1+4x），経済的な損失額は90億円である。一方，この製品を造るための材料費やその調達を含む製造コストは，10x億円となる。この場合に製造にかかる総コスト（期待損失額と製造コストの合計）を最小にする安全率xとして，最も適切なものはどれか。

① 1.00　② 1.25　③ 1.50　④ 1.75　⑤ 2.00

I 1-6

保全に関する次の記述の［　　］に入る語句の組合せとして，最も適切なものはどれか。

設備や機械など主にハードウェアからなる対象（以下，アイテムと記す）について，それを使用及び運用可能状態に維持し，又は故障，欠点などを修復するための処置及び活動を保全と呼ぶ。保全は，アイテムの劣化の影響を緩和し，かつ，故障の発生確率を低減するために，規定の間隔や基準に従って前もって実行する［ア］保全と，フォールトの検出後にアイテムを要求通りの実行状態に修復させるために行う［イ］保全とに大別される。また，［ア］保全は定められた［ウ］に従って行う［ウ］保全と，アイテムの物理的状態の評価に基づいて行う状態基準保全とに分けられる。さらに，［ウ］保全には予定の時間間隔で行う［エ］保全，アイテムが予定の累積動作時間に達したときに行う［オ］保全がある。

	ア	イ	ウ	エ	オ
①	予防	事後	劣化基準	状態監視	経時
②	状態監視	経時	時間計画	定期	予防
③	状態監視	事後	劣化基準	定期	経時
④	定期	経時	時間計画	状態監視	事後
⑤	予防	事後	時間計画	定期	経時

●2群　情報・論理に関するもの（全6問題から3問題を選択解答）

I 2-1

情報セキュリティ対策に関する記述として，最も適切なものはどれか。

① パスワードを設定する場合は，パスワードを忘れないように，単純で短いものを選ぶのが望ましい。

② パソコンのパフォーマンスを落とさないようにするため，ウィルス対策ソフトウェアはインストールしなくて良い。

③ 実在の企業名から送られてきたメールの場合は，フィッシングの可能性は低いため，信用して添付ファイルを開いて構わない。

④ インターネットにおいて様々なサービスを利用するため，ポートはできるだけ開いた状態にし，使わないポートでも閉じる必要はない。

⑤ システムに関連したファイルの改ざん等を行うウィルスも存在するため，ウィルスに感染した場合にはウィルス対策ソフトウェアでは完全な修復が困難な場合がある。

I
2-2

自然数a，bに対して，その最大公約数を記号gcd(a，b)で表す。ここでは，ユークリッド互除法と行列の計算によって，ax+by=gcd(a，b)を満たす整数x，yを計算するアルゴリズムを，a=108，b=57の例を使って説明する。まず，ユークリッド互除法で割り算を繰り返し，次の式（1）～（4）を得る。

108÷57=1　余り51（1）
57÷51=1　余り6（2）
51÷6=8　余り3（3）
6÷3=2　余り0（4）
したがって，gcd(108，57)= ア である。

式（1）（2）は行列を使って，$\begin{pmatrix}57\\51\end{pmatrix}=\begin{pmatrix}0&1\\1&-1\end{pmatrix}\begin{pmatrix}108\\57\end{pmatrix}$

式（2）（3）は行列を使って，$\begin{pmatrix}51\\6\end{pmatrix}=\begin{pmatrix}0&1\\1&-1\end{pmatrix}\begin{pmatrix}57\\51\end{pmatrix}$

式（3）（4）は行列を使って，$\begin{pmatrix}6\\3\end{pmatrix}=\begin{pmatrix}0&1\\1&-8\end{pmatrix}\begin{pmatrix}51\\6\end{pmatrix}$　と書けるので，

$A=\begin{pmatrix}0&1\\1&-8\end{pmatrix}\begin{pmatrix}0&1\\1&-1\end{pmatrix}\begin{pmatrix}0&1\\1&-1\end{pmatrix}=\begin{pmatrix}-1&2\\x&y\end{pmatrix}$　と置くと，

x = イ ，y = ウ であり，108× イ +57× ウ = ア を満たす。 ア ～ ウ に入る最も適切な値の組合せはどれか。

	ア	イ	ウ
①	6	−1	2
②	6	1	−2
③	6	1	2
④	3	9	−17
⑤	3	−10	19

I 2-3

B（バイト）は，データの大きさや記憶装置の容量を表す情報量の単位である。1KB（キロバイト）は，10進数を基礎とした記法では10^3B（=1000B），2進数を基礎とした記法では2^{10}B（=1024B）の情報量を表し，この二つの記法が混在して使われている。10進数を基礎とした記法で容量が720KB（キロバイト）と表されるフロッピーディスク（記録媒体）の容量を，2進数を基礎とした記法で表すと，

$$720 \times \left(\frac{1000}{1024}\right) \approx 720 \times 0.9765 \approx 703.1$$

より，概算値で703KB（キロバイト）となる。
1TB（テラバイト）も，10進数を基礎とした記法では10^{12}B（=1000^4B），2進数を基礎とした記法では2^{40}B（=1024^4B）の情報量を表し，この二つの記法が混在して使われている。10進数を基礎とした記法で容量が2TB（テラバイト）と表されるハードディスクの容量を，2進数を基礎とした記法で表したとき，最も適切なものはどれか。

① 1.6TB　② 1.8TB　③ 2.0TB　④ 2.2TB　⑤ 2.4TB

I

2-4

計算機内部では，数は0と1の組合せで表される。絶対値が2^{-126}以上2^{128}未満の実数を，符号部1文字，指数部8文字，仮数部23文字の合計32文字の0，1から成る単精度浮動小数表現として，以下の手続き（1）～（4）によって変換する。

（1）実数を，$0 \leqq x < 1$であるxを用いて$\pm 2^{\alpha} \times (1+x)$の形に変形する。

（2）符号部1文字を，符号が正（+）のとき0，負（−）のとき1と定める。

（3）指数部8文字を，$\alpha + 127$の値を2進数に直した文字列で定める。

（4）仮数部23文字を，xの値を2進数に直したときの0，1の列を小数点以下順に並べたもので定める。

例えば，−6.5を表現すると，$-6.5 = -2^2 \times (1+0.625)$であり，
符号部は，符号が負（−）なので1，
指数部は，$2 + 127 = 129 = (10000001)_2$より10000001，
仮数部は，$0.625 = \frac{1}{2} + \frac{1}{2^3} = (0.101)_2$より10100000000000000000000である。

実数13.0をこの方式で表現したとき，最も適切なものはどれか。

	符号部	指数部	仮数部
①	1	10000010	10100000000000000000000
②	1	10000001	10010000000000000000000
③	0	10000001	10010000000000000000000
④	0	10000001	10100000000000000000000
⑤	0	10000010	10100000000000000000000

I 2-5

100万件のデータを有するデータベースにおいて検索を行ったところ，結果として次のデータ件数を得た。

・「情報」という語を含む　65万件
・「情報」という語と「論理」という語の両方を含む　55万件

「論理」という語を含まないデータ件数をkとするとき，kがとりうる値の範囲を表す式として最も適切なものはどれか。

① 10万 ≦ k ≦45万
② 10万 ≦ k ≦55万
③ 10万 ≦ k ≦65万
④ 45万 ≦ k ≦65万
⑤ 45万 ≦ k ≦90万

I 2-6

集合AをA= {a, b, c, d}，集合BをB= {α, β}，集合CをC= {0, 1} とする。集合Aと集合Bの直積集合A×Bから集合Cへの写像f:A×B→Cの総数はどれか。

① 32　② 64　③ 128　④ 256　⑤ 512

●3群　解析に関するもの（全6問題から3問題を選択解答）

I 3-1

関数$f(x)$とその導関数$f'(x)$が，次の関係式を満たすとする。

$f'(x)=1+\{f(x)\}^2$

$f(0)=1$のとき，$f(x)=$の$x=0$における2階微分係数$f''(0)$と3階微分係数$f'''(0)$の組合せとして適切なものはどれか。

① $f''(0)=2,\ f'''(0)=4$

② $f''(0)=2,\ f'''(0)=6$

③ $f''(0)=2,\ f'''(0)=8$

④ $f''(0)=4,\ f'''(0)=12$

⑤ $f''(0)=4,\ f'''(0)=16$

I 3-2

座標(x, y, z)で表される3次元直交座標系に，点A(6, 5, 4)及び平面S: $x+2y-z=0$がある。点Aを通り平面Sに垂直な直線と平面Sとの交点Bの座標はどれか。

① (1,1,3)　② (4,1,6)　③ (3,2,7)　④ (2,1,4)　⑤ (5,3,5)

I 3-3

数値解析の精度を向上する方法として，最も不適切なものはどれか。

① 有限要素解析において，できるだけゆがんだ要素ができないように要素分割を行った。

② 有限要素解析において，高次要素を用いて要素分割を行った。

③ 有限要素解析において，解の変化が大きい領域の要素分割を細かくした。

④ 丸め誤差を小さくするために，計算機の浮動小数点演算を単精度から倍精度に変更した。

⑤ Newton法などの反復計算において，反復回数が多いので収束判定条件を緩和した。

I 3-4

シンプソンの1/3数値積分公式（2次のニュートン・コーツの閉公式）を用いて次の定積分を計算した結果として，最も近い値はどれか。

$$S = \int_{-1}^{1} \frac{1}{x+3}\,dx$$

ただし，シンプソンの1/3数値積分公式における重み係数は，区間の両端で1/3，区間の中点で4/3である。

① 0.653　② 0.663　③ 0.673　④ 0.683　⑤ 0.693

I 3-5

固有振動数及び固有振動モードに関する次の記述のうち，最も適切なものはどれか。

① 弾性変形する構造体の固有振動数は，構造体の材質のみによって定まる。
② 管路の気柱振動の固有振動数は両端の境界条件に依存しない。
③ 単振り子の固有振動数は，おもりの質量の平方根に反比例する。
④ 熱伝導の微分方程式は時間に関する2階微分を含まないので，固有振動数による自由振動は発生しない。
⑤ 平板の弾性変形については，常に固有振動モードが1つだけ存在する。

I 3-6

下図に示すように，遠方でy方向に応力σ（>0）を受け，軸の長さaとbの楕円孔（$a>b$）を有する無限平板がある。楕円孔の縁（点A）での応力状態（σ_x，σ_y，τ_{xy}）として適切なものは，次のうちどれか。

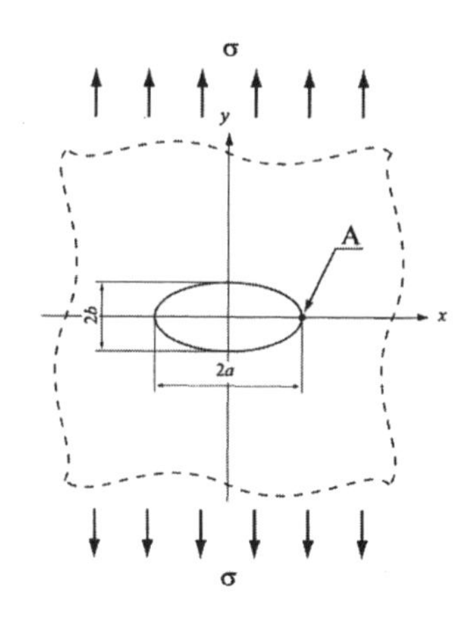

図　楕円孔を有する無限平板が応力を受けている状態

① $\sigma_x = 0$,　$\sigma_y < 3\sigma$,　$\tau_{xy} = 0$
② $\sigma_x = 0$,　$\sigma_y > 3\sigma$,　$\tau_{xy} = 0$
③ $\sigma_x = 0$,　$\sigma_y > 3\sigma$,　$\tau_{xy} > 0$
④ $\sigma_x > 0$,　$\sigma_y < 3\sigma$,　$\tau_{xy} = 0$
⑤ $\sigma_x > 0$,　$\sigma_y > 3\sigma$,　$\tau_{xy} = 0$

●4群　材料・化学・バイオに関するもの（全6問題から3問題を選択解答）

I 4-1

次の化合物のうち，極性であるものはどれか。

① 二酸化炭素
② ジエチルエーテル
③ メタン
④ 三フッ化ホウ素
⑤ 四塩化炭素

I 4-2

次の物質a～cを，酸としての強さ（酸性度）の強い順に左から並べたとして，最も適切なものはどれか。

aフェノール，b酢酸，c塩酸

① a － b － c
② b － a － c
③ c － b － a
④ b － c － a
⑤ c － a － b

I 4-3

標準反応エントロピー（$\Delta_r S^\circ$）と標準反応エンタルピー（$\Delta_r H^\circ$）を組合せると，標準反応ギブズエネルギー（$\Delta_r G^\circ$）は，

$\Delta_r G^\circ =$ ［ ア ］ － ［ イ ］

で得ることができる。［　］に入る文字式の組合せとして，最も適切なものはどれか。ただし，Tは絶対温度である。

	ア	イ
①	ΔrH°	ΔrS°
②	ΔrH°	$T \times \Delta rS^\circ$
③	ΔrH°	$T^2 \times \Delta rS^\circ$
④	$T \times \Delta rH^\circ$	ΔrS°
⑤	$T^2 \times \Delta rH^\circ$	ΔrS°

I 4-4

下記の部品及び材料とそれらに含まれる主な元素の組合せとして，最も適切なものはどれか。

	リチウムイオン二次電池正極材	光ファイバー	ジュラルミン	永久磁石
①	Co	Si	Cu	Zn
②	C	Zn	Fe	Cu
③	C	Zn	Fe	Si
④	Co	Si	Cu	Fe
⑤	Co	Cu	Si	Fe

I 4-5

タンパク質を構成するアミノ酸は20種類あるが，アミノ酸1個に対してDNAを構成する塩基3つが1組となって1つのコドンを形成して対応し，コドンの並び方，すなわちDNA塩基の並び方がアミノ酸の並び方を規定することにより，遺伝子がタンパク質の構造と機能を決定する。しかしながら，DNAの塩基は4種類あることから，可能なコドンは4×4×4=64通りとなり，アミノ酸の数20をはるかに上回る。この一見して矛盾しているような現象の説明として，最も適切なものはどれか。

① コドン塩基配列の1つめの塩基は，タンパク質の合成の際にはほとんどの場合，遺伝情報としての意味をもたない。
② 生物の進化に伴い，1種類のアミノ酸に対して1種類のコドンが対応するように，64－20＝44のコドンはタンパク質合成の鋳型に使われる遺伝子には存在しなくなった。
③ 64－20＝44のコドンのほとんどは20種類のアミノ酸に振分けられ，1種類のアミノ酸に対していくつものコドンが存在する。
④ 64のコドンは，DNAからRNAが合成される過程において配列が変化し，1種類のアミノ酸に対して1種類のコドンに収束する。
⑤ 基本となるアミノ酸は20種類であるが，生体内では種々の修飾体が存在するので，64－20＝44のコドンがそれらの修飾体に使われる。

I 4-6

組換えDNA技術の進歩はバイオテクノロジーを革命的に変化させ，ある生物のゲノムから目的のDNA断片を取り出して，このDNAを複製し，塩基配列を決め，別の生物に導入して機能させることを可能にした。組換えDNA技術に関する次の記述のうち，最も適切なものはどれか。

① 組換えDNA技術により,大腸菌によるインスリン合成に成功したのは1990年代後半である。
② ポリメラーゼ連鎖反応（PCR）では,ポリメラーゼが新たに合成した全DNA分子が次回の複製の鋳型となるため,30回の反復増幅過程によって最初の鋳型二本鎖DNAは30倍に複製される。
③ ある遺伝子の翻訳領域が,1つの組織から調製したゲノムライブラリーには存在するのに,その同じ組織からつくったcDNAライブラリーには存在しない場合がある。
④ 6塩基の配列を識別する制限酵素EcoRIでゲノムDNAを切断すると,生じるDNA断片は正確に4^6塩基対の長さになる。
⑤ DNAの断片はゲル電気泳動によって陰極に向かって移動し,大きさにしたがって分離される。

●5群　環境·エネルギー·技術に関するもの（全6問題から3問題を選択解答）

I 5-1

気候変動に関する次の記述の, [　　] に入る語句の組合せとして，最も適切なものはどれか。

気候変動の影響に対処するには，温室効果ガスの排出の抑制等を図る「[ア]」に取り組むことが当然必要ですが，既に現れている影響や中長期的に避けられない影響による被害を回避・軽減する「[イ]」もまた不可欠なものです。気候変動による影響は様々な分野・領域に及ぶため関係者が多く，さらに気候変動の影響が地域ごとに異なることから，［イ］策を講じるに当たっては，関係者間の連携，施策の分野横断的な視点及び地域特性に応じた取組が必要です。気候変動の影響によって気象災害リスクが増加するとの予測があり，こうした気象災害へ対処していくことも「［イ］」ですが，その手法には様々なものがあり，［ウ］を活用した防災・減災(Eco-DRR)もそのひとつです。具体的には，遊水効果を持つ湿原の保全・再生や，多様で健全な森林の整備による森林の国土保全機能の維持などが挙げられます。これは［イ］の取組であると同時に，［エ］の保全にも資する取組でもあります。［イ］策を講じるに当たっては，複数の効果をもたらすよう施策を推進することが重要とされています。

(環境省「令和元年版 環境・循環型社会・生物多様性白書」より抜粋)

	ア	イ	ウ	エ
①	緩和	適応	生態系	生物多様性
②	削減	対応	生態系	地域資源
③	緩和	適応	地域人材	地域資源
④	緩和	対応	生態系	生物多様性
⑤	削減	対応	地域人材	地域資源

I 5-2

廃棄物処理・リサイクルに関する我が国の法律及び国際条約に関する次の記述のうち，最も適切なものはどれか。

① 家電リサイクル法（特定家庭用機器再商品化法）では，エアコン，テレビ，洗濯機，冷蔵庫など一般家庭や事務所から排出された家電製品について，小売業者に消費者からの引取り及び引き取った廃家電の製造者等への引渡しを義務付けている。

② バーゼル条約（有害廃棄物の国境を越える移動及びその処分の規制に関するバーゼル条約）は，開発途上国から先進国へ有害

廃棄物が輸出され，環境汚染を引き起こした事件を契機に採択されたものであるが，リサイクルが目的であれば，国境を越えて有害廃棄物を取引することは規制されてはいない。

③ 容器包装リサイクル法（容器包装に係る分別収集及び再商品化の促進等に関する法律）では，PETボトル，スチール缶，アルミ缶の３品目のみについて，リサイクル（分別収集及び再商品化）のためのすべての費用を，商品を販売した事業者が負担することを義務付けている。

④ 建設リサイクル法（建設工事に係る資材の再資源化等に関する法律）では，特定建設資材を用いた建築物等に係る解体工事又はその施工に特定建設資材を使用する新築工事等の建設工事のすべてに対して，その発注者に対し，分別解体等及び再資源化等を行うことを義務付けている。

⑤ 循環型社会形成推進基本法は，焼却するごみの量を減らすことを目的にしており，３Ｒの中でもリサイクルを最優先とする社会の構築を目指した法律である。

I 5-3

(A) 原油，(B) 輸入一般炭，(C) 輸入LNG（液化天然ガス），(D) 廃材（絶乾）を単位質量当たりの標準発熱量が大きい順に並べたとして，最も適切なものはどれか。ただし，標準発熱量は資源エネルギー庁エネルギー源別標準発熱量表による。

① Ａ＞Ｂ＞Ｃ＞Ｄ
② Ｂ＞Ａ＞Ｄ＞Ｃ
③ Ｃ＞Ａ＞Ｂ＞Ｄ
④ Ｃ＞Ｂ＞Ｄ＞Ａ
⑤ Ｄ＞Ｃ＞Ｂ＞Ａ

I
5-4

政府の総合エネルギー統計（2017年度）において，我が国の一次エネルギー供給量に占める再生可能エネルギー（水力及び未活用エネルギーを含む）の比率として最も適切なものはどれか。ただし，未活用エネルギーには，廃棄物発電，廃タイヤ直接利用，廃プラスチック直接利用の「廃棄物エネルギー回収」，RDF（Refuse Derived Fuel），廃棄物ガス，再生油，RPF（Refuse Paper & Plastic Fuel）の「廃棄物燃料製品」，廃熱利用熱供給，産業蒸気回収，産業電力回収の「廃棄エネルギー直接利用」が含まれる。

① 44%　② 22%　③ 11%　④ 2%　⑤ 0.5%

I
5-5

次の（ア）～（オ）の科学史及び技術史上の著名な業績を，年代の古い順に左から並べたとして，最も適切なものはどれか。

（ア） ジェームズ・ワットによるワット式蒸気機関の発明
（イ） チャールズ・ダーウィン，アルフレッド・ラッセル・ウォレスによる進化の自然選択説の発表
（ウ） 福井謙一によるフロンティア軌道理論の発表
（エ） 周期彗星（ハレー彗星）の発見
（オ） アルベルト・アインシュタインによる一般相対性理論の発表

① ア－イ－エ－ウ－オ
② エ－ア－イ－ウ－オ
③ ア－エ－オ－イ－ウ
④ エ－ア－イ－オ－ウ
⑤ ア－イ－エ－オ－ウ

I 5-6

科学技術とリスクの関わりについての次の記述のうち，最も不適切なものはどれか。

① リスク評価は，リスクの大きさを科学的に評価する作業であり，その結果とともに技術的可能性や費用対効果などを考慮してリスク管理が行われる。

② リスクコミュニケーションとは，リスクに関する，個人，機関，集団間での情報及び意見の相互交換である。

③ リスクコミュニケーションでは，科学的に評価されたリスクと人が認識するリスクの間に隔たりはないことを前提としている。

④ レギュラトリーサイエンスは，科学技術の成果を支える信頼性と波及効果を予測及び評価し，リスクに対して科学的な根拠を与えるものである。

⑤ レギュラトリーサイエンスは，リスク管理に関わる法や規制の社会的合意の形成を支援することを目的としており，科学技術と社会の調和を実現する上で重要である。

Ⅱ　適性科目

Ⅱ　次の15問題を解答せよ。（解答欄に1つだけマークすること。）

Ⅱ-1

次の技術士第一次試験適性科目に関する次の記述の，[　　]に入る語句の組合せとして，最も適切なものはどれか。

適性科目試験の目的は，法及び倫理という[　ア　]を遵守する適性を測ることにある。
技術士第一次試験の適性科目は，技術士法施行規則に規定されており，技術士法施行規則では「法第四章の規定の遵守に関する適性に関するものとする」と明記されている。この法第四章は，形式としては[　イ　]であるが，[　ウ　]としての性格を備えている。

	ア	イ	ウ
①	社会規範	倫理規範	法規範
②	行動規範	法規範	倫理規範
③	社会規範	法規範	倫理規範
④	行動規範	倫理規範	行動規範
⑤	社会規範	行動規範	倫理規範

Ⅱ-2

技術士及び技術士補は，技術士法第四章（技術士等の義務）の規定の遵守を求められている。次に掲げる記述について，第四章の規定に照らして適切なものの数を選べ。

ア）技術士は，その登録を受けた技術部門に関しては，充分な知識及び技能を有しているので，その登録部門以外に関する知識及び技能の水準を重点的に向上させなければならない。

(イ) 技術士等は，顧客から受けた業務を誠実に実施する義務を負っている。顧客の指示が如何なるものであっても，守秘義務を優先させ，指示通りに実施しなければならない。

(ウ) 技術は日々変化，進歩している。技術士は，常に，その業務に関して有する知識及び技能の水準を向上させ，名称表示している専門技術業務領域の能力開発に努めなければならない。

(エ) 技術士等は，職務上の助言あるいは判断を下すとき，利害関係のある第三者又は組織の意見をよく聞くことが肝要であり，多少事実からの判断と差異があってもやむを得ない。

(オ) 技術士等は，その業務を行うに当たっては，公共の安全，環境の保全その他の公益を害することのないよう努めなければならないが，顧客の利益を害する場合は守秘義務を優先する必要がある。

(カ) 技術士等の秘密保持義務は，技術士又は技術士補でなくなった後においても守らなければならない。

(キ) 企業に所属している技術士補は，顧客がその専門分野能力を認めた場合は，技術士補の名称を表示して技術士に代わって主体的に業務を行ってよい。

① 0　② 1　③ 2　④ 3　⑤ 4

Ⅱ-3

現在，多くの企業や組織が倫理の重要性を認識するようになり，「倫理プログラム」と呼ばれる活動の一環として，倫理規程・行動規範等を作成し，それに準拠した行動をとることを求めている。(ア)～(オ)の説明に倫理規程・行動規範等制定の狙いに含まれるものは○，含まれないものは×として，最も適切な組合せはどれか。

（ア）一般社会と集団組織との「契約」に関する明確な意思表示
（イ）集団組織のメンバーが目指すべき理想の表明
（ウ）倫理的な行動に関する実践的なガイドラインの提示
（エ）集団組織の将来メンバーを教育するためのツール
（オ）集団組織の在り方そのものを議論する機会の提供

	ア	イ	ウ	エ	オ
①	○	○	○	○	○
②	○	○	○	○	×
③	○	×	○	○	○
④	○	○	×	○	○
⑤	○	○	○	×	○

Ⅱ-4 次に示される事例において，技術士としてふさわしい行動に関する次の（ア）～（オ）の記述について，ふさわしい行動を○，ふさわしくない行動を×として，最も適切な組合せはどれか。

構造設計技術者である技術者Ａはあるオフィスビルの設計を担当し，その設計に基づいて工事は完了した。しかし，ビルの入居が終わってから，技術者Ａは自分の計算の見落としに気づき，嵐などの厳しい環境の変化によってそのビルが崩壊する可能性があることを認識した。そのような事態になれば，オフィスの従業員や周辺住民など何千人もの人を危険にさらすことになる。そこで技術者Ａは依頼人にその問題を報告した。
依頼人は市の担当技術者Ｂと相談した結果，３ヶ月程度の期間がかかる改修工事を実施することにした。工事が完了するまでの期間，嵐に対する監視通報システムと，ビルを利用するオフィスの従業員や周辺住民に対する不測の事故発生時の退避計画が作成された。技術者Aの観点から見ても，この工事を行えば構造上の不安を完全に払拭することができるし，退避計画も十分に実現可能なものであった。しかし，依頼人は，改修工事の事実をオフィスの従業員や周辺住民に知らせることでパニックが起こることを懸念し，改修工事の事実は公表しないで，ビルに人がいない時間帯に工事を行うことを強く主張した。

(ア) 業務に関連する情報を依頼主の同意なしに開示することはできないので，技術者Aは改修工事の事実を公表しないという依頼主の主張に従った。

(イ) 公衆の安全，健康，及び福利を守ることを最優先すべきだと考え，技術者Aは依頼人の説得を試みた。

(ウ) パニックが原因で公衆の福利が損なわれることを懸念し，技術者Bは改修工事の事実を公表しないという依頼主の主張に従った。

(エ) 公衆の安全，健康，及び福利を守ることを最優先すべきだと考え，技術者Bは依頼人の説得を試みた。

(オ) オフィスの従業員や周辺住民の「知る権利」を重視し，技術者Bは依頼人の説得を試みた。

	ア	イ	ウ	エ	オ
①	×	○	×	○	○
②	○	×	○	×	○
③	○	○	×	○	×
④	×	×	○	○	○
⑤	○	○	×	×	○

Ⅱ-5

公益通報（警笛鳴らし（Whistle Blowing）とも呼ばれる）が許される条件に関する次の（ア）～（エ）の記述について，正しいものは○，誤っているものは×として，最も適切な組合せはどれか。

（ア） 従業員が製品のユーザーや一般大衆に深刻な被害が及ぶと認めた場合には，まず直属の上司にそのことを報告し，自己の道徳的懸念を伝えるべきである。

（イ） 直属の上司が，自己の懸念や訴えに対して何ら有効なことを行わなかった場合には，即座に外部に現状を知らせるべきである。

（ウ） 内部告発者は，予防原則を重視し，その企業の製品あるいは業務が，一般大衆，又はその製品のユーザーに，深刻で可能性が高い危険を引き起こすと予見される場合には，合理的で公平な第三者に確信させるだけの証拠を持っていなくとも，外部に現状を知らせなければならない。

（エ） 従業員は，外部に公表することによって必要な変化がもたらされると信じるに足るだけの十分な理由を持たねばならない。成功をおさめる可能性は，個人が負うリスクとその人に振りかかる危険に見合うものでなければならない。

	ア	イ	ウ	エ
①	×	○	×	○
②	○	×	○	×
③	○	×	×	○
④	×	×	○	○
⑤	○	○	×	×

Ⅱ-6

日本学術会議は，科学者が，社会の信頼と負託を得て，主体的かつ自律的に科学研究を進め，科学の健全な発達を促すため，平成18年10月3日に，すべての学術分野に共通する基本的な規範である声明「科学者の行動規範について」を決定，公表した。
その後，データのねつ造や論文盗用といった研究活動における不正行為の事案が発生したことや，東日本大震災を契機として科学者の責任の問題がクローズアップされたこと，いわゆるデュアルユース問題について議論が行われたことから，平成25年1月25日，同声明の改訂が行われた。次の「科学者の行動規範」に関する（ア）～（エ）の記述について，正しいものは○，誤っているものは×として，最も適切な組合せはどれか。

（ア）「科学者」とは，所属する機関に関わらず，人文・社会科学から自然科学までを包含するすべての学術分野において，新たな知識を生み出す活動，あるいは科学的な知識の利活用に従事する研究者，専門職業者を意味する。

（イ） 科学者は，常に正直，誠実に行動し，自らの専門知識・能力・技芸の維持向上に努め，科学研究によって生み出される知の正確さや正当性を科学的に示す最善の努力を払う。

（ウ） 科学者は，自らの研究の成果が，科学者自身の意図に反して悪用される可能性のある場合でも，社会の発展に寄与すると判断される場合は，速やかに研究の実施，成果の公表を積極的に行うよう努める。

（エ） 科学者は，責任ある研究の実施と不正行為の防止を可能にする公正な環境の確立・維持も自らの重要な責務であることを自覚し，科学者コミュニティ及び自らの所属組織の研究環境の質的向上，並びに不正行為抑止の教育啓発に継続的に取組む。

	ア	イ	ウ	エ
①	○	○	○	○
②	×	○	○	○
③	○	×	○	○
④	○	○	×	○
⑤	○	○	○	×

Ⅱ-7 製造物責任法（PL法）に関する次の（ア）～（オ）の記述のうち，正しいものの数はどれか。

（ア） この法律において「製造物」とは，製造又は加工された動産であるが，不動産のうち，戸建て住宅構造の耐震規準違反については，その重要性から例外的に適用される。

（イ） この法律において「欠陥」とは，当該製造物の特性，その通常予見される使用形態，その製造業者等が当該製造物を引き渡した時期その他の当該製造物に係る事情を考慮して，当該製造物が通常有するべき安全性を欠いていることをいう。

（ウ） この法律で規定する損害賠償の請求権には，消費者保護を優先し，時効はない。

（エ） 原子炉の運転等により生じた原子力損害については，「原子力損害の賠償に関する法律」が適用され，この法律の規定は適用されない。

（オ） 製造物の欠陥による製造業者等の損害賠償の責任については，この法律の規定によるほか，民法の規定による。

① 1　② 2　③ 3　④ 4　⑤ 5

Ⅱ-8 ものづくりに携わる技術者にとって，特許法を理解することは非常に大事なことである。特許法の第１条には，「この法律は，発明の保護及び利用を図ることにより，発明を奨励し，もって産業の発達に寄与することを目的とする」とある。発明や考案は，目に見えない思想，アイディアなので，家や車のような有体物のように，目に見える形でだれかがそれを占有し，支配できるというものではない。したがって，制度により適切に保護がなされなければ，発明者は，自分の発明を他人に盗まれないように，秘密にしておこうとすることになる。しかしそれでは，発明者自身もそれを有効に利用することができないばかりでなく，他の人が同じものを発明しようとして無駄な研究，投資をすることとなってしまう。そこで，特許制度は，こういったことが起こらぬよう，発明者には一定期間，一定の条件のもとに特許権という独占的な権利を与えて発明の保護を図る一方，その発明を公開して利用を図ることにより新しい技術を人類共通の財産としていくことを定めて，これにより技術の進歩を促進し，産業の発達に寄与しようというものである。
特許の要件に関する次の（ア）～（エ）の記述について，正しいものは○，誤っているものは×として，最も適切な組合せはどれか。

(ア) 「発明」とは，自然法則を利用した技術的思想の創作のうち高度なものであること
(イ) 公の秩序，善良の風俗又は公衆の衛生を害するおそれがないこと
(ウ) 産業上利用できる発明であること
(エ) 国内外の刊行物等で発表されていること

	ア	イ	ウ	エ
①	×	○	○	×
②	○	×	○	○
③	×	○	×	○
④	○	○	○	×
⑤	○	○	×	×

Ⅱ-9 IoT・ビッグデータ・人工知能（AI）等の技術革新による「第4次産業革命」は我が国の生産性向上の鍵と位置付けられ，これらの技術を活用し著作物を含む大量の情報の集積・組合せ・解析により付加価値を生み出すイノベーションの創出が期待されている。
こうした状況の中，情報通信技術の進展等の時代の変化に対応した著作物の利用の円滑化を図るため，「柔軟な権利制限規定」の整備についての検討が文化審議会著作権分科会においてなされ，平成31年1月1日に，改正された著作権法が施行された。
著作権法第30条の4（著作物に表現された思想又は感情の享受を目的としない利用）では，著作物は，技術の開発等のための試験の用に供する場合，情報解析の用に供する場合，人の知覚による認識を伴うことなく電子計算機による情報処理の過程における利用等に供する場合その他の当該著作物に表現された思想又は感情を自ら享受し又は他人に享受させることを目的としない場合には，その必要と認められる限度において，利用することができるとされた。具体的な事例として，次の（ア）～（カ）のうち，上記に該当するものの数はどれか。

（ア） 人工知能の開発に関し人工知能が学習するためのデータの収集行為，人工知能の開発を行う第三者への学習用データの提供行為

（イ） プログラムの著作物のリバース・エンジニアリング

(ウ) 美術品の複製に適したカメラやプリンターを開発するために美術品を試験的に複製する行為や複製に適した和紙を開発するために美術品を試験的に複製する行為

(エ) 日本語の表記の在り方に関する研究の過程においてある単語の送り仮名等の表記の方法の変遷を調査するために，特定の単語の表記の仕方に着目した研究の素材として著作物を複製する行為

(オ) 特定の場所を撮影した写真などの著作物から当該場所の3DCG映像を作成するために著作物を複製する行為

(カ) 書籍や資料などの全文をキーワード検索して，キーワードが用いられている書籍や資料のタイトルや著者名・作成者名などの検索結果を表示するために書籍や資料などを複製する行為

① 2　② 3　③ 4　④ 5　⑤ 6

Ⅱ-10 文部科学省・科学技術学術審議会は，研究活動の不正行為に関する特別委員会による研究活動の不正行為に関するガイドラインをまとめ，2006年（平成18年）に公表し，2014年（平成26年）改定された。以下の記述はそのガイドラインからの引用である。

> 「研究活動とは，先人達が行った研究の諸業績を踏まえた上で，観察や実験等によって知り得た事実やデータを素材としつつ，自分自身の省察・発想・アイディア等に基づく新たな知見を創造し，知の体系を構築していく行為である。」
> 「不正行為とは，・・・(中略)・・・。具体的には，得られたデータや結果の捏造，改ざん，及び他者の研究成果等の盗用が，不正行為に該当する。このほか，他の学術誌等に既発表又は投稿中の論文と本質的に同じ論文を投稿する二重投稿，論文著作者が適正に公表されない不適切なオーサーシップなどが不正行為として認識されるようになってきている。」

捏造，改ざん，盗用（ひょうせつ（剽窃）ともいう）は，それぞれ英語ではFabrication，Falsification，Plagiarismというので，研究活動の不正をFFPと略称する場合がある。FFPは研究の公正さを損なう不正行為の代表的なもので，違法であるか否かとは別次元の問題として，取組が必要である。
次の（ア）～（エ）の記述について，正しいものは○，誤っているものは×として，最も適切な組合せはどれか。

（ア） 科学的に適切な方法により正当に得られた研究成果が結果的に誤りであった場合，従来それは不正行為には当たらないと考えるのが一般的であったが，このガイドラインが出た後はそれらも不正行為とされるようになった。

（イ） 文部科学省は税金を科学研究費補助金などの公的資金に充てて科学技術の振興を図る立場なので，このような不正行為に関するガイドラインを公表したが，個人が自らの資金と努力で研究活動を行い，その成果を世の中に公表する場合には，このガイドラインの内容を考慮する必要はない。

（ウ） 同じ研究成果であっても，日本語と英語で別々の学会に論文を発表する場合には，上記ガイドラインの二重投稿には当たらない。

（エ） 研究者Aは研究者Bと共同で研究成果をまとめ，連名で英語の論文を執筆し発表した。その後Aは単独で，日本語で本を執筆することになり，当該論文の一部を翻訳して使いたいと考え，Bに相談して了解を得た。

	ア	イ	ウ	エ
①	×	○	×	○
②	×	×	×	○
③	○	×	×	○
④	○	○	○	×
⑤	×	×	○	○

Ⅱ-11 IPCC（気候変動に関する政府間パネル）の第5次評価報告書第1作業部会報告書では「近年の地球温暖化が化石燃料の燃焼等による人間活動によってもたらされたことがほぼ断定されており，現在増え続けている地球全体の温室効果ガスの排出量の大幅かつ持続的削減が必要である」とされている。
次の温室効果ガスに関する記述について，正しいものは○，誤っているものは×として，最も適切な組合せはどれか。

（ア） 温室効果ガスとは，地球の大気に蓄積されると気候変動をもたらす物質として，京都議定書に規定された物質で，二酸化炭素（CO_2）とメタン（CH_4），亜酸化窒素（一酸化二窒素/N_2O）のみを指す。

（イ） 低炭素社会とは，化石エネルギー消費等に伴う温室効果ガスの排出を大幅に削減し，世界全体の排出量を自然界の吸収量と同等のレベルとしていくことにより，気候に悪影響を及ぼさない水準で大気中の温室効果ガス濃度を安定化させると同時に，生活の豊かさを実感できる社会をいう。

（ウ） カーボン・オフセットとは，社会の構成員が，自らの責任と定めることが一般に合理的と認められる範囲の温室効果ガスの排出量を認識し，主体的にこれを削減する努力を行うとともに，削減が困難な部分の排出量について，他の場所で実現した温室効果ガスの排出削減・吸収量等を購入すること又は他の場所で排出削減・吸収を実現するプロジェクトや活動を実現すること等により，その排出量の全部を埋め合わせた状態をいう。

(エ) カーボン・ニュートラルとは，社会の構成員が，自らの温室効果ガスの排出量を認識し，主体的にこれを削減する努力を行うとともに，削減が困難な部分の排出量について，他の場所で実現した温室効果ガスの排出削減・吸収量等を購入すること又は他の場所で排出削減・吸収を実現するプロジェクトや活動を実現すること等により，その排出量の全部又は一部を埋め合わせる取組みをいう。

	ア	イ	ウ	エ
①	×	○	×	×
②	×	×	○	○
③	×	○	○	○
④	○	○	×	×
⑤	○	○	○	○

Ⅱ-12 技術者にとって安全確保は重要な使命の一つである。2014年に国際安全規格「ISO/IEC Guide51」（JIS Z 8051:2015）が改定されたが，これは機械系や電気系の各規格に安全を導入するためのガイド（指針）を示すものである。日本においては各ISO/IEC規格のJIS化版に伴い必然的にその内容は反映されているが，規制法令である労働安全衛生法にも，その考え方が導入されている。国際安全規格の「安全」に関する次の（ア）～（オ）の記述について，不適切なものの数はどれか。

(ア)「安全」とは，絶対安全を意味するものではなく，「リスク」（危害の発生確率及びその危害の度合いの組合せ）という数量概念を用いて，許容不可能な「リスク」がないことをもって，「安全」と規定している。この「安全」を達成するために，リスクアセスメント及びリスク低減の反復プロセスが必要である。

(イ) リスクアセスメントのプロセスでは，製品によって，危害を受けやすい状態にある消費者，その他の者を含め，製品又はシステムにとって被害を受けそうな”使用者”，及び“意図する使用及び合理的予見可能な誤使用”を同定し，さらにハザードを同定する。そのハザードから影響を受ける使用者グループへの「リスク」がどれくらい大きいか見積もり，リスクの評価をする。

(ウ) リスク低減プロセスでは，リスクアセスメントでのリスクが許容可能でない場合，リスク低減策を検討する。そして，再度，リスクを見積もり，リスクの評価を実施し，その「残留リスク」が許容可能なレベルまで反復する。許容可能と評価した最終的な「残留リスク」は妥当性を確認し文書化する。

(エ) リスク低減方策には，設計段階における方策と使用段階における方策がある。設計段階では，本質安全設計，ガード及び保護装置，最終使用者のための使用上の情報の３方策がある。この方策には優先順位付けはなく，本質的安全設計方策の検討を省略して，安全防護策や使用上の情報を方策として検討し採用することができる。

(オ) リスク評価の考え方として，「ＡＬＡＲＰの原則」がある。ＡＬＡＲＰとは，「合理的に実効可能なリスク低減方策を講じてリスクを低減する」という意味であり，リスク軽減を更に行なうことが実際的に不可能な場合，又は費用と比べて改善効果が甚だしく不釣合いな場合だけ，リスクが許容可能となる。

① 0　② 1　③ 2　④ 3　⑤ 4

Ⅱ-13

現在，地球規模で地球温暖化が進んでいる。気候変動に関する政府間パネル（IPCC）第5次評価報告書（AR5）によれば，将来，温室効果ガスの排出量がどのようなシナリオにおいても，21世紀末に向けて，世界の平均気温は上昇し，気候変動の影響のリスクが高くなると予測されている。国内においては，日降水量100mm以上及び200mm以上の日数は1901～2017年において増加している一方で，日降水量1.0mm以上の日数は減少している。今後も比較的高水準の温室効果ガスの排出が続いた場合，短時間強雨の頻度がすべての地域で増加すると予測されている。また，経済成長に伴う人口・建物の密集，都市部への諸機能の集積や地下空間の大規模・複雑な利用等により，水害や土砂災害による人的・物的被害は大きなものとなるおそれがあり，復旧・復興に多大な費用と時間を要することとなる。水害・土砂災害から身を守るための以下（ア）～（オ）の記述で不適切と判断されるものの数はどれか。

（ア） 水害・土砂災害から身を守るには，まず地域の災害リスクを知ることが大事である。ハザードマップは，水害・土砂災害等の自然災害による被害を予測し，その被害範囲を地図として表したもので，災害の発生が予測される範囲や被害程度，さらには避難経路，避難場所などの情報が地図上に図示されている。

（イ） 気象庁は，大雨や暴風などによって発生する災害の防止・軽減のため，気象警報・注意報や気象情報などの防災気象情報を発表している。これらの情報は，防災関係機関の活動や住民の安全確保行動の判断を支援するため，災害に結びつくような激しい現象が予想される数日前から「気象情報」を発表し，その後の危険度の高まりに応じて注意報，警報，特別警報を段階的に発表している。

（ウ） 危険が迫っていることを知ったら，適切な避難行動を取る必要がある。災害が発生し，又は発生するおそれがある場合，災害対策基本法に基づき市町村長から避難準備・高齢者等避難開始，避難勧告，避難指示（緊急）が出される。避難勧告等が発令されたら速やかに避難行動をとる必要がある。

(エ) 災害が起きてから後悔しないよう，非常用の備蓄や持ち出し品の準備，家族・親族間で災害時の安否確認方法や集合場所等の確認，保険などによる被害への備えをしっかりとしておく。

(オ) 突発的な災害では，避難勧告等の発令が間に合わないこともあり，避難勧告等が発令されなくても，危険を感じたら自分で判断して避難行動をとることが大切なことである。

① 0　② 1　③ 2　④ 3　⑤ 4

Ⅱ-14

2015年に国連で「2030アジェンダ」が採択された。これを鑑み,日本では2016年に「持続可能な開発目標（SDGs）実施指針」が策定された。「持続可能な開発目標（SDGs）実施指針」の一部を以下に示す。[　　　]に入る語句の組合せとして,最も適切なものはどれか。

地球規模で人やモノ,資本が移動するグローバル経済の下では,一国の経済危機が瞬時に他国に連鎖するのと同様,気候変動,自然災害,[ア]といった地球規模の課題もグローバルに連鎖して発生し,経済成長や社会問題にも波及して深刻な影響を及ぼす時代になってきている。

このような状況を踏まえ,2015年9月に国連で採択された持続可能な開発のための2030アジェンダ(「2030アジェンダ」)は,[イ]の開発に関する課題にとどまらず,世界全体の経済,社会及び[ウ]の三側面を,不可分のものとして調和させる統合的取組として作成された。2030アジェンダは,先進国と開発途上国が共に取り組むべき国際社会全体の普遍的な目標として採択され,その中に持続可能な開発目標（SDGs）として［ エ ］のゴール（目標）と169のターゲットが掲げられた。
このような認識の下,関係行政機関相互の緊密な連携を図り,SDGsの実施を総合的かつ効果的に推進するため,内閣総理大臣を本部長とし,全閣僚を構成員とするSDGs推進本部が,2016年5月20日に内閣に設置された。同日開催された推進本部第一回会合において,SDGsの実施のために我が国としての指針を策定していくことが決定された。

	ア	イ	ウ	エ
①	国際紛争	先進国	環境	15
②	感染症	先進国	教育	15
③	感染症	開発途上国	環境	17
④	国際紛争	開発途上国	教育	17
⑤	感染症	開発途上国	教育	17

Ⅱ-15 人工知能（AI）の利活用は世界で急速に広がっている。日本政府もその社会的実用化に向けて,有識者を交えた議論を推進している。議論では「人工知能と人間社会について検討すべき論点」として6つの論点（倫理的，法的，経済的，教育的，社会的，研究開発的）をまとめているが,次の**（ア）**～**（エ）**の記述のうちで不適切と判断されるものの数はどれか。

（ア） 人工知能技術は，人にしかできないと思われてきた高度な思考や推論，行動を補助・代替できるようになりつつある。その一方で，人工知能技術を応用したサービス等によって人の心や行動が操作・誘導されたり，評価・順位づけされたり，感情，愛情，信条に働きかけられるとすれば，そこには不安や懸念が生じる可能性がある。

(イ) 人工知能技術の利活用によって,生産性が向上する。人と人工知能技術が協働することは人間能力の拡張とも言え,新しい価値観の基盤となる可能性がある。ただし,人によって人工知能技術や機械に関する価値観や捉え方は違うことを認識し,様々な選択肢や価値の多様性について検討することが大切である。

(ウ) 人工知能技術はビッグデータの活用でより有益となる。その利便性と個人情報保護(プライバシー)を両立し,萎縮効果を生まないための制度(法律,契約,ガイドライン)の検討が必要である。

(エ) 人工知能技術の便益を最大限に享受するには,人工知能技術に関するリテラシーに加えて,個人情報保護に関するデータの知識,デジタル機器に関するリテラシーなどがあることが望ましい。ただし,全ての人がこれらを有することは現実には難しく,いわゆる人工知能技術デバイドが出現する可能性がある。

① 0　② 1　③ 2　④ 3　⑤ 4

令和元年度

技術士第一次試験「基礎・適性科目」

Ⅰ　基礎科目

〔問題群〕　〔頁〕

Ⅰ．次の1群～5群の全ての問題群からそれぞれ3問題，計15問題を選び解答せよ。(解答欄に1つだけマークすること。)

（注）
①いずれかの問題群で４問題以上を解答した場合は「無効」となります。
②１問題について解答欄に２つ以上マークした問題は、採点の対象となりません。

●1群　設計・計画に関するもの（全6問題から3問題を選択解答）

Ⅰ 1-1

最適化問題に関する次の（ア）から（エ）の記述について，それぞれの正誤の組合せとして，最も適切なものはどれか。

（ア） 線形計画問題とは，目的関数が実数の決定変数の線形式として表現できる数理計画問題であり，制約条件が線形式であるか否かは問わない。

（イ） 決定変数が２変数の線形計画問題の解法として，図解法を適用することができる。この方法は２つの決定変数からなる直交する座標軸上に，制約条件により示される（実行）可能領域，及び目的関数の等高線を描き，最適解を図解的に求める方法である。

(ウ) 制約条件付きの非線形計画問題のうち凸計画問題については，任意の局所的最適解が大域的最適解になるといった性質を持つ。

(エ) 決定変数が離散的な整数値である最適化問題を整数計画問題という。整数計画問題では最適解を求めることが難しい問題も多く，問題の規模が大きい場合は遺伝的アルゴリズムなどのヒューリスティックな方法により近似解を求めることがある。

	ア	イ	ウ	エ
①	正	正	誤	誤
②	正	誤	正	誤
③	誤	正	誤	正
④	誤	誤	正	正
⑤	誤	正	正	正

I 1-2

ある問屋が取り扱っている製品Aの在庫管理の問題を考える。製品Aの１年間の総需要はｄ［単位］と分かっており，需要は時間的に一定，すなわち，製品Aの在庫量は一定量ずつ減少していく。この問屋は在庫量がゼロになった時点で発注し，１回当たりの発注量ｑ［単位］（ただしｑ≦ｄ）が時間遅れなく即座に納入されると仮定する。このとき，年間の発注回数はｄ／ｑ［回］，平均在庫量はｑ／２［単位］となる。１回当たりの発注費用は発注量ｑ［単位］には無関係でｋ［円］，製品Aの平均在庫量１単位当たりの年間在庫維持費用（倉庫費用，保険料，保守費用，税金，利息など）をｈ［円／単位］とする。

年間総費用Ｃ(ｑ)［円］は１回当たりの発注量ｑ［単位］の関数で，年間総発注費用と年間在庫維持費用の和で表すものとする。このとき年間総費用C(q)[円]を最小とする発注量を求める。なお，製品Aの購入費は需要d［単位］には比例するが，1回当たりの発注量q［単位］とは関係がないので，ここでは無視する。

k＝20,000［円］，d＝1,350［単位］，h＝15,000［円／単位］とするとき，年間総費用を最小とする1回当たりの発注量q［単位］として最も適切なものはどれか。

① 50単位　② 60単位　③ 70単位　④ 80単位　⑤ 90単位

I 1-3

設計者が製作図を作成する際の基本事項に関する次の（ア）～（オ）の記述について，それぞれの正誤の組合せとして，最も適切なものはどれか。

（ア） 工業製品の高度化，精密化に伴い，製品の各部品にも高い精度や互換性が要求されてきた。そのため最近は，形状の幾何学的な公差の指示が不要となってきている。

（イ） 寸法記入は製作工程上に便利であるようにするとともに，作業現場で計算しなくても寸法が求められるようにする。

（ウ） 限界ゲージとは，できあがった品物が図面に指示された公差内にあるかどうかを検査するゲージのことをいう。

（エ） 図面は投影法において第二角法あるいは第三角法で描かれる。

（オ） 図面の細目事項は，表題欄，部品欄，あるいは図面明細表に記入される。

	ア	イ	ウ	エ	オ
①	誤	誤	誤	正	正
②	誤	正	正	正	誤
③	正	誤	正	誤	正
④	正	正	誤	正	誤
⑤	誤	正	正	誤	正

I 1-4

材料の強度に関する次の記述の，【　】に入る語句の組合せとして，最も適切なものはどれか。

下図に示すように，真直ぐな細い針金を水平面に垂直に固定し，上端に圧縮荷重が加えられた場合を考える。荷重がきわめて【ア】ならば針金は真直ぐな形のまま純圧縮を受けるが，荷重がある限界値を【イ】と真直ぐな変形様式は不安定となり，【ウ】形式の変形を生じ，横にたわみはじめる。この種の現象は【エ】と呼ばれる。

図　上端に圧縮荷重を加えた場合の水平面に垂直に固定した細い針金

	ア	イ	ウ	エ
①	小	下回る	ねじれ	座屈
②	大	下回る	ねじれ	共振
③	小	越す	ねじれ	共振
④	大	越す	曲げ	共振
⑤	小	越す	曲げ	座屈

I 1-5

ある銀行に１台のＡＴＭがあり，このＡＴＭを利用するために到着する利用者の数は１時間当たり平均40人のポアソン分布に従う。また，このＡＴＭでの１人当たりの処理に要する時間は平均40秒の指数分布に従う。このとき，利用者がＡＴＭに並んでから処理が終了するまで系内に滞在する時間の平均値として最も近い値はどれか。

トラフィック密度（利用率）＝到着率÷サービス率
平均系内列長＝トラフィック密度÷（１－トラフィック密度）
平均系内滞在時間＝平均系内列長÷到着率

① 68秒　② 72秒　③ 85秒　④ 90秒　⑤ 100秒

I 1-6

次の（ア）～（ウ）の説明が対応する語句の組合せとして，最も適切なものはどれか。

（ア） ある一変数関数$f(x)$が$x=0$の近傍において何回でも微分可能であり，適当な条件の下で以下の式

$$f(x)=\sum_{k=0}^{\infty}\frac{f^{(k)}(0)}{k!}x^k$$

が与えられる。

（イ） ネイピア数（自然対数の底）をe，円周率をπ，虚数単位（－1の平方根）をiとする。このとき

$$e^{i\pi}+1=0$$

の関係が与えられる。

（ウ） 関数$f(x)$と$g(x)$が，cを端点とする開区間において微分可能で

$$\lim_{x\to c}f(x)=\lim_{x\to c}g(x)=0 \text{ あるいは } \lim_{x\to c}f(x)=\lim_{x\to c}g(x)=\infty$$

のいずれかが満たされるとする。このとき，$f(x)$，$g(x)$の１階微分を$f'(x)$，$g'(x)$として，$g'(x)\neq 0$の場合に，$\lim_{x\to c}\frac{f'(x)}{g'(x)}=L$

が存在すれば，$\lim_{x \to c} \frac{f(x)}{g(x)} = L$ である。

	ア	イ	ウ
①	ロピタルの定理	オイラーの等式	フーリエ級数
②	マクローリン展開	フーリエ級数	オイラーの等式
③	マクローリン展開	オイラーの等式	ロピタルの定理
④	フーリエ級数	ロピタルの定理	マクローリン展開
⑤	フーリエ級数	マクローリン展開	ロピタルの定理

●2群　情報・論理に関するもの（全6問題から3問題を選択解答）

I 2-1

基数変換に関する次の記述の，【　】に入る表記の組合せとして，最も適切なものはどれか。

私たちの日常生活では主に10進数で数を表現するが，コンピュータで数を表現する場合,「０」と「１」の数字で表す２進数や,「０」から「９」までの数字と「A」から「F」までの英字を使って表す16進数などが用いられる。10進数，２進数，16進数は相互に変換できる。例えば10進数の15.75は，２進数では $(1111.11)_2$，16進数では $(\mathrm{F.C})_{16}$ である。同様に10進数の11.5を２進数で表すと【ア】，16進数で表すと【イ】である。

	ア	イ
①	$(1011.1)_2$	$(\mathrm{B.8})_{16}$

②	$(1011.0)_2$	$(C.8)_{16}$
③	$(1011.1)_2$	$(B.5)_{16}$
④	$(1011.0)_2$	$(B.8)_{16}$
⑤	$(1011.1)_2$	$(C.5)_{16}$

I 2-2

二分探索木とは，各頂点に１つのキーが置かれた二分木であり，任意の頂点vについて次の条件を満たす。

（１）vの左部分木の頂点に置かれた全てのキーが，vのキーより小さい。

（２）vの右部分木の頂点に置かれた全てのキーが，vのキーより大きい。

以下では空の二分探索木に，８，12，５，３，10，７，６の順に相異なるキーを登録する場合を考える。最初のキー８は二分探索木の根に登録する。次のキー12は根の８より大きいので右部分木の頂点に登録する。次のキー５は根の８より小さいので左部分木の頂点に登録する。続くキー３は根の８より小さいので左部分木の頂点５に分岐して大小を比較する。比較するとキー３は５よりも小さいので，頂点５の左部分木の頂点に登録する。以降同様に全てのキーを登録すると下図に示す二分探索木を得る。

キーの集合が同じであっても，登録するキーの順番によって二分探索木が変わることもある。下図と同じ二分探索木を与えるキーの順番として，最も適切なものはどれか。

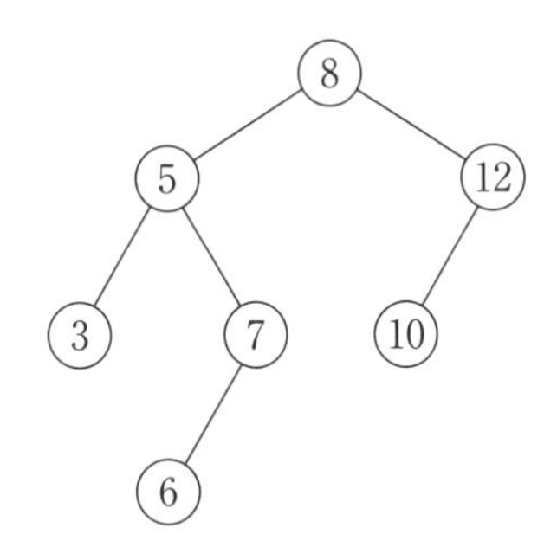

図　二分探索木

① 8, 5, 7, 12, 3, 10, 6
② 8, 5, 7, 10, 3, 12, 6
③ 8, 5, 6, 12, 3, 10, 7
④ 8, 5, 3, 10, 7, 12, 6
⑤ 8, 5, 3, 12, 6, 10, 7

I 2-3

表1は，文書A～文書F中に含まれる単語とその単語の発生回数を示す。ここでは問題を簡単にするため，各文書には単語1，単語2，単語3の3種類の単語のみが出現するものとする。各文書の特性を，出現する単語の発生回数を要素とするベクトルで表現する。文書Aの特性を表すベクトルは$\vec{A}=(7, 3, 2)$となる。また，ベクトル$\vec{A}$のノルムは，$\|\vec{A}\|_2=\sqrt{7^2+3^2+2^2}=\sqrt{62}$と計算できる。

2つの文書Xと文書Y間の距離を（式1）により算出すると定義する。2つの文書の類似度が高ければ，距離の値は0に近づく。文書Aに最も類似する文書はどれか。

表1　文書と単語の発生回数

	文書A	文書B	文書C	文書D	文書E	文書F
単語1	7	2	70	21	1	7
単語2	3	3	3	9	2	30
単語3	2	0	2	6	3	20

$$\text{文書Xと文書Yの距離} = 1 - \frac{\vec{X} \cdot \vec{Y}}{\|\vec{X}\|_2 \|\vec{Y}\|_2} \qquad \text{（式1）}$$

（式1）において，$\vec{X} = (x_1, x_2, x_3)$，$\vec{Y} = (y_1, y_2, y_3)$ であれば，
$\vec{X} \cdot \vec{Y} = x_1 \cdot y_1 + x_2 \cdot y_2 + x_3 \cdot y_3$,
$\|\vec{X}\|_2 = \sqrt{{x_1}^2 + {x_2}^2 + {x_3}^2}$,　$\|\vec{Y}\|_2 = \sqrt{{y_1}^2 + {y_2}^2 + {y_3}^2}$

①　文書B　②　文書C　③　文書D　④　文書E　⑤　文書F

I 2-4

次の表現形式で表現することができる数値として，最も不適切なものはどれか。

数値　::＝整数｜小数｜整数 小数
小数　::＝小数点 数字列
整数　::＝数字列｜符号 数字列
数字列 ::＝数字｜数字列 数字
符号　::＝＋｜－
小数点 ::＝.
数字　::＝0｜1｜2｜3｜4｜5｜6｜7｜8｜9
ただし，上記表現形式において，::=は定義を表し，｜はORを示す。

①　－19.1　②　.52　③　－.37　④　4.35　⑤　－125

I 2-5

次の記述の，【 】に入る値の組合せとして，最も適切なものはどれか。

同じ長さの2つのビット列に対して，対応する位置のビットが異なっている箇所の数をそれらのハミング距離と呼ぶ。ビット列「0101011」と「0110000」のハミング距離は，表1のように考えると4であり，ビット列「1110001」と「0001110」のハミング距離は【ア】である。4ビットの情報ビット列「X1 X2 X3 X4」に対して，「X5 X6 X7」をX5 = X2+X3+X4 mod2, X6 = X1+X3+X4 mod2, X7 = X1+X2+X4 mod2 (mod2は整数を2で割った余りを表す）と置き，これらを付加したビット列「X1 X2 X3 X4 X5 X6 X7」を考えると，任意の2つのビット列のハミング距離が3以上であることが知られている。このビット列「X1 X2 X3 X4 X5 X6 X7」を送信し通信を行ったときに，通信過程で高々1ビットしか通信の誤りが起こらないという仮定の下で，受信ビット列が「0100110」であったとき，表2のように考えると「1100110」が送信ビット列であることがわかる。同じ仮定の下で，受信ビット列が「1001010」であったとき，送信ビット列は【イ】であることがわかる。

表1　ハミング距離の計算

1つめのビット列	0	1	0	1	0	1	1
2つめのビット列	0	1	1	0	0	0	0
異なるビット位置と個数計算			1	2		3	4

表2　受信ビット列が「0100110」の場合

受信ビット列の正誤	送信ビット列								X1,X2,X3,X4 に対応する付加ビット列		
	X1	X2	X3	X4	X5	X6	X7	⇒	X2+X3+X4　mod2	X1+X3+X4　mod2	X1+X2+X4　mod2
全て正しい	0	1	0	0	1	1	0		1	0	1
X1のみ誤り	1	1	0	0	同上			一致	1	1	0
X2のみ誤り	0	0	0	0	同上				0	0	0
X3のみ誤り	0	1	1	0	同上				0	1	1
X4のみ誤り	0	1	0	1	同上				0	1	0
X5のみ誤り	0	1	0	0	0	1	0		1	0	1
X6のみ誤り	同上				1	0	0		同上		
X7のみ誤り	同上				1	1	1		同上		

令和元年度 基礎科目

	ア	イ
①	5	「1001010」
②	5	「0001010」
③	5	「1101010」
④	7	「1001010」
⑤	7	「1011010」

I 2-6

スタックとは，次に取り出されるデータ要素が最も新しく記憶されたものであるようなデータ構造で，後入れ先出しとも呼ばれている。スタックに対する基本操作を次のように定義する。

・「PUSH n」　スタックに整数データnを挿入する。
・「POP」　　スタックから整数データを取り出す。

空のスタックに対し，次の操作を行った。
PUSH 1, PUSH 2, PUSH 3, PUSH 4, POP, POP, PUSH 5, POP , POP
このとき，最後に取り出される整数データとして，最も適切なものはどれか。

① 1　② 2　③ 3　④ 4　⑤ 5

●3群　解析に関するもの（全6問題から3問題を選択解答）

I 3-1

3次元直交座標系（x, y, z）におけるベクトル

$$V = (V_x, V_y, V_z) = (\sin(x+y+z), \cos(x+y+z), z)$$

の（x, y, z）＝（2π, 0, 0）における発散 $divV = \frac{\partial V_x}{\partial x} + \frac{\partial V_y}{\partial y} + \frac{\partial V_z}{\partial z}$ の

値として，最も適切なものはどれか。

① -2　② -1　③ 0　④ 1　⑤ 2

I 3-2

座標 (x, y) と変数 r, s の間には，次の関係があるとする。

$$x = g\ (r, s)$$
$$y = h\ (r, s)$$

このとき，関数 $z = f\ (x, y)$ のx, yによる偏微分とr, sによる偏微分は，次式によって関連付けられる。

$$\begin{bmatrix} \dfrac{\partial z}{\partial r} \\ \dfrac{\partial z}{\partial s} \end{bmatrix} = [J] \begin{bmatrix} \dfrac{\partial z}{\partial x} \\ \dfrac{\partial z}{\partial y} \end{bmatrix}$$

ここに［J］はヤコビ行列と呼ばれる２行２列の行列である。［J］の行列式として，最も適切なものはどれか。

① $\dfrac{\partial x}{\partial r}\dfrac{\partial x}{\partial s} + \dfrac{\partial y}{\partial r}\dfrac{\partial y}{\partial s}$

② $\dfrac{\partial x}{\partial r}\dfrac{\partial x}{\partial s} - \dfrac{\partial y}{\partial r}\dfrac{\partial y}{\partial s}$

③ $\dfrac{\partial y}{\partial r}\dfrac{\partial y}{\partial s} - \dfrac{\partial x}{\partial r}\dfrac{\partial x}{\partial s}$

④ $\dfrac{\partial x}{\partial r}\dfrac{\partial y}{\partial s} + \dfrac{\partial y}{\partial r}\dfrac{\partial x}{\partial s}$

⑤ $\dfrac{\partial x}{\partial r}\dfrac{\partial y}{\partial s} - \dfrac{\partial y}{\partial r}\dfrac{\partial x}{\partial s}$

I 3-3

物体が粘性のある流体中を低速で落下運動するとき，物体はその速度に比例する抵抗力を受けるとする。そのとき，物体の速度をv，物体の質量をm，重力加速度をg，抵抗力の比例定数をk，時間をtとすると，次の方程式が得られる。

$$m\frac{dv}{dt}=mg-kv$$

ただしm, g, kは正の定数である。物体の初速度がどんな値でも，十分時間が経つと一定の速度に近づく。この速度として最も適切なものはどれか。

① $\frac{mg}{k}$　② $\frac{2mg}{k}$　③ $\frac{\sqrt{mg}}{k}$　④ $\sqrt{\frac{mg}{k}}$　⑤ $\sqrt{\frac{2mg}{k}}$

I 3-4

ヤング率E, ポアソン比vの等方性線形弾性体がある。直行座標系において，この弾性体に働く垂直応力の３成分をσ_{xx}, σ_{yy}, σ_{zz}とし，それによって生じる垂直ひずみの３成分をε_{xx}, ε_{yy}, ε_{zz}とする。いかなる組合せの垂直応力が働いてもこの弾性体の体積が変化しないとすると，この弾性体のポアソン比vとして、最も適切な値はどれか。

ただし，ひずみは微小であり，体積変化を表わす体積ひずみεは，３成分の垂直ひずみの和（$\varepsilon_{xx}+\varepsilon_{yy}+\varepsilon_{zz}$）として与えられるものとする。また，例えば垂直応力σ_{xx}によって生じる垂直ひずみは，$\varepsilon_{xx}=\sigma_{xx}/E$，$\varepsilon_{yy}=\varepsilon_{zz}=-v\sigma_{xx}/E$で与えられるものとする。

① 1／6　② 1／4　③ 1／3　④ 1／2　⑤ 1

I 3-5

下図に示すように，左端を固定された長さl，断面積Aの棒が右端に荷重Pを受けている。この棒のヤング率をEとしたとき，棒全体に蓄えられるひずみエネルギーはどのように表示されるか。次のうち，最も適切なものはどれか。

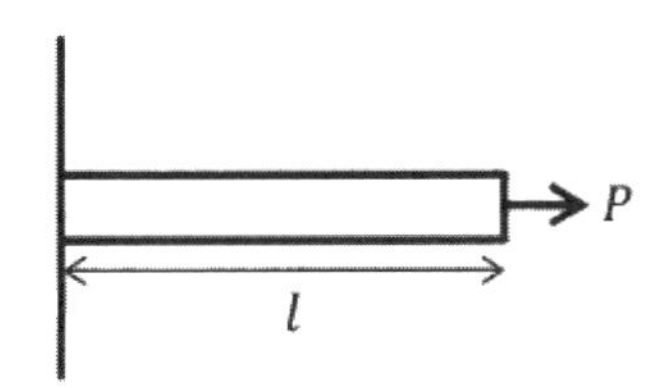

図　荷重を受けている棒

① Pl　② $\dfrac{Pl}{E}$　③ $\dfrac{Pl^2}{A}$　④ $\dfrac{P^2l}{2EA}$　⑤ $\dfrac{P^2}{2EA^2}$

I 3-6

下図に示すように長さl，質量Mの一様な細長い棒の一端を支点とする剛体振り子がある。重力加速度をg，振り子の角度をθ，支点周りの剛体の慣性モーメントをIとする。剛体振り子が微小振動するときの運動方程式は

$$I\frac{d^2\theta}{dt^2}=-Mg\frac{l}{2}\theta$$

となる。これより角振動数は

$$\omega=\sqrt{\frac{Mgl}{2I}}$$

となる。この剛体振り子の周期として，最も適切なものはどれか。

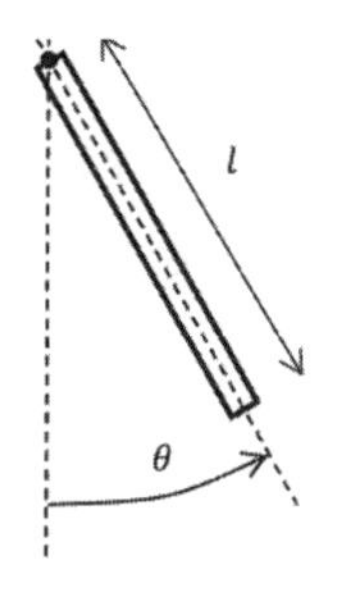

図　剛体振り子

① $2\pi\sqrt{\frac{l}{g}}$　② $2\pi\sqrt{\frac{3l}{2g}}$　③ $2\pi\sqrt{\frac{2l}{3g}}$

④ $2\pi\sqrt{\frac{2g}{3l}}$　⑤ $2\pi\sqrt{\frac{3g}{2l}}$

●4群　材料・化学・バイオに関するもの（全6問題から3問題を選択解答）

I 4-1

ハロゲンに関する次の（ア）～（エ）の記述について，正しいものの組合せとして，最も適切なものはどれか。

（ア） ハロゲン化水素の水溶液の酸としての強さは,強いものからHF, HCl, HBr, HIの順である。

（イ） ハロゲン原子の電気陰性度は,大きいものからF, Cl, Br, Iの順である。

（ウ） ハロゲン化水素の沸点は,高いものからHF, HCl, HBr, HIの順である。

（エ） ハロゲン分子の酸化力は,強いものからF_2, Cl_2, Br_2, I_2の順である。

① ア，イ　② ア，ウ　③ イ，ウ　④ イ，エ　⑤ ウ，エ

I 4-2

同位体に関する次の（ア）～（オ）の記述について，それぞれの正誤の組合せとして，最も適切なものはどれか。

(ア) 陽子の数は等しいが，電子の数は異なる。
(イ) 質量数が異なるので，化学的性質も異なる。
(ウ) 原子核中に含まれる中性子の数が異なる。
(エ) 放射線を出す同位体は，医療，遺跡の年代測定などに利用されている。
(オ) 放射線を出す同位体は，放射線を出して別の原子に変わるものがある。

	ア	イ	ウ	エ	オ
①	正	正	誤	誤	誤
②	正	正	正	正	誤
③	誤	誤	正	誤	誤
④	誤	正	誤	正	正
⑤	誤	誤	正	正	正

I 4-3

質量分率がアルミニウム95.5［%］，銅4.50［%］の合金組成を物質量分率で示す場合，アルミニウムの物質量分率［%］及び銅の物質量分率［%］の組合せとして，最も適切なものはどれか。ただし，アルミニウム及び銅の原子量は，27.0及び63.5である。

	アルミニウム	銅
①	95.0	4.96
②	96.0	3.96
③	97.0	2.96
④	98.0	1.96
⑤	99.0	0.96

I 4-4

物質に関する次の記述のうち，最も適切なものはどれか。

① 炭酸ナトリウムはハーバー・ボッシュ法により製造され，ガラスの原料として使われている。
② 黄リンは淡黄色の固体で毒性が少ないが，空気中では自然発火するので水中に保管する。
③ 酸化チタン（Ⅳ）の中には光触媒としてのはたらきを顕著に示すものがあり，抗菌剤や防汚剤として使われている。
④ グラファイトは炭素の同素体の1つで，きわめて硬い結晶であり，電気伝導性は悪い。
⑤ 鉛は鉛蓄電池の正極，酸化鉛（Ⅱ）はガラスの原料として使われている。

I 4-5

DNAの変性に関する次の記述の，【　】に入る語句の組合せとして，最も適切なものはどれか。

DNA二重らせんの2本の鎖は，相補的塩基対間の【ア】によって形成されているが，熱や強アルカリで処理をすると，変性して一本鎖になる。しかし，それぞれの鎖の基本構造を形成している【イ】間の【ウ】は壊れない。DNA分子の半分が変性する温度を融解温度といい，グアニンと【エ】の含量が多いほど高くなる。熱変性したDNAをゆっくり冷却すると，再び二重らせん構造に戻る。

	ア	イ	ウ	エ
①	ジスルフィド結合	グルコース	水素結合	ウラシル
②	ジスルフィド結合	ヌクレオチド	ホスホジエステル結合	シトシン
③	水素結合	グルコース	ジスルフィド結合	ウラシル

④	水素結合	ヌクレオチド	ホスホジエステル結合	シトシン
⑤	ホスホジエステル結合	ヌクレオチド	ジスルフィド結合	シトシン

I 4-6

タンパク質に関する次の記述の,【　】に入る語句の組合せとして,最も適切なものはどれか。

タンパク質を構成するアミノ酸は【ア】種類あり,アミノ酸の性質は,【イ】の構造や物理化学的性質によって決まる。タンパク質に含まれるそれぞれのアミノ酸は,隣接するアミノ酸と【ウ】をしている。タンパク質には,等電点と呼ばれる正味の電荷が0となるｐＨがあるが,タンパク質が等電点よりも高いｐＨの水溶液中に存在すると,タンパク質は【エ】に帯電する。

	ア	イ	ウ	エ
①	15	側鎖	ペプチド結合	正
②	15	アミノ基	エステル結合	負
③	20	側鎖	ペプチド結合	負
④	20	側鎖	エステル結合	正
⑤	20	アミノ基	ペプチド結合	正

●5群　環境･エネルギー･技術に関するもの(全6問題から3問題を選択解答)

I 5-1

大気汚染に関する次の記述の,【 】に入る語句の組合せとして,最も適切なものはどれか。

我が国では，1960年代から1980年代にかけて工場から大量の【ア】等が排出され，工業地帯など工場が集中する地域を中心として著しい大気汚染が発生しました。その対策として，大気汚染防止法の制定（1968年），大気環境基準の設定（1969年より順次），大気汚染物質の排出規制，全国的な大気汚染モニタリングの実施等の結果，【ア】と一酸化炭素による汚染は大幅に改善されました。

1970年代後半からは大都市地域を中心とした都市・生活型の大気汚染が問題となりました。その発生源は，工場・事業場のほか年々増加していた自動車であり，特にディーゼル車から排出される【イ】や【ウ】の対策が重要な課題となり，より一層の対策の実施や国民の理解と協力が求められました。

現在においても，【イ】や炭化水素が反応を起こして発生する【エ】の環境基準達成率は低いレベルとなっており，対策が求められています。

	ア	イ	ウ	エ
①	硫黄酸化物	光化学オキシダント	浮遊粒子状物質	二酸化炭素
②	窒素酸化物	光化学オキシダント	二酸化炭素	浮遊粒子状物質
③	硫黄酸化物	窒素酸化物	浮遊粒子状物質	光化学オキシダント
④	窒素酸化物	硫黄酸化物	二酸化炭素	光化学オキシダント
⑤	硫黄酸化物	窒素酸化物	浮遊粒子状物質	二酸化炭素

I 5-2

環境保全，環境管理に関する次の記述のうち，最も不適切なものはどれか。

① 我が国が提案し実施している二国間オフセット・クレジット制

度とは，途上国への優れた低炭素技術等の普及や対策実施を通じ，実現した温室効果ガスの排出削減・吸収への我が国の貢献を定量的に評価し，我が国の削減目標の達成に活用する制度である。

② 地球温暖化防止に向けた対策は大きく緩和策と適応策に分けられるが，適応策は地球温暖化の原因となる温室効果ガスの排出を削減して地球温暖化の進行を食い止め，大気中の温室効果ガス濃度を安定させる対策のことをいう。

③ カーボンフットプリントとは，食品や日用品等について，原料調達から製造・流通・販売・使用・廃棄の全過程を通じて排出される温室効果ガス量を二酸化炭素に換算し，「見える化」したものである。

④ 製品に関するライフサイクルアセスメントとは，資源の採取から製造・使用・廃棄・輸送など全ての段階を通して環境影響を定量的，客観的に評価する手法をいう。

⑤ 環境基本法に基づく環境基準とは，大気の汚染，水質の汚濁，土壌の汚染及び騒音に係る環境上の条件について，それぞれ，人の健康を保護し，及び生活環境を保全する上で維持されることが望ましい基準をいう。

I 5-3

2015年7月に経済産業省が決定した「長期エネルギー需給見通し」に関する次の記述のうち，最も不適切なものはどれか。

① 2030年度の電源構成に関して，総発電電力量に占める原子力発電の比率は20－22％程度である。

② 2030年度の電源構成に関して，総発電電力量に占める再生可能エネルギーの比率は22－24％程度である。

③ 2030年度の電源構成に関して，総発電電力量に占める石油火力発電の比率は25－27％程度である。

④ 徹底的な省エネルギーを進めることにより，大幅なエネルギー効率の改善を見込む。これにより，2013年度に比べて2030年度の最終エネルギー消費量の低下を見込む。

⑤ エネルギーの安定供給に関連して，2030年度のエネルギー自給率は，東日本大震災前を上回る水準（25%程度）を目指す。ただし，再生可能エネルギー及び原子力発電を，それぞれ国産エネルギー及び準国産エネルギーとして，エネルギー自給率に含める。

I 5-4

総合エネルギー統計によれば，2017年度の我が国における一次エネルギー国内供給は20,095PJであり，その内訳は，石炭5,044PJ，石油7,831PJ，天然ガス・都市ガス4,696PJ，原子力279PJ，水力710PJ，再生可能エネルギー（水力を除く）938PJ，未活用エネルギー596PJである。ただし，石油の非エネルギー利用分の約1,600PJを含む。2017年度の我が国のエネルギー起源二酸化炭素（CO_2）排出量に最も近い値はどれか。ただし，エネルギー起源二酸化炭素（CO_2）排出量は，燃料の燃焼で発生・排出されるCO_2であり，非エネルギー利用由来分を含めない。炭素排出係数は，石炭24t－C／TJ，石油19t－C／TJ，天然ガス・都市ガス14t－C／TJとする。t－Cは炭素換算トン（Cの原子量12），t－CO_2はCO_2換算トン（CO_2の分子量44）である。P（ペタ）は10の15乗，T（テラ）は10の12乗，M（メガ）は10の6乗の接頭辞である。

① 100Mt－CO_2
② 300Mt－CO_2
③ 500Mt－CO_2
④ 1,100Mt－CO_2
⑤ 1,600Mt－CO_2

I 5-5

科学と技術の関わりは多様であり，科学的な発見の刺激により技術的な応用がもたらされることもあれば，革新的な技術が科学的な発見を可能にすることもある。こうした関係についての次の記述のうち，最も不適切なものはどれか。

① 原子核分裂が発見されたのちに原子力発電の利用が始まった。
② ウイルスが発見されたのちに種痘が始まった。
③ 望遠鏡が発明されたのちに土星の環が確認された。
④ 量子力学が誕生したのちにトランジスターが発明された。
⑤ 電磁波の存在が確認されたのちにレーダーが開発された。

I 5-6

特許法と知的財産基本法に関する次の記述のうち，最も不適切なものはどれか。

① 特許法において，発明とは，自然法則を利用した技術的思想の創作のうち高度のものをいう。
② 特許法は，発明の保護と利用を図ることで，発明を奨励し，産業の発達に寄与することを目的とする法律である。
③ 知的財産基本法において，知的財産には，商標，商号その他事業活動に用いられる商品又は役務を表示するものも含まれる。
④ 知的財産基本法は，知的財産の創造，保護及び活用に関し，基本理念及びその実現を図るために基本となる事項を定めたものである。
⑤ 知的財産基本法によれば，国は，知的財産の創造，保護及び活用に関する施策を策定し，実施する責務を有しない。

Ⅱ　適性科目

Ⅱ　次の15問題を解答せよ。（解答欄に1つだけマークすること。）

Ⅱ-1

技術士法第４章に関する次の記述の，【 】に入る語句の組合せとして，最も適切なものはどれか。

（信用失墜行為の禁止）
第44条　技術士又は技術士補は，技術士若しくは技術士補の信用を傷つけ，又は技術士及び技術士補全体の不名誉となるような行為をしてはならない。
（技術士等の秘密保持【ア】）
第45条　技術士又は技術士補は，正当の理由がなく，その業務に関して知り得た秘密を漏らし，又は盗用してはならない。技術士又は技術士補でなくなった後においても，同様とする。
（技術士等の【イ】確保の【ウ】）
第45条の２　技術士又は技術士補は，その業務を行うに当たっては，公共の安全，環境の保全その他の【イ】を害することのないよう努めなければならない。
（技術士の名称表示の場合の【ア】）
第46条　技術士は，その業務に関して技術士の名称を表示するときは，その登録を受けた【エ】を明示してするものとし，登録を受けていない【エ】を表示してはならない。
（技術士補の業務の【オ】等）
第47条　技術士補は，第２条第１項に規定する業務について技術士を補助する場合を除くほか，技術士補の名称を表示して当該業務を行ってはならない。

2　前条の規定は，技術士補がその補助する技術士の業務に関してする技術士補の名称の表示について【カ】する。

（技術士の【キ】向上の【ウ】）

第47条の2　技術士は，常に，その業務に関して有する知識及び技能の水準を向上させ，その他その【キ】の向上を図るよう努めなければならない。

	ア	イ	ウ	エ	オ	カ	キ
①	義務	公益	責務	技術部門	制限	準用	能力
②	責務	安全	義務	専門部門	制約	適用	能力
③	義務	公益	責務	技術部門	制約	適用	資質
④	責務	安全	義務	専門部門	制約	準用	資質
⑤	義務	公益	責務	技術部門	制限	準用	資質

Ⅱ-2

平成26年3月,文部科学省科学技術・学術審議会の技術士分科会は,「技術士に求められる資質能力」について提示した。次の文章を読み,下記の問いに答えよ。

技術の高度化,統合化等に伴い,技術者に求められる資質能力はますます高度化,多様化している。

これらの者が業務を履行するために,技術ごとの専門的な業務の性格・内容,業務上の立場は様々であるものの,（遅くとも）35歳程度の技術者が,技術士資格の取得を通じて,実務経験に基づく専門的学識及び高等の専門的応用能力を有し,かつ,豊かな創造性を持って複合的な問題を明確にして解決できる技術者（技術士）として活躍することが期待される。

このたび,技術士に求められる資質能力（コンピテンシー）について,国際エンジニアリング連合（IEA）の「専門職としての知識・能力」（プロフェッショナル・コンピテンシー,PC）を踏まえながら,以下の通り,キーワードを挙げて示す。これらは,別の表現で言えば,技術士であれば最低限備えるべき資質能力である。
　技術士はこれらの資質能力をもとに,今後,業務履行上必要な知見を深め,技術を修得し資質向上を図るように,十分な継続研さん（CPD）を行うことが求められる。

次の（ア）～（キ）のうち,「技術士に求められる資質能力」で挙げられているキーワードに含まれるものの数はどれか。

（ア）専門的学識
（イ）問題解決
（ウ）マネジメント
（エ）評価
（オ）コミュニケーション
（カ）リーダーシップ
（キ）技術者倫理

① 3　② 4　③ 5　④ 6　⑤ 7

Ⅱ-3

製造物責任（PL）法の目的は,その第1条に記載されており,「製造物の欠陥により人の生命,身体又は財産に係る被害が生じた場合における製造業者等の損害賠償の責任について定めることにより,被害者の保護を図り,もって国民生活の安定向上と国民経済の健全な発展に寄与する」とされている。次の（ア）～（ク）のうち,「PL法上の損害賠償責任」に該当しないものの数はどれか。

(ア) 自動車輸入業者が輸入販売した高級スポーツカーにおいて,その製造工程で造り込まれたブレーキの欠陥により,運転者及び歩行者が怪我をした場合。

(イ) 建設会社が造成した宅地において,その不適切な基礎工事により,建設された建物が損壊した場合。

(ウ) 住宅メーカーが建築販売した住宅において,それに備え付けられていた電動シャッターの製造時の欠陥により,住民が怪我をした場合。

(エ) 食品会社経営の大規模養鶏場から出荷された鶏卵において,それがサルモネラ菌におかされ,食中毒が発生した場合。

(オ) マンションの管理組合が発注したエレベータの保守点検において,その保守業者の作業ミスにより,住民が死亡した場合。

(カ) ロボット製造会社が製造販売した作業用ロボットにおいて,それに組み込まれたソフトウェアの欠陥により暴走し,工場作業者が怪我をした場合。

(キ) 電力会社の電力系統において,その変動(周波数等)により,需要家である工場の設備が故障した場合。

(ク) 大学ベンチャー企業が国内のある湾内で養殖し,出荷販売した鯛において,その養殖場で汚染した菌により食中毒が発生した場合。

① 8　② 7　③ 6　④ 5　⑤ 4

Ⅱ-4

個人情報保護法は,高度情報通信社会の進展に伴い個人情報の利用が著しく拡大していることに鑑み,個人情報の適正な取扱に関し,基本理念及び政府による基本方針の作成その他の個人情報の保護に関する施策の基本となる事項を定め,国及び地方公共団体の責務等を明らかにするとともに,個人情報を取扱う事業者の遵守すべき義務等を定めることにより,個人情報の適正かつ効果的な活用が新たな産業の創出並びに活力ある経済社会及び豊かな国民生活の実現に資するものであることその他の個人情報の有用性に配慮しつつ，個人の権利利益を保護することを目的としている。

法では，個人情報の定義の明確化として，①指紋データや顔認識データのような，個人の身体の一部の特徴を電子計算機の用に供するために変換した文字，番号，記号その他の符号，②旅券番号や運転免許証番号のような，個人に割り当てられた文字，番号，記号その他の符号が「個人識別符号」として，「個人情報」に位置付けられる。

次に示す（ア）～（キ）のうち，個人識別符号に含まれないものの数はどれか。

（ア）DNAを構成する塩基の配列
（イ）顔の骨格及び皮膚の色並びに目，鼻，口その他の顔の部位の位置及び形状によって定まる容貌
（ウ）虹彩の表面の起伏により形成される線状の模様
（エ）発声の際の声帯の振動，声門の開閉並びに声道の形状及びその変化
（オ）歩行の際の姿勢及び両腕の動作，歩幅その他の歩行の態様
（カ）手のひら又は手の甲若しくは指の皮下の静脈の分岐及び端点によって定まるその静脈の形状
（キ）指紋又は掌紋

① 0　② 1　③ 2　④ 3　⑤ 4

Ⅱ-5

産業財産権制度は，新しい技術，新しいデザイン，ネーミングなどについて独占権を与え，模倣防止のために保護し，研究開発へのインセンティブを付与したり，取引上の信用を維持することによって，産業の発展を図ることを目的にしている。これらの権利は，特許庁

に出願し，登録することによって，一定期間，独占的に実施（使用）することができる。

従来型の経営資源である人・物・金を活用して利益を確保する手法に加え，産業財産権を最大限に活用して利益を確保する手法について熟知することは，今や経営者及び技術者にとって必須の事項といえる。

産業財産権の取得は，利益を確保するための手段であって目的ではなく，取得後どのように活用して利益を確保するかを，研究開発時や出願時などのあらゆる節目で十分に考えておくことが重要である。

次の知的財産権のうち，「産業財産権」に含まれないものはどれか。

① 特許権
② 実用新案権
③ 意匠権
④ 商標権
⑤ 育成者権

Ⅱ-6

次の（ア）～（オ）の語句の説明について，最も適切な組合せはどれか。

（ア）システム安全

A）システム安全は，システムにおけるハードウェアのみに関する問題である。

B）システム安全は，環境要因，物的要因及び人的要因の総合的対策によって達成される。

（イ）機能安全

A）機能安全とは，安全のために，主として付加的に導入された電子機器を含んだ装置が，正しく働くことによって実現される安全である。

B）機能安全とは，機械の目的のための制御システムの部分で実現する安全機能である。

（ウ）機械の安全確保

A）機械の安全確保は，機械の製造等を行う者によって十分に行われることが原則である。

B）機械の製造等を行う者による保護方策で除去又は低減できなかった残留リスクへの対応は，全て使用者に委ねられている。

（エ）安全工学

A）安全工学とは，製品が使用者に対する危害と，生産において作業者が受ける危害の両方に対して，人間の安全を確保したり，評価する技術である。

B）安全工学とは，原子力や航空分野に代表される大規模な事故や災害を問題視し，ヒューマンエラーを主とした分野である

（オ）レジリエンス工学

A）レジリエンス工学は，事故の未然防止・再発防止のみに着目している。

B）レジリエンス工学は，事故の未然防止・再発防止だけでなく，回復力を高めること等にも着目している。

	ア	イ	ウ	エ	オ
①	B	A	A	A	B
②	B	B	B	B	A
③	A	A	A	B	A
④	A	B	A	A	B
⑤	B	A	A	B	A

Ⅱ-7

我が国で2017年以降，多数顕在化した品質不正問題（検査データの書き換え，不適切な検査等）に対する記述として，正しいものは○，誤っているものは×として，最も適切な組合せはどれか。

（ア） 企業不祥事や品質不正問題の原因は，それぞれの会社の業態や風土が関係するので，他の企業には，参考にならない。
（イ） 発覚した品質不正問題は，単発的に起きたものである。
（ウ） 組織の風土には，トップのリーダーシップが強く関係する。
（エ） 企業は，すでに企業倫理に関するさまざまな取組を行っている。そのため，今回のような品質不正問題は，個々の組織構成員の問題である。
（オ） 近年顕在化した品質不正問題は，１つの部門内に閉じたものだけでなく，部門ごとの責任の不明瞭さや他部門への忖度といった事例も複数見受けられた。

	ア	イ	ウ	エ	オ
①	×	○	○	×	○
②	×	×	×	×	×
③	×	○	○	○	○
④	○	○	○	○	○
⑤	×	×	○	×	○

Ⅱ-8

平成24年12月2日，中央自動車道笹子トンネル天井板落下事故が発生した。このような事故を二度と起こさないよう，国土交通省では，平成25年を「社会資本メンテナンス元年」と位置付け，取組を進めている。平成26年5月には，国土交通省が管理・所管する道路・鉄道・河川・ダム・港湾等のあらゆるインフラの維持管理・更新等を着実に推進するための中長期的な取組を明らかにする計画として，「国土交通省インフラ長寿命化計画（行動計画）」を策定した。この計画の具体的な取組の方向性に関する次の記述のうち，最も不適切なものはどれか。

① 全点検対象施設において点検・診断を実施し，その結果に基づき，必要な対策を適切な時期に，着実かつ効率的・効果的に実施するとともに，これらの取組を通じて得られた施設の状態や情報を記録し，次の点検・診断に活用するという「メンテナンスサイクル」を構築する。
② 将来にわたって持続可能なメンテナンスを実施するために，点検の頻度や内容等は全国一律とする。
③ 点検・診断，修繕・更新等のメンテナンスサイクルの取組を通じて，順次，最新の劣化・損傷の状況や，過去に蓄積されていない構造諸元等の情報収集を図る。
④ メンテナンスサイクルの重要な構成要素である点検・診断については，点検等を支援するロボット等による機械化，非破壊・微破壊での検査技術，ICTを活用した変状計測等新技術による高度化，効率化に重点的に取組む。
⑤ 点検・診断等の業務を実施する際に必要となる能力や技術を，国が施設分野・業務分野ごとに明確化するとともに，関連する民間資格について評価し，当該資格を必要な能力や技術を有するものとして認定する仕組みを構築する。

Ⅱ-9

企業や組織は，保有する営業情報や技術情報を用いて，他社との差別化を図り，競争力を向上させている。これら情報の中には秘密とすることでその価値を発揮するものも存在し，企業活動が複雑化する中，秘密情報の漏洩経路も多様化しており，情報漏洩を未然に防ぐための対策が企業に求められている。情報漏洩対策に関する次の（ア）～（カ）の記述について，不適切なものの数はどれか。

(ア) 社内規定等において，秘密情報の分類ごとに，アクセス権の設定に関するルールを明確にした上で，当該ルールに基づき，適切にアクセス権の範囲を設定する。

(イ) 秘密情報を取扱う作業については，複数人での作業を避け，可能な限り単独作業で実施する。

(ウ) 社内の規定に基づいて，秘密情報が記録された媒体等（書類，書類を綴じたファイル，USBメモリ，電子メール等）に，自社の秘密情報であることが分かるように表示する。

(エ) 従業員同士で互いの業務態度が目に入ったり，背後から上司等の目につきやすくするような座席配置としたり，秘密情報が記録された資料が保管された書棚等が従業員等からの死角とならないようにレイアウトを工夫する。

(オ) 電子データを暗号化したり，登録されたＩＤでログインしたＰＣからしか閲覧できないような設定にしておくことで，外部に秘密情報が記録された電子データを無断でメールで送信しても，閲覧ができないようにする。

(カ) 自社内の秘密情報をペーパーレスにして，アクセス権を有しない者が秘密情報に接する機会を少なくする。

① 0　② 1　③ 2　④ 3　⑤ 4

Ⅱ-10

専門職としての技術者は，一般公衆が得ることのできない情報に接することができる。また技術者は，一般公衆が理解できない高度で複雑な内容の情報を理解でき，それに基づいて一般公衆よりもより多くのことを予見できる。このような特権的な立場に立っているがゆえに，技術者は適正に情報を発信したり，情報を管理したりする重い責任があると言える。次の（ア）～（カ）の記述のうち，技術者の情報発信や情報管理のあり方として不適切なものの数はどれか。

(ア) 技術者Aは，飲み会の席で，現在たずさわっているプロジェクトの技術的な内容を，技術業とは無関係の仕事をしている友人に話した。

(イ) 技術者Bは納入する機器の仕様に変更があったことを知っていたが，専門知識のない顧客に説明しても理解できないと考えたため，そのことは話題にせずに機器の説明を行った。

(ウ) 顧客は「詳しい話は聞くのが面倒だから説明はしなくていいよ」と言ったが，技術者Cは納入する製品のリスクや，それによってもたらされるかもしれない不利益などの情報を丁寧に説明した。

(エ) 重要な専有情報の漏洩は，所属企業に直接的ないし間接的な不利益をもたらし，社員や株主などの関係者にもその影響が及ぶことが考えられるため，技術者Dは不要になった専有情報が保存されている記憶媒体を速やかに自宅のゴミ箱に捨てた。

(オ) 研究の際に使用するデータに含まれる個人情報が漏洩した場合には，データ提供者のプライバシーが侵害されると考えた技術者Eは，そのデータファイルに厳重にパスワードをかけ，記憶媒体に保存して，利用するとき以外は施錠可能な場所に保管した。

(カ) 顧客から現在使用中の製品について問い合わせを受けた技術者Fは，それに答えるための十分なデータを手元に持ち合わせていなかったが，顧客を待たせないよう，記憶に基づいて問い合わせに答えた。

① 2　② 3　③ 4　④ 5　⑤ 6

Ⅱ-11 事業者は事業場の安全衛生水準の向上を図っていくため，個々の事業場において危険性又は有害性等の調査を実施し，その結果に基づいて労働者の危険又は健康障害を防止するための措置を講ずる必要がある。危険性又は有害性等の調査及びその結果に基づく措置に関する指針について，次の（ア）～（エ）の記述のうち，正しいものは○，誤っているものは×として，最も適切な組合せはどれか。

（ア） 事業者は，以下の時期に調査及びその結果に基づく措置を行うよう規定されている。

(1) 建設物を設置し，移転し，変更し，又は解体するとき
(2) 設備，原材料を新規に採用し，又は変更するとき
(3) 作業方法又は作業手順を新規に採用し，又は変更するとき
(4) その他，事業場におけるリスクに変化が生じ，又は生ずるおそれのあるとき

（イ） 過去に労働災害が発生した作業，危険な事象が発生した作業等，労働者の就業に係る危険性又は有害性による負傷又は疾病の発生が合理的に予見可能であるものは全て調査対象であり，平坦な通路における歩行等，明らかに軽微な負傷又は疾病しかもたらさないと予想されたものについても調査等の対象から除外してはならない。

（ウ） 事業者は，各事業場における機械設備，作業等に応じてあらかじめ定めた危険性又は有害性の分類に則して，各作業における危険性又は有害性を特定するに当たり，労働者の疲労等の危険性又は有害性への付加的影響を考慮する。

（エ） リスク評価の考え方として，「ALARPの原則」がある。ALARPは，合理的に実行可能なリスク低減措置を講じてリスクを低減することで，リスク低減措置を講じることによって得られる効果に比較して，リスク低減費用が著しく大きく，著しく合理性を欠く場合は，それ以上の低減対策を講じなくてもよいという考え方である。

	ア	イ	ウ	エ
①	○	×	×	○
②	○	×	○	○
③	○	○	×	×
④	○	○	○	×
⑤	×	×	○	○

Ⅱ-12 男女雇用機会均等法及び育児・介護休業法やハラスメントに関する次の（ア）～（オ）の記述について，正しいものは○，誤っているものは×として，最も適切な組合せはどれか。

（ア）職場におけるセクシュアルハラスメントは，異性に対するものだけではなく，同性に対するものも該当する。

（イ）職場のセクシュアルハラスメント対策は，事業主の努力目標である。

（ウ）現在の法律では，産休の対象は，パート，雇用期間の定めのない正規職員に限られている。

（エ）男女雇用機会均等法及び育児・介護休業法により，事業主は，事業主や妊娠等した労働者やその他の労働者の個々の実情に応じた措置を講じることはできない。

（オ）産前休業も産後休業も，必ず取得しなければならない休業である。

	ア	イ	ウ	エ	オ
①	○	×	×	×	×
②	×	○	×	×	○
③	○	×	○	○	○
④	×	×	○	×	×
⑤	○	○	×	○	○

Ⅱ-13

企業に策定が求められているBusiness Continuity Plan（BCP）に関する次の（ア）～（エ）の記述のうち，誤っているものの数はどれか。

（ア）BCPとは，企業が緊急事態に遭遇した場合において，事業資産の損害を最小限にとどめつつ，中核となる事業の継続あるいは早期復旧を可能とするために，平常時に行うべき活動や緊急時における事業継続のための方法，手段などを取り決めておく計画である。
（イ）BCPの対象は，自然災害のみである。
（ウ）わが国では，東日本大震災や相次ぐ自然災害を受け，現在では，大企業，中堅企業ともに，そのほぼ100%がBCPを策定している。
（エ）BCPの策定・運用により，緊急時の対応力は鍛えられるが，平常時にはメリットがない。

① 0　② 1　③ 2　④ 3　⑤ 4

Ⅱ-14

組織の社会的責任（SR：Social Responsibility）の国際規格として，2010年11月，ISO26000「Guidance on social responsibility」が発行された。また，それに続き，2012年，ISO規格の国内版（JIS）として，JIS Z 26000：2012（社会的責任に関する手引き）が制定された。そこには，「社会的責任の原則」として7項目が示されている。その7つの原則に関する次の記述のうち，最も不適切なものはどれか。

① 組織は，自らが社会，経済及び環境に与える影響について説明責任を負うべきである。
② 組織は，社会及び環境に影響を与える自らの決定及び活動に関

して，透明であるべきである。

③ 組織は，倫理的に行動すべきである。

④ 組織は，法の支配の尊重という原則に従うと同時に，自国政府の意向も尊重すべきである。

⑤ 組織は，人権を尊重し，その重要性及び普遍性の両方を認識すべきである。

Ⅱ-15

SDGs（Sustainable Development Goals：持続可能な開発目標）とは，国連持続可能な開発サミットで採択された「誰一人取り残さない」持続可能で多様性と包摂性のある社会の実現のための目標である。次の（ア）～（キ）の記述のうち，SDGsの説明として正しいものの数はどれか。

（ア） SDGsは，開発途上国のための目標である。

（イ） SDGsの特徴は，普遍性，包摂性，参画型，統合性，透明性である。

（ウ） SDGsは，2030年を年限としている。

（エ） SDGsは，17の国際目標が決められている。

（オ） 日本におけるSDGsの取組は，大企業や業界団体に限られている。

（カ） SDGsでは，気候変動対策等，環境問題に特化して取組が行われている。

（キ） SDGsでは，モニタリング指標を定め，定期的にフォローアップし，評価・公表することを求めている。

① 0　② 1　③ 2　④ 3　⑤ 4

平成30年度

技術士第一次試験「基礎・適性科目」

Ⅰ　基礎科目

〔問題群〕　〔頁〕

Ⅰ．次の1群～5群の全ての問題群からそれぞれ3問題，計15問題を選び解答せよ。(解答欄に1つだけマークすること。)

（注）

①いずれかの問題群で４問題以上を解答した場合は「無効」となります。

②１問題について解答欄に２つ以上マークした問題は、採点の対象となりません。

●1群　設計・計画に関するもの（全6問題から3問題を選択解答）

Ⅰ 1-1

下図に示される左端から右端に情報を伝達するシステムの設計を考える。図中の数値及び記号X（X＞0）は，構成する各要素の信頼度を示す。また，要素が並列につながっている部分は，少なくともどちらか一方が正常であれば，その部分は正常に作動する。ここで，図中のように，同じ信頼度Xを持つ要素を配置することによって，システムA全体の信頼度とシステムB全体の信頼度が同等であるという。このとき，図中のシステムA全体の信頼度及びシステムB全体の信頼度として，最も近い値はどれか。

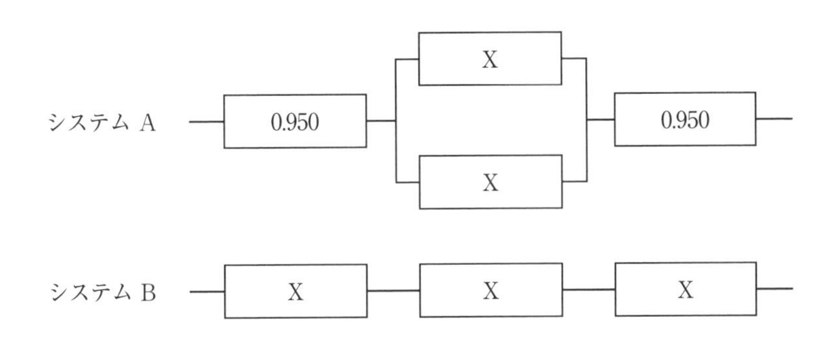

図　システム構成図と各要素の信頼度

① 0.835　② 0.857　③ 0.901　④ 0.945　⑤ 0.966

I 1-2

設計開発プロジェクトのアローダイアグラムが下図のように作成された。ただし，図中の矢印のうち，実線は要素作業を表し，実線に添えたpやa1などは要素作業名を意味し，同じく数値はその要素作業の作業日数を表す。また，破線はダミー作業を表し，○内の数字は状態番号を意味する。このとき，設計開発プロジェクトの遂行において，工期を遅れさせないために，特に重点的に進捗状況管理を行うべき要素作業群として，最も適切なものはどれか。

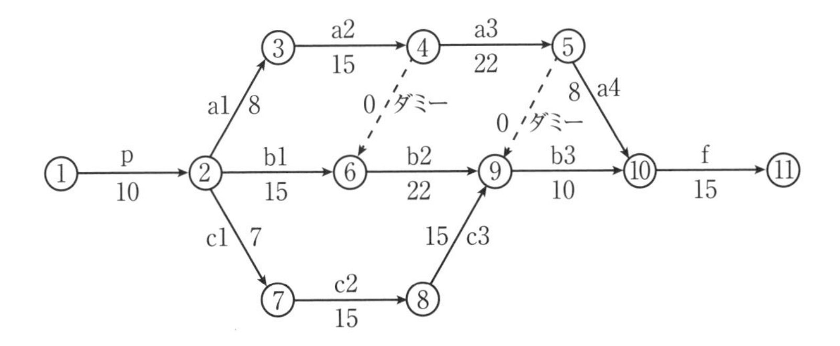

図　アローダイアグラム（arrow diagram：矢線図）

① (p, a1, a2, a3, b2, b3, f)
② (p, c1, c2, c3, b3, f)
③ (p, b1, b2, b3, f)
④ (p, a1, a2, b2, b3, f)
⑤ (p, a1, a2, a3, a4, f)

I 1-3

人に優しい設計に関する次の（ア）～（ウ）の記述について，それぞれの正誤の組合せとして，最も適切なものはどれか。

(ア) バリアフリーデザインとは，障害者，高齢者等の社会生活に焦点を当て，物理的な障壁のみを除去するデザインという考え方である。

(イ) ユニバーサルデザインとは，施設や製品等について新しい障壁が生じないよう，誰にとっても利用しやすく設計するという考え方である。

(ウ) 建築家ロン・メイスが提唱したバリアフリーデザインの7原則は次のとおりである。誰もが公平に利用できる，利用における自由度が高い，使い方が簡単で分かりやすい，情報が理解しやすい，ミスをしても安全である，身体的に省力で済む，近づいたり使用する際に適切な広さの空間がある。

	ア	イ	ウ
①	正	正	誤
②	誤	正	誤
③	誤	誤	正
④	正	誤	誤
⑤	正	正	正

I
1-4

ある工場で原料A，Bを用いて，製品1，2を生産し販売している。製品1，2は共通の製造ラインで生産されており，2つを同時に生産することはできない。下表に示すように製品1を1kg生産するために原料A，Bはそれぞれ2kg，1kg必要で，製品2を1kg生産するためには原料A，Bをそれぞれ1kg，3kg必要とする。また，製品1，2を1kgずつ生産するために，生産ラインを1時間ずつ稼働させる必要がある。原料A，Bの使用量，及び，生産ラインの稼働時間については，1日当たりの上限があり，それぞれ12kg，15kg，7時間である。製品1, 2の販売から得られる利益が, それぞれ300万円／kg，200万円／kgのとき，全体の利益が最大となるように製品1，2の生産量を決定したい。1日当たりの最大の利益として，最も適切な値はどれか。

表 製品の製造における原料の制約と生産ラインの稼働時間及び販売利益

	製品1	製品2	使用上限
原料A [kg]	2	1	12
原料B [kg]	1	3	15
ライン稼働時間[時間]	1	1	7
利益[万円/kg]	300	200	

① 1,980万円
② 1,900万円
③ 1,000万円
④ 1,800万円
⑤ 1,700万円

I 1-5

ある製品1台の製造工程において検査をX回実施すると，製品に不具合が発生する確率は，1／ $(X+2)^2$ になると推定されるものとする。1回の検査に要する費用が30万円であり，不具合の発生による損害が3,240万円と推定されるとすると，総費用を最小とする検査回数として，最も適切なものはどれか。

① 2回　② 3回　③ 4回　④ 5回　⑤ 6回

I 1-6

製造物責任法に関する次の記述の，［　］に入る語句の組合せとして，最も適切なものはどれか。

製造物責任法は，［ア］の［イ］により人の生命，身体又は財産に係る被害が生じた場合における製造業者等の損害賠償の責任について定めることにより，［ウ］の保護を図り，もって国民生活の安定向上と国民経済の健全な発展に寄与することを目的とする。
製造物責任法において［ア］とは，製造又は加工された動産をいう。
また，［イ］とは，当該製造物の特性，その通常予見される使用形態，その製造業者等が当該製造物を引き渡した時期その他の当該製造物に係る事情を考慮して，当該製造物が通常有すべき［エ］を欠いていることをいう。

	ア	イ	ウ	エ
①	製造物	故障	被害者	機能性
②	設計物	欠陥	製造者	安全性
③	設計物	破損	被害者	信頼性
④	製造物	欠陥	被害者	安全性
⑤	製造物	破損	製造者	機能性

●2群　情報・論理に関するもの（全6問題から3問題を選択解答）

I 2-1

情報セキュリティに関する次の記述のうち，最も不適切なものはどれか。

① 外部からの不正アクセスや，個人情報の漏えいを防ぐために，ファイアウォール機能を利用することが望ましい。
② インターネットにおいて個人情報をやりとりする際には，SSL／TLS通信のように，暗号化された通信であるかを確認して利用することが望ましい。
③ ネットワーク接続機能を備えたIoT機器で常時使用しないものは，ネットワーク経由でのサイバー攻撃を防ぐために，使用終了後に電源をオフにすることが望ましい。
④ 複数のサービスでパスワードが必要な場合には，パスワードを忘れないように，同じパスワードを利用することが望ましい。
⑤ 無線LANへの接続では，アクセスポイントは自動的に接続される場合があるので，意図しないアクセスポイントに接続されていないことを確認することが望ましい。

I 2-2

下図は，人や荷物を垂直に移動させる装置であるエレベータの挙動の一部に関する状態遷移図である。図のように，エレベータには，「停止中」，「上昇中」，「下降中」の3つの状態がある。利用者が所望する階を「目的階」とする。「現在階」には現在エレベータが存在している階数が設定される。エレベータの内部には，階数を表すボタンが複数個あるとする。「停止中」状態で，利用者が所望の階数のボタンを押下すると，エレベータは，「停止中」，「上昇中」，「下降中」のいずれかの状態になる。「上昇中」，「下降中」の状態は，「現在階」をそれぞれ1つずつ増加又は減少させる。最終的にエレベータは，「目的階」に到着する。ここでは，簡単のため，エレベータの扉の開閉の状態，扉の開閉のためのボタン押下の動作，エレベータが目的階へ「上昇中」又は「下降中」に別の階から呼び出される動作，エレベータの故障の状態など，ここで挙げた状態遷移以外は考えないこととする。図中の状態遷移の「現在階」と「目的階」の条件において，(a)，(b)，(c)，(d)，(e) に入る記述として，最も適切な組合せはどれか。

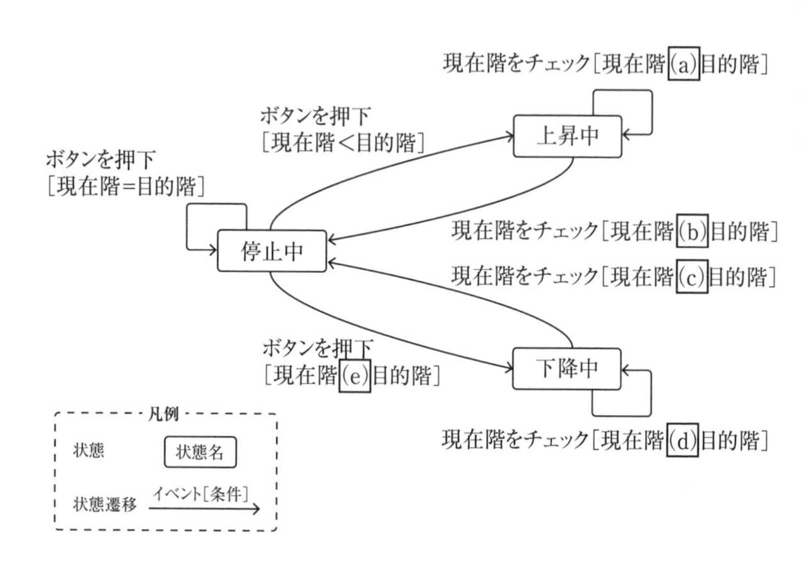

図　エレベータの状態遷移図

	a	b	c	d	e
①	=	=	=	=	=
②	=	>	<	=	=
③	<	=	=	>	>
④	=	<	>	=	=
⑤	>	=	=	<	>

I
2-3

補数表現に関する次の記述の，[　　　]に入る補数の組合せとして，最も適切なものはどれか。

一般に，k桁のn進数Xについて，Xのnの補数は$n^k - X$，Xのn－1の補数は$(n^k - 1) - X$をそれぞれn進数で表現したものとして定義する。よって，3桁の10進数で表現した956の（n＝）10の補数は，10^3から956を引いた$10^3 - 956 = 1000 - 956 = 44$である。さらに956の（n－1＝10－1＝）9の補数は，$10^3 - 1$から956を引いた$(10^3 - 1) - 956 = 1000 - 1 - 956 = 43$である。同様に，5桁の2進数$(01011)_2$の（n＝）2の補数は[ア]，（n－1＝2－1＝）1の補数は[イ]である。

	ア	イ
①	$(11011)_2$	$(10100)_2$
②	$(10101)_2$	$(11011)_2$
③	$(10101)_2$	$(10100)_2$
④	$(10100)_2$	$(10101)_2$
⑤	$(11011)_2$	$(11011)_2$

I
2-4

次の論理式と等価な論理式はどれか。

$$X = \overline{\overline{A} \cdot \overline{B} + A \cdot B}$$

ただし，論理式中の＋は論理和，・は論理積，$\overline{X}$はXの否定を表す。また，2変数の論理和の否定は各変数の否定の論理積に等しく，2変数の論理積の否定は各変数の否定の論理和に等しい。

① $X = (A + B) \cdot \overline{(A + B)}$
② $X = (A + B) \cdot (\overline{A} \cdot \overline{B})$
③ $X = (A \cdot B) \cdot (\overline{A} \cdot \overline{B})$
④ $X = (A \cdot B) \cdot \overline{(A \cdot B)}$
⑤ $X = (A + B) \cdot \overline{(A \cdot B)}$

I
2-5

数式を$a + b$のように，オペランド（演算の対象となるもの，ここでは1文字のアルファベットで表される文字のみを考える。）の間に演算子（ここでは+，－，×，÷の4つの2項演算子のみを考える。）を書く書き方を中間記法と呼ぶ。これを$ab+$のように，オペランドの後に演算子を置く書き方を後置記法若しくは逆ポーランド記法と呼ぶ。中間記法で，$(a + b) \times (c + d)$と書かれる式を下記の図のように数式を表す2分木で表現し，木の根（root）からその周囲を反時計回りに回る順路（下図では▲の方向）を考え，順路が節点の右側を上昇（下図では↑で表現）して通過するときの節点の並び$ab + cd + \times$はこの式の後置記法となっている。後置記法で書かれた式は，先の式のように「aとbを足し，cとdを足し，それらを掛ける」というように式の先頭から読むことによって意味が通じることが多いことや，かっこが不要なため，コンピュータの世界ではよく使われる。中間記法で$a \times b + c \div d$と書かれた式を後置記法に変換したとき，最も適切なものはどれか。

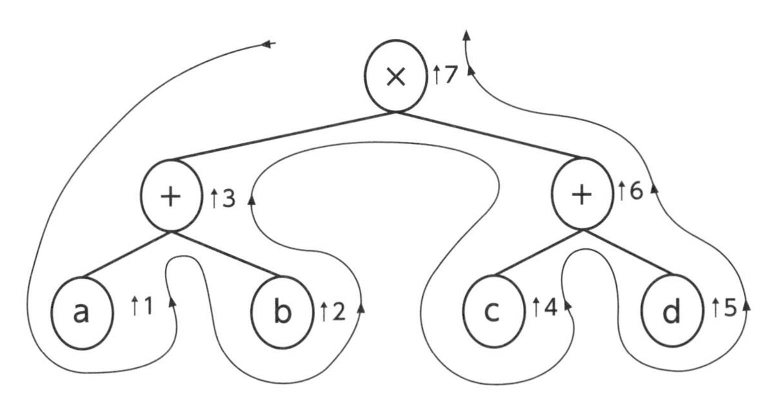

図　式$(a+b)\times(c+d)$の2分木と後置記法への変換

① $ab\times cd\div+$

② $ab\times c\div d+$

③ $abc\times\div d+$

④ $abc+d\div\times$

⑤ $abcd\times\div+$

I 2-6

900個の元をもつ全体集合Uに含まれる集合A, B, Cがある。集合A, B, C等の元の個数は次のとおりである。

Aの元300個

Bの元180個

Cの元128個

$A\cap B$の元60個

$A\cap C$の元43個

$B\cap C$の元26個

$A\cap B\cap C$の元9個

このとき，集合$\overline{A\cup B\cup C}$の元の個数はどれか。ただし，$\bar{X}$は集合Xの補集合とする。

① 385個　② 412個　③ 420個　④ 480個　⑤ 488個

I 3-1

一次関数$f(x)=ax+b$について定積分$\int_{-1}^{1} f(x)dx$ の計算式として，最も不適切なものはどれか。

① $\frac{1}{4}f(-1)+f(0)+\frac{1}{4}f(1)$

② $\frac{1}{2}f(-1)+f(0)+\frac{1}{2}f(1)$

③ $\frac{1}{3}f(-1)+\frac{4}{3}f(0)+\frac{1}{3}f(1)$

④ $f(-1)+f(1)$

⑤ $2f(0)$

I 3-2

$x-y$平面において$v=(u,v)=(-x^2+2xy,2xy-y^2)$のとき，$(x,y)=(1,2)$における$\mathrm{div}\ v=\frac{\partial u}{\partial x}+\frac{\partial v}{\partial y}$の値と$\mathrm{rot}\ v=\frac{\partial v}{\partial x}-\frac{\partial u}{\partial y}$の値の組合せとして，最も適切なものはどれか。

① $\mathrm{div}\ v=2$,　$\mathrm{rot}\ v=-4$

② $\mathrm{div}\ v=0$,　$\mathrm{rot}\ v=-2$

③ $\mathrm{div}\ v=-2$,　$\mathrm{rot}\ v=0$

④ $\mathrm{div}\ v=0$,　$\mathrm{rot}\ v=2$

⑤ $\mathrm{div}\ v=2$,　$\mathrm{rot}\ v=4$

I 3-3

行列$A = \begin{bmatrix} 1 & 0 & 0 \\ a & 1 & 0 \\ b & c & 1 \end{bmatrix}$の逆行列として，最も適切なものはどれか。

① $\begin{bmatrix} 1 & 0 & 0 \\ a & 1 & 0 \\ ac-b & c & 1 \end{bmatrix}$

② $\begin{bmatrix} 1 & 0 & 0 \\ -a & 1 & 0 \\ ac-b & -c & 1 \end{bmatrix}$

③ $\begin{bmatrix} 1 & 0 & 0 \\ 1-a & 1 & 0 \\ ac-b & 1-c & 1 \end{bmatrix}$

④ $\begin{bmatrix} 1 & 0 & 0 \\ -a & 1 & 0 \\ ac+b & -c & 1 \end{bmatrix}$

⑤ $\begin{bmatrix} 1 & 0 & 0 \\ a & 1 & 0 \\ ac+b & c & 1 \end{bmatrix}$

I 3-4

下図は，ニュートン・ラフソン法（ニュートン法）を用いて非線形方程式 $f(x)=0$ の近似解を得るためのフローチャートを示している。図中の（ア）及び（イ）に入れる処理の組合せとして，最も適切なものはどれか。

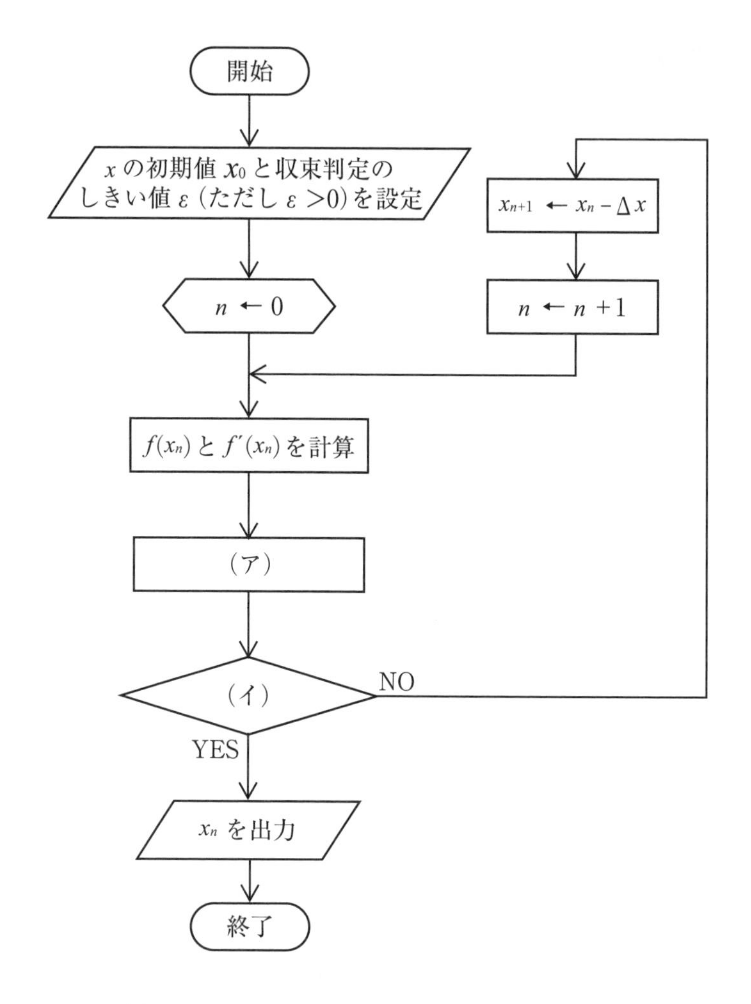

図　ニュートン・ラフソン法のフローチャート

	ア	イ
①	$\varDelta x \leftarrow f(x_n) \cdot f'(x_n)$	$\lvert\varDelta x\rvert < \varepsilon$
②	$\varDelta x \leftarrow f(x_n) / f'(x_n)$	$\lvert\varDelta x\rvert < \varepsilon$
③	$\varDelta x \leftarrow f'(x_n) / f(x_n)$	$\lvert\varDelta x\rvert < \varepsilon$
④	$\varDelta x \leftarrow f(x_n) \cdot f'(x_n)$	$\lvert\varDelta x\rvert > \varepsilon$
⑤	$\varDelta x \leftarrow f(x_n) / f'(x_n)$	$\lvert\varDelta x\rvert > \varepsilon$

I 3-5

下図に示すように，重力場中で質量mの質点がバネにつり下げられている系を考える。ここで，バネの上端は固定されており，バネ定数はk（>0），重力の加速度はg，質点の変位はuとする。次の記述のうち最も不適切なものはどれか。

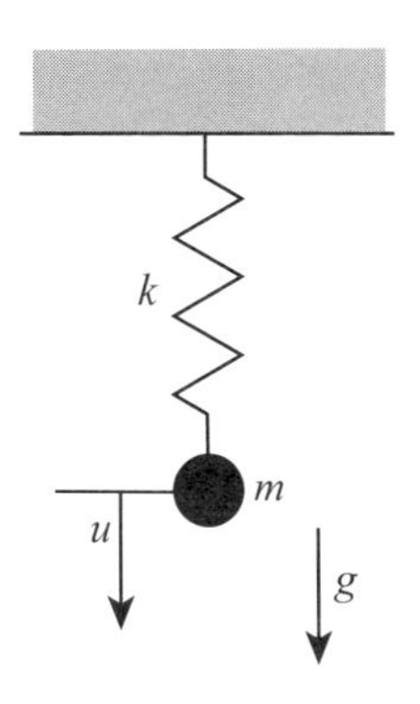

図　重力場中で質点がバネにつり下げられている系

① 質点に作用する力の釣合い方程式は，$ku=mg$と表すことができる。

② 全ポテンシャルエネルギー（＝内部ポテンシャルエネルギー＋外力のポテンシャルエネルギー）Π_Pは，$\Pi_P=\frac{1}{2}ku^2-mgu$と表すことができる。

③ 質点の釣合い位置において，全ポテンシャルエネルギーΠ_Pは最大となる。

④ 質点に作用する力の釣合い方程式は，全ポテンシャルエネルギーΠ_Pの停留条件，$\frac{d\Pi_P}{du}=0$から求めることができる。

⑤ 全ポテンシャルエネルギーΠ_Pの極値問題として静力学問題を取り扱うことが，有限要素法の固体力学解析の基礎となっている。

I 3-6

長さ2m，断面積100mm^{2}の弾性体からなる棒の上端を固定し，下端を4kNの力で下方に引っ張ったとき，この棒に生じる伸びの値はどれか。ただし，この弾性体のヤング率は200GPaとする。なお，自重による影響は考慮しないものとする。

① 0.004mm　② 0.04mm　③ 0.4mm　④ 4mm　⑤ 40mm

●4群　材料・化学・バイオに関するもの（全6問題から3問題を選択解答）

I 4-1

次に示した物質の物質量［mol］の中で，最も小さいものはどれか。ただし，（　）の中の数字は直前の物質の原子量，分子量又は式量である。

① 0℃，1.013×10^5［Pa］の標準状態で14［L］の窒素（28）
② 10％塩化ナトリウム水溶液200［g］に含まれている塩化ナトリウム（58.5）
③ 3.0×10^{23}個の水分子（18）
④ 64［g］の銅（63.6）を空気中で加熱したときに消費される酸素（32）
⑤ 4.0［g］のメタン（16）を完全燃焼した際に生成する二酸化炭素（44）

I 4-2

次の記述のうち，最も不適切なものはどれか。ただし，いずれも常温・常圧下であるものとする。

① 酢酸は弱酸であり，炭酸の酸性度はそれより弱く，フェノールは炭酸より弱酸である。
② 水酸化ナトリウム，水酸化カリウム，水酸化カルシウム，水酸化バリウムは水に溶けて強塩基性を示す。
③ 炭酸カルシウムに希塩酸を加えると，二酸化炭素を発生する。
④ 塩化アンモニウムと水酸化カルシウムの混合物を加熱すると，アンモニアを発生する。
⑤ 塩酸及び酢酸の0.1［mol／L］水溶液は同一のpHを示す。

I 4-3

金属材料の腐食に関する次の記述のうち，最も適切なものはどれか。

① 腐食とは，力学的作用によって表面が逐次減量する現象である。
② 腐食は，局所的に生じることはなく，全体で均一に生じる。
③ アルミニウムは表面に酸化物皮膜を形成することで不働態化する。
④ 耐食性のよいステンレス鋼は，鉄にニッケルを5%以上含有させた合金鋼と定義される。
⑤ 腐食の速度は，材料の使用環境温度には依存しない。

I 4-4

金属の変形や破壊に関する次の（A）～（D）の記述の［　　］に入る語句の組合せとして，最も適切なものはどれか。

（A）金属の塑性は，［ア］が存在するために原子の移動が比較的容易で，また，移動後も結合が切れないことによるものである。

（B）結晶粒径が［イ］なるほど，金属の降伏応力は大きくなる。

（C）多くの金属は室温下では変形が進むにつれて格子欠陥が増加し，［ウ］する。

（D）疲労破壊とは，［エ］によって引き起こされる破壊のことである。

	ア	イ	ウ	エ
①	自由電子	小さく	加工軟化	繰返し負荷
②	自由電子	小さく	加工硬化	繰返し負荷
③	自由電子	大きく	加工軟化	経年腐食
④	同位体	大きく	加工硬化	経年腐食
⑤	同位体	小さく	加工軟化	繰返し負荷

I 4-5

生物の元素組成は地球表面に存在する非生物の元素組成とは著しく異なっている。すなわち，地殻に存在する約100種類の元素のうち，生物を構成するのはごくわずかな元素である。細胞の化学組成に関する次の記述のうち，最も不適切なものはどれか。

① 水は細菌細胞の重量の約70%を占める。

② 細胞を構成する総原子数の99%を主要4元素（水素，酸素，窒素，炭素）が占める。

③ 生物を構成する元素の組成比はすべての生物でよく似ており，生物体中の総原子数の60%以上が水素原子である。

④ 細胞内の主な有機小分子は，糖，アミノ酸，脂肪酸，ヌクレオ

チドである。

⑤ 核酸は動物細胞を構成する有機化合物の中で最も重量比が大きい。

I 4-6

タンパク質の性質に関する次の記述のうち，最も適切なものはどれか。

① タンパク質は，20種類のαアミノ酸がペプチド結合という非共有結合によって結合した高分子である。
② タンパク質を構成するアミノ酸はほとんどがD体である。
③ タンパク質の一次構造は遺伝子によって決定される。
④ タンパク質の高次構造の維持には，アミノ酸の側鎖同士の静電的結合，水素結合，ジスルフィド結合などの非共有結合が重要である。
⑤ フェニルアラニン，ロイシン，バリン，トリプトファンなどの非極性アミノ酸の側鎖はタンパク質の表面に分布していることが多い。

●5群　環境･エネルギー･技術に関するもの(全6問題から3問題を選択解答)

I 5-1

「持続可能な開発目標（SDGs）」に関する次の記述のうち，最も不適切なものはどれか。

① 「ミレニアム開発目標（MDGs）」の課題を踏まえ，2015年9月に国連で採択された「持続可能な開発のための2030アジェンダ」の中核となるものである。
② 今後，経済発展が進む途上国を対象として持続可能な開発に関する目標を定めたものであり，環境，経済，社会の三側面統合の概念が明確に打ち出されている。

③ 17のゴールと各ゴールに設定された169のターゲットから構成されており，「ミレニアム開発目標（MDGs）」と比べると，水，持続可能な生産と消費，気候変動，海洋，生態系・森林など，環境問題に直接関係するゴールが増えている。

④ 目標達成のために，多種多様な関係主体が連携・協力する「マルチステークホルダー・パートナーシップ」を促進することが明記されている。

⑤ 日本では，内閣に「持続可能な開発目標（SDGs）推進本部」が設置され，2016年12月に「持続可能な開発目標（SDGs）実施指針」が決定されている。

I 5-2

事業者が行う環境に関連する活動に関する次の記述のうち，最も適切なものはどれか。

① グリーン購入とは，製品の原材料や事業活動に必要な資材を購入する際に，バイオマス（木材などの生物資源）から作られたものを優先的に購入することをいう。

② 環境報告書とは，大気汚染物質や水質汚濁物質を発生させる一定規模以上の装置の設置状況を，事業者が毎年地方自治体に届け出る報告書をいう。

③ 環境会計とは，事業活動における環境保全のためのコストやそれによって得られた効果を金額や物量で表す仕組みをいう。

④ 環境監査とは，事業活動において環境保全のために投資した経費が，税法上適切に処理されているかどうかについて，公認会計士が監査することをいう。

⑤ ライフサイクルアセスメントとは，企業の生産設備の周期的な更新の機会をとらえて，その設備の環境への影響の評価を行うことをいう。

I 5-3

石油情勢に関する次の記述の,［　］に入る数値又は語句の組合せとして,最も適切なものはどれか。

日本で消費されている原油はそのほとんどを輸入に頼っているが,財務省貿易統計によれば輸入原油の中東地域への依存度(数量ベース)は2017年で約［ア］%と高く,その大半は同地域における地政学的リスクが大きい［イ］海峡を経由して運ばれている。また,同年における最大の輸入相手国は［ウ］である。石油及び石油製品の輸入金額が,日本の総輸入金額に占める割合は,2017年には約［エ］%である。

	ア	イ	ウ	エ
①	67	マラッカ	クウェート	12
②	67	ホルムズ	サウジアラビア	32
③	87	ホルムズ	サウジアラビア	12
④	87	マラッカ	クウェート	32
⑤	87	ホルムズ	クウェート	12

I 5-4

我が国を対象とする,これからのエネルギー利用に関する次の記述のうち,最も不適切なものはどれか。

① 電力の利用効率を高めたり,需給バランスを取ったりして,電力を安定供給するための新しい電力送配電網のことをスマートグリッドという。スマートグリッドの構築は,再生可能エネルギーを大量導入するために不可欠なインフラの1つである。

② スマートコミュニティとは,ICT(情報通信技術)や蓄電池などの技術を活用したエネルギーマネジメントシステムを通じて,分散型エネルギーシステムにおけるエネルギー需給を総合的に管理・制御する社会システムのことである。

③ スマートハウスとは，省エネ家電や太陽光発電，燃料電池，蓄電池などのエネルギー機器を組合せて利用する家のことをいう。

④ スマートメーターは，家庭のエネルギー管理システムであり，家庭用蓄電池や次世代自動車といった「蓄電機器」と，太陽光発電，家庭用燃料電池などの「創エネルギー機器」の需給バランスを最適な状態に制御する。

⑤ スマートグリッド，スマートコミュニティ，スマートハウス，スマートメーターなどで用いられる「スマート」は「かしこい」の意である。

I 5-5

次の（ア）～（オ）の，社会に大きな影響を与えた科学技術の成果を，年代の古い順から並べたものとして，最も適切なものはどれか。

（ア） フリッツ・ハーバーによるアンモニアの工業的合成の基礎の確立
（イ） オットー・ハーンによる原子核分裂の発見
（ウ） アレクサンダー・グラハム・ベルによる電話の発明
（エ） ハインリッヒ・R・ヘルツによる電磁波の存在の実験的な確認
（オ） ジェームズ・ワットによる蒸気機関の改良

① ウ ― エ ― オ ― イ ― ア
② ウ ― オ ― ア ― エ ― イ
③ オ ― ウ ― エ ― ア ― イ
④ オ ― エ ― ウ ― イ ― ア
⑤ ア ― オ ― ウ ― エ ― イ

技術者を含むプロフェッション（専門職業）やプロフェッショナル（専門職業人）の倫理や責任に関する次の記述のうち，最も不適切なものはどれか。

① プロフェッショナルは自らの専門知識と業務にかかわる事柄について，一般人よりも高い基準を満たすよう期待されている。

② 倫理規範はプロフェッションによって異なる場合がある。

③ プロフェッショナルには，自らの能力を超える仕事を引き受けてはならないことが道徳的に義務付けられている。

④ プロフェッショナルの行動規範は変化する。

⑤ プロフェッショナルは，職務規定の中に規定がない事柄については責任を負わなくてよい。

Ⅱ　適性科目

Ⅱ　次の15問題を解答せよ。（解答欄に1つだけマークすること。）

Ⅱ-1

技術士法第4章に関する次の記述の，［　　］に入る語句の組合せとして，最も適切なものはどれか。

技術士法第4章　技術士等の義務

（信用失墜行為の［ア］）

第44条　技術士又は技術士補は，技術士若しくは技術士補の信用を傷つけ，又は技術士及び技術士補全体の不名誉となるような行為をしてはならない。

（技術士等の秘密保持［イ］）

第45条　技術士又は技術士補は，正当の理由がなく，その業務に関して知り得た秘密を漏らし，又は盗用してはならない。技術士又は技術士補でなくなった後においても，同様とする。

（技術士等の［ウ］確保の［エ］）

第45条の2　技術士又は技術士補は，その業務を行うに当たっては，公共の安全，環境の保全その他の［ウ］を害することのないよう努めなければならない。

（技術士の名称表示の場合の［イ］）

第46条　技術士は，その業務に関して技術士の名称を表示するときは，その登録を受けた技術部門を明示してするものとし，登録を受けていない技術部門を表示してはならない。

（技術士補の業務の［オ］等）

第47条　技術士補は，第2条第1項に規定する業務について技術士を補助する場合を除くほか，技術士補の名称を表示して当該業務を行ってはならない。

2　前条の規定は，技術士補がその補助する技術士の業務に関してする技術士補の名称の表示について準用する。
（技術士の資質向上の責務）
第47条の2　技術士は，常に，その業務に関して有する知識及び技能の水準を向上させ，その他その資質の向上を図るよう努めなければならない。

	ア	イ	ウ	エ	オ
①	制限	責務	利益	義務	制約
②	禁止	義務	公益	責務	制限
③	禁止	義務	利益	責務	制約
④	禁止	責務	利益	義務	制限
⑤	制限	責務	公益	義務	制約

Ⅱ-2　技術士及び技術士補は，技術士法第４章（技術士等の義務）の規定の遵守を求められている。次の（ア）～（オ）の記述について，第４章の規定に照らして適切でないものの数はどれか。

（ア） 業務遂行の過程で与えられる営業機密情報は，発注者の財産であり，技術士等はその守秘義務を負っているが，当該情報を基に独自に調査して得られた情報の財産権は，この限りではない。

（イ） 企業に属している技術士等は，顧客の利益と公衆の利益が相反した場合には，所属している企業の利益を最優先に考えるべきである。

（ウ） 技術士等の秘密保持義務は，所属する組織の業務についてであり，退職後においてまでその制約を受けるものではない。

（エ） 企業に属している技術士補は，顧客がその専門分野能力を認めた場合は，技術士補の名称を表示して主体的に業務を行ってよい。

（オ） 技術士は，その登録を受けた技術部門に関しては，充分な知識及び技能を有しているので，その登録部門以外に関する知識及び技能の水準を重点的に向上させるよう努めなければならない。

① 1　② 2　③ 3　④ 4　⑤ 5

Ⅱ-3

「技術士の資質向上の責務」は，技術士法第47条2に「技術士は，常に，その業務に関して有する知識及び技能の水準を向上させ，その他その資質の向上を図るよう努めなければならない。」と規定されているが，海外の技術者資格に比べて明確ではなかった。このため，資格を得た後の技術士の資質向上を図るためのCPD（Continuing Professional Development）は，法律で責務と位置づけられた。技術士制度の普及，啓発を図ることを目的とし，技術士法により明示された我が国で唯一の技術士による社団法人である公益社団法人日本技術士会が掲げる「技術士CPDガイドライン第3版（平成29年4月発行）」において，[　　]に入る語句の組合せとして，最も適切なものはどれか。

技術士CPDの基本

技術業務は，新たな知見や技術を取り入れ，常に高い水準とすべきである。また，継続的に技術能力を開発し，これが証明されることは，技術者の能力証明としても意義があることである。

[ア]は，技術士個人の[イ]としての業務に関して有する知識及び技術の水準を向上させ，資質の向上に資するものである。

従って，何が[ア]となるかは，個人の現在の能力レベルや置かれている[ウ]によって異なる。

[ア]の実施の[エ]については，自己の責任において，資質の向上に寄与したと判断できるものを[ア]の対象とし，その実施結果

を［エ］し，その証しとなるものを保存しておく必要がある。
（中略）
技術士が日頃従事している業務，教職や資格指導としての講義など，それ自体は［ア］とはいえない。しかし，業務に関連して実施した「［イ］としての能力の向上」に資する調査研究活動等は，［ア］活動であるといえる。

	ア	イ	ウ	エ
①	継続学習	技術者	環境	記録
②	継続学習	専門家	環境	記載
③	継続研鑽	専門家	立場	記録
④	継続学習	技術者	環境	記載
⑤	継続研鑽	専門家	立場	記載

Ⅱ-4 さまざまな工学系学協会が会員や学協会自身の倫理性向上を目指し，倫理綱領や倫理規程等を制定している。それらを踏まえた次の記述のうち，最も不適切なものはどれか。

① 技術者は，倫理綱領や倫理規程等に抵触する可能性がある場合，即時，無条件に情報を公開しなければならない。
② 技術者は，知識や技能の水準を向上させるとともに資質の向上を図るために，組織内のみならず，積極的に組織外の学協会などが主催する講習会などに参加するよう努めることが望ましい。
③ 技術者は，法や規制がない場合でも，公衆に対する危険を察知したならば，それに対応する責務がある。
④ 技術者は，自らが所属する組織において，倫理にかかわる問題を自由に話し合い，行動できる組織文化の醸成に努める。
⑤ 技術者に必要な資質能力には，専門的学識能力だけでなく，倫理的行動をとるために必要な能力も含まれる。

Ⅱ-5

次の記述は，日本のある工学系学会が制定した行動規範における，［前文］の一部である。[ ]に入る語句の組合せとして，最も適切なものはどれか。

会員は，専門家としての自覚と誇りをもって，主体的に[ア]可能な社会の構築に向けた取組みを行い，国際的な平和と協調を維持して次世代，未来世代の確固たる[イ]権を確保することに努力する。また，近現代の社会が幾多の苦難を経て獲得してきた基本的人権や，産業社会の公正なる発展の原動力となった知的財産権を擁護するため，その基本理念を理解するとともに，諸権利を明文化した法令を遵守する。
会員は，自らが所属する組織が追求する利益と，社会が享受する利益との調和を図るように努め，万一双方の利益が相反する場合には，何よりも人類と社会の[ウ]，[エ]および福祉を最優先する行動を選択するものとする。そして，広く国内外に眼を向け，学術の進歩と文化の継承，文明の発展に寄与し，[オ]な見解を持つ人々との交流を通じて，その責務を果たしていく。

	ア	イ	ウ	エ	オ
①	持続	生存	安全	健康	同様
②	持続	幸福	安定	安心	同様
③	進歩	幸福	安定	安心	同様
④	持続	生存	安全	健康	多様
⑤	進歩	幸福	安全	安心	多様

Ⅱ-6 ものづくりに携わる技術者にとって，知的財産を理解することは非常に大事なことである。知的財産の特徴の１つとして,「もの」とは異なり「財産的価値を有する情報」であることが挙げられる。情報は，容易に模倣されるという特質を持っており，しかも利用されることにより消費されるということがないため，多くの者が同時に利用することができる。こうしたことから知的財産権制度は，創作者の権利を保護するため，元来自由利用できる情報を，社会が必要とする限度で制限する制度ということができる。
次に示す（ア）～（ケ）のうち, 知的財産権に含まれないものの数はどれか。

（ア）特許権（「発明」を保護）
（イ）実用新案権（物品の形状等の考案を保護）
（ウ）意匠権（物品のデザインを保護）
（エ）著作権（文芸，学術，美術，音楽，プログラム等の精神的作品を保護）
（オ）回路配置利用権（半導体集積回路の回路配置の利用を保護）
（カ）育成者権（植物の新品種を保護）
（キ）営業秘密（ノウハウや顧客リストの盗用など不正競争行為を規制）
（ク）商標権（商品・サービスに使用するマークを保護）
（ケ）商号（商号を保護）

① 0　② 1　③ 2　④ 3　⑤ 4

Ⅱ-7

近年，企業の情報漏洩に関する問題が社会的現象となっており，営業秘密等の漏洩は企業にとって社会的な信用低下や顧客への損害賠償等，甚大な損失を被るリスクがある。営業秘密に関する次の（ア）～（エ）の記述について，正しいものは○，誤っているものは×として，最も適切な組合せはどれか。

（ア）営業秘密は現実に利用されていることに有用性があるため，利用されることによって，経費の節約，経営効率の改善等に役立つものであっても，現実に利用されていない情報は，営業秘密に該当しない。

（イ）営業秘密は公然と知られていない必要があるため，刊行物に記載された情報や特許として公開されたものは，営業秘密に該当しない。

（ウ）情報漏洩は，現職従業員や中途退職者，取引先，共同研究先等を経由した多数のルートがあり，近年，サイバー攻撃による漏洩も急増している。

（エ）営業秘密には，設計図や製法，製造ノウハウ，顧客名簿や販売マニュアルに加え，企業の脱税や有害物質の垂れ流しといった反社会的な情報も該当する。

	ア	イ	ウ	エ
①	○	○	○	×
②	×	○	×	×
③	○	○	×	○
④	×	×	○	○
⑤	×	○	○	×

Ⅱ-8

2004年，公益通報者を保護するために，公益通報者保護法が制定された。公益通報には，事業者内部に通報する内部通報と行政機関及び企業外部に通報する外部通報としての内部告発とがある。企業不祥事を告発することは，企業内のガバナンスを引き締め，消費者や社会全体の利益につながる側面を持っているが，同時に，企業の名誉・信用を失う行為として懲戒処分の対象となる側面も持っている。
公益通報者保護法に関する次の記述のうち，最も不適切なものはどれか。

① 公益通報者保護法が保護する公益通報は，不正の目的ではなく，労務提供先等について「通報対象事実」が生じ，又は生じようとする旨を，「通報先」に通報することである。
② 公益通報者保護法は，保護要件を満たして「公益通報」した通報者が，解雇その他の不利益な取扱を受けないようにする目的で制定された。
③ 公益通報者保護法が保護する対象は，公益通報した労働者で，労働者には公務員は含まれない。
④ 保護要件は，事業者内部（内部通報）に通報する場合に比較して，行政機関や事業者外部に通報する場合は，保護するための要件が厳しくなるなど，通報者が通報する通報先によって異なっている。
⑤ マスコミなどの外部に通報する場合は，通報対象事実が生じ，又は生じようとしていると信じるに足りる相当の理由があること，通報対象事実を通報することによって発生又は被害拡大が防止できることに加えて，事業者に公益通報したにもかかわらず期日内に当該通報対象事実について当該労務提供先等から調査を行う旨の通知がないこと，内部通報や行政機関への通報では危害発生や緊迫した危険を防ぐことができないなどの要件が求められる。

Ⅱ-9 製造物責任法は，製品の欠陥によって生命・身体又は財産に被害を被ったことを証明した場合に，被害者が製造会社などに対して損害賠償を求めることができることとした民事ルールである。製造物責任法に関する次の（ア）～（カ）の記述のうち，不適切なものの数はどれか。

（ア） 製造物責任法には，製品自体が有している特性上の欠陥のほかに，通常予見される使用形態での欠陥も含まれる。このため製品メーカーは，メーカーが意図した正常使用条件と予見可能な誤使用における安全性の確保が必要である。

（イ） 製造物責任法では，製造業者が引渡したときの科学又は技術に関する知見によっては，当該製造物に欠陥があることを認識できなかった場合でも製造物責任者として責任がある。

（ウ） 製造物の欠陥は，一般に製造業者や販売業者等の故意若しくは過失によって生じる。この法律が制定されたことによって，被害者はその故意若しくは過失を立証すれば，損害賠償を求めることができるようになり，被害者救済の道が広がった。

（エ） 製造物責任法では，テレビを使っていたところ，突然発火し，家屋に多大な損害が及んだ場合，製品の購入から10年を過ぎても，被害者は欠陥の存在を証明ができれば，製造業者等へ損害の賠償を求めることができる。

（オ） この法律は製造物に関するものであるから，製造業者がその責任を問われる。他の製造業者に製造を委託して自社の製品としている，いわゆるOEM製品とした業者も含まれる。しかし輸入業者は，この法律の対象外である。

（カ） この法律でいう「欠陥」というのは，当該製造物に関するいろいろな事情（判断要素）を総合的に考慮して，製造物が通常有すべき安全性を欠いていることをいう。このため安全性にかかわらないような品質上の不具合は，この法律の賠償責任の根拠とされる欠陥には当たらない。

① 2　② 3　③ 4　④ 5　⑤ 6

Ⅱ-10 2007年5月，消費者保護のために，身の回りの製品に関わる重大事故情報の報告・公表制度を設けるために改正された「消費生活用製品安全法（以下，消安法という。）」が施行された。さらに，2009年4月，経年劣化による重大事故を防ぐために，消安法の一部が改正された。消安法に関する次の（ア）～（エ）の記述について，正しいものは○，誤っているものは×として，最も適切な組合せはどれか。

（ア） 消安法は，重大製品事故が発生した場合に，事故情報を社会が共有することによって，再発を防ぐ目的で制定された。重大製品事故とは，死亡，火災，一酸化炭素中毒，後遺障害，治療に要する期間が30日以上の重傷病をさす。

（イ） 事故報告制度は，消安法以前は事業者の協力に基づく任意制度として実施されていた。消安法では製造・輸入事業者が，重大製品事故発生を知った日を含めて10日以内に内閣総理大臣（消費者庁長官）に報告しなければならない。

（ウ） 消費者庁は，報告受理後，一般消費者の生命や身体に重大な危害の発生及び拡大を防止するために，1週間以内に事故情報を公表する。この場合，ガス・石油機器は，製品欠陥によって生じた事故でないことが完全に明白な場合を除き，また，ガス・石油機器以外で製品起因が疑われる事故は，直ちに，事業者名，機種・型式名，事故内容等を記者発表及びウエブサイトで公表する。

（エ） 消安法で規定している「通常有すべき安全性」とは，合理的に予見可能な範囲の使用等における安全性で，絶対的な安全性をいうものではない。危険性・リスクをゼロにすることは不可能であるか著しく困難である。全ての商品に「危険性・リスク」ゼロを求めることは，新製品や役務の開発・供給を萎縮させたり，対価が高額となり，消費者の利便が損なわれることになる。

	ア	イ	ウ	エ
①	×	○	○	○
②	○	×	○	○
③	○	○	×	○
④	○	○	○	×
⑤	○	○	○	○

Ⅱ-11 労働安全衛生法における安全並びにリスクに関する次の記述のうち，最も不適切なものはどれか。

① リスクアセスメントは，事業者自らが職場にある危険性又は有害性を特定し，災害の重篤度（危害のひどさ）と災害の発生確率に基づいて，リスクの大きさを見積もり，受け入れ可否を評価することである。

② 事業者は，職場における労働災害発生の芽を事前に摘み取るために，設備，原材料等や作業行動等に起因するリスクアセスメントを行い，その結果に基づいて，必要な措置を実施するように努めなければならない。なお，化学物質に関しては，リスクアセスメントの実施が義務化されている.

③ リスク低減措置は，リスク低減効果の高い措置を優先的に実施することが必要で，次の順序で実施することが規定されている.

(1) 危険な作業の廃止・変更等，設計や計画の段階からリスク低減対策を講じること

(2) インターロック，局所排気装置等の設置等の工学的対策

(3) 個人用保護具の使用

(4) マニュアルの整備等の管理的対策

④ リスク評価の考え方として,「ALARPの原則」がある。ALARPは,合理的に実行可能なリスク低減措置を講じてリスクを低減することで,リスク低減措置を講じることによって得られるメリットに比較して,リスク低減費用が著しく大きく合理性を欠く場合はそれ以上の低減対策を講じなくてもよいという考え方である。

⑤ リスクアセスメントの実施時期は,労働安全衛生法で次のように規定されている。

(1) 建築物を設置し,移転し,変更し,又は解体するとき
(2) 設備,原材料等を新規に採用し,又は変更するとき
(3) 作業方法又は作業手順を新規に採用し,又は変更するとき
(4) その他危険性又は有害性等について変化が生じ,又は生じるおそれがあるとき

Ⅱ-12

我が国では人口減少社会の到来や少子化の進展を踏まえ,次世代の労働力を確保するために,仕事と育児・介護の両立や多様な働き方の実現が急務となっている。
この仕事と生活の調和(ワーク・ライフ・バランス)の実現に向けて,職場で実践すべき次の(ア)~(コ)の記述のうち,不適切なものの数はどれか。

(ア) 会議の目的やゴールを明確にする。参加メンバーや開催時間を見直す。必ず結論を出す。

(イ) 事前に社内資料の作成基準を明確にして,必要以上の資料の作成を抑制する。

(ウ) キャビネットやデスクの整理整頓を行い,書類を探すための時間を削減する。

(エ)「人に仕事がつく」スタイルを改め,業務を可能な限り標準化,マニュアル化する。

(オ) 上司は部下の仕事と労働時間を把握し，部下も仕事の進捗報告をしっかり行う。

(カ) 業務の流れを分析した上で，業務分担の適正化を図る。

(キ) 周りの人が担当している業務を知り，業務負荷が高いときに助け合える環境をつくる。

(ク) 時間管理ツールを用いてスケジュールの共有を図り，お互いの業務効率化に協力する。

(ケ) 自分の業務や職場内での議論，コミュニケーションに集中できる時間をつくる。

(コ) 研修などを開催して，効率的な仕事の進め方を共有する。

① 0　② 1　③ 2　④ 3　⑤ 4

Ⅱ-13

環境保全に関する次の記述について，正しいものは○，誤っているものは×として，最も適切な組合せはどれか。

(ア) カーボン・オフセットとは，日常生活や経済活動において避けることができないCO_2等の温室効果ガスの排出について，まずできるだけ排出量が減るよう削減努力を行い，どうしても排出される温室効果ガスについて，排出量に見合った温室効果ガスの削減活動に投資すること等により，排出される温室効果ガスを埋め合わせるという考え方である。

(イ) 持続可能な開発とは，「環境と開発に関する世界委員会」（委員長：ブルントラント・ノルウェー首相（当時））が1987年に公表した報告書「Our Common Future」の中心的な考え方として取り上げた概念で，「将来の世代の欲求を満たしつつ，現在の世代の欲求も満足させるような開発」のことである。

(ウ) ゼロエミッション（Zero emission）とは，産業により排出される様々な廃棄物・副産物について，他の産業の資源などとして再活用することにより社会全体として廃棄物をゼロにしようとする考え方に基づいた，自然界に対する排出ゼロとなる社会システムのことである。

(エ) 生物濃縮とは，生物が外界から取り込んだ物質を環境中におけるよりも高い濃度に生体内に蓄積する現象のことである。特に生物が生活にそれほど必要でない元素・物質の濃縮は，生態学的にみて異常であり，環境問題となる。

	ア	イ	ウ	エ
①	×	○	○	○
②	○	×	○	○
③	○	○	×	○
④	○	○	○	×
⑤	○	○	○	○

Ⅱ-14

多くの事故の背景には技術者等の判断が関わっている。技術者として事故等の背景を知っておくことは重要である。事故後，技術者等の責任が刑事裁判でどのように問われたかについて，次に示す事例のうち，実際の判決と異なるものはどれか。

① 2006年，シンドラー社製のエレベーター事故が起き，男子高校生がエレベーターに挟まれて死亡した。この事故はメンテナンスの不備に起因している。裁判では，シンドラー社元社員の刑事責任はなしとされた。

② 2005年，JR福知山線の脱線事故があった。事故は電車が半径304mのカーブに制限速度を超えるスピードで進入したために起きた。直接原因は運転手のブレーキ使用が遅れたことであるが，当該箇所に自動列車停止装置（ATS）が設置されていれば事故にはならなかったと考えられる。この事故では，JR西日本

の歴代3社長は刑事責任を問われ有罪となった。

③ 2004年，六本木ヒルズの自動回転ドアに6歳の男の子が頭を挟まれて死亡した。製造メーカーの営業開発部長は，顧客要求に沿って設計した自動回転ドアのリスクを十分に顧客に開示していないとして，森ビル関係者より刑事責任が重いとされた。

④ 2000年，大阪で低脂肪乳を飲んだ集団食中毒事件が起き，被害者は1万3000人を超えた。事故原因は，停電事故が起きた際に，脱脂粉乳の原料となる生乳をプラント中に高温のまま放置し，その間に黄色ブドウ球菌が増殖しエンテロトキシンAに汚染された脱脂粉乳を製造したためとされている。この事故では，工場関係者の刑事責任が問われ有罪となった。

⑤ 2012年，中央自動車道笹子トンネルの天井板崩落事故が起き，9名が死亡した。事故前の点検で設備の劣化を見抜けなかったことについて，「中日本高速道路」と保守点検を行っていた会社の社長らの刑事責任が問われたが，「天井板の構造や点検結果を認識しておらず，事故を予見できなかった」として刑事責任はなしとされた。

Ⅱ―14の問題は、選択肢のそれぞれの事例に関して、刑事裁判における判決内容を問うものであり、選択肢⑤の事例は不起訴処分とされ刑事裁判にあたらない事案であるとともに、試験日現在検察審査会に審査の申し立てがなされていることから、不適格な選択肢であったため不適切な出題と判断しました。

Ⅱ-15 近年，さまざまな倫理促進の取組が，行為者の萎縮に繋がっているとの懸念から，行為者を鼓舞し，動機付けるような倫理の取組が求められている。このような動きについて書かれた次の文章において，[　　]に入る語句の組合せのうち，最も適切なものはどれか。

国家公務員倫理規程は，国家公務員が，許認可等の相手方，補助金等の交付を受ける者など，国家公務員が[ア]から金銭・物品の贈与や接待を受けたりすることなどを禁止しているほか，割り勘の場合でも[ア]と共にゴルフや旅行などを行うことを禁止しています。
しかし，このように倫理規程では公務員としてやってはいけないことを述べていますが，人事院の公務員倫理指導の手引では，倫理規程で示している倫理を「[イ]の公務員倫理」とし，「[ウ]の公務員倫理」として，「公務員としてやった方が望ましいこと」や「公務員として求められる姿勢や心構え」を求めています。
技術者倫理においても，同じような分類があり，狭義の公務員倫理として述べられているような，「～するな」という服務規律を典型とする倫理を「[エ]倫理（消極的倫理)」，広義の公務員倫理として述べられている「したほうがよいことをする」を[オ]倫理（積極的倫理）と分けて述べることがあります。技術者が倫理的であるためには，この2つの側面を認識し，行動することが必要です。

	ア	イ	ウ	エ	オ
①	利害関係者	狭義	広義	規律	自律
②	知人	狭義	広義	予防	自律
③	知人	広義	狭義	規律	志向
④	利害関係者	狭義	広義	予防	志向
⑤	利害関係者	広義	狭義	予防	自律

令和6年度
【予想問題】
技術士第一次試験「基礎・適性科目」

Ⅰ　基礎科目

Ⅰ．次の１群～５群の全ての問題群からそれぞれ３問題、計１５問題を選び解答せよ。

（注）
①いずれかの問題群で４問題以上を解答した場合は「無効」となります。
②１問題について解答欄に２つ以上マークした問題は、採点の対象となりません。

●1群　設計・計画に関するもの（全6問題から3問題を選択解答）

Ⅰ 1-1

M社は15万円の費用で古い機械を修繕するか、新しい機械を購入するかの選択を迫られている。修繕される古い機械は、修繕後5年間で耐用年数を超える。この古い機械の現在の残存価格は5万円であり、新規購入の場合は古い機械を5万円で下取りしてもらえる。また毎年の維持管理費は1万円である。古い機械を修繕するか、あるいはA～Dの新しい機械を購入するかで、最も経済的な方法はどれか。なお、比較検討は減債基金償却法で行い、利子率は6%とする。また、耐用年数を超えた機械の残存価格は0円とする。

〔減債基金法による年費分析〕

	代金	耐用年数	維持管理費
A	45万円	15	5千円
B	50万円	20	5千円
C	55万円	20	3千円
D	60万円	30	5千円

$$[年費] = Pi + (P - L) \cdot \frac{1}{S_{n,i}} + C$$

ここで、P：投資額　i：利子率

L：n年後の残存価格　C：毎年の維持費

$\frac{1}{S_{n,i}}$は減債基金係数で、$\frac{1}{S_{n,i}} = \frac{i}{(1+i)^n - 1}$で表される。

なお、計算は以下に示す値を用いてよい。

$\frac{1}{S_{5,0.06}} = 0.1774$、$\frac{1}{S_{15,0.06}} = 0.0430$、$\frac{1}{S_{20,0.06}} = 0.0272$、$\frac{1}{S_{30,0.06}} = 0.0126$

① 古い機械を修繕する　② Aを購入する　③ Bを購入する
④ Cを購入する　⑤ Dを購入する

I 1-2

旬の食材を原産地から消費地まで輸送することを計画する。この輸送に要する時間（輸送時間）がx時間のとき、輸送費は輸送時間に反比例し、a万円（式A参照）、一方、輸送時間の増加による旬の食材の商品価値の低下額はb万円（式B参照）とする。輸送にかかる総費用（輸送費と商品価値の低下額の合計）を最小にするには輸送時間を何時間に設定したらよいか、正しいものを①～⑤の中から選べ。

式A：$a = \frac{50}{x}$　　式B：$b = 200\left(1 - \frac{1}{x+2}\right)$

① 0.5時間　② 1.0時間　③ 1.5時間　④ 2.0時間　⑤ 2.5時間

I 1-3

ユニバーサルデザインに関する次の記述の、[　　]に入る語句の組合せとして、最も適切なものはどれか。

ユニバーサルデザインは、ロナルド・メイスにより提唱され、特別な改造や特殊な設計をせずに、すべての人が、可能な限り最大限まで利用できるように配慮された製品や環境の設計をいう。ユニバーサルデザインの7つの原則は、(1) 公平な利用、(2) 利用における[ア]、(3) 単純で[イ]な利用、(4) 認知できる情報、(5) [ウ]に対する寛大さ、(6) 少ない[エ]な努力、(7) 接近や利用のためのサイズと空間、である。

	ア	イ	ウ	エ
①	柔軟性	論理的	失敗	継続的
②	限定性	論理的	失敗	継続的
③	柔軟性	論理的	欠陥	身体的
④	限定性	直観的	欠陥	継続的
⑤	柔軟性	直観的	失敗	身体的

I 1-4

凸部と凹部（例えば、軸と穴）が組み合う場合、組み合う部分の幅寸法の分布が次式で表される正規分布に近似できる。

凸部の幅（例えば、軸の外径）: $N(\mu_1,\ \sigma_1^2)$

凹部の幅（例えば、穴の内径）: $N(\mu_2,\ \sigma_2^2)$

ここで、μ_iは平均値、σ_iは標準偏差である。($i = 1$、2)

この2つの部品を組み合わせた場合に生じるすき間寸法の分布の平均と標準偏差を表すものを選べ。ただし、すき間がある場合は、すき間寸法は正であるとする。

① $(\mu,\ \sigma) = \left(\dfrac{\mu_1+\mu_2}{2},\ \dfrac{\sigma_1^2+\sigma_2^2}{2}\right)$　② $(\mu,\ \sigma) = \left((\mu_1+\mu_2),\ \sqrt{\sigma_1^2+\sigma_2^2}\right)$

③ $(\mu, \sigma) = \left(\frac{\mu_1}{\mu_2}, \frac{\sigma_1}{\sigma_2}\right)$　　④ $(\mu, \sigma) = \left((\mu_2 - \mu_1), (\sigma_1^2 + \sigma_2^2)\right)$

⑤ $(\mu, \sigma) = \left((\mu_2 - \mu_1), \sqrt{\sigma_1^2 + \sigma_2^2}\right)$

I 1-5

下図に示すフォールトツリーにおいて、同様の条件の対策を講じることにより、基本事象A～Dの発生確率（各基本事象の右下の数字）を、それぞれ現在の1/10に下げられるとする。次①～⑤の中で、頂上事象の発生確率を効果的に下げる対策の順に並んでいるものはどれか、選び答えよ。

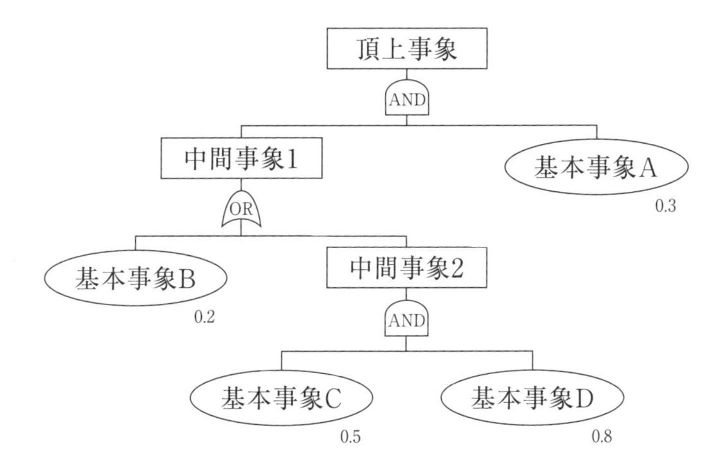

フォールトツリーにおけるAND記号は、その下につながる事象が同時に発生した場合に当該事象が起こることを示し、下の事象の確率の掛け算となる。OR記号は、その下につながる事象のどれか1つでも発生した場合に当該事象が起こることを示し、事象の確率の和から、同時に各事象が発生する場合の発生確率を減じて計算する。

① Aへの対策効果　＞　Bへの対策効果　＞　Dへの対策効果
② Aへの対策効果　＞　Cへの対策効果　＞　Bへの対策効果

③　Bへの対策効果　＞　Aへの対策効果　＞　Dへの対策効果
④　Bへの対策効果　＞　Cへの対策効果　＞　Aへの対策効果
⑤　Dへの対策効果　＞　Aへの対策効果　＞　Bへの対策効果

I 1-6

検査に関する次の記述で、もっとも適切なものを選択せよ。

①　検査で不合格となった製品や建造物でも、その後、何らかの追加措置や部分的な手直しをもって性能を確保できる場合もあるので、不合格品を直ちに廃棄するのは得策ではない。
②　最終成果物が設計で目標とした性能を満たしているか否か調べるには、数値でもって計測すること以外に検査の方法はない。
③　製造施工の途中のプロセスでいくつかの検査を実施しても、一般に、最終製品の不合格率を低下させることには寄与しない。
④　検査は極めて重要なので、常に部品や部材の全数検査をしなければならない。
⑤　検査を行う主体は、すべて製造や建設に直接関与しない第三者（機関）でなければならない。

●2群　情報・論理に関するもの（全6問題から3問題を選択解答）

I 2-1

下記の条件を持つ作業AからGの工事において、ネットワーク工程表の考え方を用いて、最短となる工事所要日数を次の中から選び答えよ。ただし（　）内は各作業の作業日数である。

（条件）
作業A（4日）、B（5日）、C（6日）は最初の作業で同時に着工できる。
作業D（5日）は、A、Bが完了後着工できる。
作業E（3日）は、Bが完了後着工できる。

作業F（9日）は、Eが完了後着工できる。
作業G（4日）は、D、Fが完了後着工できる。

① 20日　② 21日　③ 22日　④ 23日　⑤ 24日

I 2-2

ある建設コンサルタントで、資格の有無を調べたところ、一級土木施工管理技士は 50 人、地質調査技士は 42 人、技術士補は 30 人であった。また、地質調査技士の中に、技術士補が 9 人、一級土木施工管理技士が 11 人いて、技術士補の中に一級土木施工管理技士が 5 人いた。また、これらすべての資格を持っている者は 3 人であった。いずれか一つ以上の資格を取得している社員は何人か。

① 97　② 100　③ 103　④ 106　⑤ 122

I 2-3

主記憶のアクセス時間60ナノ秒、キャッシュメモリのアクセス時間10ナノ秒のシステムがある。キャッシュメモリを介して主記憶にアクセスする場合の実効アクセス時間が15ナノ秒であるとき、キャッシュメモリのヒット率はいくらか。

① 0.10　② 0.17　③ 0.27　④ 0.83　⑤ 0.90

I 2-4

不規則に配列されている多数のデータの中から、特定のデータを探し出すのに適切なアルゴリズムはどれか。

① 二分探索法　② 線形探索法　③ ハッシュ法
④ モンテカルロ法　⑤ ダイクストラ法

I 2-5

次に示すアルゴリズムを実行した結果、表示される値はいくらか。

●アルゴリズム

整数変数xの値を70とする；整数変数yを50とする；

xをyで割り算し、あまりを整数変数rに代入する；

$r = 0$の条件が成立しない時は、以下の手順を繰り返す；（下の注を参照のこと）

{・yをxに代入する；

・rをyに代入する；

・xをyで割り算し、余りを整数変数rに代入する；}

yの値を表示する；

注）まず、$r = 0$の条件が成立するか調べ、成立しなければ{ }内の命令文を実行し、その後$r = 0$の条件が成立するかどうかを調べる。成立しなければ{ }内の命令文を実行する。これを繰り返し、条件が成立したら繰り返しを終了して、次の表示命令文を実行する。

① 0　② 5　③ 10　④ 20　⑤ 50

I 2-6

コンピュータウイルスとは第三者のプログラムやデータベースに対して意図的に何らかの被害を及ぼすように作られたプログラムである。以下の（ア）～（オ）の記述のうちコンピュータウイルスの定義にないものはどれか。

（ア）自己伝染機能

自らの機能によって他のプログラムに自らをコピーし又はシステム機能を利用して自らを他のシステムにコピーすることにより、他のシステムに伝染する。

（イ）潜伏機能

発病するための特定時刻、一定時間、処理回数等の条件を記憶させて、条件が満たされるまで症状を出さない。

(ウ) 発病機能

プログラムやデータ等のファイルの破壊を行ったり、コンピュータに異常な動作をさせる。

(エ) マクロ機能

ワープロソフトや表計算ソフトなどで、特定の操作手順をプログラムとして記述して自動化する機能。

(オ) 増殖機能

自動的に自分自身のコピーを拡散させるものやネットワークを利用して次々に感染していく機能。

① アとウ　② イとエ　③ ウとオ

④ アとエ　⑤ エとオ

●3群　解析に関するもの（全6問題から3問題を選択解答）

I 3-1

ベクトル場 $A=(A_x,A_y,A_z)$ での回転（rotation）、$rotA$ は

$$rotA=\left(\frac{\partial A_z}{\partial y}-\frac{\partial A_y}{\partial z},\frac{\partial A_x}{\partial z}-\frac{\partial A_z}{\partial x},\frac{\partial A_y}{\partial x}-\frac{\partial A_x}{\partial y}\right)$$ で表される。

ベクトル場 $A(x,y,z)=(xyz\ ,\ x^2y\ ,\ 15z)$ の回転は次のうちどれか。

①$(0,\ xy,\ 2xy-xz)$　②$(15-x^2,\ yz-15,\ yz)$

③$(xz-zy,\ -2xy,\ 0)$　④$(15,\ xy-15,\ 2xy-xz)$

⑤$(yz,\ x^2,\ 15)$

I

3-2

質量m、糸の長さLの単振り子の固有角振動数ωと固有振動数 f の組合せとして、正しいものはどれか。ただし、重力加速度はgとする。

	固有角振動数 ω	固有振動数 f
①	$\dfrac{1}{2\pi}\sqrt{\dfrac{g}{L}}$	$\sqrt{\dfrac{g}{L}}$
②	$\sqrt{\dfrac{g}{L}}$	$\dfrac{1}{2\pi}\sqrt{\dfrac{g}{L}}$
③	$\dfrac{1}{\pi}\sqrt{\dfrac{mg}{L}}$	$\sqrt{\dfrac{mg}{L}}$
④	$\sqrt{\dfrac{mg}{L}}$	$\dfrac{1}{2\pi}\sqrt{\dfrac{mg}{L}}$
⑤	$\dfrac{1}{2\pi}\sqrt{\dfrac{mg}{L}}$	$\sqrt{\dfrac{mg}{L}}$

L：糸の長さ（m）

θ

m：質量（kg）

I

3-3

下図に示すような質量のない2つのバネからなる系を考える。ここに、上端は固定されており、u_1 と u_2 はそれぞれ点A、Bにおける変位、f は点Bに働く外力、k_1 と k_2 はバネ定数を示す。この系の全ポテンシャルエネルギー（＝内部ポテンシャルエネルギー＋外力のポテンシャルエネルギー）として正しいものを選べ。

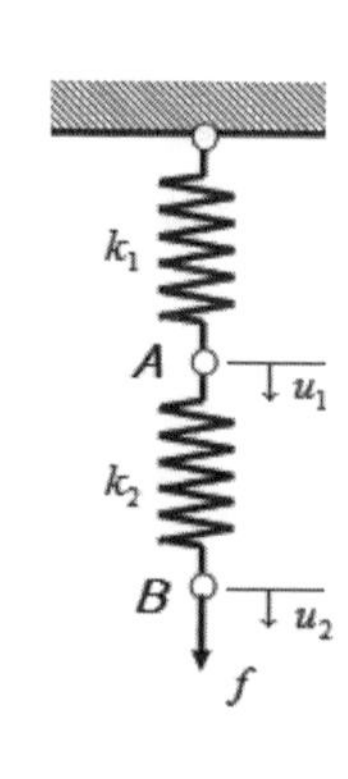

① $k_1u_1+k_2u_2-fu_2$

② $k_1u_1+k_2(u_2-u_1)-fu_2$

③ $\frac{1}{2}k_1u_1^2+\frac{1}{2}k_2(u_2+u_1)^2-fu_2$

④ $\frac{1}{2}k_1u_1^2+\frac{1}{2}k_2(u_2-u_1)^2-fu_2$

⑤ $\frac{1}{2}k_1u_1^2+\frac{1}{2}k_2(u_2^2-u_1^2)-fu_2$

I
3-4

流れ場の中に dx, dy, dz を各辺の長さとする下図のような微小直方体を考える。単位時間にこの直方体に流入する質量から、直方体より流出する質量を差し引いたものが、この直方体内の質量の時間変化である。考えている流体中に沸き出し(source)も吸い込み(sink)もないものとし、

流体速度を $v = v(x, y, z) = (u, v, w)$

密度を $\rho = \rho(x, y, z)$

とするとき、この時間変化に関する方程式として正しいものを次の中から選べ。

① $\dfrac{\partial^2 u}{\partial x^2} + \dfrac{\partial^2 v}{\partial y^2} + \dfrac{\partial^2 w}{\partial z^2} = 0$

② $\dfrac{\partial \rho}{\partial t} + \dfrac{\partial(\rho u)}{\partial x} + \dfrac{\partial(\rho v)}{\partial y} + \dfrac{\partial(\rho w)}{\partial z} = 0$

③ $\dfrac{\partial \rho}{\partial t} + \dfrac{\partial^2(\rho u)}{\partial x^2} + \dfrac{\partial^2(\rho v)}{\partial y^2} + \dfrac{\partial^2(\rho w)}{\partial z^2} = 0$

④ $\dfrac{\partial^2 \rho}{\partial t^2} + \dfrac{\partial u}{\partial x} \times \dfrac{\partial v}{\partial y} \times \dfrac{\partial w}{\partial z} = 0$

⑤ $\dfrac{\partial \rho}{\partial t} = \dfrac{\partial(\rho u)}{\partial x} + \dfrac{\partial(\rho v)}{\partial y} + \dfrac{\partial(\rho w)}{\partial z}$

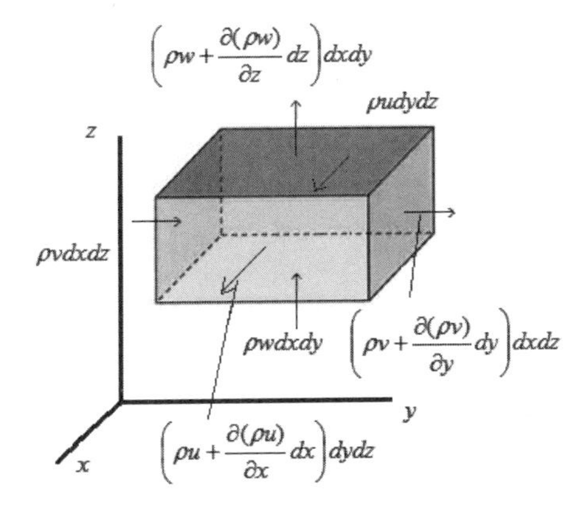

I 3-5

関数の極限と連続について述べた次の記述のうち誤っているものはどれか。

① $f(x)$ が、$x=a$ で微分可能であれば、$f(x)$ は $x=a$ で連続である。

② $f(x)$ 及び $g(x)$ が、ともに $x=a$ で連続の時、$f(x)+g(x)$ は $x=a$ で連続であるが、$f(x)-g(x)$ は必ずしも $x=a$ で連続とは限らない。

③ $\lim_{x \to a}\{f(x)\}=l$ 、$\lim_{x \to a}\{g(x)\}=m$ ならば $\lim_{x \to a}\{f(x)\pm g(x)\}=l\pm m$ である。

④ 二つの連続な関数 $y=f(u)$ 、$u=g(x)$ の合成関数 $y=f(g(x))$ は、x の連続関数である。

⑤ 関数 $f(x)$ が、閉区間〔a 、b〕において、連続で、$f(a)<f(b)$ であるとすれば、$f(a)<k<f(b)$ である任意の数 k に対して $f(\xi)=k$ を満たす ξ が閉区間〔a 、b〕に少なくとも一つは存在する。

I 3-6

数値解析の誤差に関する次の記述のうち、最も不適切なものを選べ。

① 桁数の長い数を決められた桁数の数で近似する操作を、「丸め」というが、計算には、そのために生ずる誤差、すなわち丸め誤差がつきものであり、決定的な段階での丸め誤差が、結果に大きく影響する場合がある。

② テイラー級数展開に基づき微分方程式を差分方程式に置き換えるときの近似誤差は、格子幅を狭くすればするほど、小さくなる。

③ 誤差は、誤差＝（測定値）－（真の値） で求められるが、真の値は、絶対に知ることが不可能な値なので、個々の測定値に対する誤差も絶対に知ることができない値である。

④ 非線形現象を線形方程式系で近似しても、線形方程式の数値計算法が数学的に厳密であれば、得られる結果には数値誤差はない

とみなせる。

⑤　打切り誤差は、正確に行うためには無限のステップが必要な計算を、有限回のステップで行うために起こるものである。

●4群　材料・化学・バイオに関するもの（全6問題から3問題を選択解答）

I 4-1

原子の性質に関する次の記述のうち、最も不適切なものを選べ。

①　中性の単独原子から最外殻電子1個を十分遠方にまで離すのに必要なエネルギーをイオン化エネルギーと呼ぶが、金属元素は一般に小さなイオン化エネルギーを持つ。

②　原子が電子1個を取り込む場合に放出されるエネルギーを電子親和力というが、ハロゲン元素は大きな電子親和力を持つ。

③　結合している原子が電子を引きつける能力を原子の電気陰性度と呼ぶ。マリケンの算出方法ではこれをイオン化エネルギーと電子親和力の算術平均で表す。

④　2原子間の電気陰性度の差が大きいほど結合のイオン性は強まり、差が小さくなるほど共有結合性が強まる。

⑤　典型元素の電気陰性度は、一般に同じ周期の元素については原子番号の増加に伴って小さくなり、同族の元素では原子番号の増加につれて大きくなる。

I 4-2

次の平衡反応 $N_2 + 3H_2 \Leftrightarrow 2NH_3$ はアンモニアの生成に関して92kJの発熱反応である。次の記述のうち、最も不適切なものはどれか。

①　圧力が一定ならば、温度を下げると、平衡は右に進む。

②　温度が一定ならば、圧力を上げると、平衡は右に進む。

③　アンモニアを速く合成するには、結局、圧力を上げ、温度を下げればよい。

④　アンモニアを効率よく合成するには生成したアンモニアを冷却して液体にしてから、反応容器から除去すればよい。

⑤　触媒は、反応速度を上げることはできるが、平衡点を移動させるわけではない。

I 4-3

ラジウムの原子量は226で、その半減期は1.6×10^3年である。1gのラジウムで毎秒壊変する原子数はどれくらいか。ただし、アボガドロ定数を$6.02\times10^{23}\mathrm{mol}^{-1}$とする。

また、時刻t＝0の時、放射性核種がN_0個あったとすると、個数Nは時間とともに

$$N = N_0 \cdot e^{-\lambda t}$$

で表される。λは壊変定数で、1gあたり毎秒壊変する原子数である。計算には、$\ln 2 = 0.693$を使ってよい。

①　$1.6\times10^{9}(\mathrm{s}^{-1})$　②　$3.7\times10^{9}(\mathrm{s}^{-1})$　③　$1.6\times10^{10}(\mathrm{s}^{-1})$

④　$3.7\times10^{10}(\mathrm{s}^{-1})$　⑤　$1.6\times10^{11}(\mathrm{s}^{-1})$

I 4-4

材料について述べた次の文章のうち、最も不適切なものはどれか。

①　セラミックスとは広く窯業製品を表す言葉で、ガラス、ほうろう、陶磁器、セメント、石膏などの他、高度な機能を有するファインセラミックスとしてIC基板、コンデンサー、人工骨、人工関節、人工歯などに実用化されている。

②　ポリ塩化ビニルは安価で安定性及び機械的性質に優れているため、建材、パイプなどの構造材料だけでなくラップなどのフィルムとしても大量に使われている。しかしながら、塩化ビニル（塩

ビ）に含まれる可塑剤（フタル酸エステル）が環境ホルモンである疑いがもたれ、また廃棄された塩化ビニルを800℃以上の高温で焼却するとダイオキシンが発生する可能性があり、現在塩化ビニルを使用しない動きが広まっている。

③　グラスファイバーとは溶けたガラスを引き伸ばしたりして1000分の数mmの太さにしたものである。細くなると同じ太さの鉄線程度の引っ張り強さが得られ、断熱材、吸音材、濾過材、電気絶縁材、蓄電池用隔壁などに使われている。また、プラスチックで固められ、ガラス繊維強化プラスチックとして広い用途で使われている。

④　高吸水性ポリマーとは自分の重さの数百倍～1000倍もの水分を吸収するポリマーで、でんぷんとアクリロニトリルの共重合体である。雑巾などは毛細管現象で水を吸い取るだけなので外から力を加えると水がすぐ逃げ出すが、吸水性ポリマーの場合は水分を分子の間に化学的に取り込んで全体が膨潤するため水は簡単には外に出てこない。

⑤　エンジニアリングプラスチックとは通称エンプラと呼ばれ、自動車などの機械や電子機器の部品に用いられる工業用プラスチックのことである。ナイロン、ポリカーボネート、ポリアセタール、ポリブチレンテレフタレート及び変性ポリフェニレンオキサイドが5大エンプラと呼ばれている。

I 4-5

バイオテクノロジー関連の用語のうち、最も不適切なものはどれか。

①　『バイオエシックス』とはヒト遺伝子を微生物や家畜などに入れて、ヒト蛋白質を作り出したり、品質の高い動物を効率よく繁殖したり、品種改良により味や香りが好ましく、栄養価が高く、気候や土地が悪環境下でも育つ植物を作る技術のことである。

②　『バイオレメディエーション』とは土壌や地下水などの環境を微

生物を利用して浄化する技術である。特に揮発性有機化合物や石油系の化学物質の浄化に適し、重油などで汚染された地域の土壌浄化や地下水浄化に使われている。

③ 『バイオセンサー』とは生体の持つ各種の機能を利用して微量物質を検出するための装置であり、ブドウ糖、ショ糖、アンモニア、血液、アルコール、アミノ酸、蛋白質といった化学物質をはじめ、0-157や黄色ブドウ球菌などの測定に使われている。

④ 『バイオエネルギー』とは排水や生ゴミの処理システムからメタンなどを取りだして発電に利用したり、有機性廃棄物や余剰生産物を利用してエネルギーを供給するもので、クリーンなエネルギーとして注目を集めている。

⑤ 『バイオインフォマティクス』とは塩基配列から蛋白質の構造、さまざまな遺伝子地図や各種文献の情報など、あらゆる生物情報の構築や統合を行うもので、バイオテクノロジーとIT分野の技術の合体というべき分野である。バイオとITの融合によりまた新しいバイオの道が拓けると期待されている。

I 4-6

遺伝子及びクローン技術について述べた次の記述のうち、最も適切なものはどれか。

① 遺伝情報は、4種類の塩基3個の配列によって決まる。この塩基3個による暗号をコドンと呼ぶが、コドンは$4^3=64$通りがある。これに対してタンパク質を構成するアミノ酸は20種類しかないので、コドンの数が多すぎることになる。しかし実際には、アミノ酸の種類を決めるのに有効なコドンは20種類に限られ、後の44種類のコドンはアミノ酸の種類決定に関しては意味をなさないため、問題は起こらない。

② ウィルスの中には、DNAではなくRNAを遺伝子として使うものがある。

③ 細胞小器官（オルガネラ）の1つにミトコンドリアがあるが、これは酸素呼吸により、細胞がエネルギーとして使うアデノシン二リン酸（ADP）を作り出す役目を担っており、このADPにリン酸がさらに結合してアデノシン三リン酸（ATP）となるときにエネルギーが放出される。なお、ミトコンドリアは元々は独立した生物で、あるとき別の細胞に入り込んで共生したために生じたと考えられている。

④ クローンには、胚細胞クローン（または卵細胞クローン、受精卵クローン）と体細胞クローンの2種類がある。いずれも細胞から取り出した遺伝子を、核を除去した卵細胞に移植して発生させるものであるが、遺伝子をどこから取り出すかが異なっており、胚細胞クローンは受精卵から、体細胞クローンは普通の細胞から遺伝子を取り出す。特に倫理上の問題が指摘されているのは胚細胞クローンである。

⑤ 体細胞クローン技術の特徴の1つに、老化の進行が遅くなることがあげられる。

●5群　環境・エネルギー・技術に関するもの（全6問題から3問題を選択解答）

I 5-1

我が国の環境政策推進の基本となってきた（ア）～（エ）の法律を環境政策の流れに沿って制定順に並べたものはどれか。

（ア）環境影響評価法
（イ）環境基本法
（ウ）循環型社会形成推進基本法
（エ）地球温暖化対策の推進に関する法律

①（ア）→（イ）→（ウ）→（エ）
②（ア）→（ウ）→（エ）→（イ）

③（イ）→（ア）→（ウ）→（エ）
④（イ）→（ア）→（エ）→（ウ）
⑤（ウ）→（イ）→（エ）→（ア）

I 5-2

気候変動適応法や気候変動適応計画に関する次の記述のうち、最も不適切なものはどれか。

① 政府には、気候変動適応計画を策定する義務があり、都道府県には、その区域における地域気候変動適応計画を策定する努力義務がある。
② 気候変動適応に関する施策を推進するため、国及び地方公共団体の責務が定められるとともに、事業者及び国民に対して、国及び地方公共団体が進める施策に協力することが求められている。
③ 気候変動適応計画は、我が国唯一の地球温暖化に関する総合計画であり、主な内容として、国内の温室効果ガスの排出削減目標と目標達成のための対策が取りまとめられている。
④ 国立研究開発法人国立環境研究所が果たすべき役割として、気候変動影響及び気候変動適応に関する情報の収集、整理、分析などを行うことが定められている。
⑤ 気候変動適応に関する施策の効果の把握・評価については、適切な指標設定の困難さや効果の評価に長期間を要することもあり、諸外国においても具体的な手法は確立されていない。

I 5-3

プラスチックごみ及びその資源循環に関する次の記述のうち、最も適切なものを選べ。

① 近年、マイクロプラスチックによる海洋生態系への影響が懸念されており、世界的な課題となっているが、マイクロプラスチッ

クとは一般に1μm以下の微細なプラスチック類のことを指している。

② 海洋プラスチックごみは世界中において発生しているが、特に先進国から発生しているものが多いと言われている。

③ 中国が廃プラスチック等の輸入禁止措置を行う直前の2017年において、日本国内で約900万トンの廃プラスチックが排出されそのうち約250万トンがリサイクルされているが、海外に輸出され海外でリサイクルされたものは250万トンの半数以下であった。

④ 2019年6月に政府により策定された「プラスチック資源循環戦略」においては、基本的な対応の方向性を「3R＋Renewable」として、プラスチック利用の削減、再使用、再生利用の他に、紙やバイオプラスチックなどの再生可能資源による代替を、その方向性に含めている。

⑤ 2020年7月にプラスチック製買物袋の有料化がスタートしたが、有料化の対象外となる買物袋としては、プラスチックのフィルムの厚さが50μm以上のもの、海洋生分解性プラスチックの配合率が100%のもの、バイオマス素材の配合率が100%のものが挙げられる。

I 5-4

太陽に直面する受光面を持った太陽光発電システムは、1平方メートルあたり、年間おおむね4×10^{9} Jの太陽エネルギーを受け取ることができる。一方、代表的な化石燃料である石油は、1トンあたりおおむね4×10^{10} Jの発熱量を持っており、日本は年間約2億トンを消費している。
いま、年間石油消費量の0.1%を節約すべく、これを発電効率10%の太陽光発電システムで代替するとすれば、受光面積40平方メートルの太陽光発電システムをおよそ何基作ればよいか。もっとも適当と思われるものを選べ。なお、火力発電の発電効率は40%とする。

① 1万基　② 2万基　③ 10万基
④ 20万基　⑤ 50万基

I 5-5

環境保全、環境管理に関する次の記述のうち、最も適切なものを選べ。

① 環境基本法に基づく環境基準とは、大気の汚染、水質の汚濁、土壌の汚染、悪臭、騒音、振動及び地盤沈下に係る環境上の条件について、それぞれ、人の健康を保護し、及び生活環境を保全する上で維持されることが望ましい基準をいう。
② ライフサイクルアセスメントとは、食品や日用品等について、原料調達から製造・流通・販売・使用・廃棄の全過程を通じて排出される温室効果ガス量を二酸化炭素に換算し、「見える化」したものである。
③ 環境アカウンタビリティとは、各企業は環境保全の取り組みのうち財務的に計上が可能な経費について株主等の投資家に報告する責任を有するという考え方である。
④ 拡大生産者責任とは、生産者が、その生産した製品が使用され、廃棄された後においても、当該製品の適正なリサイクルや処分について一定の責任を負うという考え方である。
⑤ 企業の社会的責任（CSR）とは、企業は社会的な存在であり、自社の利益を追求するのではなく、ステークホルダー（利害関係者）全体の利益を考えて行動するべきであるとの考え方である。

I 5-6

科学技術の進展と日常生活への浸透とともに、専門的な領域と一般社会との関係をさらに密接にしていくことが望まれている。このことに関して、近年「科学技術コミュニケーション」と呼ばれる領域の重要性が指摘されている。科学技術コミュニケーションの領域や活動内容などを表したものとして、次の記述のうち最も適切なものを選べ。

① 基礎的な科学と応用的な技術領域とが、より頻繁かつ実質的に情報を共有することを科学技術コミュニケーションと称し、このような用語こそなかったものの、古代ギリシア時代から盛んに行われていたことである。
② マスメディアには、しばしば科学や技術に対する理解不十分な記述が散見される。このような記述をなくすために、マスメディアの情報コンテンツ制作にもっと科学技術を駆使するべきである。科学技術によるメディア・コミュニケーションが必要である。
③ 科学者や技術者たちは、学会発表や専門論文の執筆を通して、同じ領域の専門家に情報を伝達するが、そのような専門的なコミュニケーションの方法は一般社会とのコミュニケーションにそのまま使えるものである。
④ 科学者や技術者たちが専門的な情報を発信するだけでは、社会にはなかなか受け入れられない。社会的ニーズや非専門家にとっての有効性などを理解し、科学技術と社会との双方向コミュニケーションを促進することが必要である。
⑤ 人間のコミュニケーションは言語によるものだけではない。非言語コミュニケーションも含め、人間のコミュニケーションを円滑に促進するための科学技術を開発する領域が、科学技術コミュニケーションと呼ばれるものである。

Ⅱ　適性科目

Ⅱ　次の15問題を解答せよ。（解答欄に1つだけマークすること。）

Ⅱ-1　技術士法第４章の規定に鑑み、技術士等が求められている義務・責務に関わる（ア）～（カ）の記述について、適切なものの数はどれか。

（ア）業務遂行の過程で与えられる情報や知見は、発注者や雇用主の財産であり、技術士等は守秘の義務を負っているが、依頼者からの情報を基に独自で調査して得られた情報はその限りではない。

（イ）公衆の安全を確保する上で必要不可欠と判断した情報については、所属する組織にその情報を速やかに公関するように働きかける。それでも事態が改善されない場合においては守秘義務を優先する。

（ウ）情報の意図的隠蔽は社会との良好な関係を損なうことを認識し、たとえその情報が自分自身や所属する組織に不利であっても公開に努める必要がある。

（エ）機密を他に漏らしたり盗用したりすると、発注者や雇用主の正当な利益を大きく損なうので、業務上知り得た秘密を許可なくして他に漏らしてはならない。

（オ）技術士は、公衆の安全、健康及び福利を最優先とする技術系学協会の倫理綱領を遵守する限りにおいては、技術士法で定める義務から免れる。

（カ）技術士は、所属する組織の業務について秘密保持義務があるが、リストラにより退職してその組織を離れた後は、その秘密保持義務に制約されることはない。

① 0　② 1　③ 2　④ 3　⑤ 4

Ⅱ-2 以下の1～10は技術士倫理綱領（2023年3月改定）の10の項目である。［　　］に入る語句の組み合せとして、適切なものはどれか。

1．［ア］・健康・福利の優先
2．持続可能な社会の実現
3．信用の保持
4．有能性の重視
5．真実性の確保
6．公正かつ誠実な履行
7．［イ］の保護
8．法令等の遵守
9．相互の［ウ］
10．継続研鑽と［エ］

	ア	イ	ウ	エ
①	公益確保	秘密	協力	人材育成
②	公益確保	情報	尊重	CPD
③	安全	秘密	尊重	人材育成
④	安全	秘密情報	尊重	人材育成
⑤	安全	秘密情報	協力	CPD

Ⅱ-3 技術士や技術者の継続的な資質向上のための取組をCPDと呼び、技術士は常にCPDによって、業務に関する知識及び技能の水準を向上させる努力をすることが求められている。次の（ア）～（カ）の記述について、不適切なものの数はどれか。

（ア） CPDへの適切な取組を促すため、それぞれの学協会は積極的な支援を行うとともに、質や量のチェックシステムを導入して、資格継続に制約を課している場合がある。

（イ） CPDは、それぞれの学協会や公的資格、企業活動において、年間あるいは一定期間に取得すべき内容とその方法について独自に規定するものであるが、相互に認証しあうことでCPDの実績を登録しやすくする試みが行われている。

(ウ) 技術者はCPDへの取組を記録し、その内容について証明可能な状態にしておく必要があるとされているので、記録や内容の証明のないものは実施の事実があったとしてもCPDとして有効と認められない場合がある。

(エ) 技術提供サービスを行うコンサルティング企業に勤務し、日常の業務として自身の技術分野に相当する業務を遂行しているのであれば、それ自体がCPDの要件をすべて満たしている。

(オ) 技術士のCPDは、日本の技術士をアメリカのPEやイギリスのCEngなど国際的に通用する技術者資格と同等なものと位置付けるため、基礎高等教育、第一次試験、実務修習・経験、第二次試験、資格の授与、継続専門教育からなる一貫した生涯システムの一部として、位置付けられている。

(カ) APECエンジニアの登録要件には、CPD実施を毎年50CPD時間（時間重み係数を考慮した時間）程度、5年間で250CPD時間を行うことが必要である。新規登録申請にあたっては申請時点から過去2年間で100CPD時間が必要とされている。

① 0　　② 1　　③ 2　　④ 3　　⑤ 4

Ⅱ-4

近年、技術者倫理という言葉が普及してきた。技術者倫理とはどのようなものであろうか。言葉だけをみるなら、「技術者倫理」には「法」という言葉は入っていない。しかし、これは、技術者倫理はそれとは無関係であるということを意味しない。そこで、技術者倫理と法との関わりに関する①～⑤の記述について、最も適切なものを選べ。

① 技術者倫理というものは、経済状況がよいとき、すなわち景気がよいときに守るべきものであって、技術者は、景気が悪いときには、最低限のルールである法さえ守っていれば充分であり、倫理まで問われることはない。

② 技術者倫理には、約束した工期を守ることで信用を失わないということも含まれている。このため、若干のスピード違反等については許される場合がある。

③ 社内で法令違反があるときには、発覚して公になることは何としても防ぐべきである。やったことより見つかることの方が悪いという考えを持って、社内でその考えを共有することが肝要である。

④ 技術者倫理では、法を守ることはまず当然のこととされている。技術者は、それに加えて、法の網の目をくぐってコストを削減することを考えなければならない。それによって安全性を犠牲にすることになったとしても、法には反していないのだから問題はない。

⑤ 法を守るのは当然のことであるが、技術者のような専門家、専門的知識を持つ者には、それに加えて高い倫理観が必要であるとされる。たとえ法による規制がない場合でも、公衆に対する危険を察知したならば、それに対応する責務が技術者にはある。

Ⅱ-5 次の記述における「公衆」の定義について、最も適切なものを①～⑤の中から選べ。

現在制定されている技術系学協会のほとんどの倫理綱領には「技術者は、その専門職上の責務を果たすうえで、公衆の安全、健康および福利を最優先する」という条文が、第一の憲章として含まれている。技術系学協会倫理綱領での「公衆」の定義は、チャレンジャー号事件を使って次のように説明されている。チャレンジャー号事件で、公衆は、だれなのか。スペース・シャトル打上げ費用を最終的に税金として負担するアメリカ国民がいる。一般市民で初めて搭乗者に選ばれた高校教師、クリスタ・マコーリフさんを失ったアメリカの子供たちがいる。これらの人たちは、明らかに公衆である。しかし、「公衆」には、さらに深い意味が与えられている。

チャレンジャー号の宇宙飛行士は、飛行当日の朝、打上げ台に氷ができていることを知らされ、打上げを延期するかどうかの選択権を与えられた。彼らはその選択権を行使しないほうを選んだ。

しかし、だれも彼らに低温でのOリングの挙動についての情報を与えなかった。したがって彼らはそのリスクを知らなかったから、Oリングのリスクを知って打上げに同意をしたのではなかった。この場合、宇宙飛行士は、Oリングによる爆発の危険に関しては、公衆の一部である。なぜなら、その危険の知識をまったく持たなかったからである。他方、ブースター・ロケットにおける氷の形成に関しては、公衆ではない。なぜなら、そのことを知らされていて、危険と判断すれば打上げを中止する選択をすることができ、その権限があったからである。

① 技術を開発提供する技術者およびその事業経営者とその技術サービスの恩恵を受ける人々
② 専門職としての技術業についていない人々
③ よく知らされた上での同意を与えることができる立場にはなくて、その結果に影響される人々
④ 国などの社会を形成している全ての人々
⑤ メディアを通じて世論を形成する人々

Ⅱ-6

リスクコミュニケーションに関する次の（ア）～（ク）の記述について、不適切なものの数はどれか。

（ア）リスクコミュニケーションとは、我々を取り巻くリスクに関する正確な情報を、住民などの関係主体間で共有し、相互の意思疎通を図ることである。

（イ）リスクコミュニケーションの過程では、客観的事実だけでなく政策も対象となるし、住民が漠然と感じている不安や不信感も重要なテーマとなる。

（ウ）リスクコミュニケーションを実施するときに重要なことは、「疑惑を招かぬ徹底した情報開示」、「社会的視点からの判断」などである。

（エ）リスクコミュニケーション戦略を事前にマニュアル化するときは、色々な分野や立場の人を入れて議論をして作成することが重要である。

（オ）リスクコミュニケーションの目的には、リスクの発見及びリスクの特定のための情報収集が含まれる。

（カ）自社が自ら説明することでは信頼性が低かったので、専門家やNGO等の中立的な第三者を仲介する方法を採った。

（キ）自社製品に、ある条件になると破損する可能性がある欠陥が発見されたため、マスコミを利用した注意喚起活動を展開することとした。

（ク）受け手側には様々なバイアスがかかるため、受け手によらない一律の広報が重要となる。

① 0　　② 1　　③ 2　　④ 3　　⑤ 4

Ⅱ-7

公益通報者保護法に関する次の記述のうち、最も不適切なものを選び答えよ。

① 労働者が公益のために法令違反行為を通報した場合に、それを理由とする解雇は無効である。

② 監督官庁たる行政機関に通報する場合は、事前に事業者内部に通報する必要がある。

③ 通報の対象となる法令違反行為が生じていなくても、まさに生じようとしていると思われる場合には、事業者内部に通報することができる。

④ 通報にあたっては、他人の正当な利益（名誉、信用、プライバシーなど）を侵害しないように配慮することが必要である。

⑤ 正社員のみならず、パート、アルバイトであっても法令違反を通報した場合には保護の対象となる。

Ⅱ-8 独占禁止法に関する次の記述のうち、適切なものの数を①～⑤の中から選び答えよ。

（ア） 独占禁止法は、私的独占、不当な取引制限、及び不公正な取引方法を禁止し、事業支配力の過度の集中を防止して、結合、協定等の方法による生産、販売、価格、技術等の不当な制限その他一切の事業活動の不当な拘束を排除することを目的としている。

（イ） 私的独占と見なすためには、単純に市場支配力が高いだけではなく、市場を支配するための何らかの違法行為を行っていることを裏付ける必要がある。

（ウ） 不当廉売とは、市場の健全な競争を阻害するほど不当に安い価格で商品を販売することで、ダンピングとも言われ、独占禁止法で禁止されている。

（エ） カルテルや談合は、法で定義する“不公正な取引方法”であり、独占禁止法で禁止されている。

(オ) 私的独占の課徴金算定率は、大企業は10%、中小企業は4%である。

① 1　② 2　③ 3　④ 4　⑤ 5

Ⅱ-9

職場のパワーハラスメントに関する次の記述のうち、最も不適切なものはどれか。以下、個別労働関係紛争の解決の促進に関する法律を「個別労働紛争解決促進法」といい、雇用の分野における男女の均等な機会及び待遇の確保等に関する法律を「男女雇用機会均等法」という。

① 職場のパワーハラスメントには、上司から部下に行われるものだけでなく、先輩・後輩間などの様々な優位性を背景に行われるものも含まれる。
② 個人の受け取り方によっては、業務上必要な指示や注意・指導を不満に感じたりする場合でも、これらが業務上の適正な範囲で行われている場合には、職場のパワーハラスメントには当たらない。
③ 職場のパワーハラスメントの行為類型として、身体的な攻撃、精神的な攻撃、人間関係からの切り離し、過大な要求、過小な要求などがある。
④ 職場のパワーハラスメントに関する紛争の解決方法については、個別労働紛争解決促進法に基づく紛争調整委員会によるあっせん制度等がある。
⑤ 職場のパワーハラスメントについては、事業主に雇用管理上必要な措置を講ずることが男女雇用機会均等法において義務付けられている。

Ⅱ-10

下図の【ア】～【エ】に入る知的財産権の組み合わせとして、正しいものを選び答えよ。

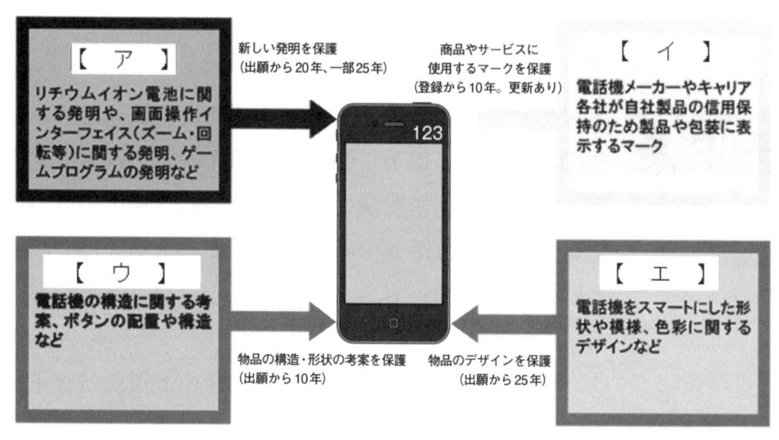

	【ア】	【イ】	【ウ】	【エ】
①	商標権	実用新案権	特許権	意匠権
②	商標権	意匠権	特許権	実用新案権
③	特許権	商標権	実用新案権	意匠権
④	特許権	商標権	意匠権	実用新案権
⑤	特許権	意匠権	実用新案権	商標権

Ⅱ-11

ヒューマンエラーに関する次の記述のうち、最も不適切なものを選び答えよ。

① ヒューマンエラーとは、目標から逸脱した人の行動である。

② ヒヤリハット活動では、原因内容によって責任を追及することをせずに、報告者を保護することが重要である。

③ 科学技術の発達した現代においては、ヒューマンエラーをゼロ

にすることが大切である。

④ ヒューマンエラー予防策として、疲労を起こさせないための勤務時間管理、適度な休息、さらにダブルチェックシステムなどが大切である。

⑤ トライポッド理論はヒューマンエラーの要因を11個のグループに分けて考えている。

Ⅱ-12

製造物責任法に関する次の記述の、［　　］に入る語句の組合せとして、最も適切なものはどれか。

製造物責任法は、［ア］の［イ］により人の生命、身体又は財産に係る被害が生じた場合における製造業者等の損害賠償の責任について定めることにより、［ウ］の保護を図り、もって国民生活の安定向上と国民経済の健全な発展に寄与することを目的とする。

製造物責任法において［ア］とは、製造又は加工された動産をいう。また、［イ］とは、当該製造物の特性、その通常予見される使用形態、その製造業者等が当該製造物を引き渡した時期その他の当該製造物に係る事情を考慮して、当該製造物が通常有すべき［エ］を欠いていることをいう。

	ア	イ	ウ	エ
①	製造物	欠陥	被害者	機能性
②	設計物	欠陥	製造者	安全性
③	製造物	欠陥	被害者	安全性
④	設計物	破損	被害者	機能性
⑤	製造物	破損	製造者	機能性

Ⅱ-13

地球温暖化及びパリ協定に関する次の記述のうち、最も不適切なものはどれか。

① IPCC第6次報告書によると、世界平均気温（2011～2020年）は、工業化前と比べて約1.09℃上昇した。
② 我が国の2020年度の温室効果ガス排出量は、11億5,000万トン（CO_2換算）であり、2014年度以降、7年連続で減少している。
③ 地球温暖化に対する適応策とは、森林整備、都市緑地推進、砂漠化防止や資源のリサイクルの推進などである。
④ 京都議定書は先進国のみの取組であったが、これに対してパリ協定では、先進国と途上国には「共通だが差異ある責任」があるとし、途上国にも温室効果ガス排出削減を求めることになった。
⑤ パリ協定では、世界共通の長期目標として、産業革命前からの世界の平均気温上昇を2℃未満に抑える、さらに1.5℃未満に抑える努力を追求することを掲げた。

Ⅱ-14

暑さ対策や熱中症に関する次の記述のうち、最も不適切なものはどれか。

① ヒートアイランド現象の原因としては、人工排熱の増加、地表面の人工化、都市形態の高密度化が挙げられ、これらの原因や地域の状況等に応じた対策を講じることが重要である。
② 環境省は熱中症予防のため、気象庁の数値予報データをもとに、夏場に国内各地について暑さ指数の予測値を提供している。
③ 熱中症は、気温や湿度などの周辺環境だけではなく、栄養状態や寝不足等の体調、労働や運動の内容によっても発症リスクが変わる。
④ 平成28年においては、国内の熱中症による死亡者の約半数を未

成年者が占めている。

⑤ めまい、頭痛、筋肉痛等の熱中症を疑わせる症状が出た場合は、涼しい場所へ移り、水や塩分を補給するとよい。

Ⅱ-15

公衆衛生分野における科学技術者やリスク管理者が、規格基準や規制などのリスク管理措置を検討並びに意思決定する際に考慮される原則として、ALARA（as low as reasonably achievable）の原則がある。
この「合理的に達成可能な範囲で、できる限り低くする」という原則に関する次の記述のうち、最も不適切なものはどれか。

① 我が国はもとより国際的にも放射線防護に関する技術的基準の考え方は、国際放射線防護委員会（ICRP）の勧告を尊重して検討されてきた。直近の2007年ICRP勧告で、特に重視されているのが「防護の最適化」である。「これ以上放射線量が低ければ、確率的影響（がんや遺伝的影響）のリスクがない」という「しきい値」は存在せず、「どれだけ線量が低くてもその線量に応じたリスクが存在する」という考え方にもとづいて、合理的に達成可能な範囲で、できる限り被ばく線量を低減しよう（as low as reasonably achievable）とするのが「最適化」の考え方である。

② このALARAの原則には、「経済的、社会的要因を考慮して」という条件がついている。できるだけ被ばく線量は低く抑えようと努力する一方で、低い被ばく線量をさらに最小化しようという努力がその効果に対して、不釣り合いに大きな費用や社会的な制約・犠牲を伴う場合にはよしとしない、ということである。

③ しかしながら、自然放射線（大地放射線や屋内ラドン）の高い地域を抱える国々では、その地域の被ばく実態や低減に要する費用、住民の社会的な制約・犠牲を考慮することなく、被ばく

線量を低く抑える施策を常に優先すべきであるとした国際的な合意形成がなされている。

④ またALARAの原則は、放射線防護の分野に限らず、食品安全の分野においても適用されている。コーデックス委員会（国際食品規格委員会）において、食品中の汚染物質の低減や基準値設定に用いられているほか、厚生労働省でも「食品中の汚染物質に係る規格基準設定の基本的な考え方」にも適用されている。

⑤ すなわち、我が国の食品中の汚染物質の規格基準を設定する際に、コーデックス規格が定められている食品については、国内に流通する食品中の汚染物質の汚染実態及び国民の食品摂取量等を踏まえ検討したうえで、そのコーデックス規格が適当とされれば採用する。また、その採用が困難な場合は、関係者に対し汚染物質の低減対策に係る技術開発の推進等について要請を行うとともに、必要に応じて、関係者と連携し、ALARAの原則に基づく適切な基準値又はガイドライン値等の設定を行うとしている。

令和５年度　技術士第一次試験問題［基礎・適性部門］解答用紙

基礎科目解答欄

１群　設計・計画に関するもの

問題番号	解		答		
問Ⅰ－１－１	①	②	③	④	⑤
問Ⅰ－１－２	①	②	③	④	⑤
問Ⅰ－１－３	①	②	③	④	⑤
問Ⅰ－１－４	①	②	③	④	⑤
問Ⅰ－１－５	①	②	③	④	⑤
問Ⅰ－１－６	①	②	③	④	⑤

２群　情報・論理に関するもの

問題番号	解		答		
問Ⅰ－２－１	①	②	③	④	⑤
問Ⅰ－２－２	①	②	③	④	⑤
問Ⅰ－２－３	①	②	③	④	⑤
問Ⅰ－２－４	①	②	③	④	⑤
問Ⅰ－２－５	①	②	③	④	⑤
問Ⅰ－２－６	①	②	③	④	⑤

３群　解析に関するもの

問題番号	解		答		
問Ⅰ－３－１	①	②	③	④	⑤
問Ⅰ－３－２	①	②	③	④	⑤
問Ⅰ－３－３	①	②	③	④	⑤
問Ⅰ－３－４	①	②	③	④	⑤
問Ⅰ－３－５	①	②	③	④	⑤
問Ⅰ－３－６	①	②	③	④	⑤

４群　材料・化学・バイオに関するもの

問題番号	解		答		
問Ⅰ－４－１	①	②	③	④	⑤
問Ⅰ－４－２	①	②	③	④	⑤
問Ⅰ－４－３	①	②	③	④	⑤
問Ⅰ－４－４	①	②	③	④	⑤
問Ⅰ－４－５	①	②	③	④	⑤
問Ⅰ－４－６	①	②	③	④	⑤

５群　環境・エネルギー・技術に関するもの

問題番号	解		答		
問Ⅰ－５－１	①	②	③	④	⑤
問Ⅰ－５－２	①	②	③	④	⑤
問Ⅰ－５－３	①	②	③	④	⑤
問Ⅰ－５－４	①	②	③	④	⑤
問Ⅰ－５－５	①	②	③	④	⑤
問Ⅰ－５－６	①	②	③	④	⑤

適性科目解答欄

問題番号	解		答		
問Ⅱ－１	①	②	③	④	⑤
問Ⅱ－２	①	②	③	④	⑤
問Ⅱ－３	①	②	③	④	⑤
問Ⅱ－４	①	②	③	④	⑤
問Ⅱ－５	①	②	③	④	⑤
問Ⅱ－６	①	②	③	④	⑤
問Ⅱ－７	①	②	③	④	⑤
問Ⅱ－８	①	②	③	④	⑤
問Ⅱ－９	①	②	③	④	⑤
問Ⅱ－10	①	②	③	④	⑤
問Ⅱ－11	①	②	③	④	⑤
問Ⅱ－12	①	②	③	④	⑤
問Ⅱ－13	①	②	③	④	⑤
問Ⅱ－14	①	②	③	④	⑤
問Ⅱ－15	①	②	③	④	⑤

令和４年度　技術士第一次試験問題［基礎・適性部門］解答用紙

基礎科目解答欄

１群　設計・計画に関するもの

問題番号	解		答		
問Ⅰ－１－１	①	②	③	④	⑤
問Ⅰ－１－２	①	②	③	④	⑤
問Ⅰ－１－３	①	②	③	④	⑤
問Ⅰ－１－４	①	②	③	④	⑤
問Ⅰ－１－５	①	②	③	④	⑤
問Ⅰ－１－６	①	②	③	④	⑤

２群　情報・論理に関するもの

問題番号	解		答		
問Ⅰ－２－１	①	②	③	④	⑤
問Ⅰ－２－２	①	②	③	④	⑤
問Ⅰ－２－３	①	②	③	④	⑤
問Ⅰ－２－４	①	②	③	④	⑤
問Ⅰ－２－５	①	②	③	④	⑤
問Ⅰ－２－６	①	②	③	④	⑤

３群　解析に関するもの

問題番号	解		答		
問Ⅰ－３－１	①	②	③	④	⑤
問Ⅰ－３－２	①	②	③	④	⑤
問Ⅰ－３－３	①	②	③	④	⑤
問Ⅰ－３－４	①	②	③	④	⑤
問Ⅰ－３－５	①	②	③	④	⑤
問Ⅰ－３－６	①	②	③	④	⑤

４群　材料・化学・バイオに関するもの

問題番号	解		答		
問Ⅰ－４－１	①	②	③	④	⑤
問Ⅰ－４－２	①	②	③	④	⑤
問Ⅰ－４－３	①	②	③	④	⑤
問Ⅰ－４－４	①	②	③	④	⑤
問Ⅰ－４－５	①	②	③	④	⑤
問Ⅰ－４－６	①	②	③	④	⑤

５群　環境・エネルギー・技術に関するもの

問題番号	解		答		
問Ⅰ－５－１	①	②	③	④	⑤
問Ⅰ－５－２	①	②	③	④	⑤
問Ⅰ－５－３	①	②	③	④	⑤
問Ⅰ－５－４	①	②	③	④	⑤
問Ⅰ－５－５	①	②	③	④	⑤
問Ⅰ－５－６	①	②	③	④	⑤

適性科目解答欄

問題番号	解		答		
問Ⅱ－１	①	②	③	④	⑤
問Ⅱ－２	①	②	③	④	⑤
問Ⅱ－３	①	②	③	④	⑤
問Ⅱ－４	①	②	③	④	⑤
問Ⅱ－５	①	②	③	④	⑤
問Ⅱ－６	①	②	③	④	⑤
問Ⅱ－７	①	②	③	④	⑤
問Ⅱ－８	①	②	③	④	⑤
問Ⅱ－９	①	②	③	④	⑤
問Ⅱ－10	①	②	③	④	⑤
問Ⅱ－11	①	②	③	④	⑤
問Ⅱ－12	①	②	③	④	⑤
問Ⅱ－13	①	②	③	④	⑤
問Ⅱ－14	①	②	③	④	⑤
問Ⅱ－15	①	②	③	④	⑤

令和３年度　技術士第一次試験問題［基礎・適性部門］解答用紙

基礎科目解答欄

１群　設計・計画に関するもの

問題番号	解		答		
問Ⅰ－１－１	①	②	③	④	⑤
問Ⅰ－１－２	①	②	③	④	⑤
問Ⅰ－１－３	①	②	③	④	⑤
問Ⅰ－１－４	①	②	③	④	⑤
問Ⅰ－１－５	①	②	③	④	⑤
問Ⅰ－１－６	①	②	③	④	⑤

２群　情報・論理に関するもの

問題番号	解		答		
問Ⅰ－２－１	①	②	③	④	⑤
問Ⅰ－２－２	①	②	③	④	⑤
問Ⅰ－２－３	①	②	③	④	⑤
問Ⅰ－２－４	①	②	③	④	⑤
問Ⅰ－２－５	①	②	③	④	⑤
問Ⅰ－２－６	①	②	③	④	⑤

３群　解析に関するもの

問題番号	解		答		
問Ⅰ－３－１	①	②	③	④	⑤
問Ⅰ－３－２	①	②	③	④	⑤
問Ⅰ－３－３	①	②	③	④	⑤
問Ⅰ－３－４	①	②	③	④	⑤
問Ⅰ－３－５	①	②	③	④	⑤
問Ⅰ－３－６	①	②	③	④	⑤

４群　材料・化学・バイオに関するもの

問題番号	解		答		
問Ⅰ－４－１	①	②	③	④	⑤
問Ⅰ－４－２	①	②	③	④	⑤
問Ⅰ－４－３	①	②	③	④	⑤
問Ⅰ－４－４	①	②	③	④	⑤
問Ⅰ－４－５	①	②	③	④	⑤
問Ⅰ－４－６	①	②	③	④	⑤

５群　環境・エネルギー・技術に関するもの

問題番号	解		答		
問Ⅰ－５－１	①	②	③	④	⑤
問Ⅰ－５－２	①	②	③	④	⑤
問Ⅰ－５－３	①	②	③	④	⑤
問Ⅰ－５－４	①	②	③	④	⑤
問Ⅰ－５－５	①	②	③	④	⑤
問Ⅰ－５－６	①	②	③	④	⑤

適性科目解答欄

問題番号	解		答		
問Ⅱ－１	①	②	③	④	⑤
問Ⅱ－２	①	②	③	④	⑤
問Ⅱ－３	①	②	③	④	⑤
問Ⅱ－４	①	②	③	④	⑤
問Ⅱ－５	①	②	③	④	⑤
問Ⅱ－６	①	②	③	④	⑤
問Ⅱ－７	①	②	③	④	⑤
問Ⅱ－８	①	②	③	④	⑤
問Ⅱ－９	①	②	③	④	⑤
問Ⅱ－10	①	②	③	④	⑤
問Ⅱ－11	①	②	③	④	⑤
問Ⅱ－12	①	②	③	④	⑤
問Ⅱ－13	①	②	③	④	⑤
問Ⅱ－14	①	②	③	④	⑤
問Ⅱ－15	①	②	③	④	⑤

令和２年度　技術士第一次試験問題［基礎・適性部門］解答用紙

基礎科目解答欄

1群　設計・計画に関するもの

問題番号	解		答		
問Ⅰ－１－１	①	②	③	④	⑤
問Ⅰ－１－２	①	②	③	④	⑤
問Ⅰ－１－３	①	②	③	④	⑤
問Ⅰ－１－４	①	②	③	④	⑤
問Ⅰ－１－５	①	②	③	④	⑤
問Ⅰ－１－６	①	②	③	④	⑤

2群　情報・論理に関するもの

問題番号	解		答		
問Ⅰ－２－１	①	②	③	④	⑤
問Ⅰ－２－２	①	②	③	④	⑤
問Ⅰ－２－３	①	②	③	④	⑤
問Ⅰ－２－４	①	②	③	④	⑤
問Ⅰ－２－５	①	②	③	④	⑤
問Ⅰ－２－６	①	②	③	④	⑤

3群　解析に関するもの

問題番号	解		答		
問Ⅰ－３－１	①	②	③	④	⑤
問Ⅰ－３－２	①	②	③	④	⑤
問Ⅰ－３－３	①	②	③	④	⑤
問Ⅰ－３－４	①	②	③	④	⑤
問Ⅰ－３－５	①	②	③	④	⑤
問Ⅰ－３－６	①	②	③	④	⑤

4群　材料・化学・バイオに関するもの

問題番号	解		答		
問Ⅰ－４－１	①	②	③	④	⑤
問Ⅰ－４－２	①	②	③	④	⑤
問Ⅰ－４－３	①	②	③	④	⑤
問Ⅰ－４－４	①	②	③	④	⑤
問Ⅰ－４－５	①	②	③	④	⑤
問Ⅰ－４－６	①	②	③	④	⑤

5群　環境・エネルギー・技術に関するもの

問題番号	解		答		
問Ⅰ－５－１	①	②	③	④	⑤
問Ⅰ－５－２	①	②	③	④	⑤
問Ⅰ－５－３	①	②	③	④	⑤
問Ⅰ－５－４	①	②	③	④	⑤
問Ⅰ－５－５	①	②	③	④	⑤
問Ⅰ－５－６	①	②	③	④	⑤

適性科目解答欄

問題番号	解		答		
問Ⅱ－１	①	②	③	④	⑤
問Ⅱ－２	①	②	③	④	⑤
問Ⅱ－３	①	②	③	④	⑤
問Ⅱ－４	①	②	③	④	⑤
問Ⅱ－５	①	②	③	④	⑤
問Ⅱ－６	①	②	③	④	⑤
問Ⅱ－７	①	②	③	④	⑤
問Ⅱ－８	①	②	③	④	⑤
問Ⅱ－９	①	②	③	④	⑤
問Ⅱ－10	①	②	③	④	⑤
問Ⅱ－11	①	②	③	④	⑤
問Ⅱ－12	①	②	③	④	⑤
問Ⅱ－13	①	②	③	④	⑤
問Ⅱ－14	①	②	③	④	⑤
問Ⅱ－15	①	②	③	④	⑤

令和元年度再試験　技術士第一次試験問題［基礎・適性部門］解答用紙

基礎科目解答欄

1群　設計・計画に関するもの

問題番号	解		答		
問Ⅰ－1－1	①	②	③	④	⑤
問Ⅰ－1－2	①	②	③	④	⑤
問Ⅰ－1－3	①	②	③	④	⑤
問Ⅰ－1－4	①	②	③	④	⑤
問Ⅰ－1－5	①	②	③	④	⑤
問Ⅰ－1－6	①	②	③	④	⑤

2群　情報・論理に関するもの

問題番号	解		答		
問Ⅰ－2－1	①	②	③	④	⑤
問Ⅰ－2－2	①	②	③	④	⑤
問Ⅰ－2－3	①	②	③	④	⑤
問Ⅰ－2－4	①	②	③	④	⑤
問Ⅰ－2－5	①	②	③	④	⑤
問Ⅰ－2－6	①	②	③	④	⑤

3群　解析に関するもの

問題番号	解		答		
問Ⅰ－3－1	①	②	③	④	⑤
問Ⅰ－3－2	①	②	③	④	⑤
問Ⅰ－3－3	①	②	③	④	⑤
問Ⅰ－3－4	①	②	③	④	⑤
問Ⅰ－3－5	①	②	③	④	⑤
問Ⅰ－3－6	①	②	③	④	⑤

4群　材料・化学・バイオに関するもの

問題番号	解		答		
問Ⅰ－4－1	①	②	③	④	⑤
問Ⅰ－4－2	①	②	③	④	⑤
問Ⅰ－4－3	①	②	③	④	⑤
問Ⅰ－4－4	①	②	③	④	⑤
問Ⅰ－4－5	①	②	③	④	⑤
問Ⅰ－4－6	①	②	③	④	⑤

5群　環境・エネルギー・技術に関するもの

問題番号	解		答		
問Ⅰ－5－1	①	②	③	④	⑤
問Ⅰ－5－2	①	②	③	④	⑤
問Ⅰ－5－3	①	②	③	④	⑤
問Ⅰ－5－4	①	②	③	④	⑤
問Ⅰ－5－5	①	②	③	④	⑤
問Ⅰ－5－6	①	②	③	④	⑤

適性科目解答欄

問題番号	解		答		
問Ⅱ－1	①	②	③	④	⑤
問Ⅱ－2	①	②	③	④	⑤
問Ⅱ－3	①	②	③	④	⑤
問Ⅱ－4	①	②	③	④	⑤
問Ⅱ－5	①	②	③	④	⑤
問Ⅱ－6	①	②	③	④	⑤
問Ⅱ－7	①	②	③	④	⑤
問Ⅱ－8	①	②	③	④	⑤
問Ⅱ－9	①	②	③	④	⑤
問Ⅱ－10	①	②	③	④	⑤
問Ⅱ－11	①	②	③	④	⑤
問Ⅱ－12	①	②	③	④	⑤
問Ⅱ－13	①	②	③	④	⑤
問Ⅱ－14	①	②	③	④	⑤
問Ⅱ－15	①	②	③	④	⑤

令和元年度　技術士第一次試験問題［基礎・適性部門］解答用紙

基礎科目解答欄

1群　設計・計画に関するもの

問題番号	解		答		
問Ⅰ－1－1	①	②	③	④	⑤
問Ⅰ－1－2	①	②	③	④	⑤
問Ⅰ－1－3	①	②	③	④	⑤
問Ⅰ－1－4	①	②	③	④	⑤
問Ⅰ－1－5	①	②	③	④	⑤
問Ⅰ－1－6	①	②	③	④	⑤

2群　情報・論理に関するもの

問題番号	解		答		
問Ⅰ－2－1	①	②	③	④	⑤
問Ⅰ－2－2	①	②	③	④	⑤
問Ⅰ－2－3	①	②	③	④	⑤
問Ⅰ－2－4	①	②	③	④	⑤
問Ⅰ－2－5	①	②	③	④	⑤
問Ⅰ－2－6	①	②	③	④	⑤

3群　解析に関するもの

問題番号	解		答		
問Ⅰ－3－1	①	②	③	④	⑤
問Ⅰ－3－2	①	②	③	④	⑤
問Ⅰ－3－3	①	②	③	④	⑤
問Ⅰ－3－4	①	②	③	④	⑤
問Ⅰ－3－5	①	②	③	④	⑤
問Ⅰ－3－6	①	②	③	④	⑤

4群　材料・化学・バイオに関するもの

問題番号	解		答		
問Ⅰ－4－1	①	②	③	④	⑤
問Ⅰ－4－2	①	②	③	④	⑤
問Ⅰ－4－3	①	②	③	④	⑤
問Ⅰ－4－4	①	②	③	④	⑤
問Ⅰ－4－5	①	②	③	④	⑤
問Ⅰ－4－6	①	②	③	④	⑤

5群　環境・エネルギー・技術に関するもの

問題番号	解		答		
問Ⅰ－5－1	①	②	③	④	⑤
問Ⅰ－5－2	①	②	③	④	⑤
問Ⅰ－5－3	①	②	③	④	⑤
問Ⅰ－5－4	①	②	③	④	⑤
問Ⅰ－5－5	①	②	③	④	⑤
問Ⅰ－5－6	①	②	③	④	⑤

適性科目解答欄

問題番号	解		答		
問Ⅱ－1	①	②	③	④	⑤
問Ⅱ－2	①	②	③	④	⑤
問Ⅱ－3	①	②	③	④	⑤
問Ⅱ－4	①	②	③	④	⑤
問Ⅱ－5	①	②	③	④	⑤
問Ⅱ－6	①	②	③	④	⑤
問Ⅱ－7	①	②	③	④	⑤
問Ⅱ－8	①	②	③	④	⑤
問Ⅱ－9	①	②	③	④	⑤
問Ⅱ－10	①	②	③	④	⑤
問Ⅱ－11	①	②	③	④	⑤
問Ⅱ－12	①	②	③	④	⑤
問Ⅱ－13	①	②	③	④	⑤
問Ⅱ－14	①	②	③	④	⑤
問Ⅱ－15	①	②	③	④	⑤

平成30年度　技術士第一次試験問題［基礎・適性部門］解答用紙

基礎科目解答欄

1群　設計・計画に関するもの

問題番号	解		答		
問Ⅰ－1－1	①	②	③	④	⑤
問Ⅰ－1－2	①	②	③	④	⑤
問Ⅰ－1－3	①	②	③	④	⑤
問Ⅰ－1－4	①	②	③	④	⑤
問Ⅰ－1－5	①	②	③	④	⑤
問Ⅰ－1－6	①	②	③	④	⑤

2群　情報・論理に関するもの

問題番号	解		答		
問Ⅰ－2－1	①	②	③	④	⑤
問Ⅰ－2－2	①	②	③	④	⑤
問Ⅰ－2－3	①	②	③	④	⑤
問Ⅰ－2－4	①	②	③	④	⑤
問Ⅰ－2－5	①	②	③	④	⑤
問Ⅰ－2－6	①	②	③	④	⑤

3群　解析に関するもの

問題番号	解		答		
問Ⅰ－3－1	①	②	③	④	⑤
問Ⅰ－3－2	①	②	③	④	⑤
問Ⅰ－3－3	①	②	③	④	⑤
問Ⅰ－3－4	①	②	③	④	⑤
問Ⅰ－3－5	①	②	③	④	⑤
問Ⅰ－3－6	①	②	③	④	⑤

4群　材料・化学・バイオに関するもの

問題番号	解		答		
問Ⅰ－4－1	①	②	③	④	⑤
問Ⅰ－4－2	①	②	③	④	⑤
問Ⅰ－4－3	①	②	③	④	⑤
問Ⅰ－4－4	①	②	③	④	⑤
問Ⅰ－4－5	①	②	③	④	⑤
問Ⅰ－4－6	①	②	③	④	⑤

5群　環境・エネルギー・技術に関するもの

問題番号	解		答		
問Ⅰ－5－1	①	②	③	④	⑤
問Ⅰ－5－2	①	②	③	④	⑤
問Ⅰ－5－3	①	②	③	④	⑤
問Ⅰ－5－4	①	②	③	④	⑤
問Ⅰ－5－5	①	②	③	④	⑤
問Ⅰ－5－6	①	②	③	④	⑤

適性科目解答欄

問題番号	解			答	
問Ⅱ－1	①	②	③	④	⑤
問Ⅱ－2	①	②	③	④	⑤
問Ⅱ－3	①	②	③	④	⑤
問Ⅱ－4	①	②	③	④	⑤
問Ⅱ－5	①	②	③	④	⑤
問Ⅱ－6	①	②	③	④	⑤
問Ⅱ－7	①	②	③	④	⑤
問Ⅱ－8	①	②	③	④	⑤
問Ⅱ－9	①	②	③	④	⑤
問Ⅱ－10	①	②	③	④	⑤
問Ⅱ－11	①	②	③	④	⑤
問Ⅱ－12	①	②	③	④	⑤
問Ⅱ－13	①	②	③	④	⑤
問Ⅱ－14	①	②	③	④	⑤
問Ⅱ－15	①	②	③	④	⑤

令和6年度【予想問題】技術士第一次試験問題［基礎・適性部門］解答用紙

基礎科目解答欄

1群　設計・計画に関するもの

問題番号	解		答		
問Ⅰ－1－1	①	②	③	④	⑤
問Ⅰ－1－2	①	②	③	④	⑤
問Ⅰ－1－3	①	②	③	④	⑤
問Ⅰ－1－4	①	②	③	④	⑤
問Ⅰ－1－5	①	②	③	④	⑤
問Ⅰ－1－6	①	②	③	④	⑤

2群　情報・論理に関するもの

問題番号	解		答		
問Ⅰ－2－1	①	②	③	④	⑤
問Ⅰ－2－2	①	②	③	④	⑤
問Ⅰ－2－3	①	②	③	④	⑤
問Ⅰ－2－4	①	②	③	④	⑤
問Ⅰ－2－5	①	②	③	④	⑤
問Ⅰ－2－6	①	②	③	④	⑤

3群　解析に関するもの

問題番号	解		答		
問Ⅰ－3－1	①	②	③	④	⑤
問Ⅰ－3－2	①	②	③	④	⑤
問Ⅰ－3－3	①	②	③	④	⑤
問Ⅰ－3－4	①	②	③	④	⑤
問Ⅰ－3－5	①	②	③	④	⑤
問Ⅰ－3－6	①	②	③	④	⑤

4群　材料・化学・バイオに関するもの

問題番号	解		答		
問Ⅰ－4－1	①	②	③	④	⑤
問Ⅰ－4－2	①	②	③	④	⑤
問Ⅰ－4－3	①	②	③	④	⑤
問Ⅰ－4－4	①	②	③	④	⑤
問Ⅰ－4－5	①	②	③	④	⑤
問Ⅰ－4－6	①	②	③	④	⑤

5群　環境・エネルギー・技術に関するもの

問題番号	解		答		
問Ⅰ－5－1	①	②	③	④	⑤
問Ⅰ－5－2	①	②	③	④	⑤
問Ⅰ－5－3	①	②	③	④	⑤
問Ⅰ－5－4	①	②	③	④	⑤
問Ⅰ－5－5	①	②	③	④	⑤
問Ⅰ－5－6	①	②	③	④	⑤

適性科目解答欄

問題番号	解		答		
問Ⅱ－1	①	②	③	④	⑤
問Ⅱ－2	①	②	③	④	⑤
問Ⅱ－3	①	②	③	④	⑤
問Ⅱ－4	①	②	③	④	⑤
問Ⅱ－5	①	②	③	④	⑤
問Ⅱ－6	①	②	③	④	⑤
問Ⅱ－7	①	②	③	④	⑤
問Ⅱ－8	①	②	③	④	⑤
問Ⅱ－9	①	②	③	④	⑤
問Ⅱ－10	①	②	③	④	⑤
問Ⅱ－11	①	②	③	④	⑤
問Ⅱ－12	①	②	③	④	⑤
問Ⅱ－13	①	②	③	④	⑤
問Ⅱ－14	①	②	③	④	⑤
問Ⅱ－15	①	②	③	④	⑤

●ガチンコ技術士学園紹介

ガチンコ技術士学園は、技術士第一次試験対策、技術士第二次試験（建設部門、上下水道部門、総合技術監理部門）の筆記試験対策、口頭試験対策までを一貫して行っているインターネット上の技術士受験対策講座です。体系的に分かりやすくまとめられたテキストや良質で豊富な練習問題と模範論文例や総勢60名のハイレベルな添削講師などは他を講座の追随を許さず、年間600～800名の受講生が入塾しています。

ガチンコとは相撲用語で「真剣勝負」という意味です。諦めや手抜きからは何も得られませんが、結果がどうであれ、「真剣勝負」から得られることは非常に大きなものがあります。ガチンコ技術士学園は小手先の試験テクニックや合格の道マニュアルに頼るのではなくて、実力そのものをあげることによって合格をつかみ取るという王道を歩むことを理念としています。平成17年度の講座開設以来、資格取得だけでなく、技術士に相応しい技術力を備えた技術士の誕生に全力を捧げてまいりました。

本書を手に取っていただいた方で、体系的に勉強したい、論文添削も受けてみたい、法人として社内教育に興味があるといった方は、ぜひガチンコ技術士学園ＨＰ（https://gachinko-school.com/gijutusi/）をご参照ください。令和５年度講座はいつでも申込可能です。

【執　筆】

浜口　智洋（はまぐち・ともひろ）

昭和 47 年 11 月 1 日生。京都大学工学部土木工学科中退。
インターネット上の技術士受験塾「ガチンコ技術士学園」の代表。
（略歴）
平成 8 年 8 月に建設コンサルタント入社。
平成 15 年度技術士第一次試験合格。
平成 16 年度技術士第二次試験（建設部門：土質及び基礎）合格。
平成 17 年、建設コンサルタント退社。
インターネット上で受験ノートを公開したところ、大好評を博し、自らの受験体験及び受験ノートをもとにガチンコ技術士学園を立ち上げ、技術士受験指導開始。
平成 20 年度技術士第二次試験（総合技術監理部門）合格。

その他、環境計量士（濃度）、公害防止管理者（水質 1 種）などを所有。

ガチンコ技術士学園はインターネット上で行っている技術士受験講座で、平成 17 年の第二次試験建設部門対策講座の開講以来、平成 30 年までに延べ 10,000 人以上に達している。平成 18 年に第一次試験対策と口頭試験対策、平成 25 年に総合技術監理部門対策、そして平成 27 年より上下水道部門を開講している。国土交通省の政策を徹底解説した択一対策と課題解決論文対策を兼ねたガチンコテキストと青本を徹底解説した総監択一対策のテキスト、そして約 60 名にも及ぶハイレベルな添削講師たちによる熱い添削が特徴である。

編集協力：田中菜摘

本書専用サポートWebページ
https://www.shuwasystem.co.jp/support/7980html/7202.html

過去問7回分＋本年度予想
技術士第一次試験
基礎・適性科目対策 '24年版

発行日 2024年 2月24日 第1版第1刷

著 者 ガチンコ技術士学園 浜口 智洋

発行者 斉藤 和邦
発行所 株式会社 秀和システム
〒135-0016
東京都江東区東陽2-4-2 新宮ビル2F
Tel 03-6264-3105（販売） Fax 03-6264-3094
印刷所 三松堂印刷株式会社 Printed in Japan

ISBN978-4-7980-7202-9 C3050

過去問7回分＋本年度予想

技術士第一次試験

基礎・適性科目対策'24年版

正答・解説

別冊として切り離してお使いいただくことができます。

秀和システム

過去問７回分＋本年度予想

技術士第一次試験「基礎・適性科目」対策'24年版

～正答・解説～

CONTENTS

技術士一次試験（基礎科目）

令和５年度　解答＆詳細解説

問題番号	1-1	1-2	1-3	1-4	1-5	1-6	2-1	2-2	2-3	2-4	2-5	2-6
答え	⑤	④	③	④	①	②	①	④	⑤	①	①	④
問題番号	3-1	3-2	3-3	3-4	3-5	3-6	4-1	4-2	4-3	4-4	4-5	4-6
答え	④	②	①	⑤	②	③	③	⑤	③	①	③	⑤
問題番号	5-1	5-2	5-3	5-4	5-5	5-6						
答え	③	⑤	①	②	①	⑤						

1群　設計・計画に関するもの

1　1　・・・解答⑤

CFRPとは、2つ以上の素材を組み合わせた複合材の一種で、プラスチックに炭素繊維（カーボンファイバー）を強化材として加えたものをCFRP（Carbon Fiber Reinforced Plastics =「炭素繊維で補強・強化されたプラスチック」の頭文字をとった略語）と呼ぶ。炭素繊維には、高剛性、高強度といった特徴以外に「導電性・耐熱性・低熱膨張率・自己潤滑性・X線透過性」といった特徴も兼ね備えており、それらの特徴を生かすことで軽量化・大型化・小型化・省エネ化などが期待でき、航空宇宙、自動車・バイク、スポーツ、医療、建築など、様々な用途で幅広く使われている。令和６年１月２日に衝突・炎上したJAL機にも使われていた。

一定の強度を保持しつつ軽量化を促進できれば、エネルギー消費あるいは輸送コストが改善される。このパラメータとして、ア：強度を密度 で割った値で表す比強度がある。鉄鋼とCFRPを比較すると比強度が高いのは イ：CFRP である。また、イ：CFRP の比強度当たりの価格は、もう一方の材料の比強度当たりの価格の約 ウ：10 倍である。ただし、鉄鋼では、価格は60［円／kg］、密度は7,900［kg／m³］、強度は400［MPa］であり、CFRPでは、価格は16,000［円／kg］、密度は1,600［kg／m³］、強度は2,000［MPa］とする。

1 2 ・・・解答④

下図に示すように、真直ぐな細い針金を水平面に垂直に固定し、上端に圧縮荷重が加えられた場合を考える。荷重がきわめて ア：小 ならば針金は真直ぐな形のまま純圧縮を受けるが、荷重がある限界値を イ：越す と真直ぐな変形様式は不安定となり、ウ：曲げ 形式の変形を生じ、横にたわみはじめる。このような現象は エ：座屈 と呼ばれる。

1 3 ・・・解答③

材料の機械的特性を調べるために引張試験を行う。特性を荷重と ア：伸び の線図で示す。材料に加える荷重を増加させると ア：伸び は一般的に増加する。荷重を取り除いたとき、完全に復元する性質を イ：弾性 といい、き裂を生じたり分離はしないが、復元しない性質を ウ：塑性 という。さらに荷重を増加させると、荷重は最大値をとり、材料はやがて破断する。この荷重の最大値は材料の強さを示す重要な値である。このときの公称応力を エ：引張強さ と呼ぶ。

1 4 ・・・解答④

多数決冗長系とは、3個の構成要素のうち2個の要素が正常ならば、「正常」と判断し、2個の要素が異常なら「異常」と判断するような冗長方式である。
正常と判断されるのは、3つとも正常、AとBが正常でCが異常、
AとCが正常でBが異常、BとCが正常でAが異常の4パターン。
3つとも正常：$0.7 \times 0.7 \times 0.7 = 0.343$
2つが正常で1つが異常：$0.7 \times 0.7 \times 0.3 \times 3 = 0.441$
全体が正常となるのは、$0.343 + 0.441 = 0.784$　⇒　**答え④**

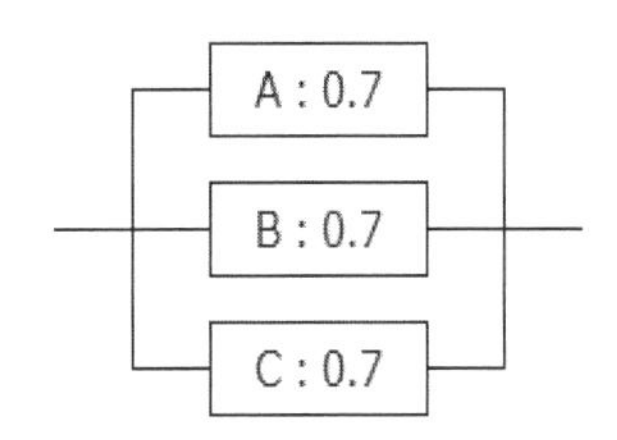

1 5 ・・・解答①

(ア) フェールセーフ (fail safe) 安全優先	なんらかの装置・システムにおいて、誤操作・誤動作による障害が発生した場合、**常に安全側に制御すること。**またはそうなるような設計手法のことで、信頼性設計のひとつである。故障すると必ず赤の状態で止まる信号や倒れると自動的に火が消える石油ストーブなど。安全性優先。
(イ) フェールソフト (fail − soft) 継続性優先	フェールソフトとは、故障箇所を切り離すなど被害を最小限に抑え、機能低下を許しても、システムを完全には停止させずに機能を維持した状態で処理を続行する設計のこと。多少しょぼくなっても止まるよりはマシという思想。継続性優先。 双発航空機の場合は、一つのエンジンに異常があっても、もう一つのエンジンで機能縮退しながら、近くの飛行場まで滑空し無事着陸できる。
(ウ) フールプルーフ (fool proof)	工業製品や生産設備、ソフトウェアなどで、**利用者が誤った操作**をしても危険に晒されることがないよう、設計の段階で安全対策を施しておくこと。正しい向きにしか入らない電池ボックス、ドアを閉めなければ加熱できない電子レンジ、ギアがパーキングに入っていないとエンジンが始動しない自動車、などがフールプルーフな設計の例である。または、知識のない利用者でも簡単に操作できる設計を指す。 「fool proof」を直訳すれば「愚か者にも耐えられる」だが、その思想の根底には「人間はミスするもの」「人間の注意力はあてにならない」という前提がある。安全設計の基本として重要な概念である。
(エ) フォールト トレランス (fault tolerance) 継続性優先	人が作ったもの、人が運用するものに関して障害や故障が一切起きないようにすることは難しいため、**多少の障害が発生しても全体の機能が停止しないような仕組み**や設計にしておくことが重要であるという考え方。冗長性。複数（3つ以上）のエンジンを持つ航空機はエンジンに異常があっても機能低下することなく航空が続けられる。

フォールト アボイダンス (fault avoidance)	**なるべく故障や障害が生じないようにすること。**個々の構成要素の品質を高めたり、十分なテストを行ったりして、故障や障害の原因となる要素を極力排除することで信頼性を高めるという考え方。
タンパープルーフ (tamper proof) 不正出来なくする	**いたずらや不正による改変、改ざんなどを防止する方法**や仕組み。具体例としては、取り付け、取り外しができないネジで、普通ドライバーでは取り外しができないいたずら防止ネジなどが挙げられる。

1 6 ・・・解答②

相関係数とは、2種類のデータの関係を示す指標であり、別名で、ピアソンの積率相関係数ともいう。相関係数は無単位なので、単位の影響を受けずにデータの関連性を示すことができる。相関係数は −1 から 1 までの値を取る。そして、値が 1 や −1 に近いほど（つまり、絶対値が 1 に近いほど）直線的な相関が強く、0 に近いほど相関が弱い。

①**不適切。**−1や1となる場合もある。つまり、$-1 \leqq \gamma \leqq 1$である。

②適切。

③**不適切。**相関係数が0に近く線形的な相関がない場合でも、散布図から2次関数的な関係が見られる場合もある。また、対象とする2変数と関連が強い第3の変数がある場合もある。相関係数が0だとしても、独立と断言することは出来ない。

④**不適切。**決定係数R^2は、相関係数γの二乗で表される。

⑤**不適切。**「相関関係」とは「二つのものが密接にかかわり合い、一方が変化すれば他方も変化するような関係」であり、「因果関係」は「二つ以上のものの間に原因と結果の関係があること」である。相関係数が1に近い場合は相関関係があるとは認められるが、必ずしも因果関係があるとは言えない。

例えば、ある高校の期末試験で、数学の得点データと国語の得点データで散布図を作成すると、数学の出来る子は国語も出来るという相関関係があったとしても、数学が出来るから国語が出来るという因果関係があるとは言えない。

2群　情報・論理に関するもの

2 1 ・・・解答①

①適切。2018年3月、総務省は「国民のための情報セキュリティサイト」を改訂し、これまでのパスワードを定期的に変更するべきというメッセージを180°変更して、「パスワードの定期的な変更は不要」というメッセージにした。具体的には「定期的に変更するよりも、機器やサービスの間で使い回しのない、固有のパスワードを設定することが求められます」と記されている。

総務省は、良いパスワードとして、「名前などの個人情報は使用しない」「英単語などをそのまま使用しない」「アルファベットと数字が混在」「適切な長さの文字列」「類推しやすく安易な並べ方にしない」を挙げている。

②不適切。PINはデバイスとセットなので、PINとパソコンの両方を盗まれない限り安全性が確保されることになる。しかも、TPMの機能によって、ブルートフォース攻撃（総当たり攻撃）などからも保護されている。

③不適切。生体データといえども盗難や偽造は不可能ではなく、なりすましによる認証が成功することもありうる。

④不適切。二要素認証とは、例えば知識認証であるID・パスワードに加え、指紋や顔による生体認証を組み合わせるなど2つの要素を用いてユーザーを認証する仕組みのこと。二段階一要素認証よりも二要素認証の方が安全である。

⑤不適切。無線LANの通信は、不正アクセスを防ぐために暗号化されている。暗号化方式は2～5年おきに進化しているため、その期間を過ぎると「情報セキュリティ面の寿命」と言われる状態になる。古いルーターは昔の暗号化方式にしか対応できないので、専用のソフトなどを使えば簡単に解析されてしまう。長年同じルーターを使用していると、個人情報や機密情報などが流出する危険性もあるので注意が必要である。

2 2 ・・・解答④

サービス問題。間違いようがない。

問題文に「余りが0になるまで、繰り返す」とあるので、難しく考えなくても（ア）R ≠ 0、（イ）R = 0は、直観的にわかる。

また、AがBの倍数（例えば、A = 9、B = 3、最大公約数3）の例を取り上げると、余りR = 0である。最大公約数は、それほど深く考える必要もなく、当然Bである。　　　⇒　**答え④**

直観的に理解できない場合は、これもやはり難しく考えずに、AとBに適当な自然数を当てはめて、実際にアルゴリズムを動かしてみる。

Aを32、Bを12とする。（最大公約数は4）

A ÷ B = 32 ÷ 12 = 2・・・8（Q = 2、R = 8）　R ≠ 0

この時点で最大公約数の4は求められていない。

つまりR ≠ 0の場合はアルゴリズムが続く。　（ア）R ≠ 0、（イ）R = 0

ここで、B→A、R→B　⇒　A = 12、B = 8

A ÷ B = 12 ÷ 8 = 1・・・4（Q = 1、R = 4）　R ≠ 0

B→A、R→B　⇒　A = 8、B = 4

A ÷ B = 8 ÷ 4 = 2・・・0（Q = 2、R = 0）

この時点で、B = 4が最大公約数となっている。（ウ）B

2 3 ・・・**解答⑤**

ISBNのコードは13ケタの数字で構成されていて、それぞれ国や出版社、書名などを意味するが、最後の1ケタは「チェックディジット」という「検査数字」になる。

「978 − 4 − 103 − 34194 − X」

のうちXは前半部の12桁の「978 − 4 − 103 − 34194」に間違いがないかを確認する検査数字である。

検査方法は

$a_{13}+3a_{12}+a_{11}+3a_{10}+a_9+3a_8+a_7+3a_6+a_5+3a_4+a_3+3a_2+a_1=0\ (mod\ 10)$

で確認する。ここで、0（mod10）は10で割るとあまりが0という意味である。

例えば5(mod11) なら11で割ると余りが5という意味になる。

「978 − 4 − 103 − 34194 − X」について、計算してみる。

$9+3\times7+8+3\times4+1+3\times0+3+3\times3+4+3\times1+9+3\times4+X=91+X=0\ (mod\ 10)$

X = 9　⇒　**答え⑤**

2 4 ・・・**解答①**

②〜⑤適切。

①**不適切。**情報源の知識がなくてもデータ圧縮は可能。例）ユニバーサル符号を用いた圧縮。

可逆圧縮と不可逆圧縮の違いは理解が必要。

可逆圧縮	圧縮したデータを元に戻すときに、完全に元に戻すことが出来る。 対象とする情報源固有の知識が必要である。 例えば、PNG 画像は可逆圧縮である。
非可逆圧縮	圧縮したデータを元に戻す時に、元に戻すことの出来ないデータがある。音声や動画などの品質を人間にはわからない程度の部分はカットして圧縮する。 例えば、JPEG 画像は非可逆圧縮である。

2 5 ・・・解答①

排他的論理和と排他的論理積は、以下のようになる。

$(1 \oplus 1)=0$、$(1 \oplus 0)=1$、$(0 \oplus 1)=1$、$(0 \oplus 0)=0$

$(1 \cdot 1)=1$、$(1 \cdot 0)=0$、$(0 \cdot 1)=0$、$(0 \cdot 0)=0$

これらは知っていなくても、

10100110=1100

1010・0110=0010

から求めることも出来る。

ここで、A=01011101、B=10101101

から求める。

$$P=(A \oplus B)=(01011101 \oplus 10101101)=(11110000)$$
$$Q=(P \oplus B)=(11110000 \oplus 10101101)=(01011101)$$
$$R=(Q \oplus A)=(01011101 \oplus 01011101)=(00000000)$$
$$C=(R \cdot A)=(00000000 \oplus 01011101)=(00000000)$$

⇒ **答え①**

2 6 ・・・解答④

$A \cup B \cup C = 300 + 180 + 120 - 60 - 40 - 20 + 10 = 490$

全体集合 $V = A \cup B \cup C + \overline{A \cup B \cup C} = 490 + 400 = 890$ ⇒ **答え④**

3群　解析に関するもの

3 1 ・・・解答④

$\boldsymbol{AX}=\boldsymbol{XA}=\boldsymbol{E}$ が成立する X を逆行列という。

$$\begin{pmatrix} x_{11} & x_{12} & x_{13} \\ x_{21} & x_{22} & x_{23} \\ x_{31} & x_{32} & x_{33} \end{pmatrix}\begin{pmatrix} 1 & 0 & 0 \\ a & 1 & 0 \\ b & c & 1 \end{pmatrix}=\begin{pmatrix} 1 & 0 & 0 \\ 0 & 1 & 0 \\ 0 & 0 & 1 \end{pmatrix}$$

$x_{11} \times 1 + x_{12} \times a + x_{13} \times b = 1$　・・・式（1－1）
$x_{11} \times 0 + x_{12} \times 1 + x_{13} \times c = 0$　・・・式（1－2）
$x_{11} \times 0 + x_{12} \times 0 + x_{13} \times 1 = 0$　・・・式（1－3）
式（1－3）より、$x_{13} = 0$
さらに、式（1－2）より、$x_{12} = 0$
さらに、式（1－1）より、$x_{11} = 1$

$x_{21} \times 1 + x_{22} \times a + x_{23} \times b = 0$　・・・式（2－1）
$x_{21} \times 0 + x_{22} \times 1 + x_{23} \times c = 1$　・・・式（2－2）
$x_{21} \times 0 + x_{22} \times 0 + x_{23} \times 1 = 0$　・・・式（2－3）
式（2－3）より、$x_{23} = 0$
さらに、式（2－2）より、$x_{22} = 1$
さらに、式（2－1）より、$x_{21} + a = 0 \Leftrightarrow x_{21} = -a$

$x_{31} \times 1 + x_{32} \times a + x_{33} \times b = 0$　・・・式（3－1）
$x_{31} \times 0 + x_{32} \times 1 + x_{33} \times c = 0$　・・・式（3－2）
$x_{31} \times 0 + x_{32} \times 0 + x_{33} \times 1 = 1$　・・・式（3－3）
式（3－3）より、$x_{33} = 1$
さらに、式（3－2）より、$x_{32} + c = 0 \Leftrightarrow x_{32} = -c$
さらに、式（3－1）より、$x_{31} - ac + b = 0 \Leftrightarrow x_{31} = ac - b$

$$X = \begin{pmatrix} 1 & 0 & 0 \\ -a & 1 & 0 \\ ac-b & -c & 1 \end{pmatrix}$$ ⇒ **答え④**

3 2 ・・・解答②

難問。以下に記す内容が理解出来ない人は別の問題を選択してください。

まずはRをxについて単純な領域とみなして計算する。

$$\iint_R x dx dy = \int_0^1 dx \int_0^{\sqrt{1-x^2}} x\, dy = \int_0^1 [xy]_{y=0}^{y=\sqrt{1-x^2}} dx = \int_0^1 x\sqrt{1-x^2}\, dx$$

$$= \left[\frac{-1}{3}(1-x^2)2^{\frac{3}{2}}\right]_0^1$$

$$= \frac{1}{3}$$ ⇒ **答え②**

3 3 ・・・解答①

②～⑤適切。

①**不適切。**数値計算は有限桁という制限の中で計算を行っていくため、多くの場合その計算結果は本当に知りたい真の計算結果とは異なる。すなわち，真の結果（真値）と数値計算による結果（近似値）の間には“誤差”が生じる。こうした誤差があるため数学的に等価な式であっても同じ結果とはならない場合もある。

例えば、$\sqrt{x} \times \sqrt{x}$・・・式(1)　　　x・・・式(2)

式(1)と式(2) は数学的に等価ではあるが、x = 2の場合を計算すると、

式(1)では、1.414 × 1.414 = 1.9994　であるのに対して、式(2)では2と計算される。有限桁の制限があるため誤差が生じる。

3 4 ・・・解答⑤

縦弾性係数（ヤング率）Eとすると、垂直応力σと縦ひずみεの関係は、

$\boldsymbol{\sigma = E\varepsilon}$で、表される。

σ = 2.0 [kN] ÷（1.2×10^2）[mm^2] = 2.0 [kN] ÷（1.2×10^{-4}）[m^2]

= $5/3 \times 10^4$ [kN/m^2] = $5/3 \times 10^4$ [kPa] = $5/3 \times 10$ [MPa] = $5/3 \times 10^{-2}$ [GPa]

$\varepsilon = \sigma \div E = 5/3 \times 10^{-2} \div (2.0 \times 10^2) = 5/6 \times 10^{-4}$

伸びをΔLとすると、

$\Delta L = \varepsilon \times 2.4$ [m] = $5/6 \times 10^{-4} \times 2.4$ [m]

= 2.0×10^{-4} [m] = 2.0×10^{-1}[mm] = 0.20 [mm]　　⇒ **答え⑤**

3 5 ・・・解答②

トルクは、慣性モーメントI(kg・m²) と角加速度 α (rad/s²) の積で求められる。

$$\text{入力軸}\ \tau = I\alpha = \frac{I(\omega_2 - \omega_1)}{T}$$

$$\text{出力軸}\ \tau = \frac{1}{n}\cdot\frac{I(\omega_2 - \omega_1)}{T}$$ ⇒ 答え②

3 6 ・・・解答③

(a) 同じ電位の交点に導線を引いて考える。
　すると、図は以下のように考えることができる。

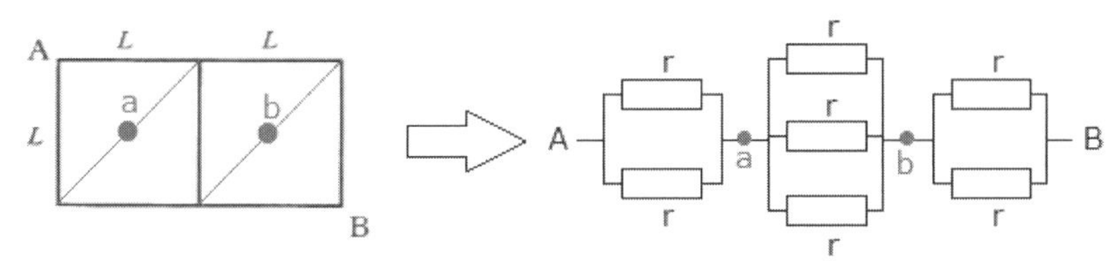

$a-b$ 間は、$\dfrac{1}{r_3} = \dfrac{1}{r} + \dfrac{1}{r} + \dfrac{1}{r} \Leftrightarrow r_3 = \dfrac{1}{3}r$

$$R_a = \frac{r}{2} + \frac{r}{3} + \frac{r}{2} = 1.333r$$

(b) 同じ電位の交点に導線を引いて考える。
　すると、図は以下のように考えることができる。

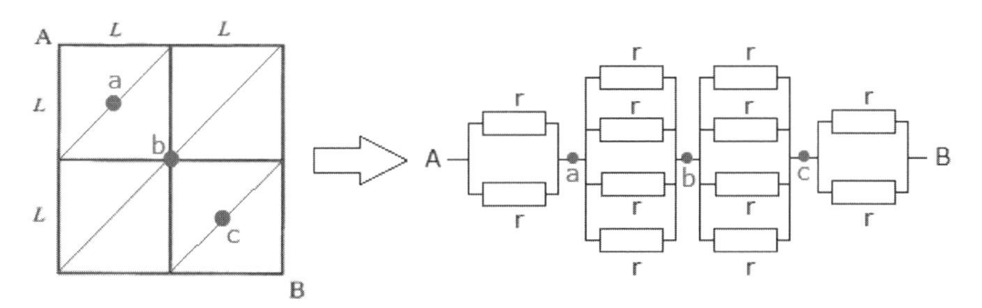

A－aとc－B間は、抵抗rの並列となるので、$\dfrac{1}{r_1} = \dfrac{1}{r} + \dfrac{1}{r} \Leftrightarrow r_1 = \dfrac{1}{2}r$ と求められる。

a－bとb－c間は、$\frac{1}{r_2}=\frac{1}{r}+\frac{1}{r}+\frac{1}{r}+\frac{1}{r} \Leftrightarrow r_2=\frac{1}{4}r$と求められる。

A－B間の合成抵抗は、A－a、a－b、b－c、c－Bの直列抵抗である。

$$R_b=\frac{r}{2}+\frac{r}{4}+\frac{r}{4}+\frac{r}{2}=1.5r$$

（c）AB間に電圧をかけると、接点a,bの電位は対称性より等しくなる。
　つまり、ab間の抵抗は取り除いてもよい。

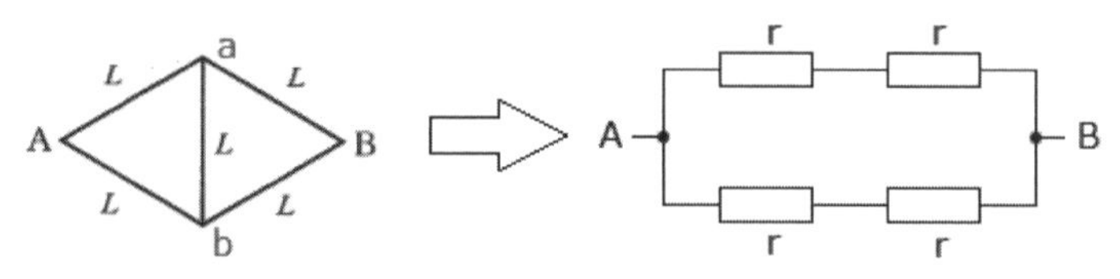

AB間は、抵抗2rの並列となるので、$\frac{1}{R_c}=\frac{1}{2r}+\frac{1}{2r}$と求められる。

$$R_c=r$$

以上より、

$R_c(=r)<R_a(=1.33r)<R_b(=1.5r)$　⇒　**答え③**

4群　材料・化学・バイオに関するもの

4 1 ・・・解答③

①**不適切。**$^{40}_{20}Ca$の中性子数は40－20＝20、$^{40}_{18}Ar$の中性子数は40－18＝22。
②**不適切。**$^{35}_{17}Cl$の中性子数は35－17＝18、$^{37}_{17}Cl$の中性子数は37－17＝20。
③適切。$^{35}_{17}Cl$と$^{37}_{17}Cl$ともに電子の数は17である。
④**不適切。**同位体とは、同一原子番号を持つものの中性子数が異なるもののことである。選択肢②や③のように$^{35}_{17}Cl$と$^{37}_{17}Cl$の関係が同位体である。
⑤**不適切。**同素体とは、同一元素の単体のうち、原子の配列（結晶構造）や結合様式の関係が異なる物質同士の関係をいう。典型的な例としてよく取り上げられるものに、ダイヤモンドと黒鉛、酸素とオゾンなどがある。

4 2 ・・・解答⑤

①～④適切。

⑤不適切。流動性のない固体状態のコロイドをゲルという。ゾルは流動性のあるコロイド溶液のこと。
ゲルの例はヨーグルト、プリン、ゼリーなど。
一方ゾルの例としては、牛乳、マヨネーズ、墨汁など。

4 3 ・・・解答③

常温での固体の純鉄 (Fe) の結晶構造は ア：体心立方 構造であり、$\alpha-F_e$と呼ばれ、磁性は イ：強磁性 を示す。その他、常温で イ：強磁性 を示す金属として ウ：コバルト がある。純鉄をある温度まで加熱すると、$\gamma-F_e$へ相変態し、それに伴い エ：収縮 する。

(ア) 結晶構造の問題は平成29年度に出題されている。以下の内容は理解しておく必要がある。

体心立方構造	面心立方構造	六方最密充填構造
Fe、Na、Li、K、Rb、Cr	Al、Cu、Ag、Au、Pt	Ti、Zn、Mg
単位格子中の原子数：2	単位格子中の原子数：4	単位格子中の原子数：2
充填率：68%	充填率：74%	充填率：74%

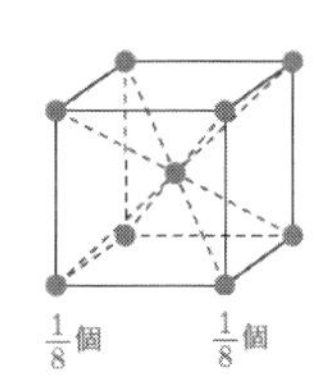

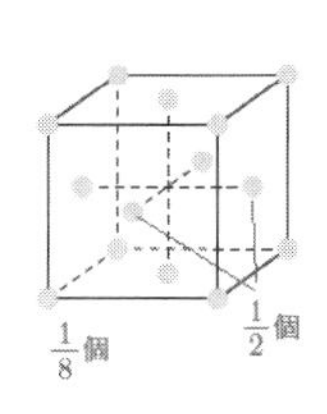

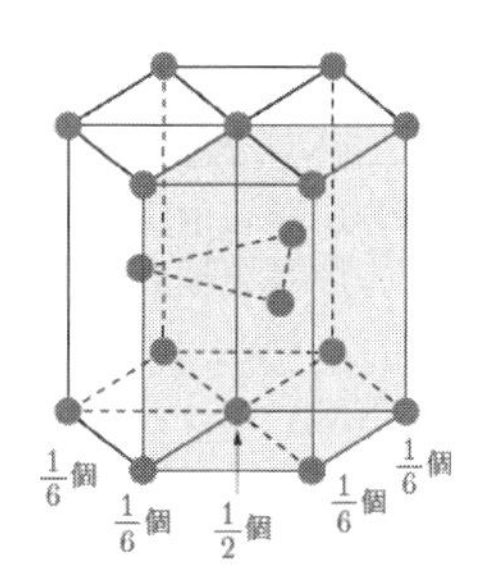

●単位格子中の原子数の計算
体心立方構造：1 (中心) + 1/8 (頂点) × 8 = 2
面心立方構造：1/2 (面) × 6 + 1/8 (頂点) × 8 = 4
六方最密充填構造：1/6 (頂点) × 12 + 1/2 (面) × 2 + 3 (中心) = 6 ・・・単位格子3個分

6 ÷ 3 = 2

（イ）（ウ）強磁性とは、隣り合うスピンが同一の方向を向いて整列し、全体として大きな磁気モーメントを持つ物質の磁性を指す。室温で強磁性を示す単体の物質は少なく、鉄、コバルト、ニッケル、ガドリニウム（18℃以下）である。

（エ）「相変態」とは、物質の状態が変わることを指す言葉である。例えば、水が0℃以下で氷に変わり、100℃で蒸気に変わることが挙げられる。鉄を加熱して911℃を超えると、充填率68%の体心立方構造から、充填率74%の面心立方構造（γ鉄）に相変態し、収縮する。

4 4 ・・・解答①

①適切。金属表面の腐食作用に抵抗する酸化被膜が生じた状態のことを不働態と呼ぶ。アルミニウム、クロム、チタンなどは不働態化することで、内部の金属が腐食から保護される。

②**不適切。**ステンレス鋼とは、クロム、またはクロムとニッケルを含む、さびにくい合金鋼である。ISO規格では、炭素含有量1.2%以下、クロム含有量10.5%以上の鋼と定義されており、これが国際統一されたステンレス鋼の定義となっている。

③**不適切。**金属には、腐食しにくいものと、腐食しやすいものがあり、さらに同じ金属であっても環境や状態によって腐食の速度は変化する。

④**不適切。**腐食は全面腐食と局部腐食がある。

全面腐食	全面腐食は、金属表面で均一に腐食する形態の通称で、一般的には均一腐食という。均一腐食は、鋼表面の表面状態、化学組成などわずかな違いが原因で、微視的なアノードとカソードの組合せ、すなわちミクロ腐食電池が多数形成される。ミクロ腐食電池のアノードとカソードは、時間と共に、その位置を移動しながら腐食が進む。このため、金属全面が比較的均一に腐食する。
局部腐食	局部腐食は、金属表面の局部に集中して起きる腐食である。この腐食は、特定の条件が整ったときに、金属表面に巨視的なアノードとカソードの組合せ、すなわちマクロ腐食電池が形成される。マクロ腐食電池のアノードとカソードは、時間をおいても移動せず、明確に分離され、位置が固定される。このため、固定されたアノードのみが局部的に著しく腐食する。

⑤**不適切。**金属材料の腐食は力学的作用ではなくて化学的作用である。隣接している金属や気体などと化学反応を起こし、溶けたりさびを生成する。これは、一般的に言われる、表面的に「さび」が発生することにとどまらず、腐食により厚さが減少したり、孔が開いたりすることも含む。

4 5 ・・・解答③

タンパク質は ア：アミノ酸 が イ：ペプチド 結合によって連結した高分子化合物であり、生体内で様々な働きをしている。タンパク質を主成分とする ウ：酵素 は、生体内の化学反応を促進させる生体触媒であり、アミラーゼは エ：デンプン を加水分解する。

4 6 ・・・解答⑤

①**不適切。**アニーリングは温度を上昇させることで、特異性が高まる可能性がある。
②**不適切。**増幅したい配列が長くなるにつれて、長い伸長時間を必要とする。
③**不適切。**プライマー（増幅したい領域の両端に相補的な配列をもつ1本鎖DNA）の塩基配列は当然含まれる。
④**不適切。**耐熱性の高いDNAポリメラーゼが、PCR法に適している。
⑤適切。

（1）熱変性（PCR検査最初のステップ）

DNAの熱変性はPCR検査の初回ステップ。2本鎖DNAの水素結合を熱運動で切断し、1本鎖DNAに分離する。通常94～98℃で1～3分間実施する。

（2）プライマーアニーリング（PCR検査セカンドステップ）

熱変性の次はアニーリング。約60℃まで温度を下げて、DNAの2重らせん間の水素結合を再び回復する。DNA複製の開始点を決める人工合成したプライマーを高濃度に与えることで、もとの各1本鎖同士が戻る前に特定部分にプライマーが結合する。

（3）伸長反応（PCR検査最後のステップ）

伸長反応はDNAポリメラーゼの最適温度である約75℃とする。プライマーを開始点として、ヌクレオチドの伸長反応が起こる。この温度変化を25～40回繰り返す。高温耐性菌由来の酵素であるため、熱変性しにくい。むしろ初めに98℃のように高い温度を与えることで、ある構造をとり安定化し、活性の上がるものもある。

プライマーアニーリング温度が伸長温度の3°C以内である場合、従来の3ステップPCR法の代わりに、アニーリング温度と伸長温度を1つに合わせることで、2ステップPCR法を行うことができる。

5群　環境・エネルギー・技術に関するもの

5 1 ・・・解答③

①②④⑤適切。

③不適切。里地里山は、生活や農業の近代化にともない、手入れや利用がなされず放置されるものがみられ、耕作放棄地も増加している。これにより、里地里山を構成する野生生物の生息・生育地の減少、質の低下が進んでいる。

（以下、生物多様性国家戦略2023－2030より）

里地里山の薪炭林や農用林、採草地などの二次草原等は、かつてはエネルギーや農業生産に必要な資源の供給源として日常生活や経済活動に必要なものとして維持され、同時にかく乱環境に依存する種を含めた動植物の生息・生育環境を提供するなど、その環境に特有の多様な生物を育んできた。しかし、近年では産業構造や資源利用の変化と、人口減少や高齢化による地域の活力の低下、耕作放棄された農地の発生に伴い、農地、水路・ため池、薪炭林等の里山林、採草・放牧地等の草原などで構成される里地里山の多様な環境のモザイク性の消失が懸念されている。また、森林においても、間伐等の森林整備が適切に行われないと、生物の生息・生育地としての森林の機能が低下する。2050年には現居住地域の約2割が無居住化すると推計されているが、集落の無居住地化による土地の放棄は、例えばチョウ類の生息に負の影響をもたらす。近年では、水田やため池の消失等によってタガメやゲンゴロウ等の水生昆虫や、メダカ類などの淡水魚等かつては身近にいた水辺の生物が急激に減少している。さらに、耕作放棄された農地や利用されないまま放置された里山林などがニホンジカ、イノシシなどの生息にとって好ましい環境となることや、狩猟者の減少・高齢化で狩猟圧が低下することなどにより、これらの野生鳥獣の個体数は著しく増加してきた。

5 2 ・・・解答⑤

①～④適切。

⑤不適切。PM2.5は粒径2.5μm付近ではなくて、2.5μm以下の微小粒子状物質を指す。大気中に浮遊する微粒子のうち、粒子径が10μm以下のものはSPM（浮遊粒子状物質）と定義されており、このうち2.5μm以下のものをPM2.5と呼んでいる。鼻から吸い込まれた空気中の微小粒子は10μm以上であれば、気管支や肺に到達することはないが、SPMは10μm以下のため奥まで侵入しやす

すく、呼吸器系や循環器系に影響を及ぼす。PM2.5は、通常のSPMよりも肺の奥まで入り込むため、ぜん息や気管支炎を起こす確率が高いとの研究結果が報告されており、SPMとPM2.5については環境基準が設定されている。

日本の環境基準

SPM	1時間値の1日平均値0.10mg/m^3以下、かつ1時間値が0.20mg/m^3以下であること。
PM2.5	1年平均値が15 μg/m^3以下、かつ1日平均値が35 μg/m^3以下であること。

5 3 ・・・解答①

②～⑤適切。

①**不適切。** 太陽光発電導入量については、累積としては増えているが、2014年をピークに単年度の導入量は減少している。また、日本における太陽電池の国内出荷量に占める国内生産品の割合を見ると、2008年度まではほぼ100%であったが、国内出荷量が大幅な増加基調に転じた2009年度からは中国からの輸入が増加する一方で国産品の割合が低下し、2021年度では国産品の割合は12%となっている。

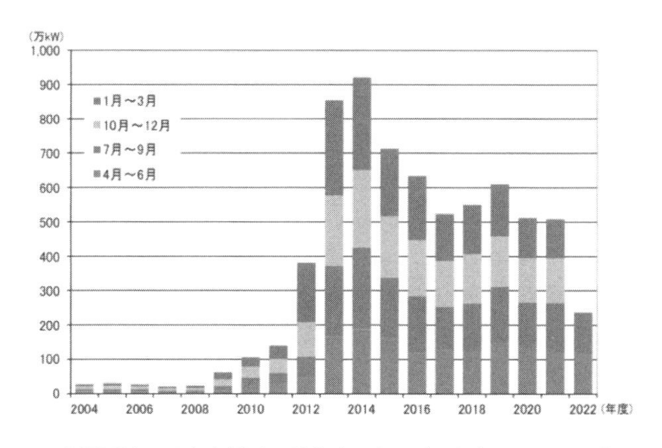

太陽電池の国内出荷量の推移（エネルギー白書2023より）

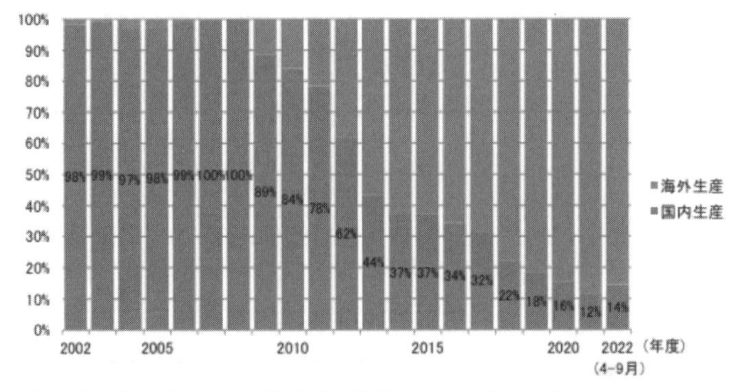

太陽電池国内出荷量の生産地構成の推移（エネルギー白書2023より）

5 4 ・・・解答②

気体1mol（0℃、1気圧）の体積は、22.4（L）$= 22.4 \times 10^{-3}$（m^3）

メタン（CH_4）1molの重量は、$12 + 1 \times 4 = 16$g

液体1molの体積は、$16 \div 425000 = 16/425 \times 10^{-3} = 0.0376 \times 10^{-3}$（$m^3$）

$22.4 \div 0.0376 = 595.7 \fallingdotseq 600$　　⇒　**答え②**

5 5 ・・・解答①

（ア）1972年、労働安全衛生法が制定された。当時の日本は高度経済成長期で、技術革新、生産設備の高度化等が急激に進展したが、この著しい経済興隆のかげに、多くの労働者が労働災害を被っているという状況があった。職場における労働者の安全と健康の確保などを図るため労働安全衛生法が制定された。

（イ）1994年、製造物の欠陥による被害者の保護を図るために、製造物責任法（PL法）が制定された。製造物責任法では、製造業者等は、引き渡した「製造物」の欠陥により他人の生命、身体又は財産を侵害したときは、これによって生じた損害を賠償する責めに任ずるとされており、過失の有無を問わない点がポイントである。

（ウ）1911年（明治44年）、年少者や女子の労働時間制限などを図るために、工場法が制定された。日本における近代的な労働法の端緒ともいえる法律であり、その主な内容は、工場労働者（職工）の就業制限と、業務上の傷病死亡に対する扶助制度である。ただし、小規模工場は適用対象外であり、就業制限についても、労働者全般を対象としたものではなく、年少者と女子労働者（保護職工）について定めたにとどまるなど、労働者保護法としては貧弱なものであった。
（エ）1928年（昭和3年）、第1回全国安全週間が内務省社会局の主催により全国で統一して行われた。現在では毎年7月1日から7日までの7日間、職場における労働災害防止活動の大切さを再確認し、積極的に安全活動に取り組みをする期間、制度として実施されている。
（オ）1949年、工業標準化法（現在の産業標準化法：通称JIS法）が制定された。

古い順番に並べると、以下の通り。
（ウ）→（エ）→（オ）→（ア）→（イ）　⇒ **答え①**

5 6 ・・・解答⑤

①〜④適切。
⑤不適切。天然痘ウイルスによる天然痘という病気がかつては猛威をふるっていた。そんな中、天然痘に一度かかった人間が免疫を獲得し、以後二度と感染しないことは古くから知られていた。18世紀後半にはウシの病気である牛痘に感染した者は天然痘の免疫を獲得し、罹患しなくなるか軽症になることが経験的に知られるようになってきた。これを知ったイギリスの医学者、エドワード・ジェンナーは1796年、8歳の少年に牛痘の膿を植え付け、数か月後に天然痘の膿を接種してこれが事実であることを証明した。これが史上初のワクチンである天然痘ワクチンの創始となった。
一方で、ウイルスの発見は、19世紀末になる。1892年ドミトリー・イワノフスキーは、病気に感染したタバコの葉の圧搾液が、フィルターを通しても感染性を失っていないことを示した。マルティヌス・ベイエリンクは、この濾過された感染性の物質を「ウイルス」と名付けた。この発見がウイルス学の始まりであると見なされている。
　つまり、人間はウイルスを発見しないまま、経験からワクチンを開発したことになる。

技術士一次試験（適性科目）

令和5年度　解答＆詳細解説

問題番号	1	2	3	4	5	6	7	8	9	10	11	12	13	14	15
解答	③	③	②	②	①	③	②	②	④	③	②	④	⑤	③	③

1 ・・・解答③

技術士又は技術士補は、その業務を行うに当たっては、公共の安全、環境の保全その他の公益を害することのないよう努めなければならない。（技術士等の公益確保の責務：技術士法第45条の2）

（ア）×：秘密保持の義務。少なくとも依頼者と協議する必要はある。
（イ）○：公益確保の責務が優先される。
（ウ）×：公益確保の責務は守秘義務より優先される。
（エ）×：公益確保（第三者の安全）を何よりも優先しなければいけない。
（イ）が正しく、（ア）（ウ）（エ）が間違っている。　　⇒　**答え③**

2 ・・・解答③

①適切。アクセス権の設定は情報セキュリティの基本中の基本。
②適切。うっかり情報を持ち出さないように、秘密情報であることを分かるようにしておくことは大切。
③不適切。情報漏洩は内部犯行（従業員）によって行われることはよくある。こうしたことを防ぐために、秘密情報を扱う作業では、単独作業を避けて複数人で作業を行うべきである。
④適切。物理的に情報流出しないような対策も重要である。
⑤適切。ネットワークの管理者や利用者などから、話術や盗み聞き、盗み見などの「社会的」な手段によって、パスワードなどのセキュリティ上重要な情報を入手するソーシャルエンジニアリング対策。

基本的な情報漏洩対策としては以下のようなものがあげられる。

- ➢企業や組織の情報資産を外部に持ち出さない
- ➢ノートパソコンやUSBメモリ等を許可なく自宅に持ち帰らない
- ➢重要書類等を机の上に放置しない
- ➢パソコンを画面ロックしないまま放置しない
- ➢パソコンの廃棄を行う場合は必ずハードディスク上のデータは消去
- ➢私用機器(パソコン等)を不用意に企業内に持ち込まない
- ➢個人所有のノートPCを企業内のネットワークに接続しない
- ➢個人に与えられたアクセス権などの権限を、許可なく他人に貸与や譲渡をしない
- ➢自分の持つユーザアカウントを他人に貸与しない
- ➢業務上知り得た情報を許可なく他人に公言しない
- ➢SNS投稿などには十分気を付ける。教育を行う
- ➢万が一に情報漏洩を起こしたら、自分で判断せず、まず報告する

3 ・・・解答②

①③～⑤適切。

②不適切。公益通報者保護法は、すべての「事業者」(大小問わず、営利・非営利問わず、法人・個人事業者問わず）に適用される。国や地方公共団体、学校法人、病院などの組織にも適用される。

公益通報者保護法とは、内部告発者に対する解雇や減給その他不利益な取り扱いを無効としたものである。保護されることとなる通報対象として約500の法律を規定する他、保護される要件が決められている。通報の対象となる事実は、あらゆる法令違反行為が対象となっているわけではないし、倫理違反行為が対象となっているわけでもなく、刑罰で抑制しなければならないような重大な法令違反行為に限られる。また、通報の対象となる法令違反行為が生じていなくても、まさに生じようとしていると思われる場合には、事業者内部に通報することができる。

通報先は以下の３つ。

1．事業者内部
2．監督官庁や警察・検察等の取締り当局
3．その他外部（マスコミ・消費者団体等）

なお、3．の通報は、次の３つの要件が必要である。

A）通報内容が真実であると信ずるにつき相当の理由（＝証拠等）
B）恐喝目的・虚偽の訴えなどの「不正の目的がないこと」

C) 内部へ通報すると報復されたり証拠隠滅されるなど外部へ出さざるを得ない相当な経緯

結果的に内部告発の事実が証明されなかったとしても、告発した時点で、告発内容が真実であると信ずる相当な根拠（証拠）があれば保護される。また、内部告発には、通常、日ごろの会社の処遇への不満が含まれ、動機は「混在」するのが一般的だが、だからと言って不正目的の内部告発だということにはならない。

4 ・・・解答②

産業財産権は、特許権、実用新案権、意匠権、商標権の４つと覚えること。

産業財産権に含まれないのは、著作権。　⇒　**答え②**

産業財産権の種類	保護対象	所管	登録の要否	保護期間
特許権	発明。自然法則を利用した技術的なアイデアのうち高度なもの	特許庁	要	出願から20年（一部25年に延長）
実用新案権	考案。自然法則を利用した技術的なアイデアで、物品の形状、構造または組み合わせに関するもの	特許庁	要（無審査）	出願から10年
意匠権	物品の形状、模様、または色彩からなるデザイン	特許庁	要	出願から25年
商標権	文字、図形、記号、立体的形状または色彩からなるマークで、事業者が「商品」や「サービス」について使用するもの	特許庁	要	登録から10年（更新あり）

5 ・・・解答①

（ア）～（ク）までの全部が「技術士に求められる資質能力」として挙げられている。令和５年１月に技術士に求められる資質能力が改訂されたので確実に勉強すること。

（ア）専門的学識

- 技術士が専門とする技術分野（技術部門）の業務に必要な、技術部門全般にわたる専門知識及び選択科目に関する専門知識を理解し応用すること。
- 技術士の業務に必要な、我が国固有の法令等の制度及び社会・自然条件等に関する専門知識を理解し応用すること。

（イ）問題解決
- 業務遂行上直面する複合的な問題に対して、これらの内容を明確にし、必要に応じてデータ・情報技術を活用して定義し、調査し、これらの背景に潜在する問題発生要因や制約要因を抽出し分析すること。
- 複合的な問題に関して、多角的な視点を考慮し、ステークホルダーの意見を取り入れながら、相反する要求事項（必要性、機能性、技術的実現性、安全性、経済性等）、それらによって及ぼされる影響の重要度を考慮した上で、複数の選択肢を提起し、これらを踏まえた解決策を合理的に提案し、又は改善すること。

（ウ）マネジメント
- 業務の計画・実行・検証・是正（変更）等の過程において、品質、コスト、納期及び生産性とリスク対応に関する要求事項、又は成果物（製品、システム、施設、プロジェクト、サービス等）に係る要求事項の特性（必要性、機能性、技術的実現性、安全性、経済性等）を満たすことを目的として、人員・設備・金銭・情報等の資源を配分すること。

（エ）評価
- 業務遂行上の各段階における結果、最終的に得られる成果やその波及効果を評価し、次段階や別の業務の改善に資すること。

（オ）コミュニケーション
- 業務履行上、情報技術を活用し、口頭や文書等の方法を通じて、雇用者、上司や同僚、クライアントやユーザー等多様な関係者との間で、明確かつ包摂的な意思疎通を図り、協働すること。
- 海外における業務に携わる際は、一定の語学力による業務上必要な意思疎通に加え、現地の社会的文化的多様性を理解し関係者との間で可能な限り協調すること。

（カ）リーダーシップ
- 業務遂行にあたり、明確なデザインと現場感覚を持ち、多様な関係者の利害等を調整し取りまとめることに努めること。
- 海外における業務に携わる際は、多様な価値観や能力を有する現地関係者とともに、プロジェクト等の事業や業務の遂行に努めること。

（キ）技術者倫理
- 業務遂行にあたり、公衆の安全、健康及び福利を最優先に考慮した上で、社会、経済及び環境に対する影響を予見し、地球環境の保全等、次世代にわたる社会の持続可能な成果の達成を目指し、技術士としての使命、社会的地位及び職責を自覚し、倫理的に行動すること。

➤ 業務履行上、関係法令等の制度が求めている事項を遵守し、文化的価値を尊重すること。

➤ 業務履行上行う決定に際して、自らの業務及び責任の範囲を明確にし、これらの責任を負うこと。

(ク) 継続研さん

➤ CPD活動を行い、コンピテンシーを維持・向上させ、新しい技術とともに絶えず変化し続ける仕事の性質に適応する能力を高めること。

6 ・・・解答③

(ア) ×：この法律では、製造物を「製造又は加工された動産」と定義している。つまり、土地や家屋などの不動産は対象外であり、家電製品、家庭用ガス器具等の器具はもとより、ガス、水道といった消費者保護に関するものが広く対象となる。エスカレータは当然製造されたものであり、PL法の対象となる。

(イ) ○：その通り。ソフトウェアは対象外。

(ウ) ○：その通り。

(エ) ○：その通り。

(オ) ×：PL法は各国によって異なる内容となっている。現地のルールに従う必要がある。

正しいものは、(イ)(ウ)(エ)、誤っているものは(ア)(オ)である。　⇒　**答え③**

7 ・・・解答②

(ア)(ウ)(エ) ○：その通り。『科学者の行動規範：平成25年1月25日改訂』の記述そのまま。

(イ) ×：科学者は、社会と科学者コミュニティとのより良い相互理解のために、市民との対話と交流に積極的に参加する。また、社会の様々な課題の解決と福祉の実現を図るために、政策立案・決定者に対して政策形成に有効な科学的助言の提供に努める。その際、科学者の合意に基づく助言を目指し、意見の相違が存在するときはこれを解り易く説明する。『科学者の行動規範：平成25年1月25日改訂』より

正しいものは、(ア)(ウ)(エ)、誤っているものは(イ)である。　⇒　**答え②**

8 ・・・解答②

(ア) 特定
(イ) 分析
(ウ) 評価
(エ) 対応

リスクアセスメントの手順は、
特定→分析→評価である。
この流れを確実におさえておくこと。
⇒　**答え②**

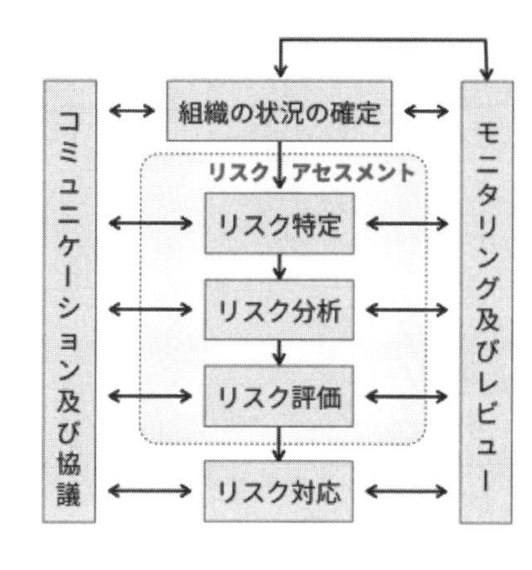

9 ・・・解答④

①～③⑤適切。

④不適切。 2006年の都営アパートのエレベータ事故はケーブルの破断による落下ではなくて、目的階の12階に到着し、高校生が自転車を押しながら降りようとしたところ、扉が開いたまま上昇したことで、エレベータ内部の床と12階廊下の天井部に挟まれて死亡した事故である。
直接的な理由としては、ドアが閉まっていないのに上昇したことからブレーキの不具合が考えられる。また、ドアが開いた状態では、昇降しないように制御されているが、この制御が働かなかったことから、制御系の不具合が考えられる。さらに、エレベータの製造メーカから保守業者への保守点検に関する情報不足、または不十分な保守点検がもたらす点検整備不良も原因の一因と考えられる。

◎2006年シンドラーエレベータ事故の概要

現場となったマンションは地上23階地下2階建であり、事故当時は築8年である。このマンションには「シンドラーエレベータ」製のエレベータ（定員28名）が2基稼動しており、2003年4月以降の記録によると事故当時までの3年間で43件の不具合があった。

2006年6月3日19時20分ごろ、同マンションの12階で、高校2年生が自転車を引きながらエレベータから後ろ向きに降りようとしていた。ところが扉が閉まらないまま、急にエレベータが上に動き出した。そのため高校生はエレベータ内部の床部分と12階の天井の間に挟まれてしまった。同乗していた13階に住む女性が非常ボタンを押し、防災センターにインターホンを通じて連絡した。防災センターの従業員は、現場に急行し事故状況を確認、無線で防災センターに救急隊、レスキュー隊の出動を要請した。救急隊、レスキュー隊は19時35分に現場に到着、救助を開始した。
　20時22分、事故から約50分後、高校生は救出されて病院に搬送されたが、胸部を圧迫されており窒息死した。エレベータ内にいた13階に住む女性にけがはなかった。

10 ・・・解答③

（ア）（ウ）（エ）○：その通り。
（イ）×：むしろ積極的に法令を遵守することが必要である。
以下『事業継続ガイドライン』より
①想定する発生事象（インシデント）により企業・組織が被害を受けた場合に、法令や条例による規制その他の規定を遵守するための対策を策定しているか。
②完全な遵守が難しい場合や、早急な事業復旧を図るために規制等の緩和が望まれる場合に備えて、平常時から、必要に応じて他企業・業界と連携し、また、関係する政府・自治体の機関に要請して、緊急時の緩和措置等について検討しているか。

11 ・・・解答②

（ア）普遍化可能性テスト	自分が今行おうとしている行為を、もしみんながやったらどうなるかを考えてみる。その場合に、明らかに社会が成り立たないと考えられ、矛盾が起こると予想されるならば、それは倫理的に不適切な行為であると考えられる。
（イ）可逆性テスト	もし自分が今行おうとしている行為によって直接影響を受ける立場であっても、同じ意思決定をするかどうかを考えてみる。「自分の嫌だということは人にもするな」という黄金律に基づくため、「黄金律テスト」とも呼ばれる。
（ウ）美徳テスト	自分がしばしばこの選択肢を選んだら、どう見られるだろうかを考えてみる。
（エ）世評テスト	その行動をとったことが新聞などで報道されたらどうなるか考えてみる。
専門家テスト	その行動をとることは専門家からどのように評価されるか、倫理綱領などを参考に考えてみる。

12 ・・・解答④

①～③⑤適切。
④不適切。技術提供の場が日本国内であっても、非居住者に技術提供する場合は、

提供する技術が外為令別表で規定されているかを確認の上、許可要否を判断する必要がある。

13 ・・・解答⑤

第二期インフラ長寿命化行動計画（令和３年６月）では以下の取組が示されている。

1．個別施設計画の策定・充実
2．点検・診断／修繕・更新等
3．予算管理
4．体制の構築
5．新技術の開発・導入
6．情報基盤の整備と活用
7．基準類等の充実

⑤の技術継承の取組は含まれていない。

14 ・・・解答③

ALARPは"as low as reasonably practicable"の略でALARPの原則とはリスクは合理的に実行可能な限り出来るだけ低くしなければならないというものである。

①②④⑤適切。

③不適切。リスクがALARP領域に留まることができるのは、リスク低減に要する費用が得られる利益に対して極度に釣り合わないことを示せる場合のみである。ALARPの原則はリスクをゼロにするために労力とお金が無限に費やされる可能性があるという事実に基づいている。当初計画した事業予算に収まらない程度のことでは許容可能と判断出来ない。

15 ・・・解答③

環境基本法では「公害」とは、事業活動その他の人の活動に伴って生ずる相当範囲にわたる大気の汚染、水質の汚濁、土壌の汚染、騒音、振動、地盤の沈下及び悪臭によって、人の健康又は生活環境に係る被害が生ずること、と定義されている。つまり、典型７公害とは、大気汚染、水質汚濁、土壌汚染、騒音、振動、地盤沈下、悪臭のことを指している。

③の廃棄物投棄は典型７公害に含まれていない。

技術士一次試験（基礎科目）

令和４年度　解答＆詳細解説

問題番号	1-1	1-2	1-3	1-4	1-5	1-6	2-1	2-2	2-3	2-4	2-5	2-6
答え	①	④	③	①	③	②	①	③	③	⑤	⑤	④
問題番号	3-1	3-2	3-3	3-4	3-5	3-6	4-1	4-2	4-3	4-4	4-5	4-6
答え	④	②	④	②	③	⑤	②	④	①	①	⑤	⑤
問題番号	5-1	5-2	5-3	5-4	5-5	5-6						
答え	②	①	①	⑤	⑤	③						

1群　設計・計画に関するもの

1　1　・・・解答①

(A) 疲労限度線図では、規則的な繰り返し応力における平均応力を ア：引張 方向に変更すれば、少ない繰り返し回数で疲労破壊する傾向が示されている。

(B) 材料に長時間一定荷重を加えるとひずみが時間とともに増加する。これをクリープという。 イ：材料の温度が高い状態 ではこのクリープが顕著になる傾向がある。

(C) 弾性変形下では、縦弾性係数の値が ウ：小さい と少しの荷重でも変形しやすい。

(D) 部材の形状が急に変化する部分では、局所的にvon Mises相当応力（相当応力）が エ：大きく なる。

1　2　・・・解答④

①適切。一様分布は各事象の起きる確率（生起確率）が等しい分布のこと。サイコロを振った時の出目の確率はまさに一様分布である。

②適切。ポアソン分布は、まれだが一定の時間内にはある程度の頻度で起こる事象の数の分布。試行回数がとても多く、事象発生確率（生起確率）がとても小さいときの二項分布と言える。

③適切。指数分布は連続型確率分布の一つで、機械が故障してから次に故障するまでの期間や、災害が起こってから次に起こるまでの期間のように、次に何かが起こるまでの期間が従う分布のこと。

④不適切。正規分布は、平均値を中心としたつり鐘型の分布。交通事故の発生回数は3年後が平均でそこからつり鐘型の分布になるわけではない。

⑤適切。二項分布は、成功・失敗といった事象についての分布。

1 3 ・・・解答③

正規分布は平均μと標準偏差σによって、$N(\mu、\sigma^2)$と表される。

引張力F_a(300、900)

圧縮力F_b(200、1600)

正規分布Rと正規分布Sの引き算の平均はそれぞれの平均の引き算と考えられる。一方の分散は2つの集合が集まることで、分散はさらに大きくなり、足し算になることに留意する。

2つの力の合力Pは、

正規分布$P(\mu_P、\sigma_P{}^2)$

$= F_a(300、900) - F_b(200、1600) = P(300 - 200、900 + 1600)$

$= P(100、2500)$

平均$\mu_P = 100$、標準偏差$\sigma_P = \sqrt{2500} = 50$

$P \geqq 200$を標準化する。

$(200 - 100) \div 50 = 2.0$

確率変数$z = 2.0$

表より、上側確率は2.28%と求められる。　⇒　**答え③**

1 4 ・・・解答①

総コスト$A = 9/(1 + x) + x$

あとは単純に当てはめて、計算する。

① $x = 2.0$　$A = 3.0 + 2.0 = 5.0$億円　⇒　**答え①**

② $x = 2.5$　$A = 2.6 + 2.5 = 5.1$億円

③ $x = 3.0$　$A = 2.3 + 3.0 = 5.3$億円

④ $x = 3.5$　$A = 2.0 + 3.5 = 5.5$億円

⑤ $x = 4.0$　$A = 1.8 + 4.0 = 5.8$億円

1 5 ・・・解答③

断面が円形の等分布荷重を受ける片持ばりにおいて、最大曲げ応力は断面の円の直径の ア：3乗 に イ：反比例 し、最大たわみは断面の円の直径の ウ：4乗 に イ：反比例 する。また、この断面を円から長方形に変更すると、最大曲げ応力は断面の長方形の高さの エ：2乗 に イ：反比例 する。ただし、断面形状ははりの長さ方向に対して一様である。また、はりの長方形断面の高さ方向は荷重方向に一致する。

この問題は曲げ応力σは断面係数Zに反比例し、たわみ量δはEI_zに反比例することを覚えていることが必須である。ここでEは縦弾性係数（ヤング率）、I_zははりの横断面のz軸に関する断面二次モーメントである。円や長方形の断面係数Zと断面二次モーメントI_zは暗記すること。

形状	断面係数Z	断面二次モーメントI_z
円	$Z=\dfrac{\pi D^3}{32}$	$I_z=\dfrac{\pi D^4}{64}$
長方形	$Z=\dfrac{bh^2}{6}$	$I_z=\dfrac{bh^3}{12}$

Z：断面係数 、 I_z：z軸に関する断面二次モーメント
D：円の直径 、 b：長方形の幅 、 h：長方形の高さ

1 6 ・・・解答②

こういうタイプの問題は、面倒くさがらずにア～オのすべてを計算する。
期待される価値をAとする。

① ア：$A=5\times0.7+4\times0.2+4\times0.1-3=1.7$
② イ：$A=5\times0.7+4\times0.2+7\times0.1-3=2.0$ ⇒ **答え②**
③ ウ：$A=3\times0.7+6\times0.2+7\times0.1-3=1.0$
④ エ：$A=6\times0.7+5\times0.2+3\times0.1-4=1.5$
⑤ オ：$A=7\times0.7+4\times0.2+5\times0.1-6=0.2$

2群　情報・論理に関するもの

2 1 ・・・解答①

②～⑤適切。

①**不適切。**会議参加者が送られてきたURLを間違って誰かに転送したら、簡単に拡散される。

悪意ある参加者を参加させないためには、1）会議ごとに新たなURLを作成することの他に、2）会議ごとにパスワードを設定し、このパスワードを入力しなければ会議に参加できない、3）IPアドレスの指定によるアクセス制限、などがある。

「・・・すればよい。」という選択肢の表現は、それだけでは不十分という意味で、不適切な場合が多い。

2 2 ・・・解答③

この問題は包除原理を理解しておく必要がある。

包除原理とは、集合$|A|$と集合$|B|$の和集合$|A \cup B|$を求めるには、集合$|A|$と集合$|B|$を足しあわせた後、それらの共通部分に属する積集合$|A \cap B|$を引けばよい、というものである。つまり全体を数え上げた後で重複を取り除くことに相当する。

$|A|=11$　$|B|=11$

$|A \cap B|=7$

今回の条件に当てはめて考えてみる。

ここで、∩：論理積、∪：論理和

$|A| = 11$、$|B| = 11$、$|A \cap B| = 7$

$|A \cup B| = |A| + |B| - |A \cap B| = 11 + 11 - 7 = 15$

次に集合$|A|$、集合$|B|$、集合$|C|$の3つの集合で考えてみる。

3回重なっている箇所を領域x、2回重なっている箇所を領域yとすると、

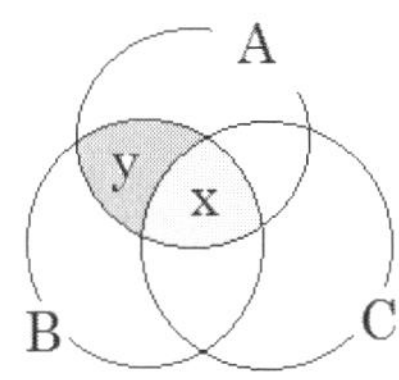

領域$x = |A \cap B \cap C| = 4$

領域$y = |A \cap B| - |A \cap B \cap C| = 7 - 4 = 3$　と求められる。

図全体では、領域xは1か所、領域yは3か所ある。
また、2回重なっている領域yは1回取り除き、3回重なっている領域x部分は2回取り除く必要がある。

$|A \cup B \cup C| = |A| + |B| + |C| - 3か所 \times y \times 1回 - 1か所 \times x \times 2回$
$= |A| + |B| + |C| - 3(|A \cap B| - |A \cap B \cap C|) - 2|A \cap B \cap C|$
$\mathbf{= |A| + |B| + |C| - 3|A \cap B| + |A \cap B \cap C|}$ ⇒ **包除原理**
$= 11 + 11 + 11 - 3 \times 7 + 4 = 16$

太字の式が包除原理であり、覚えておく必要がある。
プラスとマイナスが交互となっている点は注意しよう。

次に集合|A|、集合|B|、集合|C|、集合|D|の4つの集合の場合は、
全体の個数：$11 \times 4 = 44$
2回重なりの箇所：${}_4C_2 = 4 \times 3 / (2 \times 1) = 6$ か所
3回重なりの箇所：${}_4C_1 = 4$ か所
4回重なりの箇所：1か所
つまり、
$|A \cap B \cap C \cap D| = 44 - 6|A \cap B| + 4|A \cap B \cap C| - 1 \times x$
$16 = 44 - 6 \times 7 + 4 \times 4 - x$ ⇔
$x = 2$ ⇒ **答え③**

2 3 ・・・解答③

1つ1つ丁寧に落ち着いて考える。特に主記憶（下表ではA→B→Cの順番で新しい）に何が書き込まれているのかを慌てずに、実際に書いて整理することが大切。

外部アクセスは5回、主記憶からのアクセスは4回である。 ⇒ **答え③**

順番	ページ番号	アクセス時間	主記憶			解説
			A	B	C	
1	2	M	2			主記憶に何もないので外部アクセス。 2は主記憶Aに記憶される。
2	1	M	1	2		主記憶に1はないので外部アクセス。 1は主記憶A、2はBに記憶される。
3	1	H	1	2		主記憶に1あり。
4	2	H	2	1		主記憶に2あり。2がA、1がBに書き換えられる。

5	3	M	3	2	1	主記憶に３はないので外部アクセス。 ３は主記憶に記憶される。
6	4	M	4	3	2	主記憶に４はないので外部アクセス。４は主記憶に記憶される。記憶領域が３ページのため、１は消える。
7	1	M	1	4	3	主記憶に１はないので外部アクセス。 １は主記憶に記憶される。
8	3	H	3	1	4	主記憶に３あり。
9	4	H	4	3	1	主記憶に４あり。

2 4 ・・・解答⑤

縦に並べて比べて異なっている箇所を数える。

「１１１０１０１」

「１００１１１１」

異なる箇所は４つ　ハミング距離は ア：４ である。

問題文のとおり計算してみる。付加ビットは２の時は０、１の時は１となる。

一致するのは、X7のみ誤りの時であり、送信ビット列は イ:「1000011」 と求められる。

ア：４　　イ：「１０００００１１」　⇒　**答え⑤**

	X1	X2	X3	X4	X5	X6	X7	⇒	X2 + X3 + X4	X1 + X3 + X4	X1 + X2 + X4
全て正しい	1	0	0	0	0	1	0		0	1	1
X1のみ誤り	0	0	0	0	0	1	0		0	0	0
X2のみ誤り	1	1	0	0	0	1	0		1	1	0
X3のみ誤り	1	0	1	0	0	1	0		1	0	1
X4のみ誤り	1	0	0	1	0	1	0		1	0	0
X5のみ誤り	1	0	0	0	1	1	0		0	1	1
X6のみ誤り	1	0	0	0	0	0	0		0	1	1
X7のみ誤り	1	0	0	0	0	1	1	一致	0	1	1

2 5 ・・・解答⑤

今回のアルゴリズムは、

$s \leftarrow 2 \times s + a_i$　の繰り返し。

２進数（11001011）では、

$s = a_8 = 1 \rightarrow 1 \times 2 + a_7 = 3 \rightarrow 3 \times 2 + a_6 = 6 \rightarrow 6 \times 2 + a_5 =$ ア：12 →

$12 \times 2 + a_4 =$ イ：25 → $25 \times 2 + a_3 =$ ウ：50 →

$50 \times 2 + a_2 =$ エ：101 → $101 \times 2 + a_1 = 203$　⇒　**答え⑤**

2 6 ・・・解答④

インターネットに接続している機器には、データの送受信で使うIPアドレスが割りふられている。そして、IPv4とIPv6では作ることができるIPアドレスの個数が大きく異なる。

IPv4で用いられるのは32ビットで、2の32乗（約43億）個しか割り当てることができない。一方のIPv 6で用いられるのは128ビットで、2の128乗となり、ほぼ無限といってよいほどのIPアドレスを割り当てられる。IPv4ではアドレスの枯渇が心配されていたが、IPv6ではその心配がなくなった。

$2^{128} \div 2^{32} = 2^{96}$ 個　⇒　**答え④**

3群　解析に関するもの

3 1 ・・・解答④

①正しい。基本形である。$\dfrac{f_{i+1} - f_i}{\Delta} = f'(x)$

②正しい。$\dfrac{3f_i - 4f_{i-1} + f_{i-2}}{2\Delta} = \dfrac{3(f_i - f_{i-1}) - (f_{i-1} - f_{i-2})}{2\Delta} = \dfrac{3f'(x) - f'(x)}{2} = f'(x)$

③正しい。$\dfrac{f_{i+1} - f_{i-1}}{2\Delta} = \dfrac{(f_{i+1} - f_i) + (f_i - f_{i-1})}{2\Delta} = \dfrac{f'(x) + f'(x)}{2} = f'(x)$

④誤り。$\dfrac{(f_{i+1} - f_i) - (f_i - f_{i-1})}{\Delta} = f'(x) - f'(x) = 0$

⑤正しい。基本形である。$\dfrac{f_i - f_{i-1}}{\Delta} = f'(x)$

3 2 ・・・解答②

以下の公式は必ず覚えておくこと。

内積：$\mathbf{a} \cdot \mathbf{b} = a_1b_1 + a_2b_2 + a_3b_3$

外積：$\mathbf{a} \times \mathbf{b} = (a_2b_3 - b_2a_3,\ a_3b_1 - b_3a_1,\ a_1b_2 - b_1a_2)$

1つ1つ計算する。

① $(\mathbf{a} \times \mathbf{b}) \cdot \mathbf{a} = (a_2b_3 - b_2a_3)a_1 + (a_3b_1 - b_3a_1)a_2 + (a_1b_2 - b_1a_2)a_3$

$= a_1(a_2b_3 - b_2a_3 - b_3a_2 + b_2a_3) + a_2a_3b_1 - a_3b_1a_2 = 0$　⇒ 成立

② $\mathbf{a}\times\mathbf{b} = (a_2b_3 - b_2a_3、a_3b_1 - b_3a_1、a_1b_2 - b_1a_2)$

$\mathbf{b}\times\mathbf{a} = (b_2a_3 - a_2b_3、b_3a_1 - a_3b_1、b_1a_2 - a_1b_2) = -(a_2b_3 - b_2a_3、a_3b_1 - b_3a_1、a_1b_2 - b_1a_2)$

$= -\mathbf{a}\times\mathbf{b}$ ⇒ 不成立：**答え⑤**

③ $\mathbf{a}\cdot\mathbf{b} = \mathbf{b}\cdot\mathbf{a} = a_1b_1 + a_2b_2 + a_3b_3$ ⇒ 成立

④ $\mathbf{b}\cdot(\mathbf{a}\times\mathbf{b}) = b_1(a_2b_3 - b_2a_3) + b_2(a_3b_1 - b_3a_1) + b_3(a_1b_2 - b_1a_2)$

$= b_1(a_2b_3 - b_2a_3 + b_2a_3 - b_3a_2) - b_2b_3a_1 + b_3a_1b_2 = 0$ ⇒ 成立

⑤ $\mathbf{a}\times\mathbf{a} = (a_2a_3 - a_2a_3、a_3a_1 - a_3a_1、a_1a_2 - a_1a_2) = (0、0、0) = 0$ ⇒ 成立

3 3 ・・・解答④

①適切。丸め誤差とは、四捨五入や切り上げや切捨てなどによる誤差のこと。倍精度に変更すると精度は高まる。

②適切。高次要素を用いると精度は向上する。

③適切。解析精度は要素分割の形状にも依存する。ゆがんだ要素がないようにすることにより精度は高まる。

④不適切。収束判定条件を緩和することにより、計算時間は短縮されるが、精度は落ちる。

⑤適切。解析精度が要素分割の細かさに依存するのは、有限要素法一般に言える。

3 4 ・・・解答②

荷重PをAC方向とBC方向にわける。

$$P_{AC} = P\sin 30 = \frac{P}{2}$$

$$P_{BC} = P\cos 30 \frac{\sqrt{3}}{2} P$$

$$\frac{N_1}{N_2} = \frac{P_{AC}}{P_{BC}} = \frac{P}{2} / \frac{\sqrt{3}}{2} P = \frac{1}{\sqrt{3}}$$ ⇒ **答え②**

3 5 ・・・解答③（知っていないと難しい）

トルクは、慣性モーメントI（kg・m^2）と角加速度α（rad/s^2）の積で求められる。

逆に公式を覚えていれば一瞬で解ける。

$$\tau = I\alpha = \frac{I(\omega_2 - \omega_1)}{T}$$ ⇒ **答え③**

3 6 ・・・解答⑤

バネをx引っ張ると、復元力Pと固有振動数は、以下の式で表される。これは暗記しておく必要がある。

運動方程式：$ma = kx \Leftrightarrow a = (k/m) \cdot x$

固有振動数：$f = \dfrac{1}{2\pi}\sqrt{\dfrac{k}{m}}$ (Hz)

a：加速度、f：固有振動数、k：バネ定数、m：物体の質量

問題文の、糸の長さ2L、物体の質量m、物体の横方向の変位x、糸の傾きθとすると、

運動方程式：$ma = 2T\sin\theta \cdot x \Leftrightarrow a = (2T\sin\theta/m) \cdot x$

固有振動数：$f_a = \dfrac{1}{2\pi}\sqrt{\dfrac{2T\sin\theta}{m}}$ (Hz)

次に、糸の長さ4L、質量2mとすると、

運動方程式：$2ma = T\sin\theta \cdot x \Leftrightarrow a = (T\sin\theta/2m) \cdot x$

固有振動数：$f_b = \dfrac{1}{2\pi}\sqrt{\dfrac{T\sin\theta}{2m}}$ (Hz)

$$f_a : f_b = \frac{1}{2\pi}\sqrt{\frac{2T\sin\theta}{m}} : \frac{1}{2\pi}\sqrt{\frac{T\sin\theta}{2m}} = 2:1$$ ⇒ **答え⑤**

4群　材料・化学・バイオに関するもの

4 1 ・・・解答②

①③～⑤適切。

②**不適切。**塩酸HClと酢酸CH_3COOHでは、電離度が違うため、pHは異なってくる。

同じ0.1mol/Lであっても、水素イオンに電離する量が違う。

塩酸はほぼ電離度1で、100%H^+とCl^-に電離する。

$pH = -\log_{10}[H^+] = -\log_{10}10^{-1} = 1$と、計算される。

一方の酢酸は0.1mol/L水溶液では、電離度0.016程度である。

$$pH = -\log_{10}[H^+] = -\log_{10}0.016 \cdot 10^{-1} = -\log_{10}16 \cdot 10^{-4} = 4 - \log_{10}16 = 4 - 1.2 = 2.8$$

4 2 ・・・解答④

酸化数とは単体・化合物・イオンにおいて各原子が電子をどのくらいもっているかを表した数である。

化合物中の酸素の酸化数は－2、水素の酸化数は＋1である。

① Sの酸化数をxとする。$2 + x = 0 \Leftrightarrow x = -2$

② Mnの酸化数は0である。

③ Mnの酸化数をxとする。$x - 8 = -1 \Leftrightarrow x = +7$

④ Nの酸化数をxとする。$x + 3 = 0 \Leftrightarrow x = -3$

⑤ Nの酸化数をxとする。$1 + x - 6 = 0 \Leftrightarrow x = +5$

④のNの酸化数が一番少ない。　⇒　**答え④**

4 3 ・・・解答①

ニッケルは、[ア：レアメタル] に分類される金属であり、ニッケル合金やニッケルめっき鋼板などの製造に使われている。

幅0.50m、長さ1.0m、厚さ0.60mmの鋼板に、ニッケルで厚さ10μmの片面めっきを施すには、[イ：4.5×10^{-2}] kgのニッケルが必要である。このニッケルめっき鋼板におけるニッケルの質量百分率は、[ウ：1.8] %である。ただし、鋼板、ニッケルの密度は、それぞれ、7.9×10^3kg/m^3、8.9×10^3kg/m^{3}とする。

（ア）レアメタルは埋蔵量が少ないか、技術やコストの面から抽出が難しい金属の総称。経済産業省の定義ではニッケルやコバルト、インジウム、クロムなど３１鉱種が対象となる。ステンレスなどの基礎材料のほか自動車、ハイテク産業などに幅広く使われる。新興国の経済発展に伴い需要が急速に増し、争奪戦が激しくなっている。

（イ）面積：$1 \times 0.5 = 0.5\text{m}^2$

ニッケルの重さ：$0.5\text{m}^2 \times 10\mu\text{m} \times 8.9 \times 10^3\text{kg/m}^3 = 4.5 \times 10^{-2}\text{kg}$

（ウ）鋼板の重さ：$0.5\text{m}^2 \times 0.6\text{mm} \times 7.9 \times 10^3\text{kg/m}^3 = 2.37 \fallingdotseq 2.4\text{kg}$

ニッケル質量百分率：$4.5 \times 10^{-2} \div (4.5 \times 10^{-2} + 2.4) \times 100 = 1.84 \fallingdotseq 1.8\%$

4 4 ・・・解答①

材料の弾塑性挙動を、試験片の両端を均一に引っ張る一軸引張試験機を用いて測定したとき、試験機から一次的に計測できるものは荷重と変位である。荷重を [ア：変形前] の試験片の断面積で除すことで [イ：公称応力] が得られ、変位を

ア：変形前 の試験片の長さで除すことで **ウ：公称ひずみ** が得られる。

イ：公称応力 — **ウ：公称ひずみ** 曲線において、試験開始の初期に現れる直線領域を **エ：弾性** 変形領域と呼ぶ。

公称応力と真応力、公称ひずみと真ひずみといった聞き慣れない言葉が出てくるが、【公称】というのは、荷重をかける直前の試験前に測定した断面積や長さから求めたものである。一方の【真】というのは、荷重をかける最中でも試料は変化するため、瞬間ごとの断面積や長さから求めたものである。

つまり、一般に使われている、(応力 σ) = (外力P) ÷ (変形前の断面積A) は、公称応力のことである。これに対して、真応力は、瞬間ごとの断面積で外力を除した値のことである。

同様に、(ひずみ ε) = (変位 Δ L) ÷ (変形前の長さL) は、公称ひずみのことである。

4 5 ・・・**解答⑤**

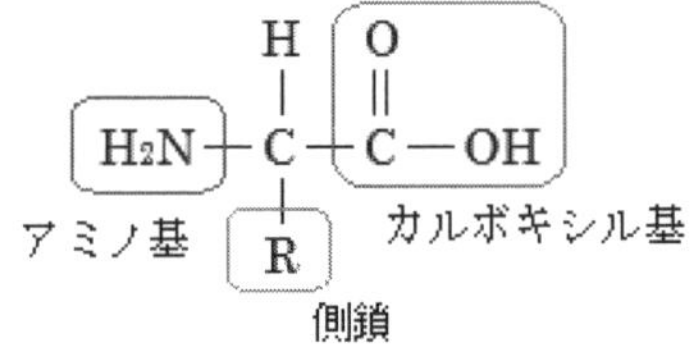

図. アミノ酸の一般構造

①**不適切。**タンパク質(アミノ酸が多数つながって構成されている高分子化合物)は、極性のアミノ酸をなるべく表面にし、非極性の側鎖を持ったアミノ酸をなるべく分子の内部にしまいこむような構造をとって安定する。

②**不適切。**酵素が作用を発揮する最適の温度を至適温度(optimum temperature)という。一般に、反応速度は温度とともに上昇するが、酵素はタンパク質であるから高温では変性するため、活性が逆に低下する。至適温度は、動物の酵素では40～50℃、植物の酵素では50～60℃である。好熱性細菌のように、80～100℃(超高熱菌には100℃以上)のものもある。

③**不適切。**「酵素」は、主にたんぱく質で構成されており、人間や動物、植物などすべての生き物が生きていくうえで必要な、消化・吸収・代謝などの化学反応を促進する。また、酵素は有機触媒であり、人間の体温ほどの温度でよく働くが、温度が高すぎると主成分であるタンパク質が熱変性を起こし、はたらきが失われる(これを「失活」と言う)。これに対して無機触媒は、温度が上がるほどに効果が発揮される。

④**不適切。**酵素は反応の活性化エネルギーを下げ、反応の速さを数百万～数億倍に上昇させる。

⑤適切。

4 6 ・・・解答⑤

この問題は、

アデニン（A）とチミン（T）、グアニン（G）とシトシン（C）　が、ペアであることを知っておかなければいけない。

与えられた条件をまとめると、以下のようになる。

同じ側の鎖		相補鎖
G：25％	⇔	C：25％
A：15％	⇔	T：15％
C：x ％	⇔	G：x ％
T：y ％	⇔	A：y ％

ここで x ＋ y ＝ 100 － 40 ＝ 60％

①**不適切。**同じ側の鎖では、CとTの和は60％である。

②**不適切。**同じ側の鎖では、GとCの和は25＋x＜85である。

③**不適切。**相補鎖では、Tは15％である。

④**不適切。**相補鎖では、CとTの和は40％である。

⑤適切。

5群　環境・エネルギー・技術に関するもの

5 1 ・・・解答②

①適切。IPCC第6次評価報告書では、人間活動の影響で地球が温暖化していることについては「疑う余地がない」と結論された。これは、2001年の第3次報告書で「人間活動が主な原因である可能性が高い（66％以上）」、2007年の第4次で「可能性が非常に高い（90％以上）」、2014年の第5次で「可能性が極めて高い（95％以上）」と評価されていた流れから、初めて不確かさの表現が外れて、断言されたことになる。

②**不適切。**産業革命前（1850-1900年の平均で近似）から近年（2011-2020年の平均）の間に観測された気温上昇量は1.09℃［0.95～1.20℃］であった。つまり気温上昇量は約1℃である。

③～⑤適切。

5 2 ・・・解答①

②〜⑤適切。選択肢の文章はそれぞれ理解しておく必要がある。

①**不適切。**令和２年度の産業廃棄物排出量は約3億9,215万トンに対して、一般廃棄物排出量は約4,167万トン。産業廃棄物の方が圧倒的に多い。

5 3 ・・・解答①

日本で消費されている原油はそのほとんどを輸入に頼っているが、エネルギー白書2021によれば輸入原油の中東地域への依存度（数量ベース）は2019年度で約 ア：90 ％と高く、その大半は同地域における地政学的リスクが大きい イ：ホルムズ 海峡を経由して運ばれている。

また、同年における最大の輸入相手国は ウ：サウジアラビア である。石油および石油製品の輸入金額が、日本の総輸入金額に占める割合は、2019年度には約 エ：10 ％である。

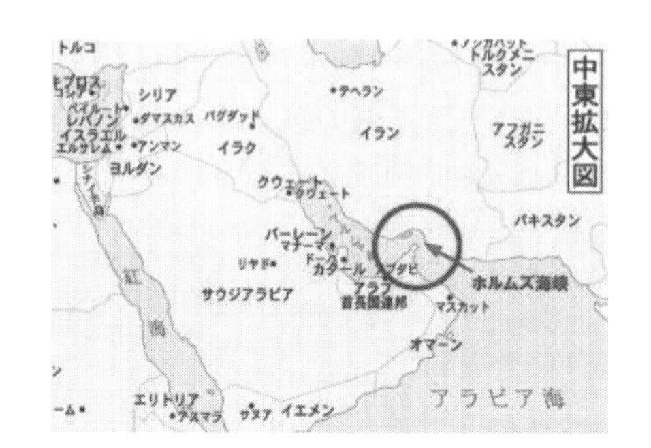

5 4 ・・・解答⑤

液体水素の密度は－253℃の時に70.8kg/m^{3}である。

1molの液体水素（H_2）の重さは2g。

2g ÷ 70.8 g/L ＝ 0.028L

一方で1molの水素の気体の体積は22.4L

0.028 ÷ 22.4 = 0.00125 = 1/800・・・（イ）

水素は燃焼後に水になるため、クリーンな二次エネルギーとして注目されている。水素の性質として、常温では気体であるが、１気圧の下で、 ア：－253 ℃まで冷やすと液体になる。液体水素になると、常温の水素ガスに比べてその体積は約 イ：1／800 になる。また、水素と酸素が反応すると熱が発生するが、その発熱量は ウ：重量 当たりの発熱量でみるとガソリンの発熱量よりも大きい。そして、水素を利用することで、鉄鉱石を還元して鉄に変えることもできる。コークスを使って鉄鉱石を還元する場合は二酸化炭素（CO_2）が発生するが、水素を使っ

て鉄鉱石を還元する場合は、コークスを使う場合と比較してCO_2発生量の削減が可能である。なお、水素と鉄鉱石の反応は エ：吸熱 反応となる。

5 5 ・・・解答⑤

①適切。リスク評価は、リスクアセスメントを構成する3つのプロセスのうちの1つである。3つのプロセスとは、リスク特定（リスクの洗い出し）、リスク分析（リスクの大きさの算定）、そしてこのリスク評価であり、リスク評価の狙いは、その前行程にあたるリスク分析によって得られた発生可能性や影響度の大きさなどのデータを基に、どのリスクにより優先的に対応の検討をすべきかの判断材料を提供することである。

②適切。レギュラトリーサイエンスとは、「科学技術の成果を人と社会に役立てることを目的に、根拠に基づく的確な予測、評価、判断を行い、科学技術の成果を人と社会との調和の上で最も望ましい姿に調整するための科学」とされている。科学的知見と規制などの行政施策・措置との間の橋渡しとなる科学のことである。

③適切。リスクコミュニケーションは、一方向的なプロパガンダではなく、生産者、消費者、流通業者、行政、地域住民、研究者などリスクに関係する人々（ステークホルダー）の間で双方向的なコミュニケーションが行われること、それを通じて関係者が共考しうる土台を作ることを目的としている。

④適切。科学的に評価されたリスクと人が認識するリスクの間に隔たりがあることを前提として、その隔たりを埋めていくために、リスクコミュニケーションがある。例えば、災害や環境問題、原子力施設などに対しては特に科学的に評価されたリスクと人が認識するリスクの隔たりが大きくなっているため、安全対策に対する認識や協力関係の共有のためにリスクコミュニケーションが必要である。

⑤不適切。リスクコミュニケーションは、対象の持つリスクに関する情報を、ステークホルダーに対して開示することであり、情報発信者は対象の持つポジティブな側面だけではなく、ネガティブな側面についても情報を公正に伝え、リスク評価に至った過程について、丁寧に説明することが重要である。

5 6 ・・・解答③

（エ）フリードリヒ・ヴェーラーはシアン酸アンモニウムを加熱中に尿素が結晶化しているのを**1828年**に発見し、無機化合物から初めて有機化合物の尿素を合成（ヴェーラー合成）したことにより「有機化学の父」と呼ばれる。

（ア）ベッセマーは**1850年〜1855年**にかけて安価な鋼の製造という問題を手掛け、その製法の特許を取得した。ベッセマー製鋼法は融解した銑鉄に空気を吹きつけ、その中の酸素の作用で不純物を焼き払うことで鋼を製造するものである。現在は、この製鋼法は商業的には既に使われていないが、鋳鉄を広く置換できる量の鋼を安価に製造できるようにしたという点で、産業の発展に極めて重要な意味を果たした。

（オ）**明治30 年（1897 年）**6月、関東を中心として全国的に赤痢が大流行した。総患者数は9 万人とも言われ、死亡率は約25%。この年、志賀潔は、赤痢菌を発見した。また、化学療法を研究し、明治時代の日本の近代化の中で世界に通用する科学研究の成果を成し遂げた先駆者と評される。

（イ）本多光太郎は、鉄鋼及び金属に関する冶金学・材料物性学の研究を、日本はもとより世界に先駆けて創始した。**1917年**にKS鋼を発明し、世界最強の永久磁石鋼として脚光を浴びた。1934年に最初のKS鋼の4倍近い保磁力を有する新KS鋼を発明した。「鉄の神様」「鉄鋼の父」などとも呼ばれ、鉄鋼の世界的権威者として知られる。1932年に日本人初のノーベル物理学賞の候補に挙がっていたものの、受賞を逸している。

（ウ）**1935年**、ウォーレス・カロザースは、世界初の合成繊維ナイロンの合成に成功した。1931年に人工的にゴムをつくる方法を発見し、1935年には人類初の人工繊維ポリアミドを合成することに成功し、実用化に向けた研究を進めた。この繊維は「ナイロン」と命名され、1938年、「石炭と水と空気」からつくられた完全な人工の繊維として世界に紹介された。当時、人々のあこがれの繊維は絹で、とても高価なものであったが、絹よりも細く、丈夫で、しかも安くつくれるナイロンは世界に衝撃を与えた。

古い順番に並べると、以下の通り。
（エ）→（ア）→（オ）→（イ）→（ウ）　⇒　**答え③**

技術士一次試験（適性科目）

令和4年度　解答&詳細解説

問題番号	1	2	3	4	5	6	7	8	9	10	11	12	13	14	15
解答	④	④	③	①	④	⑤	③	②	⑤	④	④	⑤	③	③	⑤

1 ・・・解答④

技術士の3義務2責務を理解していれば解ける。技術士になろうとする人は試験以前に3義務2責務をしっかり理解しておく必要がある。

●信用失墜行為の禁止（第44条）
技術士又は技術士補は、技術士若しくは技術士補の信用を傷つけ、又は技術士及び技術士補全体の不名誉となるような行為をしてはならない。

●技術士等の秘密保持義務（第45条）
技術士又は技術士補は、正当の理由がなく、その業務に関して知り得た秘密を漏らし、又は盗用してはならない。技術士又は技術士補でなくなった後においても、同様とする。

●技術士の名称表示の場合の義務（第46条）
技術士は、その業務に関して技術士の名称を表示するときは、その登録を受けた技術部門を明示してするものとし、登録を受けていない技術部門を表示してはならない。

●技術士等の公益確保の責務（第45条の2）
技術士又は技術士補は、その業務を行うに当たっては、公共の安全、環境の保全その他の公益を害することのないよう努めなければならない。

●技術士の資質向上の責務（第47条の2）
技術士は、常に、その業務に関して有する知識及び技能の水準を向上させ、その他その資質の向上を図るよう努めなければならない。

(ア) ×：退職後も秘密保持義務の制約を受ける。

(イ) ○：適切：登録している部門について、資質向上を図るように努めなければならない。

(ウ) ×：守秘義務は大切な義務であるが、公益確保がより優先される。データ改ざんや杭打ち偽装等の指示よりも公益確保の責務が優先である。

(エ) ○：技術士は、その業務に関して技術士の名称を表示するときは、その登録を受けた技術部門を明示してするものとし、登録を受けていない技術部門を表示してはならならない。

(オ) ×：守秘義務は大切な義務であるが、公益確保がより優先される。データ改ざんや杭打ち偽装等の指示よりも公益確保の責務が優先である。

(カ) ×：技術士を補助する場合を除き、技術士補の名称を表示して当該業務を行ってはならない。

(キ) ×：登録している部門について、資質向上を図るように努めなければならない。

（イ）（エ）が正しく、（ア）（ウ）（オ）（カ）（キ）が間違っている。　⇒　**答え④**

2 ・・・解答④（サービス問題）

PDCAサイクルという名称は、サイクルを構成する次の4段階の頭文字をつなげたものである。

Plan（計画）：従来の実績や将来の予測などをもとにして業務計画を作成する。
Do（実行）：計画に沿って業務を行う。
Check（評価）：業務の実施・成果が計画・目標に沿っているかどうかを評価する。
Act（改善）：実施が計画に沿っていない部分を調べて改善をする。

この4段階を順次行って1周したら、最後のActを次のPDCAサイクルにつなげ、螺旋を描くように1周ごとに各段階のレベルを向上（スパイラルアップ）させて、継続的に業務を改善する。この手順に従う活動は本来的に、統計的品質管理（クオリティ・コントロール）として工場でのQCサークル運動のツールであったが、多くのビジネス関係者がより広い経営活動一般に適用しようとしたため、現在ではPDCAの欠点や問題点が指摘されている。

計画→実施→点検→処置→計画（以降、繰り返す）　⇒　**答え④**

3 ・・・解答③

組織が尊重すべき社会的責任の7つの原則は、「説明責任」「透明性」「倫理的な行動」「ステークホルダーの利害の尊重」「法の支配の尊重」「国際行動規範の尊重」「人権の尊重」。

該当しないのは、③技術の継承。　⇒　**答え③**

1）「説明責任」：組織の活動が与える影響の説明をする。
2）「透明性」：組織の意思決定や活動の透明性を保つ。
3）「倫理的な行動」：公平性や誠実性などの倫理観に基づいた行動をする。

4)「ステークホルダーの利害の尊重」様々なステークホルダー(その組織の利害関係者)への配慮ある対応をする。
5)「法の支配の尊重」:法令を尊重し遵守する。
6)「国際行動規範の尊重」:国際的に通用している規範を尊重し遵守する。
7)「人権の尊重」:重要かつ普遍的である人権を尊重する。

4 ・・・解答①

人間の進化が、狩猟→農耕の順番を知っていれば、まず①③⑤に絞られる。さらに、持続可能性という言葉を知っていれば、①に絞られる。

Society5.0は、ア:狩猟 社会(Society 1.0)、イ:農耕 社会(Society 2.0)、工業社会(Society 3.0)、情報社会(Society 4.0)に続く社会であり、具体的には、「サイバー空間(仮想空間)とフィジカル空間(現実空間)を高度に融合させたシステムにより、経済発展と ウ:社会 的課題の解決を両立する、エ:人間 中心の社会」と定義されている。

我が国がSociety 5.0として目指す社会は、ICTの浸透によって人々の生活をあらゆる面でより良い方向に変化させるDX(デジタルトランスフォーメーション)により、「直面する脅威や先の見えない不確実な状況に対し、オ:持続可能性・強靭性を備え、国民の安全と安心を確保するとともに、一人ひとりが多様な幸せ(well-being)を実現できる社会」である。

5 ・・・解答④

ア)適切:嫌がらせは誰もが加害者になりえる。

イ)不適切:ハラスメント(Harassment)とはいろいろな場面での『嫌がらせ、いじめ』を言う。その種類は様々であるが、他者に対する発言・行動等が、加害者本人の意図には関係なく、相手を不快にさせたり、尊厳を傷つけたり、不利益を与えたり、脅威を与えることを指す。ハラスメントであっても相手がなかなか言い出せない場合は多くある。

ウ)エ)カ)適切。

オ)不適切:ハラスメントに該当しない。

〔ハラスメントには該当しない業務上の必要性に基づく言動の具体例〕

- 上司が、長時間労働をしている妊婦に対して、「妊婦には長時間労働は負担が大きいだろうから、業務分担の見直しを行い、あなたの残業量を減らそうと思うがどうか」と配慮する。
- 上司・同僚が「妊婦には負担が大きいだろうから、もう少し楽な業務にかわってはどうか」と配慮する。
- 上司・同僚が「つわりで体調が悪そうだが、少し休んだ方が良いのではないか」と配慮する。
- 業務体制を見直すため、上司が育児休業をいつからいつまで取得するのか確認すること。
- 状況を考えて、上司が「次の妊婦検診はこの日は避けてほしいが調整できるか」と確認すること。
- 同僚が自分の休暇との調整をする目的で休業の期間を尋ね、変更を相談すること。

キ）不適切：専門知識による優位性も含まれる。「そんなことも知らないの？」といった言葉がハラスメントに該当することもある。

適切なものは、（ア）（ウ）（エ）（カ）の４つである。　⇒　**答え④**

6　・・・解答⑤

①～④適切。

ALARP（アラープ）とは"As Low As Reasonably Practicable"の略で、リスクは、合理的に実行可能な限り、出来るだけ低くしなければならないということを示した言葉。許容できないリスクはもちろん認められないが、社会に認められる持続可能な企業になるためには「できる限りリスクの低減に努力しなければならない」この考え方が、ALARP（アラープ）である。

「許容できないリスクの水準」とは、言い換えるなら「事故や労働災害が発生した場合に製造物責任訴訟（PL訴訟）を受ける可能性が高い水準」ということになる。

ここで、「許容できないリスクの水準」は、製品の特性、使用者の文化、時代により変わってくるもので一律には決められない。だからこそ、技術者は、自分が担当する製品のリスクアセスメントで「許容できないリスクの水準」を明確にすることが求められる。

⑤**不適切。**設計段階では、１）本質的安全設計、２）ガード及び保護装置、３）最終使用者のための使用上の情報の３方策があり、１）２）３）の順番で優先適用すべきとされている。上位の方策は人の意志に依存しないため安全確保の性能が

高く、災害回避に優れている。下位の方策はミスがつきものの人に頼って安全を確保するものなので、できるなら避けたい。

7 ・・・解答③

【功利主義】は、最大多数の ア：最大幸福 を原理とする。功利主義では最大多数の最大幸福の目標のために、特定個人への不利益が生じたり、イ：個人の権利 が制限されたりすることがある。例えば道路建設に当たっては、最大多数の最大幸福の観点から道路建設場所を決定する。道路建設予定地の人には、立ち退きなどを強いる場合もある。

【個人尊重主義】は、個人の尊重が最優先であり、最大多数の最大幸福は それより下位の目標とされる。個人の権利の侵害は、それが功利の全体量を増やす場合であっても許されないとする。

【黄金律】は、多くの宗教、道徳や哲学で見出される「他人から自分にしてもらいたいと思うような行為を人に対してせよ」という内容の倫理学的言明である。

ウ：自分の望むことを人にせよ が適切である。

エについては、常識的に、身分に関する権利が最優先されなければいけないというのは不適切。

安全、エ：健康 に関する権利は最優先されなければならない。

8 ・・・解答②

これは国語の問題である。安全保障貿易管理を知っていなくても、選択肢の文章をよく読んでみると、安全側の記述は②だけで、①③④⑤はすべて危険側の記述になっている。こういう問題ではしばしば、安全側の記述は適切で、危険側の記述は不適切となっていることが多いので、そういう点も参考にする。

(ア) 不適切。サンプルであっても輸出であり、当然規制を確認する必要がある。

(イ) 不適切。当然自社でも確認する。また、該非判定に関する法令等は、通常レジームの合意内容等を反映し、毎年改正される。今まで「非該当」であった貨物が、改正により「該当」になる場合もある。常に輸出時の最新法令等に基づき該非判定をしなければいけない。

(ウ) 不適切。リスト規制品以外（非該当）のものを取り扱う場合であっても、輸出しようとする貨物や提供しようとする技術が、大量破壊兵器等の開発、製造、使用又は貯蔵もしくは通常兵器の開発、製造又は使用に用いられるおそれがある場合は、輸出又は提供に当たって経済産業大臣の許可が必要となる場合がある。この制度は通称「キャッチオール規制」と呼ばれている。従って、貨物の輸出や技術の提供を行う際は、リスト規制とキャッチオール規制の両方の観点から確認を行う必要がある。

（エ）適切。

適切なものは（エ）の1つ。　　⇒　**答え②**

9 ・・・解答⑤

知的財産権は、特許権や著作権などの創作意欲の促進を目的とした「知的創造物についての権利」と、商標権や商号などの使用者の信用維持を目的とした「営業上の標識についての権利」に大別される。

（ア）～（オ）のすべてが「知的創造物についての権利」である。　⇒　**答え⑤**

一方で「営業上の標識についての権利」は商標権、商号、商品等表示、地理的表示などがある。

●知的創造物についての権利等

知的財産の種類	保護対象など
特許権 （特許法）	➢「発明」を保護 ➢出願から20年（一部25年に延長）
実用新案権 （実用新案法）	➢物品の形状等の考案を保護 ➢出願から10年
意匠権 （意匠法）	➢物品、建築物、画像のデザインを保護 ➢出願から25年
著作権 （著作権法）	➢文芸、学術、美術、音楽、プログラム等の精神的作品を保護 ➢死後70年（法人は公表後70年、映画は公表後70年）
回路配置利用権 （回路配置法）	➢半導体集積回路の回路配置の利用を保護 ➢登録から10年
育成者権 （種苗法）	➢植物の新品種を保護 ➢登録から25年（樹木30年）
営業秘密 （不正競争防止法）	➢ノウハウや顧客リストの盗用など不正競争行為を規制

10 ・・・解答④

（ア）○適切。「循環型社会」とは、1）廃棄物等の発生抑制、2）循環資源の循環的な利用、及び3）適正な処分が確保されることによって、天然資源の消費を抑制し、環境への負荷ができる限り低減される社会のこと。

（イ）○適切。1）発生抑制（Reduce）、2）製品・部品としての再使用（Reuse）、3）原材料としての再生利用（Recycle）、4）熱回収、5）適正処分、のそれぞれの意味を理解すれば、「循環的な利用」が2）、3）、4）であることがわかる。1）は循環的な利用の前段階の廃棄物の発生抑制。5）は循環的に利用するのではなくて最終処分の話。

（ウ）×不適切。「再生利用」は一旦使用された製品や製品の製造に伴い発生した副産物を回収し、原材料としての利用または焼却熱のエネルギーとして利用する。ここの文章は再使用のこと。

発生抑制（Reduce）	省資源化や長寿命化といった取り組みを通じて製品の製造、流通、使用などに係る資源利用効率を高め、廃棄物とならざるを得ない形での資源の利用を極力少なくする。
再使用（Reuse）	一旦使用された製品を回収し、必要に応じ適切な処置を施しつつ製品として再使用をする。または、再使用可能な部品を利用する。
再生利用（Recycle）	一旦使用された製品や製品の製造に伴い発生した副産物を回収し、原材料として利用する。

（エ）×不適切。「発生抑制」→「再使用」→「再生利用」→「熱回収」→「適正処分」の順位。

11 ・・・解答④

製造物責任法では、製造物を「製造又は加工された動産」と定義している。一般的には、大量生産・大量消費される工業製品を中心とした、人為的な操作や処理がなされ、引き渡された動産を対象としており、**不動産、未加工農林畜水産物、電気、ソフトウェアといったものは該当しない。**

ア）○該当する：当該製造物を業として製造、加工又は輸入した者が対象となる。

イ）×該当しない：製造物は「製造又は加工された動産」と定義されており、不動産は該当しない。

ウ）○該当する：エスカレータ設備は製造物。

エ）×該当しない：電気は対象外。

オ）○該当する：ソフトウェア単体は製造物責任法の対象外であるが、この場合はロボットが対象である。

カ）×該当しない：未加工農林畜水産物は該当しない。

キ）○該当する：加工農林畜水産物は該当する。輸入業者に対して損害賠償責任が生じる。

ク）×該当しない：エレベータの欠陥ではないため、製造物責任法の対象ではない。

該当しないものは、（イ）（エ）（カ）（ク）の4つである。　⇒　**答え④**

12　・・・解答⑤

（ア）×不適切。公共事業で入札参加者が事前に受注者や受注金額を決めるのは「インサイダー取引」ではなくて「談合」である。
ちなみに、「インサイダー取引」とは、インサイダー情報（会社に関する未公表の情報）を知っている状態で、その会社の株式を取引する行為のこと。株式市場における公正な取引を害するため、インサイダー取引は金融商品取引法によって禁止されている。インサイダー取引規制に違反した場合、金融庁による課徴金納付命令や、刑事罰の対象になる。

（イ）〇適切。

（ウ）×不適切。競争を回避するために、本来事業者が自主的に決めるべき商品やサービス等に関する事項を、複数の事業者が共同で決める行為は「談合」ではなくて「カルテル」である。市場シェアの大きい複数の事業者が商品の価格を高く設定するのは「価格カルテル」。同様にカルテルによって販売数量や生産数量を絞ることは「数量カルテル」と呼ぶ。

（エ）×不適切。カルテルではなくてインサイダー取引。

13　・・・解答③

（ア）（ウ）（エ）（オ）〇適切。その通り。

（イ）×不適切。記述は情報の可用性ではなくて完全性である。

セキュリティは「機密性（Confidentiality）」、「完全性（Integrity）」、「可用性（Availability）」のバランスで形成される。機密性とは、アクセス権を持つ者だけが情報にアクセスできること（逆に言えばアクセス権を持たない者はアクセスできない）、完全性とは、ネットワークやデータの汚染を防止し、常に正しい情報が手に入る状況を保つこと、可用性は、必要時に許可された者が確実に情報にアクセスできる環境を指している。

万全なセキュリティ対策は、この3大要素がどこかに偏ることなく、バランスよく構成されている必要があるが、一般的にはセキュリティ対策と言えば、機密性確保に偏りがちである。しかし、完全性や可用性を無視したセキュリティ対策はシステムの存在自体が無意味になることもある。

機密性	完全性	可用性
識別と認証 アクセス制御 アカウント管理 監査（侵入検査を含む） セッションコントロール リソースコントロール 機密ラベル（情報の重要度を格納するもので、強制アクセス制御で使用）	バックアップと復旧 更新管理（履歴） 悪意のあるコードの侵入防止 強制アクセス制御 強制完全性制御 完全性（データやソフトウェアの完全性保護や否認防止） 構成管理（保管上の完全性に関する効率性を確保するポリシー）	電源冗長 モニタリング Dos 攻撃防御 コンテンジェンシープラン 期待される応答時間の維持 バックアップと復旧（手順、他のシステムに影響を与えない構造）

14 ・・・解答③

持続可能な開発目標（SDGs：Sustainable Development Goals）とは、2001年に策定されたミレニアム開発目標（MDGs）の後継として、2015年9月の国連サミットで加盟国の全会一致で採択された2030年までに持続可能でよりよい世界を目指す国際目標のこと。17のゴール・169のターゲットから構成され、地球上の「誰一人取り残さない（leave no one behind）」ことを誓っている。SDGsは発展途上国のみならず、先進国自身が取り組むユニバーサル（普遍的）なものであり、日本としても積極的に取り組んでいる。

(ア) ×不適切。先進国だけでなく発展途上国も取り組むユニバーサル（普遍的）なものである。

（イ）（ウ）（エ）（オ）（カ）○適切。

(キ) ×不適切。環境問題だけではなく17の目標がある。　⇒　**答え③**

15 ・・・解答⑤

（ア）○適切。土木学会の資格やAPECエンジニアは5年間で250単位、建設コンサルタンツ協会のRCCMは4年間で200単位（コロナ禍により、2021年4月1日から「4年間で150単位以上」、2025年4月1日から「4年間で200単位以上」）のCPD取得を義務付けている。

（イ）○適切。
（ウ）○適切。自己申告のため、記録や内容の証明は必要である。現時点では、技術士は資質向上の責務は課せられているが、具体的にCPDを獲得しなければ資格はく奪といった罰則はない。
（エ）×不適切。日常的な業務はCPDの登録対象外である。

（ア）（イ）（ウ）が正しく、（エ）が間違っている。　⇒　**答え⑤**

技術士一次試験（基礎科目）

令和3年度　解答&詳細解説

問題番号	1-1	1-2	1-3	1-4	1-5	1-6	2-1	2-2	2-3	2-4	2-5	2-6
答え	④	②	②	③	⑤	③	①	②	②	②	①	③
問題番号	3-1	3-2	3-3	3-4	3-5	3-6	4-1	4-2	4-3	4-4	4-5	4-6
答え	④	②	①	③	④	⑤	③	④	②	①	①	②
問題番号	5-1	5-2	5-3	5-4	5-5	5-6						
答え	②	⑤	①	②	④	④						

1群　設計・計画に関するもの

1　1　・・・解答④

誰にとっても使いやすいかどうかで判断する。

①〜③⑤適切。

④不適切。子供にとっては使いにくくするため、ユニバーサルデザインとは言えない。

ユニバーサルデザインとは、ノースカロライナ州立大学のロナルド・メイスが1990年に提唱した「出来るだけ多くの人が利用可能であるようデザインする事」をコンセプトとしたバリアフリー概念を拡張した概念である。デザイン対象を障害者に限定していない点が一般に言われる「バリアフリー」とは異なる。ロナルド・メイスが提唱したユニバーサルデザインの７原則はよく出題されるのでしっかり覚えておくこと。

（1）誰でもが公平に利用できる、
（2）利用における柔軟性がある、
（3）シンプルかつ直観的な利用が可能、
（4）必要な情報がすぐにわかる、
（5）ミスしても危険が起こらない、
（6）小さな力でも利用できる、

（7）じゅうぶんな大きさや広さが確保されている、 である。

1 2 ・・・解答②

難しいことを考えずに、すべて計算する。

直列のシステムでは、信頼度Xは　$X = 0.90 \times 0.90 = 0.81$　と計算される。

並列のシステムでは、信頼度Yは　要求された機能が果たされない確率を計算して、全体から引くという計算をする。つまり、並列につながれた両方の機械が同時に故障した場合、システムとして機能が果たされていないと考える。

$Y = 1 - (1 - 0.90) \times (1 - 0.90) = 0.99$　と計算される。

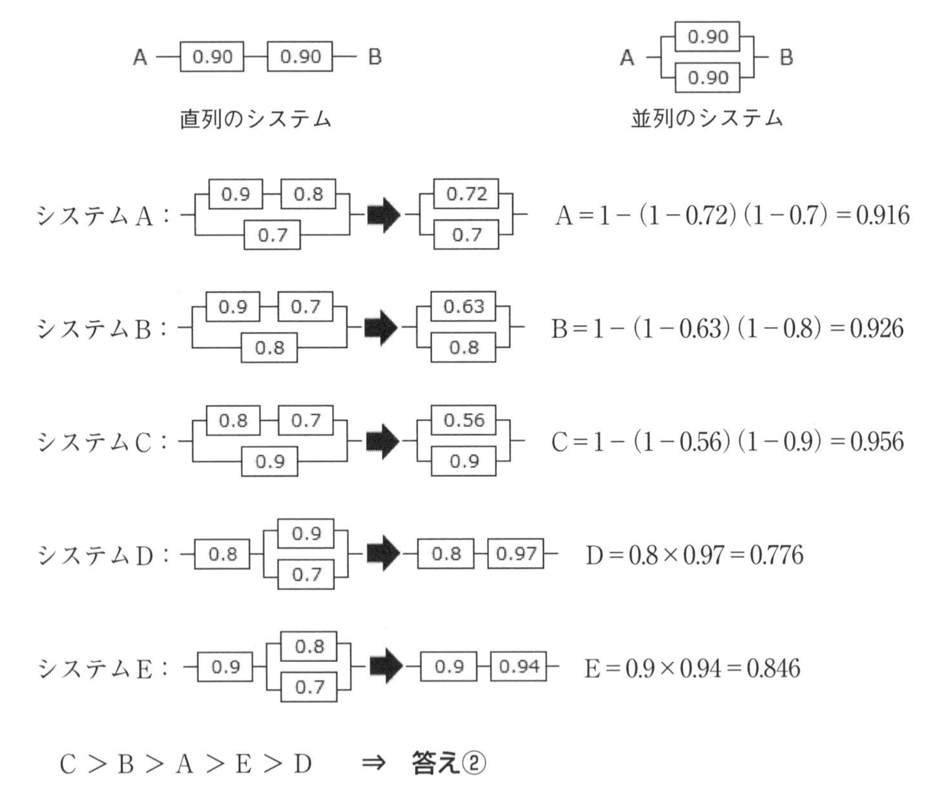

C ＞ B ＞ A ＞ E ＞ D　⇒　**答え②**

1 3 ・・・解答②

PDCAサイクルは、Plan（計画）、Do（実行）、Check（評価）、Action（改善）の頭文字を取ったもので、1950年代、品質管理の父といわれるW・エドワーズ・デミングが提唱したフレームワーク。

（ア）正しい。

（イ）正しい。

（ウ）誤り。CはCheck（評価）のことで、実行した内容の検証を行う。特に計画通りに実行できなかった場合、なぜ計画通りに実行できなかったのか、要因分析を入念に行う必要がある。

（エ）誤り。AはAction（改善）のことで、検証結果を受け、今後どのような対策や改善を行っていくべきかを検討する。

1 4 ・・・解答③

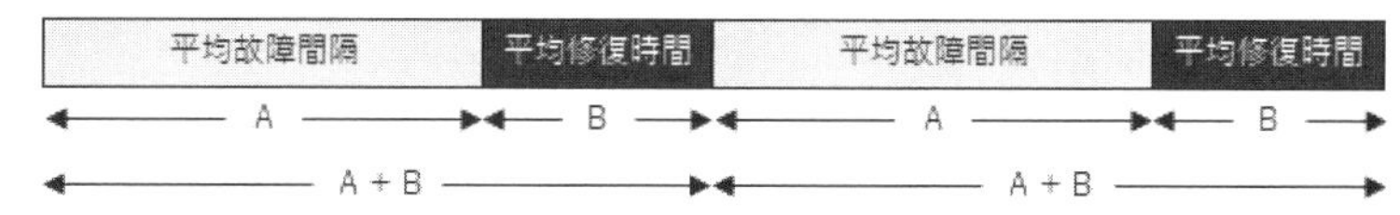

稼働している時間は平均故障間隔（MTBF）で、故障中の時間は平均修復時間（MTTR）である。

稼働率は、A／（A＋B）となる。　⇒　**答え③**

1 5 ・・・解答⑤

（ア）誤り。断面に比べて長さの長い圧縮部材は、圧縮応力度が圧縮強度以下のある荷重で突然座屈を起こす。この座屈現象が生じる強度を弾性座屈強度という。弾性座屈強度はオイラーの長柱理論によって求められ、次式のようになる。

$$P_{BC}=\frac{n\pi^2 EI}{l^2}$$

ここに、P_{BC}：弾性座屈強度　　n：長柱の両端の支持状態で定まる係数

EI：部材の曲げ剛性　　l：部材長

座屈に対する安全性を向上させるためには、部材長を短くする方が有効である。

（イ）正しい。座屈強度に関係するのは、部材長（幾何学的形状）と部材の曲げ剛性（縦弾性係数）と両端の支持状態（境界条件）である。引張強度は関係ない。

（ウ）誤り。許容応力は基準強度を安全率で除したものである。例えば、基準強度が15kN/mm^{2}で安全率が1.5ならば、許容応力は10kN/mm^{2}となる。

（エ）誤り。考慮するべき限界状態は次の２つに大別することができる。１つは終局限界状態で、もう１つは使用限界状態である。終局限界状態は事実上の破

壊の状態のことで、使用限界状態はたとえ破壊していなくても変形が大きい等で正常な状態で十分長期間使用に耐えることができない状態のこと。

1 6 ・・・解答③

こういうタイプの問題は、(ア)～(オ)のうち、1つでも正誤の判断がつく文章があれば、①～⑤の解答が随分絞れるため、なるべく粘って考えてみてください。

(ア) 誤り。JIS Z 8315では、投影法には第一角法、第三角法、矢示（やし）法等がある。日本では第三角法で製図を行うことが一般的である。

(イ) 正しい。

(ウ) 誤り。第一角法は、平面図は正面図の下に、左側面図は正面図の左に描かれる。

(エ) 正しい。

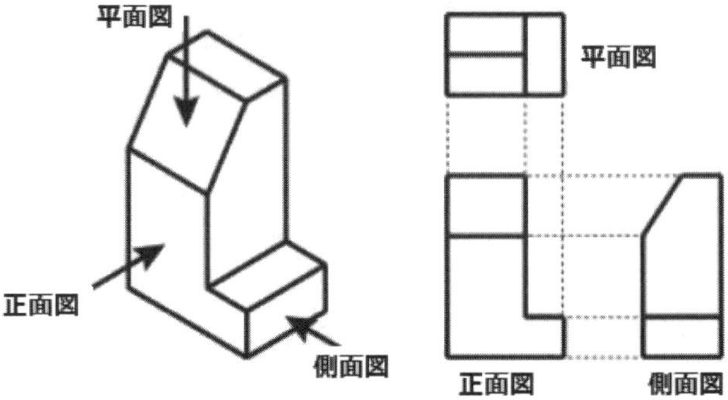

図．第三角法

(オ) 誤り。ISOとは、スイスのジュネーブに本部を置く非政府機関 International Organization for Standardization（国際標準化機構）の略称である。ISOの主な活動は国際的に通用する規格を制定することであり、ISOが制定した規格をISO規格という。ISO規格は、国際的な取引をスムーズにするために、何らかの製品やサービスに関して「世界中で同じ品質、同じレベルのものを提供できるようにしましょう」という国際的な基準であり、制定や改訂は日本を含む参加国の投票によって決まる。

2群　情報・論理に関するもの

2 1 ・・・解答①

①適切。

②不適切。秘密鍵とは、対になる公開鍵で暗号化された通信を復号するために使

うキーのことである。ネットショッピングの際のメールアドレスが公開鍵でパスワードが秘密鍵である。秘密鍵は特定のユーザーのみが持つため、公開鍵によって暗号化された通信は、第三者に読み取られる心配はない。公開鍵から秘密鍵を数学的に特定するのは、現実的に不可能とされている。このため、第三者機関の認証などは不要である。

③**不適切。**スマートフォン自体がウイルスに感染する可能性は低いと言われているが、急増している偽アプリがスマホに対して不正な動きを働くこともあり、ウイルス対策は必要である。

④**不適切。**デジタル署名の生成には公開鍵と秘密鍵を使用し、その検証には公開鍵を使用する。

⑤**不適切。**WEP方式は、無線LAN初期の暗号化規格で、共有鍵による暗号方式のひとつである。ただし、現在ではその仕組みの脆弱性が指摘されているため、無線LANではWPAやWPA2という暗号化が主流になっている。WPA (Wi-Fi Protected Access) は、WEPの持つ弱点を補強し、セキュリティ強度を向上させたものである。

2 2 ・・・解答②

ベン図に落として考える。

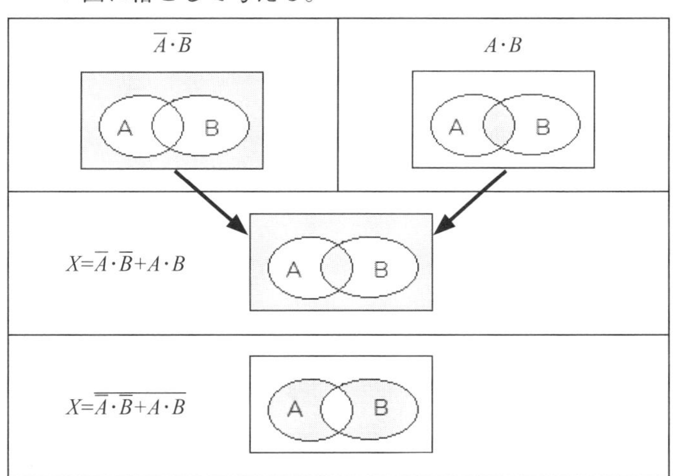

以下、①～⑤について、ベン図を作成して考えてみる。一見面倒に見えるが、それほどの時間はかからない。落ち着いて作成することが大切である。同じものは②である。　⇒　**答え②**

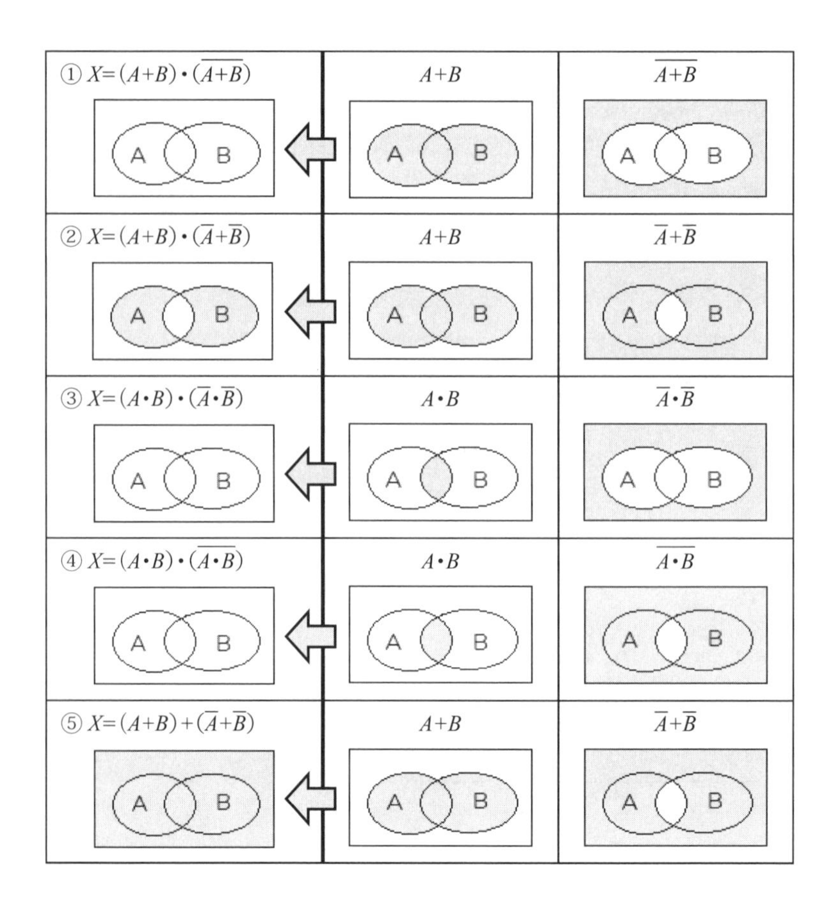

2 3 ・・・解答②

8ビット＝1バイト　　である。

データ量＝$5.0\times10^9\div2$バイト＝$2.5\times10^9\times8$ビット＝20×10^9ビット

回線速度×回線利用率＝$200\times10^6\times0.7=14\times10^7$ビット/秒

伝送時間＝$20\times10^9／14\times10^7=2000／14=143$　⇒　**答え②**

2 4 ・・・解答②

1列目：4で割り切れない ⇒ うるう年ではない。

2列目：4で割り切れるが、100では割り切れない ⇒ うるう年。

3列目：4で割り切れる。100でも割り切れるが、400では割り切れない。⇒ うるう年ではない。

4列目：4で割り切れる。100でも割り切れ、400でも割り切れる。⇒ うるう年。

②が正解。

2 5 ・・・解答①

内側から順々に考える。

$$(A+B\div C)\times(D-F)=\{A+(BC\div)\}\times(DF-)=(ABC\div+)\times(DF-)$$

$$=ABC\div+DF-\times$$ ⇒ **答え①**

2 6 ・・・解答③（難問：わざわざ選択する必要はありません）

$$\lim_{n\to\infty}\left|\frac{f(n)}{g(n)}\right|<\infty$$

が成立するとき、以下のように表現する。

$$f(n)=O(g(n))$$

（ア）正しい。

$$\lim_{n\to\infty}\left|\frac{5n^3+1}{n^3}\right|=\lim_{n\to\infty}\left|5+\frac{1}{n^3}\right|=5<\infty$$

（イ）正しい。

$$\lim_{n\to\infty}\left|\frac{n\log_2 n}{n^{1.5}}\right|=\lim_{n\to\infty}\left|\frac{\log_2 n}{\sqrt{n}}\right|$$

ここで、$\log_2 n<\sqrt{n}<n$ ・・・式（1）

$$\lim_{n\to\infty}\left|\frac{\log_2 n}{\sqrt{n}}\right|<1<\infty$$

（ウ）正しい。

$$\lim_{n\to\infty}\left|\frac{n^3 3^n}{4^n}\right|=\lim_{n\to\infty}\left|\frac{\log_2 n^3 3^n}{\log_2 4^n}\right|=\lim_{n\to\infty}\left|\frac{3\log_2 n+n\log_2 3}{2n}\right|=\lim_{n\to\infty}\left|\frac{3}{2}\cdot\frac{\log_2 n}{n}+\frac{\log_2 3}{2}\right|$$

ここで、式（1）より、

$$\lim_{n\to\infty}\left|\frac{3}{2}\cdot\frac{\log_2 n}{n}+\frac{\log_2 3}{2}\right|<\frac{3}{2}+\frac{\log_2 3}{2}<\infty$$

（エ）誤り。

$$\lim_{n\to\infty}\left|\frac{\log_2 2^{2^n}}{\log_2 10^{n^{100}}}\right| = \lim_{n\to\infty}\left|\frac{2^n}{n^{100}\cdot\log_2 10}\right| = \lim_{n\to\infty}\left|\frac{2^n}{n^{100}}\right| = \lim_{n\to\infty}\left|\frac{\log_2 2^n}{\log_2 n^{100}}\right| = \lim_{n\to\infty}\left|\frac{n}{100\log_2 n}\right| > \infty$$

ここで、式（1）より、（エ）の式は発散する。

3群　解析に関するもの

3 1 ・・・解答④

$$rotV = \left(\frac{\partial(z+2y)}{\partial y} - \frac{\partial(x^2+y^2+z^2)}{\partial z}\right)\boldsymbol{i} + \left(\frac{\partial(y+z)}{\partial z} - \frac{\partial(z+2y)}{\partial x}\right)\boldsymbol{j} + \left(\frac{\partial(x^2+y^2+z^2)}{\partial x} - \frac{\partial(y+z)}{\partial y}\right)\boldsymbol{k}$$

$$= (2-2z)\boldsymbol{i} + (1-0)\boldsymbol{j} + (2x-1)\boldsymbol{k} = 2(1-z)\boldsymbol{i} + \boldsymbol{j} + (2x-1)\boldsymbol{k}$$

ここで、$(x, y, z) = (2,3,1)$

$$rotV = \begin{bmatrix} 0 & 1 & 3 \end{bmatrix}\begin{bmatrix} i \\ j \\ k \end{bmatrix}$$　⇒　**答え④**

3 2 ・・・解答②

$$\int (ax^3 + bx^2 + cx + d)\,dx = \frac{ax^4}{4} + \frac{bx^3}{3} + \frac{cx^2}{2} + dx$$

$$\int_{-1}^{1} f(x)\,dx = \frac{2b}{3} + 2d$$

値を入れて計算する。

① $2f(0) = 2d$　　不適切。

② $f\left(-\sqrt{\frac{1}{3}}\right) + f\left(\sqrt{\frac{1}{3}}\right) = -\frac{1}{3\sqrt{3}}a + \frac{b}{3} - \frac{c}{\sqrt{3}} + d + \frac{1}{3\sqrt{3}}a + \frac{b}{3} + \frac{c}{\sqrt{3}} + d = \frac{2b}{3} + 2d$

⇒　**答え②**

③ $f(-1) + f(1) = -a + b - c + d + a + b + c + d = 2b + 2d$　　不適切。

④ $\frac{f\left(-\sqrt{\frac{3}{5}}\right)}{2} + \frac{8f(0)}{9} + \frac{f\left(\sqrt{\frac{3}{5}}\right)}{2} = \frac{3}{5}b + d + \frac{8}{9}d = \frac{3}{5}b + \frac{17}{9}d$　　不適切。

⑤　(①+③)÷2=b+2d　　不適切。

3 3 ・・・解答①

２次要素や四角形は、要素内でひずみは一定とならない。

（ア）三角形１次要素	（イ）三角形２次要素	（ウ）四角形１次要素
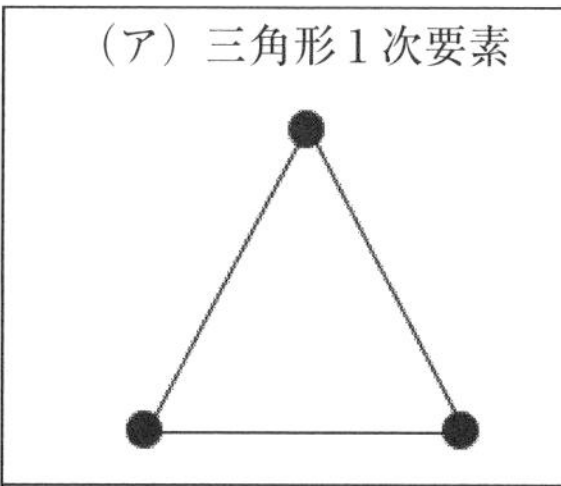	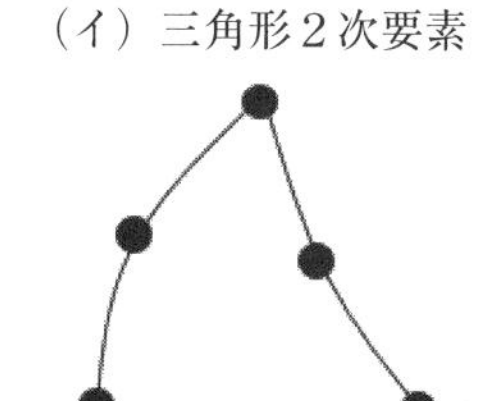	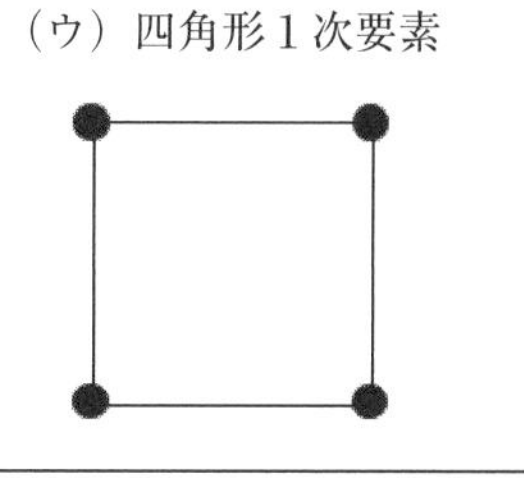
要素内でひずみが一定 要素境界部が直線	精度が高い 要素内でひずみが線形変化 要素境界部が曲線	三角形よりも四角形の要素の方が計算精度がよい。

ひずみが一定なのは（ア）の三角形１次要素のみである。　　⇒　**答え①**

3 4 ・・・解答③

※簡単とは言わないが、落ち着いて解けば解ける問題。

まず、両端が固定されていないと仮定して、20K上昇したときの、伸びを計算する。

伸びを⊿L、棒の長さをL、線膨張率をα、温度上昇分をKとすると、

$⊿L = \alpha \times L \times K = 1.0 \times 10^{-4} \times 2.0 \times 20 = 4.0 \times 10^{-3}$ (m) 膨張する。

変位$\varepsilon = ⊿L/L = 4.0 \times 10^{-3} \div 2.0 = 2.0 \times 10^{-3}$ (m)

ここで、縦弾性係数をEとすると、フックの法則により、

応力$\sigma = E\varepsilon = 2.0 \times 10^{3} \times 2.0 \times 10^{-3} = 4.0$ (MPa)

膨張した棒を両端の壁が押している形なので、4.0 (MPa) の圧縮応力が働く。

⇒　**答え③**

3 5 ・・・解答④

（ばねに蓄えられたエネルギー）$= \dfrac{1}{2}kx^2$

ここで、x：ばねの伸び (m)　k：バネ定数 (N/m)

平衡位置でのばねの伸びをx_0とすると、

$$kx_0 = mg \quad \Leftrightarrow \quad x_0 = \frac{mg}{k}$$

質点が最も下の位置にきたとき、振幅aなのでばねの伸びは$\frac{mg}{k}+a$

(ばねに蓄えられたエネルギー) $= \frac{1}{2}k\left(\frac{mg}{k}+a\right)^2$　　⇒　**答え④**

3 6 ・・・解答⑤

重心の座標を(x_0, y_0)とすると、y軸周りのモーメントの和を質量で割ると重心のx座標が求められる。重心のx座標をx_0、y軸周りのモーメントの和をM、質量をAとすると、

$$x_0 = \frac{M}{A}$$

まずは、y軸周りのモーメントの和を求める。下図の微小xの部分は、幅Δx、高さ$\sqrt{a^2-x^2}$の長方形となる。この部分の質量Aとy軸周りのモーメントMは、

$$A_x = \rho\Delta x\sqrt{a^2-x^2}$$
$$M_x = \rho\Delta x\sqrt{a^2-x^2}\cdot x$$

したがって、y軸周りのモーメントの和Mは、

$$M = \int_0^a \rho\sqrt{a^2-x^2}\cdot xdx = -\frac{\rho}{2}\int_0^a \rho\sqrt{a^2-x^2}(a^2-x^2)'dx = -\frac{\rho}{2}\left[\frac{2}{3}(a^2-x^2)^{\frac{3}{2}}\right]_0^a = \frac{\rho a^3}{3}$$

四分円の質量Aは、

$$A = \frac{\rho\pi a^2}{4}$$

よって、重心の座標x_0は、

$$x_0 = \frac{M}{A} = \frac{4\rho a^3}{3\rho\pi a^2} = \frac{4a}{3\pi}$$

と、求められる。

y_0も同様に求められる。

$$(x_0, y_0) = \left(\frac{4a}{3\pi}, \frac{4a}{3\pi}\right)$$

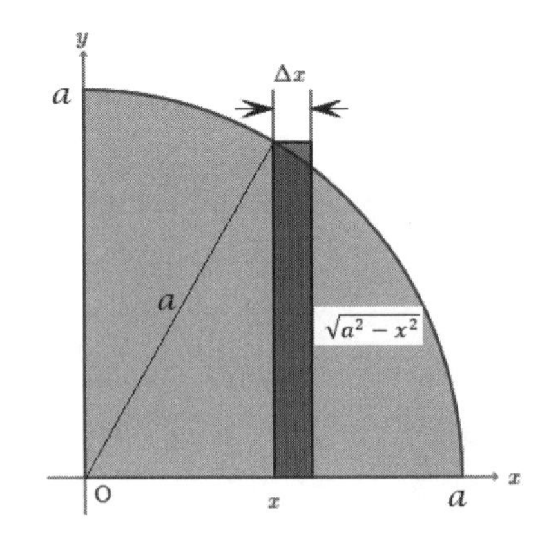

⇒　**答え⑤**

4群　材料・化学・バイオに関するもの

4 1 ・・・解答③

同位体とは、同一原子番号を持つものの中性子数が異なる核種の関係をいう。同位体は、安定なもの（安定同位体）と不安定なもの（放射性同位体）の２種類があり、不安定なものは時間とともに放射性崩壊して放射線を発する。放射性同位体の例としては、水素３、炭素14、カリウム40、ヨウ素131、プルトニウム239などがあげられる。

（ア）×：誤り。同一元素の同位体においては、電子状態が同じであるため化学的性質は同等である。
（イ）×：誤り。同位体は電子の数も等しい。
（ウ）○：正しい。同一原子番号を持つものの中性子数が異なる核種の関係を同位体という。
（エ）○：正しい。
（オ）○：正しい。地球惑星科学の研究分野では、物質の同位体比を質量分析器で測定することにより、物質の起源、変遷の解析や、年代測定を行うことができる。

4 2 ・・・解答④

酸化還元反応とは酸化と還元が同時に関与する反応。ある物質に酸素を与えるか水素を奪うか、または元素あるいはイオンから電子を奪って酸化数を増加させる現象を酸化という。逆に、ある物質から酸素を奪うか水素を与えるか、または元素あるいはイオンに電子を与えて酸化数を減少させる現象を還元という。以下の４つの酸化数のルールを知っていると解くことが出来る。

１）単体中の原子の酸化数は常に０
２）単原子イオンの酸化数はイオンの価数に等しい
３）化合物中の水素原子の酸化数は＋１、酸素原子の酸化数は－２
４）化合物全体の酸化数の総和は０

① 酸化還元反応。Naの酸化数は 0→1 と増加しているので酸化されている。
② 酸化還元反応。NaClの酸化数は 2→0 と減少しているので還元されている。
③ 酸化還元反応。Nの酸化数は 0→－3 と減少しているので還元されている。
④ 酸化還元反応ではない。酸化数の変化はない。
⑤ 酸化還元反応。Nの酸化数は －3→5 と増加しているので酸化されている。

4 3 ・・・解答②

（サービス問題）弾性領域での、応力とひずみの比例関係について、次の式をフックの法則、

$\sigma = E\varepsilon$

比例定数Eをヤング率と知っていれば、選択肢は①か②に絞ることができる。あとは、金属の特徴として温度が高くなると、ヤング率は小さくなるということを覚えてください。　⇒　**答え②**

これは ア：フック の法則として知られており、比例定数Eを イ：ヤング率 という。
常温での イ：ヤング率 は、マグネシウムでは ウ：45 GPa、タングステンでは エ：407 GPaである。温度が高くなると イ：ヤング率 は、オ：小さく なる。

4 4 ・・・解答①

地殻中に存在する元素を存在比（wt%）の大きい順に並べると、鉄は、酸素、ケイ素、ア：アルミニウム についで４番目となる。鉄の製錬は、鉄鉱石（Fe_2O_3）、石灰石、コークスを主要な原料として イ：高炉 で行われる。
イ：高炉 において、鉄鉱石をコークスで ウ：還元 することにより銑鉄（Fe）を得ることができる。この方法で銑鉄を1000kg製造するのに必要な鉄鉱石は、最低 エ：1429 kgである。ただし、酸素及び鉄の原子量は16及び56とし、鉄鉱石及び銑鉄中に不純物を含まないものとして計算すること。

Fe_2O_3：160g　から、酸素を追い出すと、2Fe：112gとなる。
$1000kg \times 160 \div 112 \fallingdotseq 1429kg$　と計算される。

4 5 ・・・解答①

一部の特殊なものを除き、天然のタンパク質を加水分解して得られるアミノ酸は20種類である。アミノ酸のα－炭素原子には、アミノ基と ア：カルボキシ基 、そしてアミノ酸の種類によって異なる側鎖（R基）が結合している。R基に脂肪族炭化水素鎖や芳香族炭化水素鎖を持つイソロイシンやフェニルアラニンは イ：疎水 性アミノ酸である。システインやメチオニンのR基には ウ：硫黄(S) が含まれており、そのためタンパク質中では２個のシステイン側鎖の間に共有結

合ができることがある。

4 6 ・・・解答②

①**不適切。** 中立突然変異は自然選択に関わらず自然に起きる突然変異のこと。選択肢は中立突然変異ではなくナンセンス突然変異のこと。

②適切。一つの塩基が付加されたり、欠失したりすると、DNAの塩基の数自体が変化し、タンパク質合成の際には変化した塩基以下のすべての三つずつの塩基（コドン）の枠組みが変わる塩基枠変化（フレームシフト）となり、mRNAのかなり広い範囲にわたってコドンが変化し、翻訳されるアミノ酸が変化して、タンパク質の性質に大きな変化をもたらす。

③**不適切。** 欠失ではなくて、置換である。鎌状赤血球症は代表的な異常ヘモグロビン症で、β鎖の6番目のアミノ酸がグルタミン酸からバリンに置き変わっている変異である。

④**不適切。** 2本の相同染色体上の特定遺伝子の片方に変異があることで形質が発現するのは優性突然変異である。父方又は母方のいずれかの一方の突然変異遺伝子を受け継ぐことにより表現型が変化することを優性突然変異という。これに対して、父方と母方の双方が同じ突然変異遺伝子である場合にのみ表現型が変化することを劣性突然変異という。

⑤**不適切。** 遺伝子突然変異は、DNA複製の際のミスや化学物質によるDNAの損傷および複製ミス・放射線照射によるDNAあるいは染色体の損傷、トランスポゾンの転移による遺伝子の破壊などによって引き起こされる。

5群　環境・エネルギー・技術に関するもの

5 1 ・・・解答②

①③～⑤適切。

②**不適切。** 温室効果ガスであるフロン類対策は特定フロン（CFC、HCFC）及び代替フロン（HFC）の生産量・消費量の削減を指す。

いわゆる「フロン」は、20世紀の人類が発明した、自然界には存在しない人工物質である。1928年に冷蔵庫などの冷媒に理想的な気体として、フロンは開発された。不燃性で、化学的に安定していて、液化しやすいというフロンは、冷媒として理想的な物質であり、さらに、油を溶かし、蒸発しやすく、人体に毒性がないという性質をもつフロンは、断熱材やクッションの発泡剤、半導体や精密部品の洗浄剤、スプレーの噴射剤（エアゾール）など様々な用途に活用され、特に1960年代以降、先進国を中心に爆発的に消費されるようになった。

ところが、特定フロン（CFC、HCFC）がオゾン層破壊物質であることが発表され、その後はHFCへと代替され、代替フロンが大幅に増加することになった。しかし、特定フロンも代替フロンも温室効果ガスである。このため、現在は特定フロンだけでなく代替フロンの生産量・消費量削減にも取り組んでいる。

5 2 ・・・解答⑤

①〜④適切。

⑤**不適切。**下水処理工程は、最初沈殿池による一次処理、反応タンクによる二次処理、最終沈殿池による三次処理を行う。活性汚泥法は反応タンク内での二次処理で行う。

5 3 ・・・解答①

ア：2018年度時点で水力を除く再生可能エネルギーの占める割合は約９％となっている。2019年度はさらに割合が増えて約11％（太陽光7.4%、バイオマス2.7%、風力0.8%、地熱0.2%）となっている。

- 日本の2020年の太陽光発電の新設は、前年比16%増の8.2GWの設備容量を追加した。
- 風力発電は、2020年に前年の導入量の２倍となる約0.6GWの容量を追加し、記録的な量となった。
- 日本は浮体式風力発電所を含む、初めての洋上風力発電の入札を開始した。
- 日本は洋上風力発電を2030年までに1,000万kW、2040年までに3,000〜4,500万kWを導入するという「洋上風力産業ビジョン」を発表した。

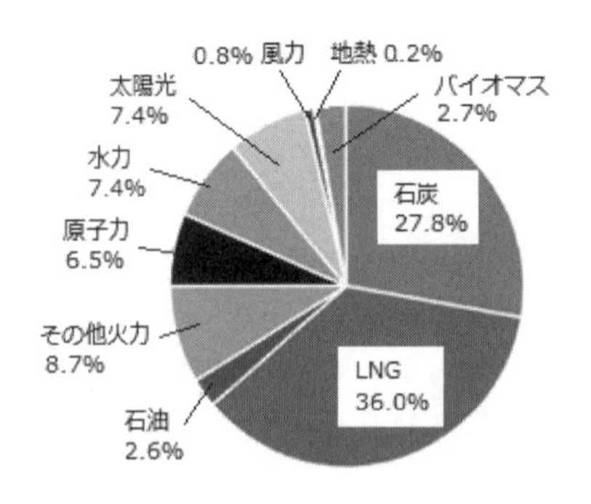

2019年度の我が国の電源構成

イ：2020年度では、最安で20万円/kW台前半、最高で30万円/kW台までブレがある。

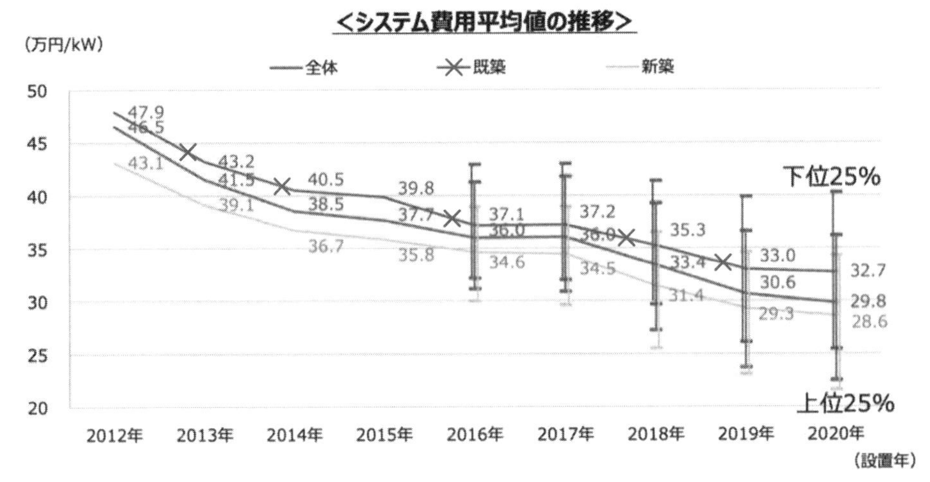

経済産業省の調達価格等算定委員会資料より

ウ：風力発電で利用する風のエネルギーは、風速の３乗に比例する。
風のパワー［W］＝断面積［m^2］×空気密度［kg/m^3］×（風速［m/s］の3乗）÷2

5 4 ・・・解答②

各国の１人当たりエネルギー消費量を石油換算トンで表す。1石油換算トンは≒42GJ（ギガジュール）に相当する。世界平均の消費量は1.9トンである。中国の消費量は世界平均に近く2.3トンである。

ア：アメリカ及びカナダ の消費量は世界平均の３倍を超えており、6トン以上である。
イ：韓国及びロシア の消費量は世界平均の約2.5倍の５～６トンである。
ウ：ドイツ及び日本 の消費量は世界平均の約２倍の３～４トンである。

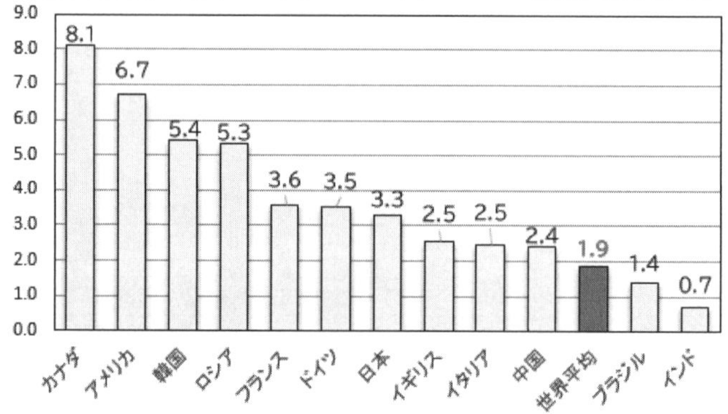

5 5 ・・・解答④

（オ）ワットが18世紀後半の産業革命の中心人物で、（イ）オットー・ハーンの原子核分裂の発見が第二次世界大戦直前であることを知っていれば、それ以外の（ア）（ウ）（エ）はその間なので、④の選択肢にはたどり着く。

（ア）1906年、フリッツ・ハーバーとカール・ボッシュが鉄を主体とした触媒上で水素と窒素を400～600℃、200～1000atmの超臨界流体状態で直接反応させることでアンモニアの生成に成功した。

（イ）1938年オットー・ハーンは原子核分裂を発見。1944年にノーベル賞受賞。

（ウ）1876年グラハム・ベルは電話の発明でアメリカで特許を取得した。グラハム・ベルはその後も光無線通信、水中翼船、航空工学などの分野で重要な業績を残した。

（エ）1877年ハインリッヒ・ヘルツは電磁波の発信と受信の実験を行い、その実験結果が無線の発明の基礎となった。

（オ）1772年、ニューコメンの大気圧機関を改良して、ジェームズ・ワットがワット式蒸気機関を発明した。

（オ）ワット式蒸気機関→（ウ）電話→（エ）電磁波→（ア）アンモニア→（イ）原子核分裂

⇒ 答え④

5 6 ・・・解答④

（ウ）ポストドクター等１万人支援計画：第１期科学技術基本計画（1996～2000年度）

研究の世界で競争的環境下に置かれる博士号取得者を一万人創出するための期限付き雇用資金を大学等の研究機関に配布した。

（イ）社会のための社会の中の科学技術：第２期科学技術基本計画（2001～2005年度）

（ア）科学技術が及ぼす「倫理的・法的・社会的課題」への責任ある取組の推進：第３期科学技術基本計画（2006～2010年度）

- 科学技術のコミュニケーター等の育成
- 科学技術が及ぼす倫理的・法的・社会的課題への責任ある取組
- 科学技術に関する説明責任と情報発信の強化

（オ）東日本大震災からの復興と再生：第４期科学技術基本計画（2011～2015年度）

（エ）世界に先駆けた「超スマート社会」の実現：第５期科学技術基本計画（2016～2020年度）

超スマート社会とは、政府が新しい科学技術政策として提唱する「Society 5.0」において、IoT、AI、ロボット、ビッグデータなどの技術を取り入れて社会的課題を解決する社会。

技術士一次試験（適性科目）

令和３年度　解答＆詳細解説

問題番号	1	2	3	4	5	6	7	8	9	10	11	12	13	14	15
解答	③	④	①	②	④	①	⑤	③	①	③	③	③	③	⑤	③

1 ・・・**解答③**

（ア）適切。業務遂行の過程で与えられる機密情報については、当然守秘義務を背負う。

（イ）不適切。退職後も秘密保持義務の制約を受ける。

（ウ）（エ）不適切。守秘義務は大切な義務であるが、公益確保がより優先される。データ改ざんや杭打ち偽装等の指示よりも公益確保の責務が優先である。

（オ）（カ）不適切。そもそも、技術士を補助する場合を除き、技術士補の名称を表示して当該業務を行ってはならない。

（キ）適切：登録している部門について、資質向上を図るように努めなければならない。

適切でないものは、（イ）（ウ）（エ）（オ）（カ）の５つである。　⇒　**答え③**

2 ・・・**解答④**

①～③⑤**不適切。**

④適切。

技術者倫理において公衆とは、【技術業のサービスによる結果について自由な又はよく知らされたうえでの同意を与える立場になく、影響される人々】と定義されている。つまり公衆は、専門家に比べてある程度の無知、無力などの特性を有する。

例えば、データ偽装により、基礎杭が岩盤に届いていない構造物の中にいる人たちなどは公衆である。技術者のデータ改ざんについては、公衆は見抜くことが難しい。このため、技術者には公益確保の視点からの倫理性が強く求められている。

3 ・・・解答①

（ア）○適切。説明責任は、インフォームドコンセントとパターナリズムの対比で考えるとわかりやすい。パターナリズムでは、説明を受ける側は努力の必要はないが、インフォームドコンセントでは説明を受ける側が最終的に判断する必要があるので、理解する努力が求められる。

インフォームドコンセント	十分な情報を得た上での合意。合意するか否かは、もちろん本人の自由で、重要なのは、必要な説明を聞き、十分に納得した上で、自分で判断すること。このため、説明を受け入れる側も相応に努力することが重要となる。
パターナリズム	強い立場にある者が、弱い立場にある者の利益のためだとして、本人の意志は問わずに介入・干渉・支援することをいう。親が子供のためによかれと思ってすることから来ている。例えば、ガン治療の現場で、患者は治療方針の決定を医師に委ね、医者は患者の意思を確認することなく、専門家の立場で、患者にとって最も良いと考えられる治療方針を決めること。

（イ）○適切。技術士倫理綱領解説『技術士は、雇用者又は依頼者との間の利益相反の事態を回避するように努める』

（ウ）（エ）○適切。守秘義務と公益確保では公益確保が優先される。守秘義務を果たしつつ公益確保の観点から説明責任を果たすことも必要である。

すべて正しい。　⇒　**答え①**

4 ・・・解答②

これは国語の問題である。安全保障貿易管理を知っていなくても、選択肢の文章をよく読んでみると、安全側の記述は②だけで、①③④⑤はすべて危険側の記述になっている。こういう問題ではしばしば、安全側の記述は適切で、危険側の記述は不適切となっていることが多いので、そういう点も参考にする。

①不適切。学内手続きを正しく行うべきである。

②適切。

③不適切。公知の技術とは、

・技術が商品カタログに記載されている

・技術が書籍・雑誌・新聞で公開されている

・技術がインターネットで公開されている

などが対象とされており、共同研究のための非公開の情報を公知にすることは輸出管理の問題というよりも守秘義務の観点から大きな問題である。

④**不適切。**審査する時間が必要。

⑤**不適切。**リストにのっていないものでも食品や木材以外のすべてのものが対象である。大量破壊兵器に転用されないかどうかの審査が必要。

5 ・・・解答④

（ア）○適切。

（イ）×不適切。SDGsは17の目標のもとに、169のより詳しいターゲットがあり、その進捗を図る232の指標がある。法的拘束力はないものの、組織的で系統立った枠組みに沿って、すべての国連加盟国が自主的に報告をするシステムができている。

（ウ）○適切。

（エ）×不適切。変化を生み出していこうとするとき、現状からどんな改善ができるかを考えて、改善策を積み上げていくような考え方をフォーキャスティング（forecasting）という。それに対して未来の姿から逆算して現在の施策を考える発想をバックキャスティング（backcasting）という。

例えば、現在もっているリソースから考えて適度なチャレンジを設定するのはフォーキャスティング。どうしても必要な目標を設定し、やり方を後からなんとかして考える、というのがバックキャスティングにあたる。技術士合格はバックキャスティングで考えよう。

SDGs自体はバックキャスティングの発想で作られている。つまり「具体的なやり方はわからないけど、とにかく私たちの世界は2030年にはこういう状態になっている必要があるのだ」と、かなりチャレンジングな目標として設定されている。

6 ・・・解答①

これもまた国語の問題である。以下に策定された「AI利活用ガイドライン」を示すが、暗記をする必要はない。方向性を理解すること。

（ア）～（コ）すべてが適切。　⇒　**答え①**

【AI利活用原則】（AI利活用ガイドラインより）

①適正利用の原則	利用者は、人間とAIシステムとの間及び利用者間における適切な役割分担のもと、適正な範囲及び方法でAIシステム又はAIサービスを利用するよう努める。
②適正学習の原則	利用者及びデータ提供者は、AIシステムの学習等に用いるデータの質に留意する。
③連携の原則	AIサービスプロバイダ、ビジネス利用者及びデータ提供者は、AIシステム又はAIサービス相互間の連携に留意する。また、利用者は、AIシステムがネットワーク化することによってリスクが惹起・増幅される可能性があることに留意する。
④安全の原則	利用者は、AIシステム又はAIサービスの利活用により、アクチュエータ等を通じて、利用者及び第三者の生命・身体・財産に危害を及ぼすことがないよう配慮する。
⑤セキュリティの原則	利用者及びデータ提供者は、AIシステム又はAIサービスのセキュリティに留意する。
⑥プライバシーの原則	利用者及びデータ提供者は、AIシステム又はAIサービスの利活用において、他者又は自己のプライバシーが侵害されないよう配慮する。
⑦尊厳・自律の原則	利用者は、AIシステム又はAIサービスの利活用において、人間の尊厳と個人の自律を尊重する。
⑧公平性の原則	AIサービスプロバイダ、ビジネス利用者及びデータ提供者は、AIシステム又はAIサービスの判断にバイアスが含まれる可能性があることに留意し、また、AIシステム又はAIサービスの判断によって個人及び集団が不当に差別されないよう配慮する。
⑨透明性の原則	AIサービスプロバイダ及びビジネス利用者は、AIシステム又はAIサービスの入出力等の検証可能性及び判断結果の説明可能性に留意する。
⑩アカウンタビリティの原則	利用者は、ステークホルダーに対しアカウンタビリティを果たすよう努める。

7 ・・・解答⑤

不正競争防止法では、企業が持つ秘密情報が不正に持ち出されるなどの被害にあった場合に、民事上・刑事上の措置をとることができる。そのためには、その秘密情報が、不正競争防止法上の「営業秘密」として管理されていることが必要である。

営業秘密とは、次の３つの条件が当てはまる。

（1）有用性：当該情報自体が客観的に事業活動に利用されていたり、利用されることによって、経費の節約、経営効率の改善等に役立つものであること。

（2）秘密管理性：営業秘密保有企業の秘密管理意思が、秘密管理措置によって従業員等に対して明確に示され、当該秘密管理意思に対する従業員等の認識可能性が確保される必要性がある。
（3）非公知性：保有者の管理下以外では一般に入手できないこと。

（ア）○：顧客名簿や新規事業計画書は非常に大切な営業秘密。
（イ）○：有害物質の河川への垂れ流しという事実は有用性のある情報ではなく、不祥事である。
（ウ）○：非公知性の情報ではない。
（エ）○：上に述べた(1)～(3)の３つの要件すべてを満たす必要がある。
（ア）（イ）（ウ）（エ）のすべてが○である。　⇒　**答え⑤**

8　・・・**解答③**

（ア）○適切。
（イ）○適切。
（ウ）×不適切。再生品については確かに最後に再生品を製造又は加工した者が責任を負うが、再生品の原料となった製造物に欠陥があり、これが再生品の利用に際して生じた損害との因果関係がある場合は、製造物の製造業者が責任を負う。

（製造物責任法第２条：定義）再生品は、劣化、破損等により修理等では使用困難な状態となった製造物について当該製造物の一部を利用して形成されたものであるが、基本的には「製造又は加工された動産」に当たる以上は本法の対象となり、再生品を「製造又は加工」した者が製造物責任を負う。この場合、再生品の原材料となった製造物の製造業者については、再生品の原材料となった製造物が引き渡された時に有していた欠陥と再生品の利用に際して生じた損害との因果関係がある場合にのみ製造物責任が発生する。

（エ）○適切。
（ア）（イ）（エ）が適切で（ウ）が不適切。　⇒　**答え③**

9　・・・**解答①**

政府は、ダイバーシティ経営を「多様な人材を活かし、その能力が最大限発揮できる機会を提供することで、イノベーションを生み出し、価値創造につなげている経営」と定義している。
「多様な人材」とは、性別、年齢、人種や国籍、障がいの有無、性的指向、宗教・

信条、価値観などの多様性だけでなく、キャリアや経験、働き方などの多様性も含む。「能力」には、多様な人材それぞれの持つ潜在的な能力や特性なども含む。「イノベーションを生み出し、価値創造につなげている経営」とは、組織内の個々の人材がその特性を活かし、生き生きと働くことのできる環境を整えることによって、自由な発想が生まれ、生産性を向上し、自社の競争力強化につながる、といった一連の流れを生み出しうる経営のことである。
(ア)～(コ)のすべてが適切である。　⇒　**答え①**

10　・・・**解答③**

(ア)×不適切。施工主の要求仕様を満たすために、『ステップ1』を不採用として、『ステップ2及び3』を採用している。
(イ)×不適切。予算の問題から、『ステップ1』を不採用として、『ステップ2及び3』を採用している。
(ウ)○適切。
(エ)○適切。個人的には、警告を無視した場合のハザードが明確となっているならば『ステップ3』ではなくて、『ステップ1や2』を採用するべきだとは思う。
(オ)○適切。
(カ)×不適切。適切なメンテナンスによるリスク回避は、設計段階ではなくて、使用段階である。(下図参照)。
明らかに誤っているのは(ア)(イ)(カ)の3つ　⇒　**答え③**

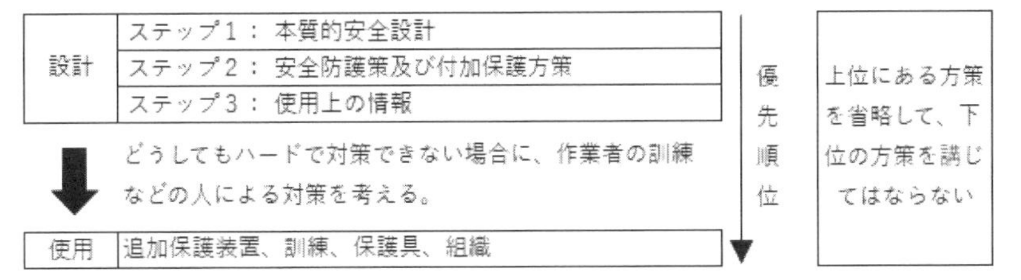

11　・・・**解答③**

(ア)×不適切。石炭は単位発熱量が低く、環境団体からは石炭火力発電は諸悪の根源のように嫌われている。燃焼して同じ熱量を得るために排出される二酸化炭素排出量の比は、
　石炭：原油：天然ガス(LNG)＝10：7.5：5.5

（イ）○適切。空気熱は、空気熱利用ヒートポンプを用い、空気熱室外の大気の熱を移送することで、給湯や暖房に用いる。空気熱そのものは再生可能なエネルギー源に含められる。ただしそれを利用した空気熱利用ヒートポンプにおいては、性能や利用条件が悪ければ省エネルギーや温暖化ガスの排出量削減にならない場合があり得る。このため欧州連合では、投入したエネルギーよりも十分に大きいエネルギーが得られる等の一定の要件を満たした場合についてのみ、再生可能エネルギーの統計に含めている。

（ウ）○適切。水素は酸素と反応させることで、電気と水が発生する。その電気をエネルギーとして利用するのが水素エネルギー。水素は貯蔵可能であり、輸送可能である点が太陽光や風力と異なって圧倒的に有利な点である。また、使用時にはCO_2が発生しない。水素は様々なものから作ることが出来るため、枯渇の心配がないという特徴がある。

ただし、天然には存在せずに、各種原料から様々なエネルギーを用いて製造しないといけないため、再生可能エネルギーには含めない。

（エ）○適切。海流発電の一種とも言える。メリットは、燃料が不要で有害な排出物のないこと、水の密度が充分大きいためエネルギーの集中が可能なこと、潮汐現象を利用しているため、風力発電とは異なり出力の正確な予測による電力供給が行えることである。デメリットは貝などの付着の除去や機材の塩害対策等に維持管理費がかかる一方で耐用年数が5～10年と短いためにコストパフォーマンスが悪いこと、漁業権や航路等の様々な制約から設置場所が制限されることなどがある。

（オ）×不適切。バイオガスは、バイオ燃料の一種で、生物の排泄物、有機質肥料、生分解性物質、汚泥、汚水、ゴミ、エネルギー作物などの発酵、嫌気性消化により発生するガス。例えば、サトウキビや下水処理場の活性汚泥などを利用して、気密性の高い発酵槽（タンク）で生産される。メタン、二酸化炭素が主成分。発生したメタンをそのまま利用したり、燃焼させて電力などのエネルギーを得たりする。バイオガスは非枯渇性の再生可能資源であり、下水処理場などから発生する未利用ガス等も利用が期待されている。

（ア）と（オ）が不適切である。　⇒　**答え③**

12　・・・解答③

（ア）○適切。【労働安全衛生法第一条】この法律は、労働基準法と相まって、「労働災害の防止のための危害防止基準の確立」、「責任体制の明確化」及び「自主的活動の促進の措置」を講ずる等その防止に関する総合的計画的な対策を推進することにより職場における労働者の安全と健康を確保するとともに、快適な職場環境の形成を促進することを目的とする。

（イ）○適切。

不安全な行動及び不安全な状態に起因する労働災害：94.7%

不安全な行動のみに起因する労働災害：1.7%

不安全な状態のみに起因する労働災害：2.9%

不安全な行動もなく、不安全な状態でもなかった労働災害：0.6%、となっている。

機械や物の不安全状態	労働者の不安全行動
1）物自体の欠陥 2）防護措置・安全装置の欠陥 3）物の置き方、作業場所の欠陥 4）保護具・服装等の欠陥 5）作業環境の欠陥 6）部外的・自然的不安全な状態 7）作業方法の欠陥 8）その他	1）防護・安全装置を無効にする 2）安全措置の不履行 3）不安全な状態を放置 4）危険な状態を作る 5）機械・装置等の指定外の使用 6）運転中の機械・装置等の掃除、注油、修理、点検等 7）保護具、服装の欠陥 8）危険場所への接近 9）その他の不安全な行為 10）運転の失敗（乗物） 11）誤った動作、その他

（ウ）×不適切。ハインリッヒの法則はあまりにも有名な法則だが、その基本的な考え方は「1件の重大事故の背景には、29件の軽微な事故と300件の怪我に至らない事故（ヒヤリハット）がある」というもの。たまたま事故にならなかったヒヤリハットをなくすことが重要である。つまり、29の軽傷の要因を無くすという考えではなくて、300件のヒヤリハットをなくすことで重い災害を無くすことが出来る。

（エ）○適切。以下の2点が大切。

・報告した社員・職員に対して不利益扱いしない、責任追及しないことを周知する等、社員・職員が報告に対して消極的にならないよう環境整備を図ること

・報告した社員・職員を褒める等により、報告することに積極的になるよう環境整備を図ること

（オ）×不適切。4Sとは、整理・整頓・清掃・清潔のことをいう。5Sという場合は「しつけ：決められたことを、決められた通りに実行できるようにすること」を加える。

（カ）○適切。安全データシート（Safety Data Sheet）は、化学物質および化学物質を含む混合物を譲渡または提供する際に、その化学物質の物理化学的性質や

危険性・有害性及び取扱いに関する情報を、化学物質等を譲渡または提供する相手方に提供するための文書のこと。SDSに記載する情報には、化学製品中に含まれる化学物質の名称や物理化学的性質のほか、危険性、有害性、ばく露した際の応急措置、取扱方法、保管方法、廃棄方法などが記載されており、化学物質を使用する事業者は、危険有害性を把握し、リスクアセスメントを実施し、労働者へ周知しなければいけない。

(キ) ○適切。常時50人以上の労働者を使用する事業者は、労働安全衛生法に基づく健康診断を実施し、遅滞なく、健康診断結果報告書を所轄労働基準監督署に提出する必要がある（労働安全衛生規則第52条）。事業者は、健康診断個人票を5年間保存しなければいけない。

適切なものは(ア)(イ)(エ)(カ)(キ)の5つ　⇒　**答え③**

13 ・・・**解答③**

産業財産権は、特許権、実用新案権、意匠権、商標権の4つと覚えてください。
産業財産権に含まれないのは、回路配置利用権。　⇒　**答え③**

産業財産権	保護対象	所管	登録の要否	保護期間
特許権	発明。自然法則を利用した技術的なアイデアのうち高度なもの	特許庁	要	出願から20年（一部25年に延長）
実用新案権	考案。自然法則を利用した技術的なアイデアで、物品の形状、構造または組み合わせに関するもの	特許庁	要（無審査）	出願から10年
意匠権	物品の形状、模様、または色彩からなるデザイン	特許庁	要	登録から20年
商標権	文字、図形、記号、立体式形状または色彩からなるマークで、事業者が「商品」や「サービス」について使用するもの	特許庁	要	登録から10年（更新あり）

14 ・・・**解答⑤**

(ア)～(エ)すべてが間違っている。　⇒　**答え⑤**

【個人情報保護法第23条より】個人情報取扱事業者は、個人データの第三者への提供に当たり、あらかじめ本人の同意を得ないで提供してはならない。同意の取得に当たっては、事業の規模及び性質、個人データの取扱状況（取り扱う個人データの性質及び量を含む。）等に応じ、本人が同意に係る判断を行うために必要と考えられる合理的かつ適切な範囲の内容を明確に示さなければならない。

ただし、次の（1）～（4）までに掲げる場合については、第三者への個人データの提供に当たって、本人の同意は不要である。

（1）法令に基づいて個人データを提供する場合

（2）人（法人を含む。）の生命、身体又は財産といった具体的な権利利益が侵害されるおそれがあり、これを保護するために個人データの提供が必要であり、かつ、本人の同意を得ることが困難である場合

（3）公衆衛生の向上又は心身の発展途上にある児童の健全な育成のために特に必要な場合であり、かつ、本人の同意を得ることが困難である場合

（4）国の機関等が法令の定める事務を実施する上で、民間企業等の協力を得る必要がある場合であって、協力する民間企業等が当該国の機関等に個人データを提供することについて、本人の同意を得ることが当該事務の遂行に支障を及ぼすおそれがある場合

15 ・・・解答③

リスクアセスメントの効果として、次の５点があげられる。

（1）職場のリスクが明確になる。

職場の潜在的な危険性又は有害性が明らかになり、危険の芽を事前に摘むことができる。

（2）職場のリスクに対する認識を、管理者を含め、職場全体で共有できる。

リスクアセスメントは現場の作業者の参加を得て、管理監督者とともに進めるので、職場全体の安全衛生のリスクに対する共通の認識を持つことができるようになる。

（3）安全対策について、合理的な方法で優先順位を決めることができる。

リスクアセスメントの結果を踏まえ、事業者は許容できないリスクは低減させる必要があるが、リスクの見積り結果等によりその優先順位を決めることができる。

（4）残留リスクについて「守るべき決め事」の理由が明確になる。

技術的、時間的、経済的にすぐに適切なリスク低減措置ができない場合、暫定的な管理的措置を講じた上で、対応を作業者の注意に委ねることになる。この場合、リスクアセスメントに作業者が参加していると、なぜ、注意して作業しなければならないかの理由が理解されているので、守るべき決めごとが守られるようになる。

（5）職場全員が参加することにより「危険」に対する感受性が高まる。
　リスクアセスメントは専門家が行うのではなくて、職場全体で行うもの。このため、業務経験が浅い作業者も職場に潜在化している危険性又は有害性を感じることができるようになる。

（ア）（イ）（ウ）が正しく、（エ）（オ）が間違っている。　　⇒　**答え③**

技術士一次試験（基礎科目）

令和2年度　解答＆詳細解説

問題番号	1-1	1-2	1-3	1-4	1-5	1-6	2-1	2-2	2-3	2-4	2-5	2-6
答え	③	④	③	⑤	⑤	③	④	③	①	②	⑤	⑤
問題番号	3-1	3-2	3-3	3-4	3-5	3-6	4-1	4-2	4-3	4-4	4-5	4-6
答え	②	④	③	④	①	⑤	②	③	④	⑤	③	④
問題番号	5-1	5-2	5-3	5-4	5-5	5-6						
答え	②	③	④	①	④	①						

※技術士会の公式発表では問題５－５については、③は誤解を招く記述とのことで正答としていますが、ここでは「一次試験合格のための勉強」という視点からは、最も不適切な④を正解とします。

1群　設計・計画に関するもの

1　1　・・・解答③

ア：ノーマライゼーション とは、高齢者や障害者等に障害のない人と同じ生活条件を作り出すことをいう。障害を持っている人の生活条件をノーマルにするという概念はデンマークのバンク・ミケルセンによって制定された。

ユニバーサルデザインは、ロナルド・メイスにより提唱され、特別な改造や特殊な設計をせずに、すべての人が、可能な限り最大限まで利用できるように配慮された製品や イ：環境 の設計をいう。ユニバーサルデザインの７つの原則は、

（1）誰でもが公平に利用できる、
（2）利用における柔軟性がある 、
（3）シンプルかつ ウ：直感的 な利用が可能、
（4）必要な情報がすぐにわかる、
（5）エ：ミス しても危険が起こらない、
（6）小さな力でも利用できる、
（7）じゅうぶんな大きさや広さが確保されている、 である。

12 ・・・解答④

正規分布は平均μと標準偏差σによって、$N(\mu、\sigma^2)$と表される。

正規分布Rと正規分布Sの引き算の平均はそれぞれの平均の引き算と考えられる。一方の分散は2つの集合が集まることで、分散はさらに大きくなり、足し算になることに留意する。

正規分布$Z(\mu_Z、\sigma_Z^2) = R(\mu_R、\sigma_R^2) - S(\mu_S、\sigma_S^2) = Z(\mu_R - \mu_S、\sigma_R^2 + \sigma_S^2)$

ここで、(ア)～(エ)の各値で計算する。

操作	Z（μ、σ2)	平均μ	標準偏差σ	Z＝0を標準化
(ア)	Z（14 － 10、1 ＋ 8) ＝ Z（4、9)	4	3	(4 － 0) ÷ 3 ＝ 1.333
(イ)	Z（13 － 10、8 ＋ 1) ＝ Z（3、9)	3	3	(3 － 0) ÷ 3 ＝ 1
(ウ)	Z（12 － 9、3 ＋ 1) ＝ Z（3、4)	3	2	(3 － 0) ÷ 2 ＝ 1.5
(エ)	Z（12 － 11、1 ＋ 1) ＝ Z（1、2)	1	$\sqrt{2}$	(1 － 0) ÷$\sqrt{2}$ ＝ 0.707

(ウ)1.5 → (ア)1.333 → (イ)1 → (エ)0.707　⇒　答え④

13 ・・・解答③

(ア) 誤り。弾性荷重は除荷すると元に戻る荷重のこと。弾性荷重はフックの法則が近似的に成立する範囲の荷重である。

(イ) 誤り。破断は引張応力度が引張強度に達したために生じたもの。

(ウ) 正しい。

(エ) 正しい。

(オ) 正しい

14 ・・・解答⑤

製品1をx_1個、製品2をx_2個、生産する。

$3x_1 + 2x_2 \leqq 24$　・・・式(1)

$x_1 + 3x_2 \leqq 15$　・・・式(2)

式(2)より、x_2は0～5。

$x_2 = 0$の時、最大となるx_1は8(式(1)より)

$x_2 = 1$の時、最大となるx_1は7(式(1)より)

$x_2 = 2$の時、最大となるx_1は6(式(1)より)

$x_2 = 3$の時、最大となるx_1は6(式(1)及び式(2)より)

$x_2 = 4$の時、最大となるx_1は3(式(2)より)

$x_2 = 5$の時、最大となるx_1は0(式(2)より)

それぞれ、利益を計算する。

$(x_1, x_2) = (6, 2)$ は $(x_1, x_2) = (6, 3)$ よりも明らかに小さいので以下省略できる。

$(x_1, x_2) = (0, 5)$ の時、利益 $z = 0 \times 2 + 5 \times 3 = 15$
$(x_1, x_2) = (3, 4)$ の時、利益 $z = 3 \times 2 + 4 \times 3 = 18$
$(x_1, x_2) = (6, 3)$ の時、利益 $z = 6 \times 2 + 3 \times 3 = 21$（最大）
$(x_1, x_2) = (7, 1)$ の時、利益 $z = 7 \times 2 + 1 \times 3 = 17$
$(x_1, x_2) = (8, 0)$ の時、利益 $z = 8 \times 2 + 0 \times 3 = 16$

次に製品1の利益が $2 + \Delta c$ となる場合を考える。
$(x_1, x_2) = (0, 5)$ の時、利益 $z = 0 \times (2 + \Delta c) + 5 \times 3 = 15$
$(x_1, x_2) = (3, 4)$ の時、利益 $z = 3 \times (2 + \Delta c) + 4 \times 3 = 18 + 3\Delta c$
$(x_1, x_2) = (6, 3)$ の時、利益 $z = 6 \times (2 + \Delta c) + 3 \times 3 = 21 + 6\Delta c$（最大）
$(x_1, x_2) = (7, 1)$ の時、利益 $z = 7 \times (2 + \Delta c) + 1 \times 3 = 17 + 7\Delta c$
$(x_1, x_2) = (8, 0)$ の時、利益 $z = 8 \times (2 + \Delta c) + 0 \times 3 = 16 + 8\Delta c$
利益 $z = 21 + 6\Delta c$ が最大である範囲を求める。
$15 \leqq 21 + 6\Delta c \quad \Leftrightarrow \quad -1 \leqq \Delta c$
$18 + 3\Delta c \leqq 21 + 6\Delta c \quad \Leftrightarrow \quad -1 \leqq \Delta c$
$17 + 7\Delta c \leqq 21 + 6\Delta c \quad \Leftrightarrow \quad \Delta c \leqq 4$
$16 + 8\Delta c \leqq 21 + 6\Delta c \quad \Leftrightarrow \quad \Delta c \leqq 2.5$
以上より、
$(x_1, x_2) = (6, 3)$
$-1 \leqq \Delta c \leqq 2.5 \quad \Rightarrow$ **答え⑤**

1 5 ・・・解答⑤

（ア）正しい。
（イ）誤り。第一角法は平面図は正面図の下に、左側面図は正面図の左側に描かれる。
（ウ）誤り。対象物のある箇所で切断したと仮定して、図示するのは断面図である。
（エ）誤り。第三角法と第一角法では違った図面になるため、用いた投影法を明記する必要がある。
（オ）正しい。

1 6 ・・・解答③

まずは並列の第1要素〜第n要素の必要な信頼度αを求める。

$0.95 \times \alpha \geqq 0.94$

$\alpha \geqq 0.9895$

n＝2の時　$\alpha = 1 - (1 - 0.7)^2 = 0.91$

n＝3の時　$\alpha = 1 - (1 - 0.7)^3 = 0.973$

n＝4の時　$\alpha = 1 - (1 - 0.7)^4 = 0.9919 \geqq 0.9895$　⇒　**答え③**

2群　情報・論理に関するもの

2 1 ・・・解答④

①〜③⑤適切。

④**不適切。**情報源の知識がなくてもデータ圧縮は可能。例）ユニバーサル符号を用いた圧縮。

可逆圧縮と不可逆圧縮の違いは理解が必要。

可逆圧縮	圧縮したデータを元に戻すときに、完全に元に戻すことが出来る。 対象とする情報源固有の知識が必要である。 例えば、PNG画像は可逆圧縮である。
非可逆圧縮	圧縮したデータを元に戻す時に、元に戻すことの出来ないデータがある。音声や動画などの品質を人間にはわからない程度の部分はカットして圧縮する。 例えば、JPEG画像は非可逆圧縮である。

2 2 ・・・解答③

真理値表の論理和と論理積を理解していれば問題なく解ける。面倒くさがらないことが大切。

x	y	論理和x＋y	論理積x・y
1	1	1	1
1	0	1	0
0	1	1	0
0	0	0	0

x	y	z	x・y	①	$\bar{x}$	$\bar{x}$・y	y・z	$\overline{y \cdot z}$	②	$\bar{y}$	$\bar{y}$・z	③
0	0	0	0	0	1	0	0	1	1	1	0	0
0	0	1	0	1	1	0	0	1	1	1	1	1
0	1	0	0	0	1	1	0	1	1	0	0	0
0	1	1	0	1	1	1	1	0	1	0	0	0
1	0	0	0	0	0	0	0	1	1	1	0	0
1	0	1	0	1	0	0	0	1	1	1	1	1
1	1	0	1	1	0	0	0	1	1	0	0	1
1	1	1	1	1	0	0	1	0	0	0	0	1

x・y	$\overline{x \cdot y}$	④	$\bar{x}$	$\bar{x}$・z	⑤	f(x,y,z)
0	1	1	1	0	0	0
0	1	1	1	1	1	1
0	1	1	1	0	0	0
0	1	1	1	1	1	0
0	1	1	0	0	0	0
0	1	1	0	0	0	1
1	0	1	0	0	1	1
1	0	1	0	0	1	1

⇒ **答え③**

2 3 ・・・解答①

②～⑤適切。

①不適切。メールゲートウェイは、メールサーバーに到着するメールについて、「ウィルスチェックゲートウェイ」と「迷惑メールフィルタゲートウェイ」を途中経由させることにより、ウィルスメールを完全に削除し、「迷惑メール」の判定を行うサービスである。ゲートウェイで「迷惑メール」と判定されたものについては、表題（Subject:）の冒頭に[SPAM]という文字列（ラベル）が挿入される。正規のサービスと確認されたものはメールゲートウェイでは検知されない。

2 4 ・・・解答②

苦手な人も多いと思うが、問題文に書かれてある通り、計算するだけ。

２進法同士の引き算などで戸惑う人は、10進法に置き換えて計算してみてほしい。

$(100110)_2 = 2^5 + 2^2 + 2 = 38$
6桁の2進数 $(100110)_2$ の（n＝）2の補数は、
$(2^6) - (100110)_2 = 64 - 38 = 26$

ここで、

```
2 )26   ・・・0 ↑
2 )13   ・・・1 │
2 ) 6   ・・・0 │
2 ) 3   ・・・1 │
    1 ──────────┘
```

（ア）$26 = (11010)_2$
続いて、6桁の2進数 $(100110)_2$ の（n－1＝）1の補数は、
$(2^6 - 1) - (100110)_2 = 63 - 38 = 25$

```
2 )25   ・・・1 ↑
2 )12   ・・・0 │
2 ) 6   ・・・0 │
2 ) 3   ・・・1 │
    1 ──────────┘
```

（イ）$25 = (11001)_2$

（ア）$(011010)_2$　（イ）$(011001)_2$　⇒　**答え②**

2 5 ・・・解答⑤

深く考えずに、書かれてあるアルゴリズムに従って計算していく。
2進法 $(11010101)_2$　$a_n = 1$、$n = 7$
$s = a_n = 1$
$i = n - 1 = 6$
iと0を比較　$i \geqq 0$
$s = s \times 2 + a_6 = 1 \times 2 + 1 = 3$
以下、同様に計算する。
$s = 3 \times 2 + a_5 = 6 + 0 = 6$
$s = 6 \times 2 + a_4 = 12 + 1 = 13$
$s = 13 \times 2 + a_3 = 26 + 0 = 26$　⇒　ア：26

$s = 26 \times 2 + a_2 = 52 + 1 = 53$ ⇒ イ：53
$s = 53 \times 2 + a_1 = 106 + 0 = 106$ ⇒ ウ：106 ⇒ **答え⑤**
$s = 106 \times 2 + a_0 = 212 + 1 = 213$

2 6 ・・・解答⑤

ヒット率	ヒット率は、CPUが必要とするデータがキャッシュメモリ上に存在する確率である。
NFP	ヒット率に対して、NFPは、CPUが必要とするデータがキャッシュメモリ上に存在しない確率である。ヒット率とNFPの関係は以下のとおりである。 ヒット率＋NFP ＝ 1

キャッシュメモリを使った実効アクセス時間は、次の式で求めることができる。
実効アクセス時間＝（キャッシュメモリのアクセス時間×ヒット率）＋（主記憶のアクセス時間×NFP）

実効アクセス時間＝50 × 0.90 ＋ 450 ×（1 − 0.9）＝ 45 ＋ 45 ＝ 90［ナノ秒］
主記憶だけの場合は450［ナノ秒］ 450 ÷ 90 ＝ 5倍 ⇒ **答え⑤**

3群 解析に関するもの

3 1 ・・・解答②

$$div V=\frac{\partial V_x}{\partial x}+\frac{\partial V_y}{\partial y}+\frac{\partial V_z}{\partial z}=\frac{\partial}{\partial x}(x)+\frac{\partial}{\partial y}(x^2y+yz^2)+\frac{\partial}{\partial z}(z^3)=1+(x^2+z^2)+3z^2=x^2+4z^2+1$$

点（1、3、2）では、

$\mathrm{div}V = x^2 + 4z^2 + 1 = 1 + 16 + 1 = 18$ ⇒ **答え②**

3 2 ・・・解答④

値を入れて計算する。

$$grad\,f=\left(\frac{\partial f}{\partial x}、\frac{\partial f}{\partial y}\right)=\left(\frac{\partial(x^2+2xy+3y^2)}{\partial x}、\frac{\partial(x^2+2xy+3y^2)}{\partial y}\right)=(2x+2y\ 、2x+6y)$$

ここで、点（1、1）では、

grad f =（2 + 2、2 + 6）=（4、8）

大きさは、

$\|\mathrm{grad}\,f\| = \sqrt{4^2+8^2} = \sqrt{80} = 4\sqrt{5}$

と求められる。　　⇒　**答え④**

3 3 ・・・解答③

①**不適切。**解析精度は要素分割の形状にも依存する。変化の大きな箇所では要素分割を細かくすることにより精度は高まる。

②**不適切。**①や④のように格子幅や要素分割を小さくするように計算アルゴリズムを改良すれば誤差は減少する。

③適切。

④**不適切。**格子幅が大きい方が誤差は大きい。

⑤**不適切。**いくら厳密に計算しても、近似解に近づくというだけである。

3 4 ・・・解答④

三角形の内心は三角形ABCの内接円の円の中心である。

点Pから辺AB、辺BC、辺CAの距離は、すべて内接円の半径となるので、

面積S_Aと面積S_Bと面積S_C の比は、底辺の長さの比になる。

$S_A : S_B : S_C = 4 : 5 : 3$

また、面積$S = 4 + 5 + 3 = 12$

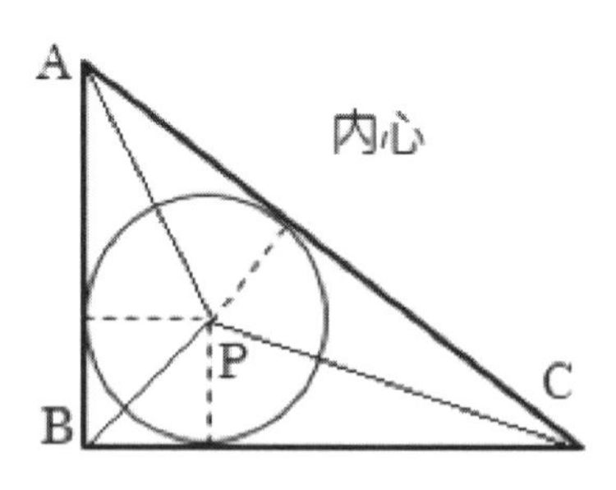

内心の面積座標は、

$$\left(\frac{S_A}{S}、\frac{S_B}{S}、\frac{S_C}{S}\right)=\left(\frac{4}{12}、\frac{5}{12}、\frac{3}{12}\right)=\left(\frac{1}{3}、\frac{5}{12}、\frac{1}{4}\right)$$

一方の外心は三角形ABCの外接円の中心である。

AB：BC：CA = 3：4：5　は言うまでもなく直角三角形。

辺ACの中心が外接円の中心である。

$S_B = 0$、$S_A = S_C = S/2$

$\left(\frac{S_A}{S}、\frac{S_B}{S}、\frac{S_C}{S}\right)=\left(\frac{1}{2}、0、\frac{1}{2}\right)$

⇒ **答え④**

固有振動数 $f=\frac{1}{2\pi}\sqrt{\frac{k}{m}}$ (Hz)

ここで、m：質量 (kg)　k：バネ定数 (N/m)

固有振動数は質点の質量の平方根に反比例する。

ばね質点系A～Cは同じ質量なので、

$f_A=f_B=f_C$ ⇒ **答え①**

同じ管路の中では、流量が一定である。このため、断面積が一定ならば速度も一定である。

Q = v・A = 一定 (Q：流量、v：流速、A：断面積)

$v_a \cdot A_a = v_b \cdot A_b$ ・・・式 (1)

次にベルヌーイの定理を用いる。ベルヌーイの定理は覚えておいてほしい。

速度水頭　位置水頭　圧力水頭		
$\frac{V^2}{2g}+z+\frac{P}{\rho g}=$一定	V：流速 (m/s) g：重力加速度 (m/s^2) z：高さ (m)	P：圧力 (g/ms^2) ρ：密度 (g/m^3)

ここで高さ一定のため、位置水頭は一定であり、除外できる。

$$\frac{v_a^2}{2g}+\frac{p_a}{\rho g}=\frac{v_b^2}{2g}+\frac{p_b}{\rho g} \Leftrightarrow v_b^2-v_a^2=\frac{2(p_a-p_b)}{\rho} \quad ・・・式 (2)$$

式(1)を式(2)に代入する。

$$v_b^2-\frac{A_b^2}{A_a^2}v_b^2=\frac{2(p_a-p_b)}{\rho} \Leftrightarrow v_b^2=\frac{1}{1-\left(\frac{A_b^2}{A_a^2}\right)}\cdot\frac{2(p_a-p_b)}{\rho}$$

⇒ **答え⑤**

令和2年度　基礎科目

4 1 ・・・解答②

それぞれの物質を16g燃やすとする。

① $CH_4 + 2O_2 \rightarrow CO_2 + 2H_2O$

メタン16g = 1mol。二酸化炭素は1mol生成する。

② $C_2H_4 + 3O_2 \rightarrow 2CO_2 + 2H_2O$

エチレン16g = 16/28 = 0.57mol。二酸化炭素は0.57 × 2 = 1.14mol生成する。

⇒　**答え②**

③ $C_2H_6 + 7/2O_2 \rightarrow 2CO_2 + 3H_2O$

エタン16g = 16/30 = 0.53mol。二酸化炭素は0.53 × 2 = 1.07mol生成する。

④ $CH_3OH + 3/2O_2 \rightarrow CO_2 + 2H_2O$

メタノール16g = 16/32 = 0.5mol。二酸化炭素は0.5mol生成する。

⑤ $C_2H_5OH + 3O_2 \rightarrow 2CO_2 + 3H_2O$

エタノール16g = 16/46 = 0.35mol。二酸化炭素は0.35 × 2 = 0.70mol生成する。

4 2 ・・・解答③

基本的な有機反応といえば、置換反応・付加反応・脱離反応・転位反応の４つが挙げられる。

◆置換反応◆

有機化学において、官能基が化合物の同一原子上で置き換わる化学反応である。置換反応は「求電子置換反応」と「求核置換反応」に大別される。基質に対して求電子試薬が反応すれば「求電子置換反応」で、求核試薬が反応すれば「求核置換反応」である。

a　$CH_3CH_2CH_2OH + HBr \longrightarrow CH_3CH_2CH_2Br + H_2O$

d　$C_6H_5\text{-}C(=O)\text{-}OH + CH_3OH \xrightarrow{\text{酸触媒}} C_6H_5\text{-}C(=O)\text{-}OCH_3 + H_2O$

⇒　**答え③**

◆付加反応◆

付加反応とは、不飽和結合（二重結合や三重結合）の１つの結合が切れ、そこに新たな原子や置換基が結合するような反応である。ここでも置換反応と同様、その反応試薬によって求電子付加反応と求核付加反応に大別される。

c $CH_3CH_2CH{=}CH_2$ ＋ HBr ⟶ $CH_3CH_2CH(Br)CH_3$

◆脱離反応◆

脱離反応は付加反応の反対と考えると分かりやすい。つまり、分子内から2つの原子（または原子団）が抜けて、そこに結合が形成されるような反応のことである。結果として、二重結合（正確には多重結合）が生成される。

b C_6H_5–C(OH)(H)–CH_3 —酸触媒→ C_6H_5–C(H)$=CH_2$ ＋ H_2O

◆転位反応◆

転位反応は原子や置換基が別のその分子の別の部位に移動するような反応である。

4　3　・・・解答④

アルミが鉄や銅よりも軽くて、融点が低いことを考えると、細かい数字を知っていなくても、密度が（ア）か（ウ）、融点も（ア）か（ウ）に絞られるので、この時点で選択肢は④に決定できる。

あとは、鉄よりも銅の方が、密度が大きいといった大小は覚えておいた方がよい。

	密度（g/cm^3）	電気抵抗率（Ω・m）	融点（℃）
鉄	7.87	1.00×10^{-7}	1535
銅	8.92	1.68×10^{-8}	1083
アルミニウム	2.70	2.65×10^{-8}	660

4　4　・・・解答⑤

面心立方構造は、単位格子中の単位胞は ア：４個 の原子を含む。

配位数（最も近い原子の数）は イ：12個 である。

立方体の一辺の長さをaとすると、立方体の半径4個分が、面の対角線の長さである。

$4R = \sqrt{2}a \Leftrightarrow$ **ウ：$a = 2\sqrt{2}R$** ⇒ **答え⑤**

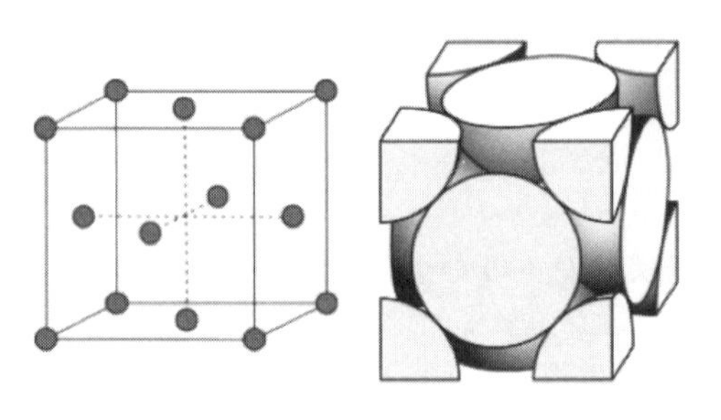

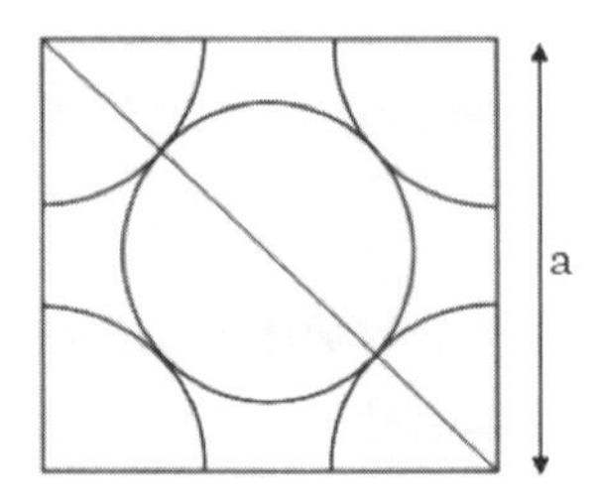

図．面心立方構造¶

4 5 ・・・解答③

好気呼吸で消費された酸素が2モルなので、

好気呼吸　$1/3C_6H_{12}O_6 + 2O_2 + 2H_2O \rightarrow 2CO_2 + 4H_2O$

発生した二酸化炭素は2モル。

一方のエタノール発酵では、消費されたグルコースが好気呼吸の6倍なので、2モル。

エタノール発酵　$2C_6H_{12}O_6 \rightarrow 4C_2H_5OH + 4CO_2$

発生した二酸化炭素は4モル。合計6モル。　⇒ **答え③**

4 6 ・・・解答④

(1) 熱変性 (PCR検査最初のステップ)

DNAの熱変性はPCR検査の初回ステップ。2本鎖DNAの水素結合を熱運動で切断し、1本鎖DNAに分離する。通常94～98℃で1～3分間実施する。

(2) プライマーアニーリング (PCR検査セカンドステップ)

熱変性の次はアニーリング。約60℃まで温度を下げて、DNAの2重らせん間の水素結合を再び回復する。DNA複製の開始点を決める人工合成したプライマーを高濃度に与えることで、もとの各1本鎖同士が戻る前に特定部分にプライマーが結合する。

(3) 伸長反応 (PCR検査最後のステップ)

伸長反応はDNAポリメラーゼの最適温度である約75℃とする。プライマーを開始点として、ヌクレオチドの伸長反応が起こる。この温度変化を25～40回繰り返す。高温耐性菌由来の酵素であるため，熱変性しにくい。むしろ初めに98℃のように高い温度を与えることで、ある構造をとり安定化し、活性の上がるものもある。

プライマーアニーリング温度が伸長温度の3°C以内である場合、従来の3ステップPCR法の代わりに、アニーリング温度と伸長温度を1つに合わせることで、2ステップPCR法を行うことができる。

①**不適切。**熱変性で切断されるのは共有結合ではなくて、水素結合。
②**不適切。**アニーリングは温度を上昇させることで、特異性が高まる可能性がある。
③**不適切。**増幅したい配列が長くなるにつれて、長い伸長時間を必要とする。
④適切。
⑤**不適切。**プライマー（増幅したい領域の両端に相補的な配列をもつ1本鎖DNA）の塩基配列は当然含まれる。

5群　環境・エネルギー・技術に関するもの

5　1　・・・解答②

(ア) 正しい。
(イ) 誤り。ビニール袋やペットボトル、使い捨て容器などは便利なものとして多くの人に使われているが、それはごみとなり、ポイ捨てや適切な処理をされないことで、風や雨などにより河川や海に流れ込み、海洋プラスチックごみとなる。その量は世界中で最低でも年間800万トンとも言われている。海洋に流れ出たプラスチックごみの発生量は東・東南アジアが上位を占めているという推計もあり、先進国だけでなく、開発途上国も含めて解決しなければならない問題となっている。
(ウ) 誤り。2017年日本ではプラスチック製品の使用が約1012万トンに対して、廃プラスチックは約903万トン（一般家庭418万トン、企業485万トン）。このうち、リサイクルは251万トンで、海外でのリサイクル分は143万トンで約6割である。
(エ) 正しい。
(オ) 正しい。

5 2 ・・・解答③

①②④⑤適切。

③**不適切。**2005年6月1日に施行された特定外来生物被害防止法では、日本在来の生物を捕食したり、これらと競合したりして、生態系を損ねたり、人の生命・身体、農林水産業に被害を与えたりする、あるいはそうするおそれのある外来生物による被害を防止するために、それらを「特定外来生物」等として指定し、その飼養、栽培、保管、運搬、輸入等について規制を行うとともに、必要に応じて国や自治体が野外等の外来生物の防除を行うことを定めている。その懸念が指摘されている生物については要注意外来生物として、特定外来生物への指定を視野に入れ別途指定することを定めている。

5 3 ・・・解答④

①〜③⑤適切。

④**不適切。**家庭部門の電力消費は、2005年度までは、生活水準の向上などにより、エアコンや電気カーペットなどの冷暖房用途や他の家電機器が急速に普及し、増大する傾向を維持した。その後、機器保有の飽和、省エネルギー家電のシェア拡大などにより横ばいとなり、2011年度からは東京電力福島第一原子力発電所事故を契機に節電意識が高まり、減少傾向に転じている。

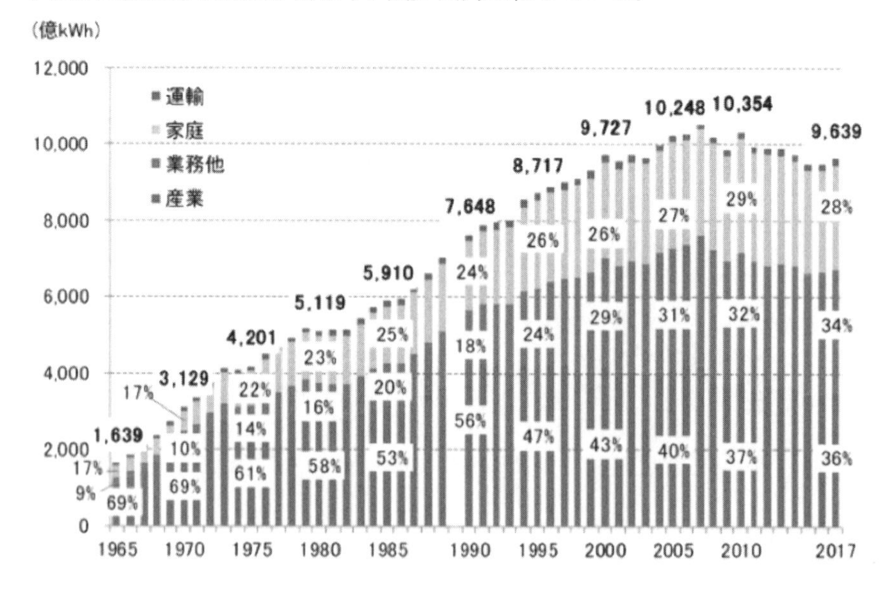

資源エネルギー庁HPより

5 4 ・・・解答①

日本の電源別発電電力量（一般電気事業用）のうち、原子力の占める割合は2010年度時点で ア：30 %程度であった。

2010年度の発電電力量の割合は、石炭23.8%、石油8.3%、LNG27.2%、原子力30.8%、水力8.7%、新エネルギー1.2%となっている。

しかし、福島第一原子力発電所の事故などの影響で、原子力に代わり天然ガスの利用が増えた。現代の天然ガス火力発電は、ガスタービン技術を取り入れた イ：コンバインド サイクルの実用化などにより発電効率が高い。天然ガスは、米国において、非在来型資源のひとつである ウ：シェール ガスの生産が2005年以降顕著に拡大しており、日本にも既に米国から ウ：シェール ガス由来の液化天然ガス（LNG）の輸入を始めている。

コンバインドサイクル発電は、ガスタービンと蒸気タービンを組み合わせた発電方式で、最初に圧縮空気の中で燃料を燃やしてガスを発生させ、その圧力でガスタービンを回して発電を行う。さらに、ガスタービンを回し終えた排ガスは、まだ十分な余熱があるため、この余熱を使って水を沸騰させ、蒸気タービンによる発電を行う。つまり二重に発電を行うため非常に熱効率がよい。

シェールガスは頁岩（シェール）層から採取される天然ガスのことで、埋蔵量は、全世界エネルギー使用量の200〜250年と言われている。2000年代に採掘技術が確立されたことで、北米で一気に生産量が増え、世界のエネルギー事情に革命（シェールガス革命）を起こすと期待されている。

5 5 ・・・解答④

①〜③⑤適切。

④**不適切**。テイラーの科学的管理が日本に広まったのは1920年前後のことだが、統計的品質管理は戦後のことである。

20世紀初頭、当時のアメリカはその場しのぎの成り行き経営や組織的怠業などから、労使の対立や互いの不信感などが発生し、問題となっていた。そこで、テイラーとその仲間たちは、作業についての客観的な基準を作り、管理体制を構築し、生産性を増強することが、労働賃金の上昇に繋がり、お互いの信頼関係の構築とさらなる生産性の向上へと繋がっていくのではないかと考えた。

この手法の中核となるのは、課業の設定で、**テイラーは、一日に作業完了可能な仕事量をノルマとして設定するという概念を導入した。**ノルマを達成した者には、賃金を割り増しして支払い、そうでない場合は、規定の最低賃金のみを支払うというシステムで、労働意欲を高めることにより、組織的怠業の根絶を図った。さらにテイラーは、この課業を客観的に設定するため、作業工程を細分化し、各動作にかかる時間をストップウォッチで計測し、標準的な時間を割り出すことで、課業管理を行った。

5 6 ・・・解答①

ある程度の知識がないと解けない問題だが、この中では種痘法が一番古くて、トランジスタが一番新しいことは感覚的にわかりそう。この時点で選択肢は①か③に絞られる。

正解は（イ）→（エ）→（ア）→（オ）→（ウ）　⇒　**答え①**

（ア）1898年、キュリー夫妻はポロニウムとラジウムの存在を発表した。放射線の研究で、1903年にノーベル物理学賞、1911年にノーベル化学賞を受賞した。

（イ）1796年にエドワード・ジェンナーはウシが感染する牛痘の膿を用いた安全性の高い種痘（牛痘接種）法を開発した。近代免疫学の父とも呼ばれる。

（ウ）1947年、ベル研究所でバーディーンとブラッテンがトランジスタを発見し、その後ショックレーが増幅に利用できる可能性に気づき、研究を行った。ベル研究所のこの３人は1956年にノーベル物理学賞を受賞している。

（エ）1869年、ロシア化学学会でメンデレーエフが元素の周期性について発表した。当時は疑いの目で見られていたが、メンデレーエフが存在を予測した当時発見されていない元素がその後、予測どおり発見されたことで、高く評価されるようになった。

（オ）1906年、ド・フォレストは「フレミング管」を改良し、二極管を発明。さらに研究を進めて三極管を開発した。

技術士一次試験（適性科目）

令和2年度　解答＆詳細解説

問題番号	1	2	3	4	5	6	7	8	9	10	11	12	13	14	15
解答	⑤	②	③	②	③	⑤	④	①	③	①	①	①	④	①	①

1　・・・解答⑤

技術士法第４章は**超頻出**。完全に暗記すること。少なくとも３義務２責務（信用失墜行為の禁止、秘密保持義務、名称表示の場合の義務、公益確保の責務、資質向上の責務）は完全に暗記。試験対策ということだけでなく、今後技術士になる人には、罰則規定もあることであるし、知らなかったではすまない。

第４章　技術士等の義務
（信用失墜行為の禁止）
第44条　技術士又は技術士補は、技術士若しくは技術士補の信用を傷つけ、又は技術士及び技術士補全体の不名誉となるような行為をしてはならない。
（技術士等の秘密保持［ア：義務］）
第45条　技術士又は技術士補は、正当の理由がなく、その業務に関して知り得た秘密を漏らし、又は盗用してはならない。技術士又は技術士補でなくなった後においても、同様とする。
（技術士等の［イ：公益］確保の［ウ：責務］）
第45条の２　技術士又は技術士補は、その業務を行うに当たっては、公共の安全、環境の保全その他の［イ：公益］を害することのないように努めなければならない。
（技術士の名称表示の場合の［ア：義務］）
第46条　技術士は、その業務に関して技術士の名称を表示するときは、その登録を受けた［エ：技術部門］を明示してするものとし、登録を受けていない［エ：技術部門］を表示してはならない。
（技術士補の業務の［オ：制限］等）
第47条　技術士補は、第２条第１項に規定する業務について技術士を補助する場合を除くほか、技術士補の名称を表示して当該業務を行ってはならない。

2　前条の規定は、技術士補がその補助する技術士の業務に関してする技術士補の名称の表示について カ：準用 する。

（技術士の キ：資質 向上の ウ：責務 ）

第47条の2　技術士は、常に、その業務に関して有する知識及び技能の水準を向上させ、その他その キ：資質 の向上を図るよう努めなければならない。

2　・・・解答②

①③～⑤適切。

②**不適切。**技術者のデータ改ざんについては、大衆は見抜くことが難しい。このため、技術者には公益確保の視点からの倫理性が強く求められている。顧客の要求に従ってデータ改ざんするのは倫理を超えた犯罪行為である。例えば、神戸製鋼所の品質データ改ざん事件では不正競争防止法違反（虚偽表示）の罪に問われた。ちなみにこの事件は2019年に罰金1億円の判決が言い渡されている。

3　・・・解答③

（ア）○：技術士第一次の適性試験では、「・・・に相談した」という選択肢は正しいものが多い。

（イ）○：自分のライバル関係にあたる論文なので、疑義を生まないためにも査読を辞退するのは極めて適切な対応である。

（ウ）×：投資判断に影響を及ぼすような重要事実を知って、その重要事実が公表される前に、株式投資を行うことはインサイダー取引であり、禁止されている。ただし、適用除外となる売買も中にはあるので、相談することが大切。

（エ）○：「相談した」は正しいものが多い。

（ア）（イ）（エ）が○で、（ウ）が×である。　⇒　**答え③**

4　・・・解答②

不正競争防止法では、企業が持つ秘密情報が不正に持ち出されるなどの被害にあった場合に、民事上・刑事上の措置をとることができる。そのためには、その秘密情報が、不正競争防止法上の「営業秘密」として管理されていることが必要である。

営業秘密とは、次の3つの条件が当てはまる。

1）有用性：当該情報自体が客観的に事業活動に利用されていたり、利用されることによって、経費の節約、経営効率の改善等に役立つものであること。

2）秘密管理性：営業秘密保有企業の秘密管理意思が、秘密管理措置によって従業員等に対して明確に示され、当該秘密管理意思に対する従業員等の認識可能性が確保される必要性がある。

3）非公知性：保有者の管理下以外では一般に入手できないこと。

（ア）○：顧客名簿や新規事業計画書は非常に大切な営業秘密。
（イ）×：製造方法、製造ノウハウ、新規物質情報、設計図面などは営業秘密の技術情報にあたる。
ただし、有害物質の河川への垂れ流しという事実は有用性のある情報ではなく、不祥事である。
（ウ）○：非公知性の情報ではない。
（エ）×：(1)～(3)の3つの要件すべてを満たす必要がある。
（ア）（ウ）が○で、（イ）（エ）が×である。　⇒　**答え②**

5 ・・・解答③

産業財産権は、特許権、実用新案権、意匠権、商標権の4つと覚えてほしい。
産業財産権に含まれないのは、それ以外の6つ。　⇒　**答え③**

	保護対象	所管	登録の要否	保護期間
特許権 ※産業財産権	発明。自然法則を利用した技術的なアイデアのうち高度なもの	特許庁	要	出願から20年 （一部25年に延長）
実用新案権 ※産業財産権	考案。自然法則を利用した技術的なアイデアで、物品の形状、構造または組み合わせに関するもの	特許庁	要 （無審査）	出願から10年
意匠権 ※産業財産権	物品の形状、模様、または色彩からなるデザイン	特許庁	要	出願から25年
商標権 ※産業財産権	文字、図形、記号、立体的形状または色彩からなるマークで、事業者が「商品」や「サービス」について使用するもの	特許庁	要	登録から10年 （更新あり）

著作権	思想または感情を創作的に表現したものであって、文芸、学術、美術または音楽の範囲に属するもの	文化庁	不要	著作者の生存中及び死後70年
回路配置利用権	半導体集積回路配置（回路素子及び導線の配置）	SOFTIC	要	登録から10年
育成者権	植物の新品種	農林水産省	要	登録から25年（樹木30年）

6 ・・・解答⑤

製造物責任法は、製品の欠陥によって生命、身体又は財産に損害を被ったことを証明した場合に、被害者は製造会社などに対して損害賠償を求めることができる法律で、具体的には、製造業者等が、自ら製造、加工、輸入又は一定の表示をし、引き渡した製造物の欠陥により他人の生命、身体又は財産を侵害したときは、**過失の有無にかかわらず**、これによって生じた損害を賠償する責任があることを定めている。つまり、PL法では、消費者は製造業者等の過失を証明する必要はなく、消費者が証明すべきことは、以下の2点となった。つまり、製造業者等により大きな責任と負担が求められている。

1）製品に欠陥があったこと。

2）その欠陥によって損失を受けたこと。

①～④適切。

⑤**不適切。** PL法は各国によって異なる内容となっている。現地のルールに従う必要がある。

7 ・・・解答④

リスクを把握して、リスク低減策を行い、再度リスクを把握し、そのリスクは許容可能なレベルを達成できたかどうかを評価する。これを繰り返すのが、リスク解析（リスクアセスメント）である。

（ア）（リスクの）見積り

（イ）（リスクの）評価

（ウ）残留リスク

（エ）妥当性確認及び文書化

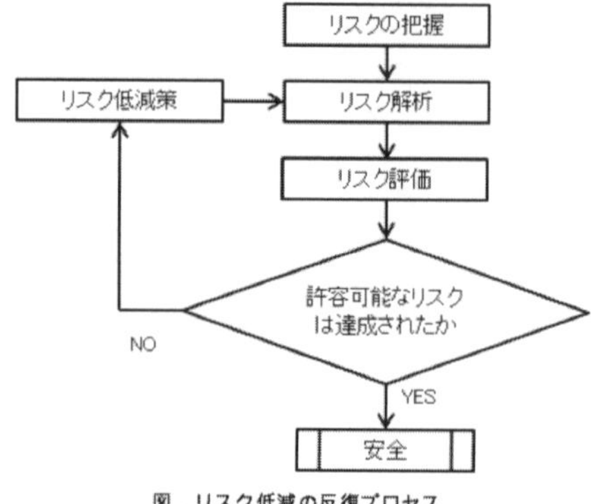

図．リスク低減の反復プロセス

となる。絶対的な安全というものはありえないため、残留リスクが許容できるものかどうかを相対的に判定するという考え方が大切である。

8 ・・・解答①

すべてが典型的なヒューマンエラー。
ヒューマンエラーに該当しないものはゼロ。　⇒　**答え①**

9 ・・・解答③

企業経営におけるリスクは、地震・洪水（自然災害）、火災、有害物漏洩、集団感染（事故・災害）、製造物責任・リコール（製品事故）、システム障害、データ消失、情報漏洩（IT関連事故）、法令遵守違反（不祥事）、倒産・M＆Aの噂（風評被害）など、様々なものがある。

「事業継続計画」（BCP：Business Continuity Plan）を導入し、緊急事態に遭遇したときに取引先や地域社会、従業員とその家族に対して何ができるかを事前に考え、備えをすることで、緊急時の被害や操業停止期間を最小限にすることができ、取引先や社会より高い評価を受けられる。

1）優先して継続・復旧すべき中核事業を特定する
2）緊急時における中核事業の目標復旧時間を定めておく
3）緊急時に提供できるサービスのレベルについて顧客と予め協議しておく
4）事業拠点や生産設備、仕入品調達等の代替策を用意しておく
5）全ての従業員と事業継続についてコミュニケーションを図っておく

（ア）○：事業継続の取組みが有効なビジネスリスクには、大きく分けて、突発的に被害が発生するもの（地震、水害、テロなど）と段階的かつ長期間に渡り被害が継続するもの（新型インフルエンザを含む感染症、水不足、電力不足など）があり、事業継続の対策は、この双方のリスクの性格から当然違うものになる。
（イ）×：BCPの策定済み企業の割合（平成27年度）は大企業60％、中堅企業30％となっている。策定済みに策定中を加えると、大企業で75％、中堅企業で42％となっている。
（ウ）×：すぐに着手できるやりやすい業務を優先するのではなくて、必要な中核業務を優先するべきである。
（エ）○：全くもってその通り。

（ア）（エ）が○で、（イ）（ウ）が×である。　⇒　**答え③**

10 ・・・解答①

（ア）○：我が国の電源構成に占める再生可能エネルギーは約16%（水力8.0%、水力以外8.1%）は覚えておいた方がよい。

（イ）○：地域エネルギーマネジメントシステム（CEMS）は、再生可能エネルギー（太陽光、風力）発電による不安定な系統において、需給アンバランスや逆潮流による電力品質問題を解決しながら、CO_2を最小にする最適運用を実現するシステムである。スマートコミュニティには欠かせない。

（ウ）○：コージェネレーションとは、ガスなどを駆動源にした発電機によって電力を生み出すとともに、その際の排熱を給湯や冷暖房などに利用するシステム・設備の総称である。

（エ）○：我が国の家庭部門における最終エネルギー消費量は石油危機以降約2倍に増加し、全体の15%程を占めている。また、東日本大震災後の電力需給の逼迫やエネルギー価格の不安定化などを受け、家庭部門における省エネルギーの重要性が再認識されている。ZEHの普及により、家庭部門におけるエネルギー需給構造を抜本的に改善することが期待されている。

（ア）～（エ）のすべて正しい。　⇒　**答え①**

11 ・・・解答①

（ア）～（キ）の全てが正しい。　⇒　**答え①**

基礎科目でも出題されるので、ユニバーサルデザインの７項目は理解しておく必要がある。ユニバーサルデザインとは、ノースカロライナ州立大学のロナルド・メイスが1990年に提唱した「出来るだけ多くの人が利用可能であるようデザインする事」をコンセプトとしたバリアフリー概念を拡張した概念である。デザイン対象を障害者に限定していない点が一般に言われる「バリアフリー」とは異なる。ロナルド・メイスが提唱したユニバーサルデザインの7原則とは以下の7つである。

1）だれでも公平に使えること（Equitable use）
2）使う上で自由度が高いこと（Flexibility in use）
3）使い方が簡単で、すぐに分かること（Simple and intuitive）
4）必要な情報がすぐに分かること（Perceptible information）
5）うっかりミスが危険につながらないこと（Tolerance for error）
6）身体への負担が少ないこと（Low physical effort）

7) 接近や利用するための十分な大きさと空間を確保すること (Size and space for approach and use)

12 ・・・**解答①**

(ア)～(キ)は『製品安全に関する事業者ハンドブック (2012年6月)』の内容そのまま。

(ア)～(キ)の全てが正しい。　⇒　**答え①**

13 ・・・**解答④**

(ア)(ウ)(エ)○：その通り。

(イ)×：通常の労働時間制度に基づきテレワークを行う場合についても、使用者は、その労働者の労働時間について適正に把握する責務を有し、みなし労働時間制が適用される労働者や労働基準法第41条に規定する労働者を除き、適切に労働時間管理を行わなければならない。労働時間を記録する原則的な方法として、パソコンの使用時間の記録等の客観的な記録によること等がある。

(ア)(ウ)(エ)が○で、(イ)が×である。　⇒　**答え④**

14 ・・・**解答①**

(ア)～(エ)の全てが正しい。　⇒　**答え①**

遺伝子組換え技術は、ある生物から目的とする遺伝子 (DNA) を取り出し、別のターゲット生物のゲノムに導入することで、その生物に新しい性質を付与する技術のこと。

遺伝子組換え技術は、すでに身の回りの様々な製品に活用されていて、特に糖尿病治療のヒトインスリンやB型肝炎ワクチンなど医療分野では数多く商品化されている。食品でも除草剤耐性や害虫抵抗性の高い穀物などが実用化されている。栽培面積の多い順に、ダイズ、トウモロコシ、ワタ、ナタネ、テンサイなどがある。日本では海外遺伝子組換え農作物は約1,500万トンが輸入されており、畜産飼料や食品原材料として活用されている。

15 ・・・**解答①**

（ア）～（カ）の全てが正しい。
適切なものの数は6つ。　⇒　**答え①**

内部告発は下表の①→②→③の順番に行われなければならない。

例えば、勤務しているレストランが国産牛と記載しながらアメリカ牛を提供している場合を考える。まず最初は、責任者に改善を求めたり、大手チェーン店ならコンプライアンス室などに申告し（下表の①）、それでも改善しない場合に消費者庁などに通告し（下表の②）、それでもなお何らの監督措置がとられない場合に最終手段として新聞社やテレビ局にリークしたり、ツイッターやYouTubeに証拠映像をアップロードする（下表の③）というのが正しい内部告発の順序となる。これは、①→②→③の順番で事業者へのダメージが大きくなるのと、間違った情報ならば内部告発した人のダメージが大きくなるからである。

思い込みによる告発により、会社へ大きなダメージとなることを防ぐために、選択肢にあったような（ア）～（カ）が必要である

告発の相手先	具体的な告発場所
①勤務先の会社（企業内通報）	会社内に設置されたコンプライアンス室など
②監督官庁などの行政機関	保健所や厚生労働省、消費者庁、都道府県や市町村などの自治体・陸運局・警察など
③マスコミ・一般市民	新聞社・雑誌編集部・テレビなどに情報提供する、ブログやツイッター・ユーチューブにアップするなど

技術士一次試験（基礎科目）

令和元年度再試験　解答＆詳細解説

問題番号	1-1	1-2	1-3	1-4	1-5	1-6	2-1	2-2	2-3	2-4	2-5	2-6
答え	⑤	③	①	②	②	⑤	⑤	④	②	⑤	①	④
問題番号	3-1	3-2	3-3	3-4	3-5	3-6	4-1	4-2	4-3	4-4	4-5	4-6
答え	⑤	②	⑤	⑤	④	②	②	③	②	④	③	③
問題番号	5-1	5-2	5-3	5-4	5-5	5-6						
答え	①	①	③	③	④	③						

1群　設計・計画に関するもの

1　1　・・・解答⑤（難問：避けた方が無難）

1）相加平均と相乗平均に関しては、非負の実数の場合は
　常に　相加平均 ≧ 相乗平均　の関係が成立します。
2）この式は、図を描くとわかりやすい。角度θの時、半径1の円弧の長さはθとなる。
　$\sin\theta/\theta$は、下図の太線を円弧部分の長さで割った値となる。
　つまり常に$\sin\theta \leqq \theta$が成立する。
まず、$\theta \to 0$とすると$\sin\theta/\theta \to 1$に近づく。
次に、$\theta \to \pi/2$とすると$\sin\theta/\theta = 1/(\pi/2) = 2/\pi$に小さくなっていく。
$0 < \theta \leqq \pi/2$　の間では、$1 > \sin\theta/\theta \geqq 2/\pi$

3）2階微分が正ということは、加速度が正という意味である。つまり、
　$f(x_1) - f(x_1+x_2/2) < f(x_1+x_2/2) - f(x_2)$
　$2 \cdot f(x_1+x_2/2) < f(x_1) + f(x_2)$
　　⇒　**答え⑤**

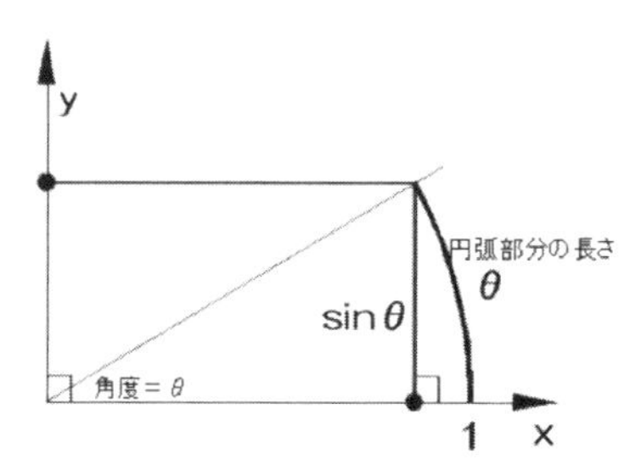

1 2 ・・・解答③

この問題は、［ウ］のトレードオフを知っていれば、いきなり②か③に絞れる。

あちらを立てればこちらが立たずといった二律背反の関係はトレードオフと言って、いずれ、みなさん受験されると思うが、技術士（総合技術監理部門）の勉強の際には、トレードオフの解消方法などを勉強することになる。

ア(シンプレックス法)：システムの最適化問題は「与えられた条件の下で、ある目的関数を最大（または最小）にする解を見つけること」という数理計画問題として置き換えられ、そのための理論（定式化）と手法（アルゴリズム）を研究し、応用を与えることが目的である。

数理計画問題は連続変数形と整数問題などの非連続変数形に分けられる。
連続変数形は線形計画法と非線形計画法に分けられる。
シンプレックス法は線形計画法の代表的なものである。

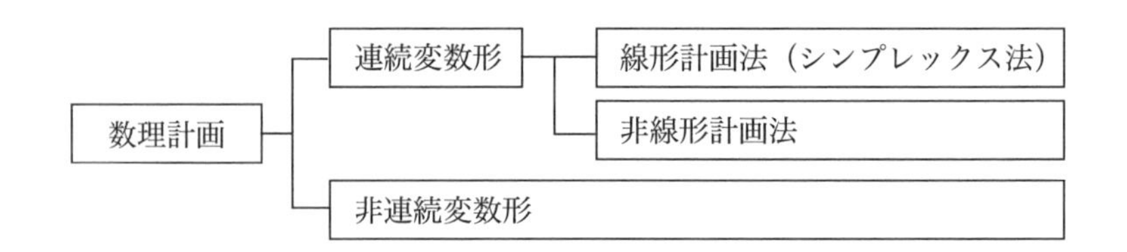

イ（双対問題）：目的関数を求める主問題に対して、表裏一体の関係にあるのが、双対（そうつい）問題である。ある集合Ａに、ある操作αを行ったら集合Ｂを得た。集合Ｂに、操作αを行ったら、集合Ａを得た。この場合、集合Ａと集合Ｂは操作αに関して双対の関係と言う。

ウ（トレードオフ）：

トレードオフ：ふたつのものが二律背反の状態にあり、片方を重視すれば、その分だけもう片方が疎かにならざるを得ないこと。

トレードオン：顧客満足と企業の利益、環境と企業の利益のような関係は、従来はトレードオフと考えられてきたが、これらを両立（トレードオン）しようとする発想のこと。

まさに、技術士総合技術監理部門が目指しているものがトレードオンと言える。

エ（パレート解）：パレート解とは、他の解に支配されない解のことで、解Aが解Bに対して、１つ以上の目的関数について優れており、その他の目的関数について劣っていない時、「解Aは解Bを支配する」と言う。そして、実行可能解の集合の中で他のどの解からも支配されていない解をパレート解と言う。優劣のつけられない解とも言える。

1 3 ・・・解答①

事象Cの発現確率：$0.1 + 0.1 - 0.1 \times 0.1 = 0.19$
事象Dの発現確率：$0.2 \times 0.2 = 0.04$
事象Bの発現確率：$0.19 + 0.04 - 0.19 \times 0.04 = 0.2224$
事象Eの発現確率：$0.4 \times 0.4 = 0.16$
事象Aの発現確率：$0.2224 \times 0.16 = 0.035584 \fallingdotseq 0.036$　⇒　**答え①**

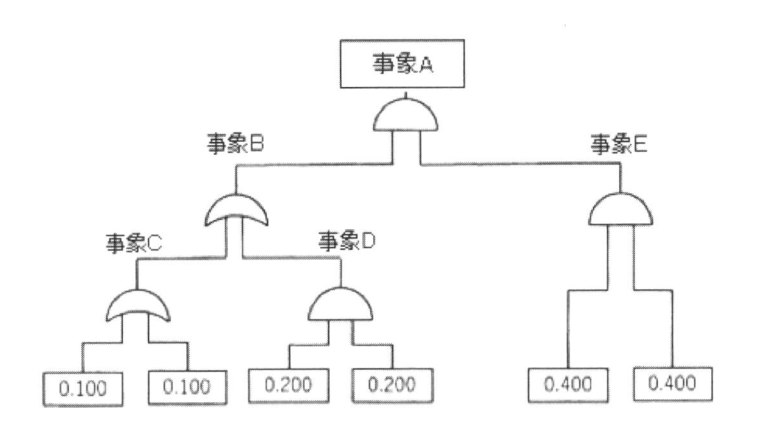

1 4 ・・・解答②

（ア）正しい。
（イ）正しい。
（ウ）正しい。
（エ）誤り。プロジェクト全体の工期短縮のためにはクリティカルパス上の作業を短縮することが必要である。
　クリティカルパスとは、作業開始から終了までに余裕のないパスであり、且つ後工程に進むには絶対に外せない重要な作業や、遅れてはならない作業を繋いだパスである。クリティカルパスの短縮を図ることが、結果的に全工程のリードタイムを短くすることに繋がる。逆に、クリティカルパス上にない作業で遅れが出てもプロジェクト全体のスケジュールには影響しない。

1 5 ・・・解答②

期待損失額 $A = 10x + 90/(1 + 4x)$

あとは単純に当てはめて、計算する。

① $x = 1.00$　$A = 10 + 18 = 28$ 億円

② $x = 1.25$　$A = 12.5 + 15 = 27.5$ 億円　⇒　**答え②**

③ $x = 1.50$　$A = 15 + 12.9 = 27.9$ 億円

④ $x = 1.75$　$A = 17.5 + 11.25 = 28.75$ 億円

⑤ $x = 2.00$　$A = 20 + 10 = 30$ 億円

1 6 ・・・解答⑤

設備や機械など主にハードウェアからなる対象（以下、アイテムと記す）について、それを使用及び運用可能状態に維持し、又は故障、欠点などを修復するための処置及び活動を、保全と呼ぶ。保全は、アイテムの劣化の影響を緩和し、かつ、故障の発生確率を低減するために、規定の間隔や基準に従って前もって実行する［ア：予防］保全と、フォールトの検出後にアイテムを要求通りの実行状態に修復させるために行う［イ：事後］保全とに大別される。また、［ア：予防］保全は定められた［ウ：時間計画］に従って行う［ウ：時間計画］保全と、アイテムの物理的状態の評価に基づいて行う状態基準保全とに分けられる。

さらに、［ウ：時間計画］保全には予定の時間間隔で行う［エ：定期］保全、アイテムが予定の累積動作時間に達したときに行う［オ：経時］保全がある。

2群　情報・論理に関するもの

2 1 ・・・解答⑤（サービス問題）

①不適切。セキュリティの観点からは当然、単純で短いものを選ばない方が望ま

しい。利用者IDおよびパスワードの組み合わせは、情報システムが個人を特定するための唯一の情報であると考え、安易な設定をしない、他人に教えたりしない、といった対策をとる必要がある。

②**不適切。**ウイルス対策やスパイウェア対策だけでなく、ファイアウォール機能を持つ統合セキュリティ対策ソフトの活用あるいはパーソナルファイアウォールソフトの活用をお勧めする。

③**不適切。**知り合いに成りすましてメールが送られている場合もあれば、知らず知らずのうちに知り合いのパソコンがウイルスに感染させられている場合もある。無条件に開くことは情報セキュリティ上は不適切である。

④**不適切。**ポートは家で言うところの玄関や窓にあたる。使わないポートはなるべく閉じた方が安全である。

⑤適切。

2 2 ・・・**解答④**

理系の大学生以外は、真面目に行列の意味を理解して解こうとするのはハードルが高い。

もっと単純に108と57の最大公約数は3なので、［ア：3］と考える。

行列も地道に計算する方が早い。

$$A=\begin{pmatrix}0 & 1\\1 & -8\end{pmatrix}\begin{pmatrix}0 & 1\\1 & -1\end{pmatrix}\begin{pmatrix}0 & 1\\1 & -1\end{pmatrix}=\begin{pmatrix}1 & -1\\-8 & 9\end{pmatrix}\begin{pmatrix}0 & 1\\1 & -1\end{pmatrix}=\begin{pmatrix}-1 & 2\\9 & -17\end{pmatrix}$$

x = ［イ：9］ y = ［ウ：－17］

検算：108 × 9 + 57 ×（－ 17）= 972 － 969 = 3 ⇒ **答え④**

2 3 ・・・**解答②**

問題文に従って解答を考える。

1KBを2進法を基礎とした記法で表わすと2^{10}B（= 1024B）= 1000/1024KB = 0.9765KB

1MBを2進法を基礎とした記法で表わすと2^{20}B（= 1024^2B）= 0.9765^2MB

1GBを2進法を基礎とした記法で表わすと2^{30}B（= 1024^3B）= 0.9765^3GB

1TBを2進法を基礎とした記法で表わすと2^{40}B（= 1024^4B）= 0.9765^4TB = 0.909TB

10進法で2TBを2進法を基礎とした記法で表わすと

2^{41}B（= $1024^4 \times 2$B）= $0.9765^4 \times 2$TB = 1.8TB　⇒　**答え②**

2 4 ・・・解答⑤

13を（1）～（4）の手続きに従って変換する。

（1）$13 = +2^3 \times (1 + x)$

$\alpha = 3$、$x = 0.625$

（2）符号部は正のため、【0】

（3）A + 127 = 130　130を2進法で表す。

```
2 )130  ・・・0  ↑
2 )65   ・・・1  │
2 )32   ・・・0  │
2 )16   ・・・0  │
2 ) 8   ・・・0  │
2 ) 4   ・・・0  │
2 ) 2   ・・・0  │
2 ) 1   ・・・1  │
    0
```

130を2進法に変換すると、10000010　となる。

（4）$0.625 = \frac{5}{8} = 1 \times \frac{1}{2^1} + 0 \times \frac{1}{2^2} + 1 \times \frac{1}{2^3}$

仮数部は、問題文の0.625と同じなので、10100・・・・となる。

以上により、

符号部：0

指数部：10000010

仮数部：10100000000000000000000　⇒　**答え⑤**

2 5 ・・・解答①

図から考える。

少なくとも 55万件は「論理」が含まれる。

「論理」が含まれる件数とkの合計は100万件なので、kの最大値は100 − 55 = 45万件

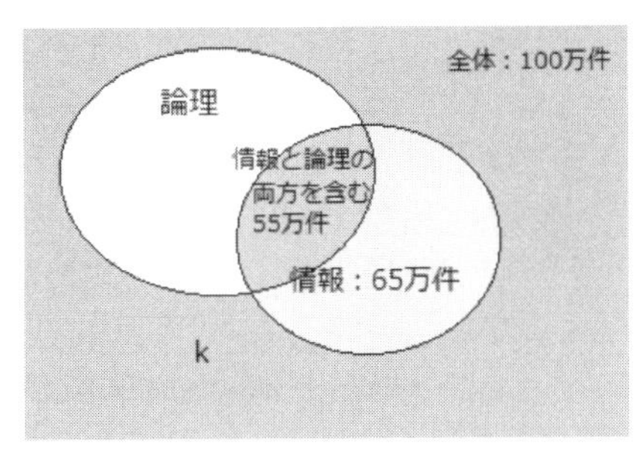

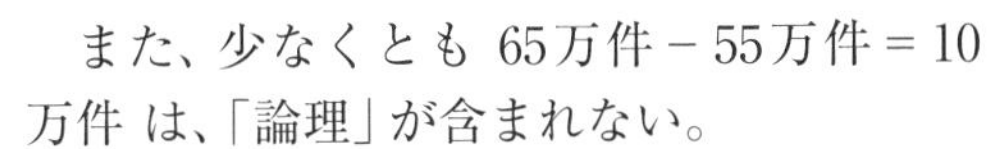

また、少なくとも 65万件 − 55万件 = 10万件 は、「論理」が含まれない。

つまり、kが取りうる最小件数は10万件となる。

10万 ≦ k ≦ 45万　⇒　**答え①**

2 6 ・・・解答④（難問：避けた方が無難）

二変数の写像の簡単な式を理解していないと解けない。知らない人は避けた方がよい。

集合Aと集合Bの総数は　4 × 2 = 8組

集合Cは2つの組

写像f：A × B→Cの総数は、$2^8 = 256$　⇒　**答え④**

3群　解析に関するもの

3 1 ・・・解答⑤

微分方程式が苦手な人はお手上げだと思うが、以下の式の流れを一つ一つ理解すると解けるようになる。

$u(x) = f'(x) = 1 + \{f(x)\}^2$　とする

$$u'(x) = f''(x) = \frac{du}{dx}\left[1 + \{f(x)\}^2\right] = \frac{df(x)}{dx} \cdot \frac{du}{df(x)} \quad \cdots (1)$$

ここで、

$$\frac{df(x)}{dx} = f'(x) \quad \cdots (2)$$

$$\frac{du}{df(x)} = \frac{d}{df(x)}[1+\{f(x)\}^2] = 2f(x)\cdots(3)$$

式(2)と式(3)を、式(1)に導入

$$f''(x) = f'(x)\cdot 2f(x)\cdots(4)$$

ここで、

$v(x) = f(x)\cdot g(x)$ として、両辺を微分すると、

$$v'(x) = f'(x)\cdot g(x) + f(x)\cdot g'(x)\cdots(5)$$

式(5)を頭に入れて、式(4)の両辺を微分する。

$$f'''(x) = f''(x)\cdot 2f(x) + f'(x)\cdot 2f'(x)\cdots(6)$$

ここで、$f(0)=1$のとき、

$$f'(0) = 1+(1)^2 = 2$$

式(4)より、$f''(0) = 2\cdot 2 = 4$

式(6)より、$f'''(0) = 4\cdot 2+2\cdot 4 = 8+8 = 16$ ⇒ **答え⑤**

3 2 ・・・解答②（難問：避けた方が無難）

ax+by+cz = 0

は、法線ベクトルが(a、b、c)であるような平面の方程式を表している。

つまり、平面Sに対して垂直な直線のベクトルは(1、2、−1)である。

① $\overrightarrow{AB}$ = (1−6、1−5、3−4) = (−5、−4、−1)
② $\overrightarrow{AB}$ = (4−6、1−5、6−4) = (−2、−4、2) = (1、2、−1)
③ $\overrightarrow{AB}$ = (3−6、2−5、7−4) = (−3、−3、3) = (1、1、−1)
④ $\overrightarrow{AB}$ = (2−6、1−5、4−4) = (−4、−4、0) = (1、1、0)
⑤ $\overrightarrow{AB}$ = (5−6、3−5、5−4) = (−1、−2、1) = (1、2、−1)

平面Sに対して垂直なのは、②と⑤。

ここで、⑤の(5,3,5)を平面Sの式に当てはめると、

$5+2\times 3-5=6\neq 0$　となるため、平面S上の点ではない。②が答え。

⇒ **答え②**

3 3 ・・・解答⑤

①適切。解析精度は要素分割の形状にも依存する。ゆがんだ要素がないようにすることにより精度は高まる。
②適切。高次要素を用いると精度は向上する。
③適切。解析精度が要素分割の細かさに依存するのは、有限要素法一般に言える。
④適切。丸め誤差とは、四捨五入や切り上げや切捨てなどによる誤差のこと。倍精度に変更すると精度は高まる。
⑤**不適切。**収束判定条件を緩和することにより、計算時間は短縮されるが、精度は落ちる

3 4 ・・・解答⑤（難問：避けた方が無難）

シンプソンの公式を知らない人は選択するべきではない。
シンプソンの公式は、関数を２次関数で近似したもの。
関数 $f(0)=1$ のａからｂまでの定積分を、

$$\int_a^b f(x)dx \approx \frac{b-a}{6}\left\{f(a)+4f\left(\frac{a+b}{2}\right)+f(b)\right\}$$

の右辺で求めることをシンプソンの公式と呼ぶ。

$a=-1$、$b=1$、$f(x)=\dfrac{1}{x+3}$

$$S=\frac{1-(-1)}{6}\{f(-1)+4f(0)+f(1)\}=\frac{1}{3}\left(\frac{1}{2}+\frac{4}{3}+\frac{1}{4}\right)=\frac{1}{3}\cdot\frac{25}{12}=\frac{25}{36}=0.694444$$

⇒ **答え⑤**

3 5 ・・・解答④

あらゆる物には固有の振動数（単位時間に振れる回数）があり、その振動数で揺すられるとその物は強く反応して激しく揺れるが（共振）、固有振動数から大きくずれた力を加えてもほとんど反応しない。たとえば、自然に振らせたときに2秒で1往復するようなブランコの場合、2秒に1回の速さで押せば揺れはどんどん大きくなるが、1秒に2回の速さで押してもあまり揺れない。
また、地震と、高層ビルの固有振動数が合致した時は、共振を起こし、大きな被害を発生する場合がある。低くてがっちりした構造のものは固有振動数が大きく

（固有周期が短く）、速い振動（たとえば1秒間に5回といった）に共振し、いわゆる「柔構造」の高層ビルなどは固有振動数が小さく（たとえば3秒に1回というような―固有周期は３秒）、ゆっくりした揺れに大きく反応するという傾向がある。

①**不適切。**固有振動数は、重量や長さや断面形状によっても変わる。
②**不適切。**両端が自由あるいは固定といった条件が異なる場合、固有振動数は変化する。
③**不適切。**単振り子の固有振動数は糸の長さの平方根に反比例する。おもりの質量には無関係。
④適切。
⑤**不適切。**平板の固有振動モードは１つだけではなくて、振動系の自由度（質点）の数だけあり、それぞれ特定の固有周期と対応している。１次、２次と多くの振動モードが存在する。

3　6　・・・解答②

点Ａの接線方向はｙ軸と平行であり、点Ａでのｘ方向に応力はゼロである。
つまり、$\sigma_x=0$、$\tau_{xy}=0$　、
この時点で、選択肢は、①か②に絞られる。
ここから先は、楕円にかかる応力を知らないと解けないため、知らない場合は他の問題を選択した方がよい。楕円が扁平であればあるほど、最大応力は大きくなり、応力集中は大きくなる。
楕円の最大応力σ_{max}は、$\sigma_{max}=\sigma_0(1+2\cdot\frac{a}{b})$と表される。

$$\sigma_y=\sigma_{max}=\sigma_0(1+2\cdot\frac{a}{b})>3\sigma \quad\Rightarrow$$ **答え②**

ちなみに、円の時は$a=b$であり、$\sigma_{max}=3\sigma$である。

４群　材料・化学・バイオに関するもの

4　1　・・・解答②

設問の化合物はいずれも分子化合物である。分子化合物が極性を示すのは、分子内で正電荷と負電荷に分離し、電気的な偏りを持つ場合である。電気双極子モーメントを持つ。

① CO_2　② $C_4H_{10}O$　③ CH_4　④ BF_3　⑤ CCl_4

①③④⑤はバランスがよく無極性である。

電気双極子モーメントを持つのは、②のジエチルエーテルである。　⇒**答え②**

4 2 ・・・解答③

ある程度の強酸や弱酸は知識として知っておいた方がよい。

強酸：硫酸、硝酸、塩酸

弱酸：酢酸＞炭酸＞フェノール

c：塩酸　＞　b：酢酸　＞　a：フェノール　⇒　**答え③**

4 3 ・・・解答②（難問：避けた方が無難）

標準ギブズエネルギーはこれまで出題されたことがなかったため、聞き慣れないという人が多いと思う。勉強していない人は解きようがない。避けた方が無難。

標準反応ギブズエネルギー ＝ 標準反応エンタルピー － 絶対温度T ×標準反応エントロピー

$\Delta_r G^\circ = \Delta_r H^\circ - T \times \Delta_r S^\circ$　⇒**答え②**

4 4 ・・・解答④

リチウムイオン二次電池	リチウムイオン二次電池は、正極と負極の間をリチウムイオンが移動することで充電や放電を行う二次電池である。正極、負極、電解質それぞれの材料は用途やメーカーによって様々であるが、代表的な構成は、正極に コバルト：Co or ニッケル or マンガンなど、負極に炭素材料、電解質に有機溶媒などの非水電解質を用いる。単にリチウムイオン電池、リチウムイオンバッテリーとも言う。
光ファイバー	ガラス（珪素：Si）やプラスチックの細い繊維でできている光を通す通信ケーブル。非常に高い純度のガラスやプラスチックが使われており、光をスムーズに通せる構造になっている。光ファイバーで実現できる通信速度は従来のメタルケーブルと比べて段違いに速く、2008年現在では100Tbps以上の転送速度を実現している。

ジュラルミン	アルミニウムは軽量であるが、強度は大きくない。これに銅：Cuなどを加え、熱処理（溶体化処理）を加えることにより、軽量でありながら十分な強度を持たせたものがジュラルミンである。その強度と軽さから家屋の窓枠、航空機、ケースなどの材料に利用される。ジュラルミンは、アルミニウムと銅、マグネシウムなどとの合金であり、JIS規格でAl2017（ジュラルミン）、Al2024（超ジュラルミン）、Al7075（超々ジュラルミン）と呼ばれる3つの種類がある。
永久磁石	外部から磁場や電流の供給を受けることなく磁石としての性質を比較的長期にわたって保持し続ける物体のことである。実例としてはアルニコ磁石、フェライト磁石、ネオジム磁石などが永久磁石で、鉄：Feを主成分としている。これに対して、外部磁場による磁化を受けた時にしか磁石としての性質を持たない軟鉄などは一時磁石と呼ばれる。

4 5 ・・・解答③

表にすると分かりやすい。

アミノ酸	コドン
20種類 ※複数のコドンと対応しているアミノ酸がある。	4 × 4 × 4 = 64種類 ※どのアミノ酸にも対応していないコドンがある。

表を見ながら選択肢①～⑤を考える。

①**不適切。**コドン塩基配列の1つめの塩基が情報としての意味を持たない場合、4 × 4 = 16種類しか表現することが出来なくなる。

②**不適切。**複数のコドンと対応しているアミノ酸やどのアミノ酸にも対応していないコドンもあり、コドンが存在しなくなるわけではない。

③適切。

④**不適切。**複数のコドンと対応しているアミノ酸がある。

⑤**不適切。**44のコドンと修飾体が対応しているわけではない。

4 6 ・・・解答③

①**不適切。**1973年大腸菌に外来遺伝子を人工的に組込み、その大腸菌は外来遺伝子に対応したタンパク質をつくることが初めて報告された。1979年には遺伝子組換え医薬品第1号として、米国ジェネンテック社の研究者が世界で最初に大腸菌で生産させたヒト型インスリンが登場した。

②**不適切。**ポリメラーゼ連鎖反応は、DNAを増幅するための原理またはそれを用いた手法で、手法を指す場合はPCR法と呼ばれることの方が多い。PCR法やそ

れを応用した技術は、微量のゲノムやRNAから目的のDNAを選択的に増幅できることから、DNA型鑑定や診断等にも応用されている。
PCR処理をn回のサイクル行うと、1つの2本鎖DNAから約2n倍に増幅される。

③適切。

④**不適切。**EcoRIは、制限酵素としては最も代表的なものである。DNAを切断した時、生じるDNA配列の種類が4の6乗種類ある。長さが一定というわけではない。

⑤**不適切。**DNAを構成するヌクレオチドは荷電したリン酸基をもつため負の電荷を帯びており、アガロースゲルの片側にDNAを注入して電流を流すと、DNAは**陽極**に引き寄せられて移動する。このときアガロースゲルの網目がDNAの移動を邪魔するため、同じ電流をかけてもサイズが小さいものは早く、大きいものは遅く陽極に移動する。この性質を利用して、DNAを分子の大きさで分離する操作が電気泳動である

5群　環境・エネルギー・技術に関するもの

5 1 ・・・解答①

地球温暖化の対策は、その原因物質である温室効果ガスの排出量を削減する、または植林などによって吸収量を増加させる ア：緩和（mitigation） と、気候変化に対して自然生態系や社会・経済システムを調整することにより温暖化の悪影響を軽減する イ：適応（adaptation） とに大別できる。
緩和策は、大気中の温室効果ガス濃度の制御等を通じ、自然・人間システム全般への影響を制御するのに対して、適応策は直接的に特定のシステムへの温暖化影響を制御するという特徴をもつ。したがって多くの場合、緩和策の波及効果は広域的・部門横断的であり、適応策は地域限定的・個別的である。
緩和策の例としては、京都議定書のような排出量そのものを抑制するための国際的ルールや省エネルギー、二酸化炭素固定技術などを挙げることができる。
適応策の例としては、沿岸地域で温暖化の影響による海面上昇に対応するための高い堤防の設置や、集中豪雨に備えたハザードマップなどによる事前の避難準備対策、暑さに対応するためのクールビズ、作物の作付時期の変更などの対症療法的対策が相当する。その他にも、適応策の手法には様々なものがあり、 ウ：生態系 を活用した防災・減災（Eco-DRR）もそのひとつである。具体的に

は、遊水効果を持つ湿原の保全・再生や、多様で健全な森林の整備による森林の国土保全機能の維持を通じて、自然が持つ防災・減災機能を生かすといったことが挙げられる。これは、適応の取組であると同時に、人口減少が進む我が国における課題への対応、すなわち社会資本の老朽化等の社会構造の変化に伴い生じる課題への対応にもなり、更には エ：生物多様性 の保全にも資する取組でもある。適応策を講じるに当たっては、複数の効果をもたらすよう施策を推進することが重要とされている。

5 2 ・・・解答①

①適切。

②**不適切。** バーゼル条約は、1980年代にヨーロッパ先進国がアフリカの発展途上国に大量のごみを捨てることで環境汚染を引き起こしたことを受けて、1989年に採択され、1992年に発効した。有害廃棄物の輸出は原則禁止されているが、当該廃棄物の運搬処理が適切に行われ、輸入国の同意が得られたものについては、輸出可能となる。

③**不適切。** 容器包装リサイクル法の対象品目は、金属（アルミ缶、スチール缶）、ガラスびん、紙製容器包装（紙パック、段ボール）、PETボトル、プラスチック製容器包装である。問題文選択肢の３品目というのは明らかに誤り。また、リサイクルのための分別収集は市町村が行い、リサイクルは事業者が行うという仕組みなので、すべての費用を事業者が負担するという点も誤りである。

④**不適切。** 建設リサイクル法が再資源化等を義務付けているのは、建設工事のすべてではなくて、一定規模以上の建設工事が対象である。また、発注者に対して義務付けているのではなくて、受注者等に義務付けている。

⑤**不適切。** 循環型社会形成推進基本法は、循環型社会の形成に向けた基本原則、施策の基本事項など対策の枠組みが示されたものである。同法では、廃棄物処理の優先順位が、①発生抑制（Reduce）、②製品・部品としての再使用（Reuse）、③原材料としての再生利用（Recycle）、④熱回収、⑤適正処分であることが法定化されている。

5 3 ・・・解答③

同じ量を燃やした時のエネルギーが大きいということは、それだけクリーンなエネルギーと言える。

つまり、一般にクリーンと言われている、

天然ガス（C）＞石油（A）＞石炭（B）＞廃材（D）　の順番のとおり。

　　⇒**答え③**

参考までに、石炭、石油、天然ガス、廃材の1kgに対する発熱量を示す。

	発熱量（kcal）
A：石油（原油）	9,145
B：石炭（輸入原料炭）	6,877
C：天然ガス（輸入天然ガス）	13,141
D：廃材	4,076

2013年度標準発熱量（経済産業省）

5 4 ・・・解答③

再生可能エネルギーとは本来、「絶えず資源が補充されて枯渇することのないエネルギー」、「利用する以上の速度で自然に再生するエネルギー」という意味の用語であるが、実際には自然エネルギー、新エネルギーなどと似た意味で使われることが多い。具体例としては、太陽光、太陽熱、水力、風力、地熱、波力、温度差、バイオマスなどが挙げられる。

2018年度の一次エネルギーに占める再生可能エネルギーは、水力が3.5%、水力を除く再生可能エネルギーが5.2%となっている。合計すると8.7%である。さらに廃棄エネルギー直接利用が2.9%となっており、合計すると11.6%である。

　　⇒　⇒**答え③**

5 5 ・・・解答④

産業革命期のワットの蒸気機関の発明（ア）よりも、福井謙一（1981年ノーベル賞受賞）によるフロンティア電子理論（ウ）やアインシュタインによる一般相対性理論（オ）が新しいことは一般常識としてわかると思う。また、第二次世界大戦前に活躍していたアインシュタインの方が福井謙一より古いこともわかると思う。つまり　ア － オ － ウ　は確定。この時点で選択肢①と②が脱落。

あとは難問ですが、一応目を通しておいてほしい。

（ア）ワットの蒸気機関の発明：ワットはイギリスの発明家で、**1769年**にニューコメンの蒸気機関を改良して新方式を開発した。大幅に効率が増す事により、イギリスのみならず、全世界の産業革命の進展に寄与した人物である。彼の栄誉を称え、国際単位系（SI）における仕事率の単位には「ワット」という名称がつけられた。

（イ）ダーウィン、ウォーレスによる進化の自然選択説の提唱：**1858年**に厳しい自然環境が生物に無目的に起きる変異（突然変異）を選別し、進化に方向性を与えるという自然選択説を発表した。1859年にウォーレスと共同発表された『種の起源』は自然の多様性の最も有力な科学的説明として進化の理論を確立した。

（ウ）福井謙一によるフロンティア電子理論の提唱：**1952年**にフロンティア軌道理論を発表した。これはフロンティア軌道と呼ばれる軌道の密度や位相によって分子の反応性が支配されていることをはじめて明らかにしたもので、世界の化学界に衝撃を与えた。この業績により、1981年にノーベル化学賞を受賞した。

（エ）周期彗星（ハレー彗星）の発見：ハレー彗星は約76年周期で地球に接近する短周期彗星である。前回は1986年に回帰し、次回は2061年夏に出現すると考えられている。発見したのは、エドモンドハレーで彼にちなんでハレー彗星と名付けられた。**1705年**に発表された。

（オ）アインシュタインによる一般相対性理論の提唱：**1915〜1916年**に一般相対性理論を発表した。20世紀における物理学史上の２大革命と言われている（もう一つは量子力学）。

エ：1705 － ア：1769 － イ：1858 － オ：1915 － ウ：1952　⇒　**答え④**

5 6 ・・・解答③（サービス問題）

①②④⑤適切。

③不適切。科学的に評価されたリスクと人が認識するリスクの間に隔たりがあることを前提として、その隔たりを埋めていくために、リスクコミュニケーションがある。例えば、災害や環境問題、原子力施設などに対しては特に科学的に評価されたリスクと人が認識するリスクの隔たりが大きくなっているため、安全対策に対する認識や協力関係の共有のためにリスクコミュニケーションが必要である。

技術士一次試験（適性科目）

令和元年度再試験　解答＆詳細解説

問題番号	1	2	3	4	5	6	7	8	9	10	11	12	13	14	15
解答	③	③	①	①	③	④	③	④	⑤	②	①	②	①	③	①

※問題14はSDGs実施指針改定版（令和元年12月20日改定）ではなくて、改定前の古いバージョン（平成28年12月22日）が使われていたため全員正答扱いとなっています。

1　・・・解答③

適性科目試験の目的は、法及び倫理という ア：社会規範 を遵守する適性を測ることにある。

技術士第一次試験の適性科目は、技術士法施行規則に規定されており、技術士法施行規則では「法第四章の規定の遵守に関する適性に関するものとする」と明記されている。

この法第四章は、形式としては イ：法規範 であるが、ウ：倫理規範 としての性格を備えている。

●社会規範

社会規範とは、社会生活を営んでいくうえで守るべき、法、道徳、習慣などをいい、人と人との関係にかかわる事柄について、ある状況において、人はどのようなことをすることが要求されているかを示すものである。

●行動規範

行動規範とは、ある状況において、どのような言動が適切か、行動するか・しないか・すべきか・すべきでないか、そして、そのような言動の基になる望ましい、または避けるべき人格特性の基準のことで、行動する際の、手本・模範・方式のこと。

2　・・・解答③

技術士法第４章は**超頻出**。完全に暗記すること。少なくとも３義務２責務（信用失墜行為の禁止、秘密保持義務、名称表示の場合の義務、公益確保の責務、資質向上の責務）は完全に暗記すること。試験対策ということだけでなく、今後技術士になる人には、罰則規定もあることであるし、知らなかったではすまない。

（ア）×：技術士は、常に、その業務に関して有する知識及び技能の水準を向上させ、その他その資質の向上を図るよう努めなければならない。つまり、登録部門に関しての資質向上の責務を負う。

（イ）×：技術士は公益確保が優先である。例えば、顧客の指示がデータ改ざんの場合は、指示通りにすることが技術士法違反である。

（ウ）○：その通り。資質向上の責務。

（エ）×：利害関係のある第三者や組織の意見は、自らの利益のためにバイアスがかかっていることが多い。事実に基づいて判断することが大切である。

（オ）×：守秘義務よりも、公共の安全、環境の保全その他公益の方が優先。

（カ）○：技術士でなくなった後も退職後も秘密保持義務はある。

（キ）×：技術士補は技術士の補助以外は、技術士補の名称を表示して当該業務を行ってはならない。

適切なものは、（ウ）（カ）の２つである。　⇒　**答え③**

3 ・・・解答①

技術士倫理綱領を頭に入れておけば、ほぼ間違いないが、そうでなくても感覚的に解ける。

（ア）～（オ）すべてが適切である。　⇒　**答え①**

4 ・・・解答①

「依頼主が説得に応じなかったので、公益確保の観点からマスコミに情報を公開した。」という選択肢なら悩ましいところだが、今回の問題の選択肢は、依頼主の説得を試みたのかどうかだけである。当然説得を試みる方が技術士としてふさわしい行動であり、説得を試みずに主張に従ったというのはふさわしくない行動である。公益通報が許される条件については次の問題５を参考にしてほしい。

（ア）と（ウ）が不適切で、（イ）、（エ）、（オ）は適切な行動である。

⇒　**答え①**

5 ・・・解答③

（ア）○：まずは直属の上司に報告。

（イ）×：次に通常の報告ルートとは別の内部通報窓口（コンプライアンス室など）に報告する。2020年6月に公益通報者保護法が改正され、従業員301人以上の企業や医療法人、学校法人、その他公益法人等に内部通報制度の整備が義務付けられた。

（ウ）×：外部（マスコミ・消費者団体等）への通報を行う場合は、次の3条件が必要である。

A）通報内容が真実であると信ずるにつき相当の理由（＝証拠等）

B）恐喝目的・虚偽の訴えなどの「不正の目的がないこと」

C）内部へ通報すると報復されたり証拠隠滅されるなど外部へ出さざるを得ない相当な経緯

（エ）○：その通り。

（ア）（エ）が○で、（イ）（ウ）が×である。　⇒　**答え③**

6 ・・・解答④

（ア）（イ）（エ）○：『科学者の行動規範：平成25年1月25日改訂』の記述そのまま。

（ウ）×：科学者は、自らの研究の成果が、科学者自身の意図に反して、破壊的行為に悪用される可能性もあることを認識し、研究の実施、成果の公表にあたっては、社会に許容される適切な手段と方法を選択する。

『科学者の行動規範』を知らなくても、技術者や科学者はどう動くべきかという判断はつけられるようにしておくこと。

（ア）（イ）（エ）が○で、（ウ）が×である。　⇒　**答え④**

7 ・・・解答③

（ア）×：この法律では、製造物を「製造又は加工された動産」と定義している。つまり、土地や家屋などの不動産は対象外であり、家電商品、家庭用ガス器具等の器具はもとより、ガス、水道といった消費者保護に関するものが広く対象となる。ソフトウェアや未加工の農林水産物は対象外である。

（イ）○：その通り。

（ウ）×：損害賠償の請求権の時効は、損害を知った時から3年間、または、その製造物を引き渡した時から10年を経過した時としている。

（エ）（オ）○：その通り。

正しいものは、（イ）（エ）（オ）の3つである　⇒　**答え③**

8 ・・・解答④

（ア）○：特許法の保護対象は、特許法第2条に規定される発明、すなわち、自然法則を利用した技術的思想の創作のうち高度のものを保護の対象としている。したがって、発見そのもの（例えば、ニュートンの万有引力の法則の発見）は保護の対象とはならない。さらに、高度のものである必要があり、技術水準の低い創作は保護されない。

（イ）○：特許法第32条は、「公の秩序、善良の風俗又は公衆の衛生を害するおそれがある発明については、特許を受けることができない。」としている。

（ウ）○：金融保険制度・課税方法などの人為的な取り決めや計算方法・暗号など自然法則の利用がないものや産業上利用できる発明ではないものについては保護の対象ではない。

（エ）×：我が国は、最初に出願した人に特許権を与える『先願主義』を採用しており、刊行物等で発表している必要はない。

（ア）（イ）（ウ）が○で、（エ）が×である。　⇒　**答え④**

9 ・・・解答⑤

現在我が国では、IoT・ビッグデータ・人工知能（AI）等の「第4次産業革命」に関する技術を活用したイノベーションの創出が期待されているが、ビッグデータを活用すると、実質的には権利者の利益を害しないような利用であっても著作権法侵害となるおそれがあった。このため、著作権法の一部を改正し、「柔軟な権利制限規定」が整備された。

選択肢の文章は、まさにこれらの目的のために改正されたものでありすべて正しい。　⇒　**答え⑤**

10 ・・・解答②

（ア）×：科学技術は年々進歩しており、研究成果があとから間違っていたということが判明することはよくある。もちろん、不正行為とは言わない。

（イ）×：個人の研究についてもガイドラインを考慮すべきである。

（ウ）×：同じ内容なので、重複発表になる。

（エ）○：その通り。

（ア）（イ）（ウ）が×で、（エ）が○である。　⇒　**答え②**

11 ・・・解答①

（ア）×：温室効果ガスとしては、水蒸気、対流圏オゾン、二酸化炭素、メタン、亜酸化窒素、フロンガス、六フッ化硫黄などがある。このうち京都議定書で排出量の削減対象（人間活動によって調整できるもの）となった温室効果ガスは二酸化炭素、メタン、亜酸化窒素、ハイドロフルオロカーボン、パーフルオロカーボン、六フッ化硫黄の6種類である。

（イ）○：その通り。

（ウ）（エ）×：カーボンオフセットとカーボンニュートラルの説明が逆である。カーボンオフセットとは、途上国などにおける排出削減プロジェクトからのクレジットを購入することなどにより、自らが排出している温室効果ガスを相殺すること。排出量の全部または一部を相殺することをカーボンオフセット、排出量の全部を相殺することをカーボンニュートラルという。

（ア）（ウ）（エ）が×で、（イ）が○である。　⇒　**答え①**

●環境省の定義

カーボンオフセット
市民、企業、NPO/NGO、自治体、政府等の社会の構成員が、自らの温室効果ガスの排出量を認識し、主体的にこれを削減する努力を行うとともに、削減が困難な部分の排出量について、他の場所で実現した温室効果ガスの排出削減・吸収量等を購入すること又は他の場所で排出削減・吸収を実現するプロジェクトや活動を実施すること等により、その排出量の全部又は一部を埋め合わせること。
カーボンニュートラル
カーボンニュートラルとは、カーボンオフセットの取組を更に深化させ、事業者等の事業活動等から排出される温室効果ガス排出総量の全てを他の場所での排出削減・吸収量でオフセット(埋め合わせ)する取組である。 市民、企業、NPO/NGO、自治体、政府等の社会の構成員が、自らの責任と定めることが一般に合理的と認められる範囲の温室効果ガス排出量を認識し、主体的にこれを削減する努力を行うとともに、削減が困難な部分の排出量について、他の場所で実現した温室効果ガスの排出削減・吸収量等を購入すること又は他の場所で排出削減・吸収を実現するプロジェクトや活動を実施すること等により、その排出量の全部を埋め合わせた状態をいう。

12 ・・・解答②

（ア）（イ）（ウ）（オ）○：その通り。

（エ）×：３方策の優先順位は高い順に、本質的安全設計、ガード及び保護装置、使用上の情報、と定められている。

不適切なものは、（エ）の１つのみ。　⇒　**答え②**

ISO/IEC Guide 51による用語定義

3.1 危害	人への傷害もしくは健康障害又は財産及び環境への損害。
3.2 ハザード	危害の潜在的な源。
3.5 本質的安全設計	ハザードを除去する及びリスクを低減するために行う、製品又はシステムの設計変更又は操作特性を変更するなどの方策。
3.8 残留リスク	リスク低減方策が講じられた後にも残っているリスク。
3.9 リスク	危害の発生確率及び危害の度合いの組合せ。
3.10 リスク分析	入手可能な情報を体系的に用いてハザードを同定し、リスクを見積もること。
3.11 リスクアセスメント	リスク分析及びリスク評価からなる全てのプロセス。
3.12 リスク評価	許容可能なリスクの範囲に抑えられたかを判定するためのリスク分析に基づく手続き。
3.13 リスク低減方策、保護方策	ハザードを除去するか、又はリスクを低減させるための手段又は行為。
3.14 安全	許容不可能なリスクがないこと。
3.15 許容可能なリスク	現在の社会の価値観に基づいて、与えられた状況下で受け入れられるリスクのレベル。

13　・・・解答①

気候変動による災害の激甚化への対応策は、地球温暖化への適応策と呼ばれている。

（ア）～（オ）すべてが適応策として適切である。　⇒　**答え①**

14　・・・解答③

問題14はSDGs実施指針改定版（令和元年12月20日改定）ではなくて、改定前の古いバージョン（平成28年12月22日）が使われていたため全員正答扱いとなっています。以下では改定前のバージョンを示しますが、改訂版では **イ：開発途上国** の開発という言葉が削除されています。

地球規模で人やモノ、資本が移動するグローバル経済の下では、一国の経済危機が瞬時に他国に連鎖するのと同様、気候変動、自然災害、**ア：感染症** といった地球規模の課題もグローバルに連鎖して発生し、経済成長や、貧困・格差・保健等の社会問題にも波及して深刻な影響を及ぼす時代になってきている。このような状況を踏まえ、2015年9月に国連で採択された持続可能な開発のための2030アジェンダは、イ：開発途上国の開発に関する課題にとどまらず、世界全体の経済、社会及びウ：環境の三側面を、不可分のものとして調和させる統合的取組として作成された。2030アジェンダは、先進国と開発途上国が共に取り組むべき国際社会全体の普遍的な目標として採択され、その中に持続可能な開発目標としてエ：17のゴール（目標）と169のターゲット、及び232の指標が掲げられた。

15・・・解答①

（ア）～（エ）すべてが適切。　⇒　**答え①**

政府の人工知能の議論では、論理的、法的、経済的、教育的、社会的、研究開発的の6つの論点をあげているが、一般的には、今後も進化し続ける人工知能には、大きく分けて「責任の所在」「人工知能の判断基準」「失業者の増大」の3つの課題があるといわれている。

・責任の所在が不明

責任の所在というのは、万が一人工知能を利用してトラブルが起きた際、誰が責任を負うべきなのかという論点がある。例えば、人工知能に判断を任せた結果大きな事故につながった場合、人工知能を扱っている人間に非があるのか、それとも人工知能を開発した人の過失なのかといった判断が難しくなってくる。自動運転についてはドライバーではなくて開発者に責任があるとされている。

・人工知能の判断基準が不明確

人工知能は膨大なデータの中から必要に応じた情報を分析し判断を行う。しかし、これら一連の動作は全て自動で行われるため、時としてその根拠が把握できなくなる。人間が判断した場合は判断するまでの経緯や理由を説明することができるが、人工知能の場合はプロセスを説明できないため、説明を求められるシーンなどでどう対応するかというのが課題となっている。

・失業者の増大

これまで人間が行っていた作業が次々に機械化されることが予測される。人工知能が人間を超えればさらに活用分野が増え、今まで必要だった人手が不要となり大量の失業者が出ることが予想される。例えば、自動運転が現実化した場合、タクシードライバーやバスの運転手は不要となる。精密な翻訳機が開発されると、通訳は不要になる可能性もある。一般事務員、銀行員、警備員、コンビニ店員などもAIに代替される可能性が指摘されている。

技術士一次試験（基礎科目）

令和元年度　解答＆詳細解説

問題番号	1-1	1-2	1-3	1-4	1-5	1-6	2-1	2-2	2-3	2-4	2-5	2-6
答え	⑤	②	⑤	⑤	②	③	①	①	③	③	⑤	②
問題番号	3-1	3-2	3-3	3-4	3-5	3-6	4-1	4-2	4-3	4-4	4-5	4-6
答え	⑤	⑤	①	④	④	③	④	⑤	④	③	④	③
問題番号	5-1	5-2	5-3	5-4	5-5	5-6						
答え	③	②	③	④	②	⑤						

1群　設計・計画に関するもの

1　1　・・・解答⑤（難問：避けた方が無難）

（ア）線形計画問題とは、与えられた線形な等式および不等式制約のもとで、線形目的関数を最大化あるいは最小化する問題である。制約条件は線形式である。

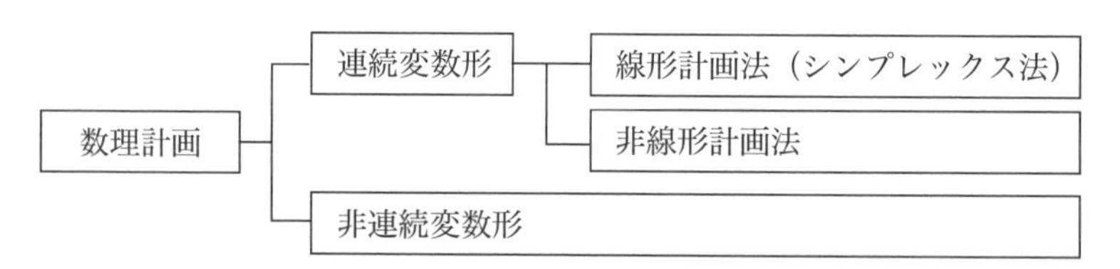

（イ）正しい。例えば、式(1)及び(2)で表わされる制約条件の場合、図解法では、右図のように可能領域が示される。

$2x + 5y \leqq 20 \quad \Leftrightarrow \quad y \leqq -0.4x + 4$
・・・式(1)

$4x + 4y \leqq 30 \quad \Leftrightarrow \quad y \leqq -x + 7.5$
・・・式(2)

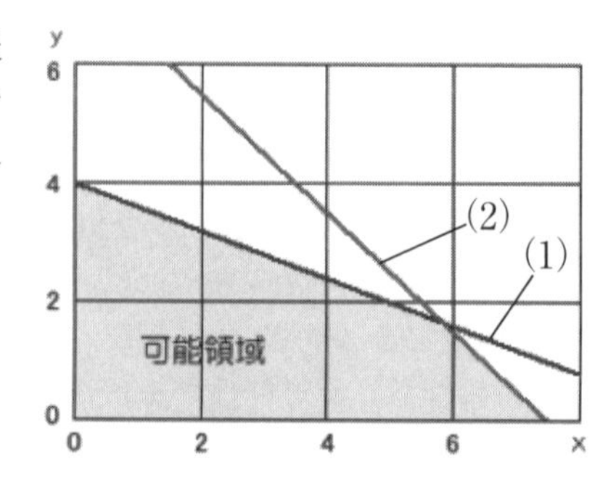

（ウ）正しい。最小化すべき目的関数が凸関数であり、さらに実行可能領域が、凸集合であるような数理計画問題のことを凸計画問題と呼ぶ。凸計画問題では局所的最適解は大域的最適解でもあるということが知られている。
（エ）正しい。一定のルール（決まり事）の範囲内において、出来るだけ良いやり方を、数理モデルと計算機の力を借りて導く手法を数理計画法と呼ぶ。「出来るだけ何々である解を求める」という部分をクローズアップして「数理最適化」と呼ぶ。このうち解が整数値であるものを整数計画問題と呼ぶ。

1 2 ・・・解答②

まずは、年間総費用を算出するための式を導く。

年間総発注費用：d/q（回）×k（円）=dk/q（円）

年間在庫維持費用：q/2×h（円）=qh/2（円）

年間総費用C=dk/q+qh/2（円）

ここで、k=20,000円　d=1,350　h=15,000円

年間総費用C=1,350×20,000/q+q×15,000/2

=27,000,000/q+7,500×q　・・・式（1）

Cが最小となるqは式（1）の微分係数が0となるqである。

$C'=0=-27,000,000/q^2+7,500$

$7,500q^2=27,000,000$

$q^2=3600$

q=60　⇒　答え②

微分が苦手な人は、式（1）のqに選択肢の①50、②60、③70、④80、⑤90を順番に当てはめて計算して求めることも可能です。

1 3 ・・・解答⑤

（ア）誤り。精度が要求される部品の場合は、幾何公差を指定するべきである。ちなみに寸法を制御するものが「寸法公差」であるのに対し、形状を制御するものを「幾何公差」という。
（イ）正しい。寸法の記入は図面の読み手に配慮して、認識の間違いが発生しないように分かり易く正確に記入する必要がある。
（ウ）正しい。予め公差の上限と下限のゲージを作っておき、製品寸法がこの大小2つのゲージの間にあるかどうかを検査する。

（エ）誤り。図面の投影法は第一角法あるいは第三角法で描かれる。日本ではJISで第三角法を採用して作図することになっている。

（オ）正しい。

1 4 ・・・解答⑤

下図に示すように、真直ぐな細い針金を水平面に垂直に固定し、上端に圧縮荷重が加えられた場合を考える。荷重がきわめて［ア：小］ならば針金は真直ぐな形のまま純圧縮を受けるが、荷重がある限界値を［イ：越す］と真直ぐな変形様式は不安定となり、［ウ：曲げ］形式の変形を生じ、横にたわみはじめる。この種の現象は［エ：座屈］と呼ばれる。

1 5 ・・・解答②

単純に当てはめて、計算する。

到着率（単位時間当たりの平均到着人数）= 40 ÷ 60（分）÷ 60（秒）= 1/90（人/秒）

サービス率（単位時間当たりの平均処理人数）= 1 ÷ 40 = 1/40（人/秒）

トラフィック密度 = 1/90 ÷ 1/40 = 4/9

平均系内列長 = 4/9 ÷（1 − 4/9）= 4/9 × 9/5 = 4/5

平均系内滞在時間 = 4/5 ÷ 1/90 = 360/5 = 72（秒）　⇒　**答え②**

1 6 ・・・解答③（難問：避けた方が無難）

（ア）マクローリン展開

$$f(x)=f(a)+f'(a)(x-a)+\frac{f''(a)}{2!}(x-a)^2+\cdots\cdots+\frac{f^{(n)}(a)}{n!}(x-a)^n+\cdots\cdots$$
$$=\sum_{n=0}^{\infty}\frac{f^{(n)}(a)}{n!}(x-a)^n$$

を、$f(x)$ の $x=a$ のテイラー展開という。特に $a=0$ としたものをマクローリン展開という。

マクローリン展開を用いると、一般の関数 $f(x)$ を多項式で近似することができる。

（イ）オイラーの等式

オイラーの等式とは、ネイピア数e、虚数単位i、円周率πの間に成り立つ解析学における等式のことである。

$e^{i\pi} + 1 = 0$　で表わされる。

(ウ) ロピタルの定理

ロピタルの定理とは、不定形の極限を、微分を用いて求めるための定理である。ベルヌーイの定理と呼ばれることもある。

2群　情報・論理に関するもの

2 1 ・・・解答①（サービス問題）

まず、2進法を計算する。

整数部分と小数部分を分けて考える。

2) 11　・・・1
2) 5　・・・1
2) 2　・・・0
　 1

整数部分は$(1011)_2$

次に小数部分を計算する。

$0.5 \times 2 = 1.0$　積の整数部分が2進法の小数部分となるため、$(0.5)_{10} = (0.1)_2$となる。

$(11.5)_{10} = (1011.1)_2$

次に16進法を計算する。

16) 11　・・・11
　　0

ここで、16進法では、10はA、11はB。

整数部分は$(B)_{16}$

次に小数部分を計算する。

$0.5 \times 16 = 8.0$　積の整数部分が16進法の小数部分となるため、$(0.5)_{10} = (0.8)_{16}$となる。

$(11.5)_{10} = (B.8)_{16}$　⇒　**答え①**

令和元年度
基礎科目

2 2 ・・・解答①（サービス問題）

図からわかる順番は、
8 → 12 → 10
8 → 5 → 3
8 → 5 → 7 → 6
注目するべき点は12 → 10と7 → 6の２点。
この２点を満たしているのは①のみである。　⇒　**答え①**

2 3 ・・・解答③

ベクトルの考え方を応用すると、文書Ｄと文書Ａは同じ向きであることがわかる。
つまり、文書Ｄと文書Ａの距離はゼロである。　⇒　**答え③**
※計算があまりにも大変な時は簡単に答えが出る選択肢が紛れています。いきなり計算せずに一度選択肢をチェックしてみてください。

力技で計算した場合は以下のようになります。
①文書Ｂ：$1-(14+9+0)/\sqrt{62}\sqrt{4+9+0}=1-23/\sqrt{806}=0.19$
②文書Ｃ：$1-(490+9+4)/\sqrt{62}\sqrt{4900+9+4}=1-503/\sqrt{304606}=0.09$
③文書Ｄ：$1-(147+27+12)/\sqrt{62}\sqrt{441+81+36}=1-186/\sqrt{34596}=0$
④文書Ｅ：$1-(7+6+6)/\sqrt{62}\sqrt{1+4+9}=1-19/\sqrt{868}=0.36$
⑤文書Ｆ：$1-(49+90+40)/\sqrt{62}\sqrt{49+900+400}=1-179/\sqrt{83638}=0.38$

2 4 ・・・解答③

ここでは、もう少しわかりやすく、『：：＝』を『＝』、『｜』を『or』と表現する。
数値＝整数or小数or整数 小数
小数＝. 数字列
整数＝数字列or符号 数字列
数字列＝数字or数字列 数字

①適切：『－19』＝符号 数字列＝整数　『. 1』＝. 数字列＝小数
『－19. 1』＝整数 小数＝数値
②適切：『. 52』＝. 数字列＝小数＝数値

③不適切：−『. 37』＝符号 . 数字列＝符号 小数＝符号 数値
　　つまり、−『. 37』＝ 符号 数値≠数値 となり、
　　数値としては表現できない。　　⇒ **答え③**
④適切：『4』＝整数 『. 35』＝. 数字列＝小数
　　『4. 35』＝整数 小数＝数値
⑤適切：『− 125』＝符号 数字列＝整数＝数値

2 5 ・・・**解答⑤**

縦に並べて比べて異なっている箇所を数える。
1 1 1 0 0 0 1
0 0 0 1 1 1 0
異なる箇所は7つ
問題文のとおり計算してみる。付加ビットは2の時は0、3の時は1となる。
一致するのは、X3のみ誤りの時であり、送信ビット列は「1 0 1 1 0 1 0」と求められる。
ア：7　　イ：「1 0 1 1 0 1 0」　⇒ **答え⑤**

	X1	X2	X3	X4	X5	X6	X7	⇒	X2+X3+X4	X1+X3+X4	X1+X2+X4
全て正しい	1	0	0	1	0	1	0		1	0	0
X1のみ誤り	0	0	0	1	0	1	0		1	1	1
X2のみ誤り	1	1	0	1	0	1	0		0	0	1
X3のみ誤り	1	0	1	1	0	1	0	一致	0	1	0
X4のみ誤り	1	0	0	0	0	1	0		0	1	1
X5のみ誤り	1	0	0	1	1	1	0		1	0	0
X6のみ誤り	1	0	0	1	0	0	0		1	0	0
X7のみ誤り	1	0	0	1	0	1	1		1	0	0

2 6 ・・・解答② (サービス問題)

順番に考える。

操作	スタック
PUSH　1	1
PUSH　2	1、2
PUSH　3	1、2、3
PUSH　4	1、2、3、4
POP	1、2、3
POP	1、2
PUSH　5	1、2、5
POP	1、2
POP	1

最後の操作で取り出される整数データは『2』である。　⇒　**答え②**

3群　解析に関するもの

3 1 ・・・解答⑤

三角関数を忘れてしまった方も多くいると思いますので、若干復習します。

$\sin(x+y) = \sin x \cdot \cos y + \cos x \cdot \sin y$

$\cos(x+y) = \cos x \cdot \cos y - \sin x \cdot \sin y$

$f(x) = \sin x \Rightarrow f'(x) = \cos x$

$f(x) = \cos x \Rightarrow f'(x) = -\sin x$

これらの公式は覚えておいてください。

$$\frac{\partial V_x}{\partial x} = \frac{\partial \sin(x+(y+z))}{\partial x} = \cos x \cdot \cos(y+z) - \sin x \cdot \sin(y+z)$$

$$\frac{\partial V_y}{\partial y} = \frac{\partial \cos(y+(x+z))}{\partial y} = -\sin y \cdot \cos(x+z) - \cos y \cdot \sin(x+z)$$

$$\frac{\partial V_z}{\partial z} = 1$$

$\mathrm{div}V = \cos x \cdot \cos(y+z) - \sin x \cdot \sin(y+z) - \sin y \cdot \cos(x+z) - \cos y \cdot \sin(x+z) + 1$

$= \cos 2\pi \cdot \cos 0 - \sin 2\pi \cdot \sin 0 - \sin 0 \cdot \cos 2\pi - \cos 0 \cdot \sin 2\pi + 1$
$= 1 - 0 - 0 - 0 + 1 = 2$　　⇒　**答え⑤**

3 2 ・・・解答⑤（難問：避けた方が無難）

ヤコビ行列を知っていないと難しい。
関数$z = f(x,y)$のx, yによる偏微分とr, sによる偏微分のヤコビ行列は、

$$\begin{bmatrix} \frac{\partial x}{\partial r} & \frac{\partial x}{\partial s} \\ \frac{\partial y}{\partial r} & \frac{\partial y}{\partial s} \end{bmatrix}$$

である。
行列式は、

$$\frac{\partial x}{\partial r}\frac{\partial y}{\partial s} - \frac{\partial y}{\partial r}\frac{\partial x}{\partial s}$$

と求められる。　　⇒　**答え⑤**

3 3 ・・・解答①

一定の速度になった場合、加速度は0である。

$mg = kv \Leftrightarrow v = \frac{mg}{k}$　　⇒　**答え①**

3 4 ・・・解答④

体積変化はゼロであるため、
$\varepsilon_{xx} + \varepsilon_{yy} + \varepsilon_{zz} = 0$　・・・式 (1)
$\varepsilon_{xx} = \frac{\sigma_{xx}}{E}$　・・・式 (2)
$\varepsilon_{yy} = \varepsilon_{zz} = -\nu\frac{\sigma_{xx}}{E}$　・・・式 (3)

式 (1) に式 (2) と式 (3) を代入する。

$$\frac{\sigma_{xx}}{E} - \nu\frac{\sigma_{xx}}{E} - \nu\frac{\sigma_{xx}}{E} = 0 \Leftrightarrow \sigma_{xx} - \nu(\sigma_{xx} + \sigma_{xx}) = 0$$

$v = 1/2$ ⇒ **答え④**

3 5 ・・・解答④

弾性体の微小部分のひずみエネルギーは、$\frac{1}{2}E\varepsilon^2$である。**(公式)**
棒全体に蓄えられるひずみエネルギーUは、

$$U = 体積 \times \frac{1}{2}E\cdot\varepsilon^2 = A\cdot l \times \frac{E\cdot\varepsilon^2}{2} = \frac{A\cdot E\cdot l\cdot\varepsilon^2}{2} \quad \cdots (1)$$

ここで、フックの法則より、

$$\sigma = E\cdot\varepsilon \Leftrightarrow \frac{P}{A} = E\cdot\varepsilon \Leftrightarrow \varepsilon = \frac{P}{AE}$$ ここで、σ：応力、E：ヤング率、ε：ひずみ

式 (1) に代入する。

$$U = \frac{A\cdot E\cdot l\cdot\varepsilon^2}{2} = \frac{P^2 l}{2AE}$$ ⇒ **答え④**

3 6 ・・・解答③

角振動数は2π秒間の振動回数を表す。
角振動数は振動数vの2π倍である。
周期がTのとき、$\omega = 2\pi v = 2\pi/T$　が成立する。(**←覚えておく必要がある**)

$$T = \frac{2\pi}{\omega} = 2\pi\sqrt{\frac{2I}{Mgl}}$$

ここで、回転する棒の慣性モーメントIは、
$I = \frac{1}{3}Ml^2$ なので

$$T = 2\pi\sqrt{\frac{2I}{Mgl}} = 2\pi\sqrt{\frac{2l}{3g}}$$ ⇒ **答え③**

4群　材料・化学・バイオに関するもの

4 1 ・・・解答④

(ア) ×：誤り。逆である。ハロゲン化水素の酸性の強さは周期表の下に行く方が

強くなる。
(イ) ○：正しい。
(ウ) ×：誤り。HF、HI、HBr、HCl の順となる。基本的に沸点は分子量が大きいほど大きくなるが、HFは水素結合を生じるため最も沸点が高くなる。
(エ) ○：正しい。
適切なのは、(イ) と (エ) である。 ⇒ **答え④**

4 2 ・・・解答⑤

(ア) ×：誤り。同位体は電子の数も等しい。
(イ) ×：誤り。同一元素の同位体においては、電子状態が同じであるため化学的性質は同等である。
(ウ) ○：正しい。
(エ) ○：正しい。
(オ) ○：正しい。

4 3 ・・・解答④

アルミニウムを95.5g、銅を4.5gとする。
アルミニウムは95.5 ÷ 27.0 = 3.54mol
銅は4.5 ÷ 63.5 = 0.07mol
アルミニウムの物質量分率は、
3.54 ÷ (3.54 + 0.07) × 100 = 98.0% ⇒ **答え④**

4 4 ・・・解答③

①**不適切。**ハーバー・ボッシュ法はアンモニア (NH_3) を生産する方法である。また、ガラスの原料は珪酸 (SiO_2) である。
②**不適切。**黄リン (白リン) は、空気中では自然発火するため水中に保管する。ここまでは正しいが、強い毒性を持ち、ニンニクのようなにおいがある。日光にあたると赤リンに変化する。
③適切。
④**不適切。**グラファイトは炭素の同素体である。層と層の間 (面間) は弱いファンデルワールス力で結合しており、層状に容易に剥離する。同じく炭素の同素体であるダイヤモンドには電気伝導性はないが、グラファイトは電気をよく導く。

電気伝導性はよい。
⑤**不適切。**鉛は鉛蓄電池の負極に使われている。

4 5 ・・・解答④

DNA二重らせんの2本の鎖（ポリヌクレオチド）を結びつける水素結合は不安定なため、沸騰水の中では離れて1本鎖になる。しかしゆっくり冷ますとポリヌクレオチドは相補性から再び結合して元に戻る。このようにDNAが1本鎖になる事を「DNAの変性」、元に復元する事をアニールという。元に戻る現象をアニーリングと呼ぶ。変性が50％起こる温度は融解温度（Tm）と呼び、GC含量（グアニンとシトシンの含有量）が高いほど、Tmは高くなる。

DNA二重らせんの2本の鎖は、相補的塩基対間の［ア：水素結合］によって形成されているが、熱や強アルカリで処理をすると、変性して一本鎖になる。しかし、それぞれの鎖の基本構造を形成している［イ：ヌクレオチド］間の［ウ：ホスホジエステル結合］は壊れない。DNA分子の半分が変性する温度を融解温度といい、グアニンと［エ：シトシン］の含量が多いほど高くなる。熱変性したDNAをゆっくり冷却すると、再び二重らせん構造に戻る。

4 6 ・・・解答③

タンパク質とは、**20種類存在するL－アミノ酸**が鎖状に多数連結（重合）してできた高分子化合物であり、生物の重要な構成成分のひとつである。アミノ酸を実験室で合成すると、D－アミノ酸とL－アミノ酸の等量混合物ができるが、人間に限らず地球上のすべての生命体を構成する成分としてのタンパク質はL－アミノ酸だけからできている（D－アミノ酸からのタンパク質は発見されていない）。なぜ、D－アミノ酸からタンパク質ができなかったのか、については今のところ謎とされている。

タンパク質を構成するアミノ酸は［ア：20］種類あり、アミノ酸の性質は［イ：側鎖］の構造や物理化学的性質によって決まる。タンパク質に含まれるそれぞれのアミノ酸は、隣接するアミノ酸と［ウ：ペプチド結合］をしている。タンパク質には、等電点と呼ばれる正味の電荷が0となるpHがあるが、タンパク質が等電点よりも高いpHの水溶液中に存在すると、タンパク質は［エ：負］に帯電する。

5群　環境・エネルギー・技術に関するもの

5 1 ・・・解答③

我が国では、1960年代から1980年代にかけて工場から大量の ア：硫黄酸化物 等が排出され、工業地帯など工場が集中する地域を中心として著しい大気汚染が発生しました。その対策として、大気汚染防止法の制定（1968年）、大気環境基準の設定（1969年より順次）、大気汚染物質の排出規制、全国的な大気汚染モニタリングの実施等の結果、 ア：硫黄酸化物 と一酸化炭素による汚染は大幅に改善されました。

1970年代後半からは大都市地域を中心とした都市・生活型の大気汚染が問題となりました。その発生源は、工場・事業場のほか年々増加していた自動車であり、特にディーゼル車から排出される イ：窒素酸化物 や ウ：浮遊粒子状物質 の対策が重要な課題となり、より一層の対策の実施や国民の理解と協力が求められました。

現在においても、 イ：窒素酸化物 や炭化水素が反応を起こして発生する エ：光化学オキシダント の環境基準達成率は低いレベルとなっており、対策が求められています。

5 2 ・・・解答②

①③～⑤適切。
②**不適切**。逆である。選択肢の文章は緩和策のこと。

地球温暖化の対策は、その原因物質である温室効果ガスの排出量を削減する「緩和策」と、気候変動に対して自然生態系や社会・経済システムを調整することにより温暖化の悪影響を軽減する「適応策」に大別できる。

具体的には、緩和策は低炭素化社会への取組、省エネの取組、二酸化炭素固定技術、車中心の社会から公共交通中心の社会への転換や火力発電から再生可能エネルギーへの変更などがあげられる。

一方、適応策は、激しくなる集中豪雨や海面上昇に対応するための高い堤防の設置などの国土強靭化の取組が挙げられる。

5 3 ・・・解答③

①②④⑤適切。

③不適切。2030年度の石油火力発電の比率は３％程度である。

2030年度の我が国の電源構成

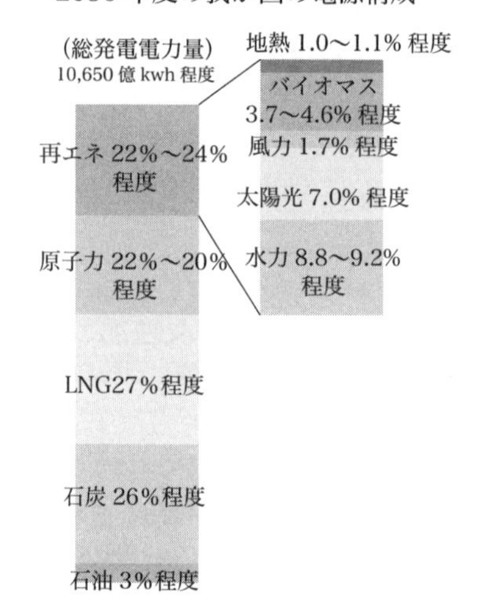

2030年度の我が国の電源構成「長期エネルギー需要見通し」より

ちなみに、2017年の電源別発電電力量は、石油9%、石炭32%、天然ガス40%、原子力3%となっている。2017年の再生エネルギーは16%（水力8%）となっている。

5 4 ・・・解答④

石油　：$(7831 - 1600) \cdot 10^{15} \times 19 \cdot 10^{-12} = 118 \cdot 10^{6}$ t-C $= 118$ Mt-C

石炭　：$5044 \cdot 10^{15} \times 24 \cdot 10^{-12} = 121 \cdot 10^{6}$ t-C $= 121$ Mt-C

天然ガス：$4696 \cdot 10^{15} \times 14 \cdot 10^{-12} = 66 \cdot 10^{6}$ t-C $= 66$ Mt-C

$118 + 121 + 66 = 305$ Mt-C $= 1118$ Mt-CO_2　⇒　答え④

5 5 ・・・解答②

①③～⑤適切。

②不適切。種痘とは、天然痘の予防接種のことで、1796年にエドワード・ジェンナーがウシが感染する牛痘の膿を用いた安全な牛痘法を考案して広まっており、これはウイルスの発見の前である。1980年に天然痘ウイルスは撲滅され、自然界には存在しないとされている。

ちなみにウイルスに関する最も古い記述は1892年のロシアのドミトリー・イワノフスキーによるタバコモザイクウイルスが報告されている。

5 6 ・・・解答⑤ （サービス問題）

①～④適切。

⑤不適切。国は、知的財産の創造、保護及び活用に関する基本理念にのっとり、知的財産の創造、保護及び活用に関する施策を策定し、及び実施する責務を有する。（知的財産基本法第５条）

技術士一次試験（適性科目）

令和元年度　解答＆詳細解説

問題番号	1	2	3	4	5	6	7	8	9	10	11	12	13	14	15
解答	⑤	⑤	④	①	⑤	①	⑤	②	②	③	②	①	④	④	⑤

1　・・・解答⑤

技術士法第４章は**超頻出**です。完全に暗記してください。少なくとも３義務２責務（信用失墜行為の禁止、秘密保持義務、名称表示の場合の義務、公益確保の責務、資質向上の責務）は完全に暗記してください。試験対策ということだけでなく、今後技術士になる人には、罰則規定もあることですし、知らなかったではすみません。

第4章　技術士等の義務
（信用失墜行為の禁止）
第44条　技術士又は技術士補は、技術士若しくは技術士補の信用を傷つけ、又は技術士及び技術士補全体の不名誉となるような行為をしてはならない。
（技術士等の秘密保持［ア：義務］）
第45条　技術士又は技術士補は、正当の理由がなく、その業務に関して知り得た秘密を漏らし、又は盗用してはならない。技術士又は技術士補でなくなった後においても、同様とする。
（技術士等の［イ：公益］確保の［ウ：責務］）
第45条の2　技術士又は技術士補は、その業務を行うに当たっては、公共の安全、環境の保全その他の［イ：公益］を害することのないよう努めなければならない。
（技術士の名称表示の場合の［ア：義務］）
第46条　技術士は、その業務に関して技術士の名称を表示するときは、その登録を受けた［エ：技術部門］を明示してするものとし、登録を受けていない［エ：技術部門］を表示してはならない。
（技術士補の業務の［オ：制限］等）

第47条　技術士補は、第2条第1項に規定する業務について技術士を補助する場合を除くほか、技術士補の名称を表示して当該業務を行ってはならない。
2　前条の規定は、技術士補がその補助する技術士の業務に関してする技術士補の名称の表示について 力：準用 する。
（技術士の キ：資質 向上の ウ：責務 ）
第47条の2　技術士は、常に、その業務に関して有する知識及び技能の水準を向上させ、その他その キ：資質 の向上を図るよう努めなければならない。

2 ・・・解答⑤

（ア）～（キ）までの全部が「技術士に求められる資質能力」として挙げられている。

技術士第二次試験では、これらの7つの資質能力について評価される。以下、『2019年度技術士試験の概要について（技術士会）』より。

（ア）専門的学識
- 技術士が専門とする技術分野（技術部門）の業務に必要な、技術部門全般にわたる専門知識及び選択科目に関する専門知識を理解し応用すること。
- 技術士の業務に必要な、我が国固有の法令等の制度及び社会・自然条件等に関する専門知識を理解し応用すること。

（イ）問題解決
- 業務遂行上直面する複合的な問題に対して、これらの内容を明確にし、調査し、これらの背景に潜在する問題発生要因や制約要因を抽出し分析すること。
- 複合的な問題に関して、相反する要求事項（必要性、機能性、技術的実現性、安全性、経済性等）、それらによって及ぼされる影響の重要度を考慮した上で、複数の選択肢を提起し、これらを踏まえた解決策を合理的に提案し、又は改善すること。

（ウ）マネジメント
- 業務の計画・実行・検証・是正（変更）等の過程において、品質、コスト、納期及び生産性とリスク対応に関する要求事項、又は成果物（製品、システム、施設、プロジェクト、サービス等）に係る要求事項の特性（必要性、機能性、技術的実現性、安全性、経済性等）を満たすことを目的として、人員・設備・金銭・情報等の資源を配分すること。

(エ) 評価

- 業務遂行上の各段階における結果、最終的に得られる成果やその波及効果を評価し、次段階や別の業務の改善に資すること。

(オ) コミュニケーション

- 業務履行上、口頭や文書等の方法を通じて、雇用者、上司や同僚、クライアントやユーザー等多様な関係者との間で、明確かつ効果的な意思疎通を行うこと。
- 海外における業務に携わる際は、一定の語学力による業務上必要な意思疎通に加え、現地の社会的文化的多様性を理解し関係者との間で可能な限り協調すること。

(カ) リーダーシップ

- 業務遂行にあたり、明確なデザインと現場感覚を持ち、多様な関係者の利害等を調整し取りまとめることに努めること。
- 海外における業務に携わる際は、多様な価値観や能力を有する現地関係者とともに、プロジェクト等の事業や業務の遂行に努めること。

(キ) 技術者倫理

- 業務遂行にあたり、公衆の安全、健康及び福利を最優先に考慮した上で、社会、文化及び環境に対する影響を予見し、地球環境の保全等、次世代にわたる社会の持続性の確保に努め、技術士としての使命、社会的地位及び職責を自覚し、倫理的に行動すること。
- 業務履行上、関係法令等の制度が求めている事項を遵守すること。
- 業務履行上行う決定に際して、自らの業務及び責任の範囲を明確にし、これらの責任を負うこと。

3 ・・・解答④

製造物責任法では、製造物を「製造又は加工された動産」と定義している。一般的には、大量生産・大量消費される工業製品を中心とした、人為的な操作や処理がなされ、引き渡された動産を対象としており、**不動産、未加工農林畜水産物、電気、ソフトウェアといったものは該当しない。**

ア）○該当する：当該製造物を業として製造、加工又は輸入した者が対象となる。
イ）×該当しない：製造物は「製造又は加工された動産」と定義されており、不動産は該当しない。
ウ）○該当する：電動シャッターは製造物。

エ）×該当しない：未加工農林畜水産物は該当しない。
オ）×該当しない：エレベータの欠陥ではないため、製造物責任法の対象ではない。
カ）○該当する：ソフトウェア単体は製造物責任法の対象外であるが、この場合はロボットが対象である。
キ）×該当しない：電気は対象外。
ク）×該当しない：未加工農林畜水産物は該当しない。
該当しないものは、（イ）（エ）（オ）（キ）（ク）の５つである。　⇒　**答え④**

4 ・・・解答①

「個人に関する情報」（個人情報保護法第２条第１項）とは、氏名、性別、生年月日、職業、家族関係などの事実に係る情報のみではなく、個人に関する判断・評価に関する情報も含め、個人と関連づけられるすべての情報を意味する。映像、音声、監視カメラで撮影された映像なども特定の個人が識別できる場合は、個人情報に該当する。

（ア）～（キ）の全てが個人識別符号に含まれる。含まれないものはゼロ。

⇒　**答え①**

5 ・・・解答⑤

知的財産権のうち、特許権、実用新案権、意匠権及び商標権の４つを「産業財産権」といい、特許庁が所管している。産業財産権制度は、新しい技術、新しいデザイン、ネーミングなどについて独占権を与え、模倣防止のために保護し、研究開発へのインセンティブを付与したり、取引上の信用を維持することによって、産業の発展を図ることを目的にしている。これらの権利は、特許庁に出願し登録されることによって、一定期間、独占的に実施(使用)できる権利となる。

育成者権とは、花や野菜など植物の新品種の創作を保護するもので、商標権や著作権などと同じ知的財産権のひとつであるが、特許庁が所管している「産業財産権」ではない。所管は農林水産省である。

6 ・・・解答①

（ア）システム安全・・・B

システムは「組織、人間、手法、材料、要素、装置、施設、ソフトウェアなどの複合体」であり、システムの安全確保のためには、設計、製造、使用のすべての段階でのリスク要因の検出、評価、除去を行う必要がある。こうした安全技術とマネジメントを統合的に応用することを「システム安全」と呼ぶ。システム安全は、環境要因、物的要因及び人的要因の総合的対策によって達成される。これまで日本で発生した事故・災害の約80%はシステム安全のアプローチが取り入れられていれば防げていたという報告もある。

（イ）機能安全・・・A

人間、財産、環境などに危害を及ぼすリスクを、機能や装置の働きにより、許容可能なまでに低減する一つのやり方である。

（ウ）機械の安全確保・・・A

機械設備による労働災害は依然として死傷災害全体の約1/4を占めており、製造業においてはその比率は約4割に増加する。機械災害は、機械のエネルギーが大きいことから、はさまれ・巻き込まれ等により身体部位の切断・挫滅等の重篤な災害や死亡災害につながることが多いのが特徴である。

すべての機械に適用できる包括的な安全確保は、【機械の製造等を行う者】及び【機械を労働者に使用させる事業者】の両者が行っていく必要があるが、機械の安全確保は【機械の製造等を行う者】によって十分に行われることが原則である。

（エ）安全工学・・・A

安全工学とは、工業、医学、社会生活等において、システムや教育、工具や機械装置類等による事故や災害を起こりにくいようにする、安全性を追求・改善する工学の一分野である。大規模な事故のみを対象としたものでもなければ、ヒューマンエラーを主としているわけでもない。

（オ）レジリエンス工学・・・B

英語のresilienceとは、「はね返り」「弾力」「弾性」「回復力」という意味であり、外力を加えられて変形したものが、元の形や位置に戻ろうとすることを表している。

日本においてレジリエンス工学という用語が安全・防災の分野で使われるようになったのは、2011年3月11日に発生した東日本大震災及び福島第一原子力発電所事故以降であるが、事故の未然防止・再発防止だけではなく、回復力を高めることにも着目した用語である。

7　・・・**解答⑤**

ア）×：業種や会社の規模が違っても、他の企業の不祥事は当然参考になる。
イ）×：多数顕在化している問題が単発的とは言えない。人手不足や過重労働、利益追求を求める企業風土への忖度、上司からの圧力、その他様々な共通した背景がある。
ウ）○：正しい。
エ）×：個々の組織構成員の問題ではなくて、企業風土の問題である。仮に東洋ゴムの試験データ偽装事件に関わった社員Aが他の企業Bにいたとした場合、データ偽装事件が企業Bで発生するかといえば、そうではなくて東洋ゴムの他の社員が試験データ偽装をしていたと考えられる。
オ）○：正しい。

8 ・・・解答②

①③～⑤適切。

②不適切。インフラ機能を維持する上で必要となるメンテナンスは、施設の規模、設置環境、利用状況等によって大きく異なり、過度な対応は行政コストの増大を招き、過小な対応はインフラ機能の維持や利用者等の安全確保に支障を来す可能性がある。このため、点検の頻度や内容などは、各地域や各施設の実情に応じたメンテナンスサイクルを構築していくことが必要である。

9 ・・・解答②

基本的な情報漏洩対策としては以下のようなものがあげられる。

- 企業や組織の情報資産を外部に持ち出さない
- 具体的にはノートパソコンやUSBメモリ等を許可なく自宅に持ち帰らない
- 重要書類等を机の上に放置しない
- パソコンを画面ロックしないまま放置しない
- パソコンの廃棄を行う場合は必ずハードディスク上のデータは消去
- 私用機器（パソコン等）を不用意に企業内に持ち込まない
- 個人所有のノートPCを企業内のネットワークに接続しない
- 個人に与えられたアクセス権などの権限を、許可なく他人に貸与や譲渡をしない
- 自分の持つユーザーアカウントを他人に貸与しない
- 業務上知りえた情報を許可なく他人に公言しない
- SNS投稿などには十分気を付けるよう教育を行う

• 万が一に情報漏洩を起こしたら、自分で判断せず、まず報告する

ア）○：適切。
イ）×：不適切。情報漏洩は内部犯行（従業員）によって行われることはよくある。こうしたことを防ぐために、秘密情報を扱う作業では、単独作業を避けて複数人で作業を行うべきである。
ウ）～カ）○適切。
不適切なものは、（イ）の１つである。　⇒　**答え②**

10 ・・・解答③

ア）×：不適切。技術業に関係あろうがなかろうが、技術的内容を外に漏らすことは禁止である。技術士が守秘義務違反を行った場合は１年以下の懲役又は50万円以下の罰金に処せられる。
イ）×：不適切。専門知識のない顧客に対しては、わかりやすく説明するべきである。
ウ）○：適切。
エ）×：不適切。そもそも自宅に持って帰ること自体を避けるべきである。会社の手続きに従って、データを消去し、物理的に破壊するなどの対応をとる。
オ）○：適切。
カ）×：不適切。いい加減な対応はするべきではない。
不適切なものは、（ア）（イ）（エ）（カ）の４つである。　⇒　**答え③**

11 ・・・解答②

ア）ウ）エ）○適切。
イ）×：不適切。同指針では、過去に労働災害が発生した作業、危険な事象が発生した作業等、労働者の就業に係る危険性又は有害性による負傷又は疾病の発生が合理的に予見可能であるものは、調査等の対象とすることと定められている。また、このうち、平坦な通路における歩行等、明らかに軽微な負傷又は疾病しかもたらさないと予想されるものについては、調査等の対象から除外して差し支えないこととしている。

12 ・・・解答①

ア）○：適切。

イ）×：不適切。職場のセクシュアルハラスメント対策は事業主の義務である。必要な措置として、以下の10項目が示されている。

1. 職場におけるセクシュアルハラスメントの内容・セクシュアルハラスメントがあってはならない旨の方針を明確化し、管理・監督者を含む労働者に周知・啓発すること。
2. セクシュアルハラスメントの行為者については、厳正に対処する旨の方針・対処の内容を就業規則等の文書に規定し、管理・監督者を含む労働者に周知・啓発すること。
3. 相談窓口をあらかじめ定めること。
4. 相談窓口担当者が、内容や状況に応じ適切に対応できるようにすること。また、広く相談に対応すること。
5. 事実関係を迅速かつ正確に確認すること。
6. 事実確認ができた場合には、速やかに被害者に対する配慮の措置を適正に行うこと。
7. 事実確認ができた場合には、行為者に対する措置を適正に行うこと。
8. 再発防止に向けた措置を講ずること。（事実が確認できなかった場合も同様）
9. 相談者・行為者等のプライバシーを保護するために必要な措置を講じ、周知すること。
10. 相談したこと、事実関係の確認に協力したこと等を理由として不利益な取扱いを行ってはならない旨を定め、労働者に周知・啓発すること。

ウ）×：不適切。産休は誰でも取得が可能である。

エ）×：不適切。個々の実情に応じた措置を講じることが出来る。

オ）×：不適切。産休予定日の6週間前から請求すれば取得できる。義務ではない。逆に、出産後については、出産の翌日から8週間は就業が禁止されている。ただし、産後6週間経過後に、医師が認めた場合は、本人が請求することにより就業は可能。

13 ・・・解答④

ア）○：正しい。

イ）×：誤り。BCP（事業継続計画）の対象は、自然災害だけでなく、大火災やテロ攻撃などの様々な緊急事態が含まれている。

ウ）×：誤り。BCPの策定済み企業の割合（平成27年度）は大企業で60%、中堅企業で30%となっている。策定済みに策定中を加えると、大企業で75%、中堅企業で42%となっている。

エ）×：誤り。BCPを策定しておくことは、平時においても、株主、取引先、消費者、行政、従業員などから災害時の事業継続の対策が出来ている企業であると評価されることで、取引先拡大や企業価値向上につながる。

誤っているものは、(イ)(ウ)(エ)の3つである。　⇒　**答え④**

14 ・・・解答④

①適切。7つの原則『説明責任』。

②適切。7つの原則『透明性』。

③適切。7つの原則『倫理的な行動』。

④不適切。組織は、法の支配の尊重という原則に従うと同時に、国際行動規範も尊重するべきである。7つの原則『法の支配の尊重』『国際行動規範の尊重』。

⑤適切。7つの原則『人権の尊重』。

ISO26000で提示されている7つの原則とは、以下の7つを示す。いずれも、それぞれの組織において基本とすべき重要な視点である。

1) 説明責任：組織の活動によって外部に与える影響を説明する。
2) 透明性：組織の意思決定や活動の透明性を保つ。
3) 倫理的な行動：公平性や誠実であることなど倫理観に基づいて行動する。
4) ステークホルダーの利害の尊重：様々なステークホルダーへ配慮して対応する。
5) 法の支配の尊重：各国の法令を尊重し順守する。
6) 国際行動規範の尊重：法律だけでなく、国際的に通用している規範を尊重する。
7) 人権の尊重：重要かつ普遍的である人権を尊重する。

15 ・・・解答⑤

ア）×：不適切。SDGsは発展途上国のみならず、先進国自身が取り組むユニバーサル（普遍的）なものであり、日本としても積極的に取り組んでいる。

イ）○：適切。

普遍性	先進国を含め、全ての国が行動
包摂性	人間の安全保障の理念を反映し「誰一人取り残さない」
参画型	全てのステークホルダーが役割を担う

統合性	社会・経済・環境に統合的に取り組む
透明性	定期的にフォローアップ

ウ）○：適切。2015年9月の国連サミットで採択された「持続可能な開発のための2030アジェンダ」にて記載された2016年から2030年までの国際目標である。

エ）○：適切。持続可能な世界を実現するための17のゴール、169のターゲットから構成されている。

オ）×：不適切。SDGsは「地球上の誰一人として取り残さない」ことを誓っており、当然大企業に限った話ではない。

カ）×：不適切。貧困や保健、教育、雇用、平和など17の目標が定められている。決して環境問題に特化しているわけではない

キ）○：適切。

技術士一次試験（基礎科目）

平成30年度　解答＆詳細解説

問題番号	1-1	1-2	1-3	1-4	1-5	1-6	2-1	2-2	2-3	2-4	2-5	2-6
答え	③	①	②	②	③	④	④	③	③	⑤	①	②
問題番号	3-1	3-2	3-3	3-4	3-5	3-6	4-1	4-2	4-3	4-4	4-5	4-6
答え	①	④	②	②	③	③	⑤	⑤	③	②	⑤	③
問題番号	5-1	5-2	5-3	5-4	5-5	5-6						
答え	②	③	③	④	③	⑤						

1群　設計・計画に関するもの

1 1 ・・・解答③

この問題は、システムAの信頼度とシステムBの信頼度を求めて、A＝BからXの値を求める一般的な方法からは求めることが難しい。こういう場合は、当たりをつけて、計算していく。

図を見ると明らかだが、X＝0.95とした場合が最も計算が簡単である。

システムA $= 0.95 \times 0.95 \times \{1-(1-0.95)^2\} \fallingdotseq 0.95 \times 0.95 \times 1$

システムB $= 0.95 \times 0.95 \times 0.95$

A ＞ Bなので、Xの値は0.95以上である。

Xの値が0.95以上ならば、$\{1-(1-0.95)^2\} \fallingdotseq 1$と計算できる。

システムA $\fallingdotseq 0.95 \times 0.95 \times 1 = 0.9025$　⇒　**答え③**

●通常の方法

システムAの信頼度Aは、

$A = 0.950 \times \{1-(1-X)^2\} \times 0.950 \fallingdotseq 0.90(2X - X^2)$

システムBの信頼度Bは、

$B = X \times X \times X = X^3$

A＝Bから、Xの値を求める

$1.8X - 0.9X^2 = X^3 \Leftrightarrow X^2 + 0.9X - 1.8 = 0$ ・・・式 (1)
式 (1) からXを求めるのは非常に難しい。

1 2 ・・・解答①

クリティカルパスとは、プロジェクトの各工程を、プロジェクト開始から終了まで「前の工程が終わらないと次の工程が始まらない」という依存関係に従って結んでいったときに、**所要時間が最長となるような経路**のことで、図のアローダイアグラムからクリティカルパスを求める。

例えば、②→⑥の工程を考えると、②→⑥と②→③→④→⑥という２つの工程がある。このうち、②→⑥は15日間に対して、②→③→④→⑥は23日間なので、②→③→④→⑥がクリティカルパスとなる。

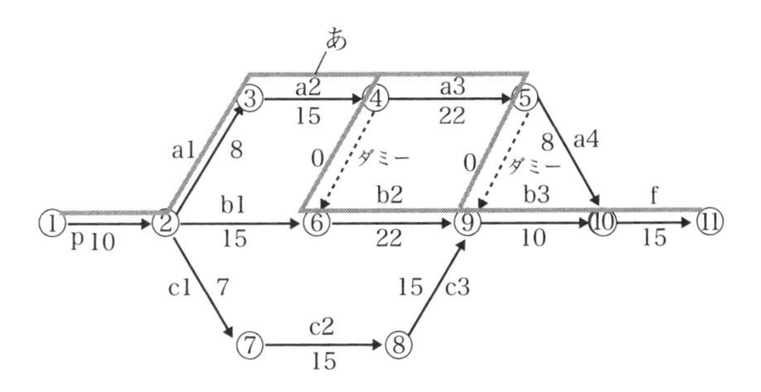

次に④→⑨の工程を考える。④→⑤→⑨と④→⑥→⑨の両方が22日間なので、両方ともクリティカルパスである。

次に、②→⑨の工程を考える。

②→③→④→⑥→⑨、もしくは②→③→④→⑤→⑨については45日間。

②→⑦→⑧→⑨は37日間。

よって、②→③→④→⑥→⑨、もしくは②→③→④→⑤→⑨がクリティカルパスとなる。

次に⑤→⑩の工程を考える。⑤→⑩は8日間で、⑤→⑨→⑩は10日間。なので、⑤→⑨→⑩がクリティカルパスとなる。

以上をまとめると「あ」で示した線が、重点的に進捗状況管理を行うべきクリティカルパスとなる。

(p、a1、a2、a3、b2、b3、f) となる。　⇒　**答え①**

1 3 ・・・解答②

(ア) 誤り。バリアフリーデザインは、障害のある人々や高齢者などが、社会生活をしていくうえで妨げとなる障壁がないように意図された設計のことで、物理的な障壁だけではなく、サービスを提供する側の心理的な障壁を除去するという考え方も含まれている。

（イ）正しい。バリアフリーが高齢者や障がい者等を対象としているのに対して、ユニバーサルデザインはすべての人が使いやすく設計するという考え方である。

（ウ）誤り。ロン・メイスが提唱したのはバリアフリーデザインの7原則ではなくて、ユニバーサルデザインの7原則である。

14 ・・・解答②

製品1をx（kg）、製品2をy（kg）として、まずは式を作成してみる。
生産ラインを7時間未満として、休ませることに意味はないので、
$x + y = 7 \Leftrightarrow y = 7 - x$　である。

原料Aより、$2x + y \leqq 12 \Leftrightarrow x \leqq 5$　・・・式(1)
原料Bより、$x + 3y \leqq 15 \Leftrightarrow 3 \leqq x$　・・・式(2)

ここで利益をPとすると、
$P = 300x + 200y = 300x + 200(7 - x) = 100x + 1400$　・・・式(3)

式(3)よりxが多ければ多いほど、利益も多い。
つまり、式(1)より$x = 5$と求まる。
$P = 100 \times 5 + 1400 = 1900$　　⇒　**答え②**

15 ・・・解答③

総費用 $= 3240/(X + 2)^2 + 30X$　と求められる。
もちろん微分して求めることもできるが、選択肢にある$X = 2$〜6を当てはめて、単純に計算する方が早いし、安全である。たいした計算でもないので、面倒くさがらず1つ1つ計算してください。

①X＝2：総費用＝262.5万円
②X＝3：総費用＝219.6万円
③X＝4：総費用＝210.0万円（最小）
④X＝5：総費用＝216.1万円
⑤X＝6：総費用＝230.6万円

総費用が最小となるのは、検査回数X = 4の時である。　⇒　**答え③**

1 6 ・・・解答④

製造物責任法（PL法）は、製品の欠陥によって生命、身体又は財産に損害を被ったことを証明した場合に、被害者は製造会社などに対して損害賠償を求めることができる法律です。ポイントは、製造物の欠陥により人の生命、身体又は財産に係わる被害が生じた場合は、製造業者等の**過失の有無に係わらず**、生じた損害を賠償しなければいけないという点です。

製造物責任法は、［ア：製造物］の［イ：欠陥］により人の生命、身体又は財産に係る被害が生じた場合における製造業者等の損害賠償の責任について定めることにより、［ウ：被害者］の保護を図り、もって国民生活の安定向上と国民経済の健全な発展に寄与することを目的とする。製造物責任法において［ア：製造物］とは、製造又は加工された動産をいう。また、［イ：欠陥］とは、当該製造物の特性、その通常予見される使用形態、その製造業者等が当該製造物を引き渡した時期その他の当該製造物に係る事情を考慮して、当該製造物が通常有すべき［エ：安全性］を欠いていることをいう。

2群　情報・論理に関するもの

2 1 ・・・解答④（サービス問題）

①～③⑤適切。

④**不適切**。利用者IDおよびパスワードの組み合わせは、情報システムが個人を特定するために用いるものであり、一般に、利用者IDは、情報システムで利用者毎に一意に割り振られることがあるが、パスワードは各個人が設定するようになっている。利用者IDおよびパスワードの組み合わせは、情報システムが個人を特定するための唯一の情報であると考え、安易な設定をしない、他人に教えたりしない、といった対策をとる必要がある。複数のサービスで同じパスワードを設定することは、情報セキュリティ上は望ましくない。

2 2 ・・・解答③

(a) 現在階＜目的階 の場合、上昇を続ける。
(b) 現在階＝目的階 の場合、停止する。
(c) 現在階＝目的階 の場合、停止する。
(d) 現在階＞目的階 の場合、下降を続ける。
(e) 現在階＞目的階 の場合、下降する。
(a) ＜、(b) ＝、(c) ＝、(d) ＞、(e) ＞ ⇒ **答え③**

2 3 ・・・解答③

苦手な人も多いと思いますが、問題文に書かれてある通り、計算するだけです。
２進法同士の引き算などで戸惑う人は、10進法に置き換えて計算してみてください。

$(01011)_2 = 2^3 + 2 + 1 = 11$
５桁の２進数 $(01011)_2$ の（n＝）２の補数は、
$(2^5) - (01011)_2 = 32 - 11 = 21$
ここで、

2) 21 ・・・1
2) 10 ・・・0
2) 5 ・・・1
2) 2 ・・・0
1

(ア) $21 = (10101)_2$
続いて、５桁の２進数 $(01011)_2$ の（n－1＝）1の補数は、
$(2^5 - 1) - (01011)_2 = 31 - 11 = 20$

2) 20 ・・・0
2) 10 ・・・0
2) 5 ・・・1
2) 2 ・・・0
1

(イ) $20 = (10100)_2$
(ア) $(10101)_2$ (イ) $(10100)_2$ ⇒ **答え③**

2 4 ・・・解答⑤

ベン図に落として考える。

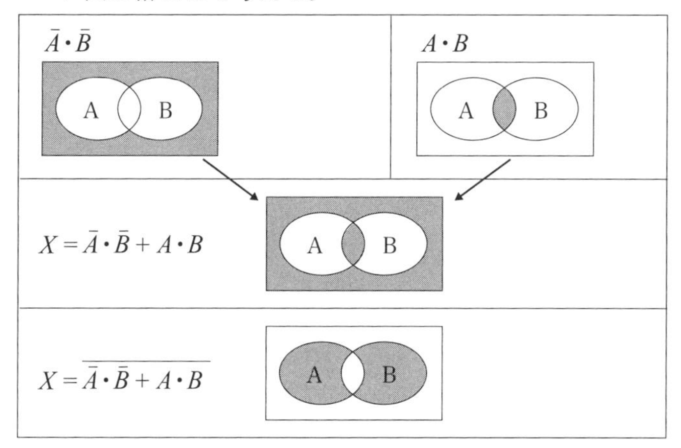

以下、①～⑤について、ベン図を作成して考えてみる。一見面倒に見えるが、それほどの時間はかからない。落ち着いて作成することが大切である。同じものは⑤である。 ⇒ **答え⑤**

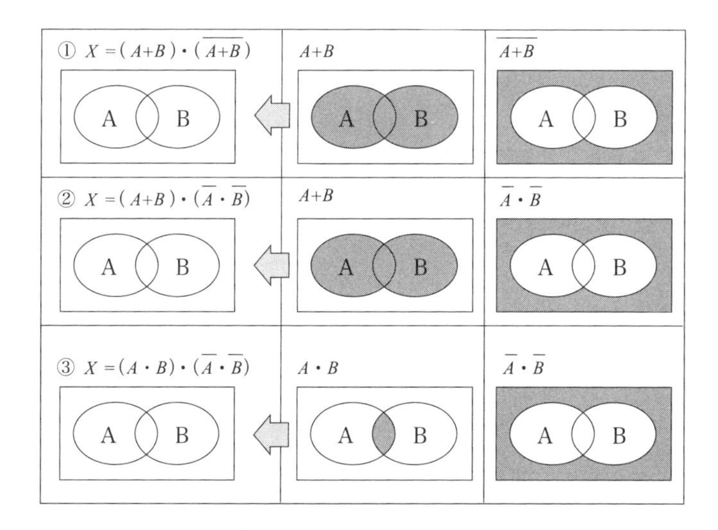

平成30年度 基礎科目

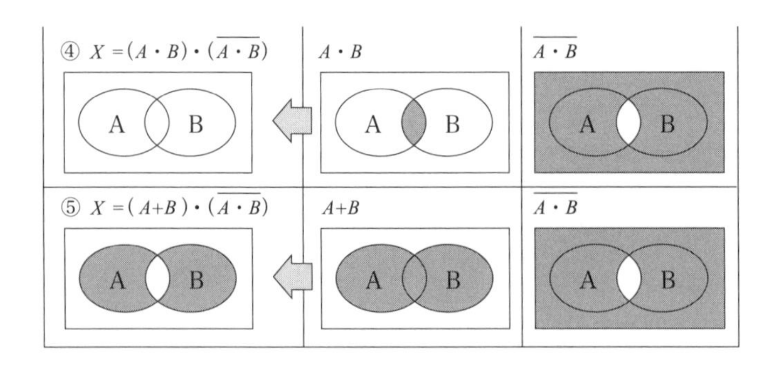

2　5　・・・解答①

a × b + c ÷ dを先頭から読むと「aにbを掛け、cをdで割り、それらを足す」となる。

つまり、後置記法では、ab × cd ÷ +　となる。　　⇒　**答え①**

2　6　・・・解答②

ベン図を書く。

集合$\overline{A \cup B \cup C}$は図の色部分である。

$A \cup B \cup C = 300 + 180 + 128 - 60 - 43 - 26 + 9$

$= 488$

$\overline{A \cup B \cup C} = 900 - 488 = 412$　　⇒　**答え②**

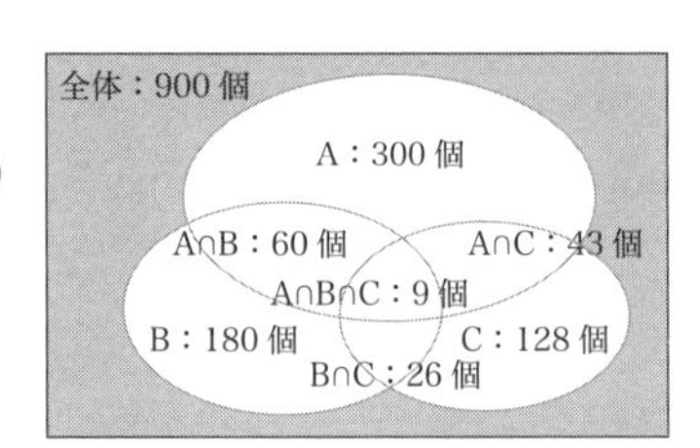

3群　解析に関するもの

3　1　・・・解答①

定積分$\int_{-1}^{1} f(x)dx$は、右図のAの部分とBの部分の面積の合計である。上辺を$f(-1)$、下辺を$f(1)$、高さ2の台形の面積を求めるイメージで面積を求める。

$A = A_1 = (f(-1) + f(1)) \times 2 \div 2$

$= f(-1) + f(1)$　・・・式 (1)

また、$f(0)$ を、$f(-1)$ と$f(1)$ のほぼ平均と近

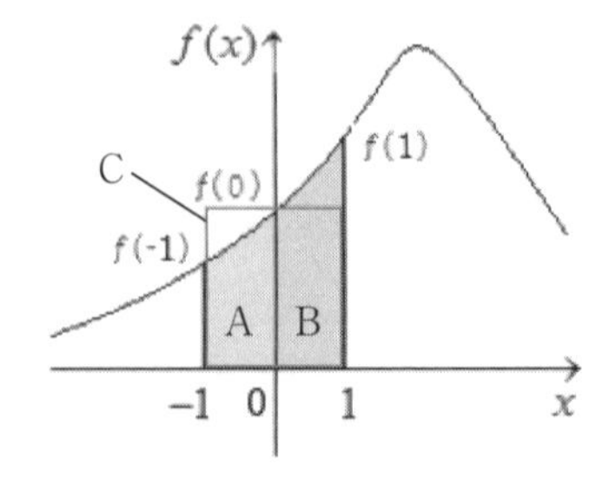

似して、右図のCの長方形の面積を求める考え方も出来る。

$A = A_2 = f(0) \times 2 = 2f(0)$ ・・・式(2)

①**不適切**。 $\frac{1}{4}f(-1) + f(0) + \frac{1}{4}f(1) = \frac{1}{4}A_1 + \frac{1}{2}A_2 = \frac{3}{4}A$

②適切。 $\frac{1}{2}f(-1) + f(0) + \frac{1}{2}f(1) = \frac{1}{2}A_1 + \frac{1}{2}A_2 = A$

③適切。 $\frac{1}{3}f(-1) + \frac{4}{3}f(0) + \frac{1}{3}f(1) = \frac{1}{3}A_1 + \frac{2}{3}A_2 = A$

④適切。 式(1)

⑤適切。 式(2)

3 2 ・・・**解答④**

$\mathrm{div}\ v = (-2x + 2y) + (2x - 2y) = 0$

$\mathrm{rot}\ v = (2y) - (2x) = 4 - 2 = 2$ ⇒ **答え④**

3 3 ・・・**解答②**

$AX = XA = E$ が成立するXを逆行列という。

$$\begin{pmatrix} x_{11} & x_{12} & x_{13} \\ x_{21} & x_{22} & x_{23} \\ x_{31} & x_{32} & x_{33} \end{pmatrix}\begin{pmatrix} 1 & 0 & 0 \\ a & 1 & 0 \\ b & c & 1 \end{pmatrix}=\begin{pmatrix} 1 & 0 & 0 \\ 0 & 1 & 0 \\ 0 & 0 & 1 \end{pmatrix}$$

$x_{11} \times 1 + x_{12} \times a + x_{13} \times b = 1$ ・・・式(1－1)

$x_{11} \times 0 + x_{12} \times 1 + x_{13} \times c = 0$ ・・・式(1－2)

$x_{11} \times 0 + x_{12} \times 0 + x_{13} \times 1 = 0$ ・・・式(1－3)

式(1－3)より、$x_{13} = 0$

さらに、式(1－2)より、$x_{12} = 0$

さらに、式(1－1)より、$x_{11} = 1$

$x_{21} \times 1 + x_{22} \times a + x_{23} \times b = 0$ ・・・式(2－1)

$x_{21} \times 0 + x_{22} \times 1 + x_{23} \times c = 1$ ・・・式(2－2)

$x_{21}\times 0 + x_{22}\times 0 + x_{23}\times 1 = 0$　・・・式 (2 − 3)
式 (2 − 3) より、$x_{23} = 0$
さらに、式 (2 − 2) より、$x_{22} = 1$
さらに、式 (2 − 1) より、$x_{21} + a = 0 \Leftrightarrow x_{21} = -a$

$x_{31}\times 1 + x_{32}\times a + x_{33}\times b = 0$　・・・式 (3 − 1)
$x_{31}\times 0 + x_{32}\times 1 + x_{33}\times c = 0$　・・・式 (3 − 2)
$x_{31}\times 0 + x_{32}\times 0 + x_{33}\times 1 = 1$　・・・式 (3 − 3)
式 (3 − 3) より、$x_{33} = 1$
さらに、式 (3 − 2) より、$x_{32} + c = 0 \Leftrightarrow x_{32} = -c$
さらに、式 (3 − 1) より、$x_{31} - ac + b = 0 \Leftrightarrow x_{31} = ac - b$

$$X = \begin{pmatrix} 1 & 0 & 0 \\ -a & 1 & 0 \\ ac-b & -c & 1 \end{pmatrix}$$ ⇒ **答え②**

3 4 ・・・**解答②**

高次方程式 $f(x) = 0$ の近似解を求めるときにはニュートン・ラフソン法がよく用いられる。

ニュートン・ラフソン法では、予想される真の解に近いと思われる値として、初期値 x_0 を設定する。

次に x_0 でのグラフの接線 $f'(x_0)$ を計算し、接線 $f'(x_0)$ の x 切片（x 軸との交点）を計算する。x 切片の値を x_1 とすると、x_1 は予想される真の解により近くなるのが一般である。

以後、同じ操作を繰り返していく。

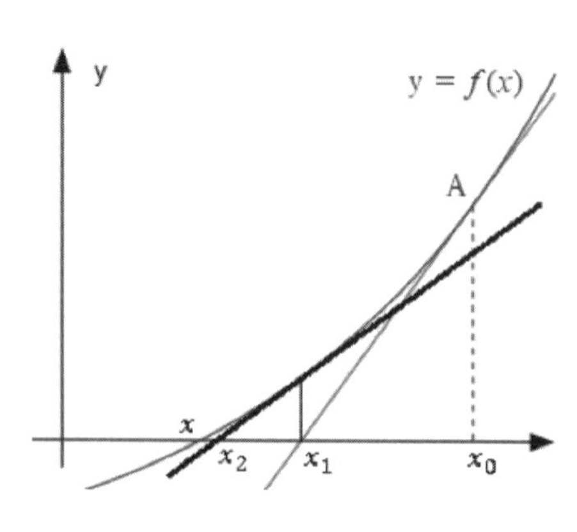

A点における接線の勾配は、

$f'(x_0) = \dfrac{f(x_0)}{x_0 - x_1}$ と表すことが出来る。

これを変形すると、

$x_1 = x_0 - \dfrac{f(x_0)}{f'(x_0)}$ となる。

これを繰り返すと、

$x_{n+1} = x_n - \dfrac{f(x_n)}{f'(x_n)}$ となる。

$\dfrac{f(x_n)}{f'(x_n)}$ が予め設定しておいた収束判定値 ε より小さくなったところで計算を打ち切り、その時の x_{n+1} を方程式の近似解とする。　⇒　**答え②**

3 5 ・・・解答③

①④適切。$\dfrac{d\Pi_p}{du}=\dfrac{d}{du}\left(\dfrac{1}{2}ku^2-mgu\right)=ku-mg=0$

②適切。内部ポテンシャルエネルギーは、$\dfrac{1}{2}ku^2$、外部ポテンシャルエネルギーは、$-mgu$

よって、全ポテンシャルエネルギー $\Pi_p=\dfrac{1}{2}ku^2-mgu$

③**不適切。**エネルギー保存則よりエネルギーは運動エネルギーと位置エネルギー（ポテンシャルエネルギー）の和であり、一定である。つまり運動エネルギーが最小のときに、位置エネルギーが最大になる。運動エネルギーが最小となるのは、速度が0となる地点、つまりバネの一番上及び下にきたところである。

⑤適切。

3 6 ・・・解答③

垂直応力 σ と縦ひずみ ε の関係は、縦弾性係数 E とすると、フックの法則により、

$\sigma=\varepsilon E \Leftrightarrow \dfrac{P}{A}=\dfrac{\Delta L}{L}E \Leftrightarrow \Delta L=\dfrac{P}{A}\cdot\dfrac{L}{E}$　あとは、単位に注意して計算する。

$E=200\,(\mathrm{GPa})=2.0\times10^8\,(\mathrm{kPa})=2.0\times10^8\,(kN/m^2)=200\,(kN/mm^2)$

$\Delta L=\dfrac{4\ (kN)}{100\ (mm^2)}\cdot\dfrac{2000\ (mm)}{200\ (kN/mm^2)}$

$=0.4\,(\mathrm{mm})$　⇒　**答え③**

4群　材料・化学・バイオに関するもの

4 1 ・・・解答⑤

①標準状態での気体の体積は1mol当たり22.4 L。

$14\div22.4=0.625$ mol

②塩化ナトリウムNaClは1mol当たり58.5 g 。

10％の塩化ナトリウム水溶液200gに含まれる塩化ナトリウムは20g 。

$20 \div 58.5 = 0.34$ mol

③1mol当たりの分子数は6.02×10^{23}個。

$3.0 \times 10^{23} \div (6.02 \times 10^{23}) = 0.5$ mol

④銅を空気中で加熱した時の化学反応式は、以下の通り。

$2Cu + O_2 \rightarrow 2CuO$

64gの銅は約1.0mol。消費される酸素はその1/2なので、0.5molである。

⑤メタンの完全燃焼の化学反応式は、以下の通り。

$CH_4 + 2O_2 \rightarrow CO_2 + 2H_2O$

4.0gのメタンは0.25mol。0.25molのメタンを燃焼させて生成する二酸化炭素は0.25mol。

以上より⑤の0.25molが最小である。　⇒　**答え⑤**

4 2 ・・・解答⑤

①〜④適切。

⑤**不適切。**塩酸HClと酢酸CH_3COOHでは、電離度が違うため、pHは異なってくる。

同じ0.1mol/Lであっても、水素イオンに電解する量が違う。

塩酸はほぼ電離度1で、100%H+とCl^-に電離する。

$pH = -\log_{10}[H^+] = -\log_{10}10^{-1} = 1$ と、計算される。

一方の酢酸は0.1mol/L水溶液では、電離度0.016程度ほどである。

$pH = -\log_{10}[H^+] = -\log_{10}0.016 \cdot 10^{-1} = -\log_{10}16 \cdot 10^{-4} = 4 - \log_{10}16 = 4 - 1.2 = 2.8$

4 3 ・・・解答③

①**不適切。**金属材料の腐食は力学的作用ではなくて化学的作用である。隣接している金属や気体などと化学反応を起こし、溶けたりさびを生成する。これは、一般的に言われる、表面的に「さび」が発生することにとどまらず、腐食により厚さが減少したり、孔が開いたりすることも含む。

②**不適切。**腐食は全面腐食と局部腐食がある。

全面腐食	全面腐食は、金属表面で均一に腐食する形態の通称で、一般的には均一腐食という。均一腐食は、鋼表面の表面状態、化学組成などわずかな違いが原因で、微視的なアノードとカソードの組合せ、すなわちミクロ腐食電池が多数形成される。ミクロ腐食電池のアノードとカソードは、時間と共に、その位置を移動しながら腐食が進む。このため、金属全面が比較的均一に腐食する。

局部腐食	局部腐食は、金属表面の局部に集中して起きる腐食である。この腐食は、特定の条件件が整ったときに、金属表面に巨視的なアノードとカソードの組合せ、すなわちマクロ腐食電池が形成される。マクロ腐食電池のアノードとカソードは、時間をおいても移動せず、明確に分離され、位置が固定される。このため、固定されたアノードのみが局部的に著しく腐食する。

③適切。金属表面の腐食作用に抵抗する酸化被膜が生じた状態のことを不働態と呼ぶ。アルミニウム、クロム、チタンなどは不働態化することで、内部の金属が腐食から保護される。

④**不適切。**ステンレス鋼とは、クロム、またはクロムとニッケルを含む、さびにくい合金鋼である。ISO規格では、炭素含有量1.2%以下、クロム含有量10.5%以上の鋼と定義されており、これが国際統一されたステンレス鋼の定義となっている。

⑤**不適切。**金属には、腐食しにくいものと、腐食しやすいものがあり、さらに同じ金属であっても環境や状態によって腐食の速度は変化する。

4　4　・・・解答②

(A) 金属の塑性は、ア：自由電子 が存在するために原子の移動が比較的容易で、また、移動後も結合が切れないことによるものである。

塑性とは、固体が弾性限度をこえた大きい力を受けて変形した時、加えた力を除いても、その変形が元に戻らないで残ってしまう性質のことである。可塑性ともいう。この中で、金属を引き伸ばして針金にするときの塑性を延性、たたき広げて箔にするときの塑性を展性という。

(B) 結晶粒径が イ：小さく なるほど、金属の降伏応力は大きくなる。

炭素鋼などの多結晶金属は、結晶が粒状になっていて、同じ結晶粒内では原子の並び方は同じであるが、別の結晶粒では並び方は異なり、その結果、すべり面、すべり方向なども異なる。その粒の平均的な大きさが結晶粒径で、結晶粒径が小さくなるほど、金属の降伏応力は大きくなる。

(C) 多くの金属は室温下では変形が進むにつれて格子欠陥が増加し、ウ：加工硬化 する。

格子欠陥とは、結晶において空間的な繰り返しパターンに従わない要素のことで、金属の変形が進んだり、応力が加わると格子欠陥が増加する。加工硬化とは、金属に応力を与えると塑性変形によって硬さが増す現象のことで、ひずみ硬化とも呼ばれる。

(D) 疲労破壊とは、エ：繰り返し負荷 によって引き起こされる破壊のことである。

金属材料は、その材料が有する引張強さ以上の荷重がかかると破断するが、引張強さ以下の荷重でも繰り返して負荷されると破断することがある。この現象が「疲労」と称され、多くの場合部品の表面で、微細なき裂（専門的には金属の結晶粒にすべり）が起こり、このき裂が次第に大きくなり、破断に至る現象である。

4 5 ・・・解答⑤

①～④適切。

⑤**不適切。**核酸は微量である。細胞の構成物質を大きく分けると、水が最も多い。次に多いのがタンパク質、脂質、炭水化物（糖質）、核酸などの有機物。残りが無機物（無機塩類）である。核酸はごく微量であり、有機化合物の中で最も重量比が大きいのはタンパク質である。

4 6 ・・・解答③

①**不適切。**ペプチド結合とは、アミド結合のうちアミノ酸同士が脱水縮合して形成される結合のことで、共有結合である。

②**不適切。**D体ではなくて、L体である。

③適切。

④**不適切。**共通結合の方が非共有結合よりも圧倒的に強いため、高次構造の維持にはジスルフィド結合などの共有結合が重要である。

⑤**不適切。**フェニルアラニン、ロイシン、バリン、トリプトファンなどの非極性アミノ酸の側鎖はタンパク質生成における折りたたみの過程で、外側ではなくて内側に向くように配置されている。

5群　環境・エネルギー・技術に関するもの

5 1 ・・・解答②

①③～⑤適切。

②**不適切。**SDGs（持続可能な開発目標）には、これまでの国際目標とは異なる幾つかの画期的な特徴がある。大きな特徴の一つは、途上国に限らず先進国を含む全ての国に目標が適用されるというユニバーサリティ（普遍性）で、MDGs

（ミレニアム開発目標）と比較すると、先進国が自らの国内で取り組まなければならない課題が増えている。

●MDGs（ミレニアム開発目標）

2000年9月にニューヨークで開催された国連ミレニアム・サミットで採択された国連ミレニアム宣言を基にまとめられた。MDGsは2015年までに達成すべき8つの目標として以下の項目を挙げている。

目標1：極度の貧困と飢餓の撲滅
目標2：初等教育の完全普及の達成
目標3：ジェンダー平等推進と女性の地位向上
目標4：乳幼児死亡率の削減
目標5：妊産婦の健康の改善
目標6：HIV/エイズ、マラリア、その他の疾病の蔓延の防止
目標7：環境の持続可能性確保
目標8：開発のためのグローバルなパートナーシップの推進

●SDGs（持続可能な開発目標）

SDGsを中核とする2030アジェンダは、2015年9月にニューヨーク国連本部で開催された持続可能な開発のための2030アジェンダ採択のための首脳会議国連総会で採択された。SDGsは、17のゴールと各ゴールごとに設定された合計169のターゲットから構成されている。

ゴール1（貧困）：あらゆる場所のあらゆる形態の貧困を終わらせる
ゴール2（飢餓）：飢餓を終わらせ、食糧安全保障及び栄養改善を実現し、持続可能な農業を促進する
ゴール3（健康な生活）：あらゆる年齢の全ての人々の健康的な生活を確保し、福祉を促進する
ゴール4（教育）：全ての人々への包摂的かつ公平な質の高い教育を提供し、生涯教育の機会を促進する
ゴール5（ジェンダー平等）：ジェンダー平等を達成し、全ての女性及び女子のエンパワーメントを行う
ゴール6（水）：全ての人々の水と衛生の利用可能性と持続可能な管理を確保する
ゴール7（エネルギー）：全ての人々の、安価かつ信頼できる持続可能な現代的エネルギーへのアクセスを確保する
ゴール8（雇用）：包摂的かつ持続可能な経済成長及び全ての人々の完全かつ生

産的な雇用とディーセント・ワーク（適切な雇用）を促進する

ゴール9（インフラ）：レジリエントなインフラ構築、包摂的かつ持続可能な産業化の促進及びイノベーションの拡大を図る

ゴール10（不平等の是正）：各国内及び各国間の不平等を是正する

ゴール11（安全な都市）：包摂的で安全かつレジリエントで持続可能な都市及び人間居住を実現する

ゴール12（持続可能な生産・消費）：持続可能な生産消費形態を確保する

ゴール13（気候変動）：気候変動及びその影響を軽減するための緊急対策を講じる

ゴール14（海洋）：持続可能な開発のために海洋資源を保全し、持続的に利用する

ゴール15（生態系・森林）：陸域生態系の保護・回復・持続可能な利用の推進、森林の持続可能な管理、砂漠化への対処、並びに土地の劣化の阻止・防止及び生物多様性の損失の阻止を促進する

ゴール16（法の支配等）：持続可能な開発のための平和で包摂的な社会の促進、全ての人々への司法へのアクセス提供及びあらゆるレベルにおいて効果的で説明責任のある包摂的な制度の構築を図る

ゴール17（パートナーシップ）：持続可能な開発のための実施手段を強化し、グローバル・パートナーシップを活性化する

5 2 ・・・解答③

①**不適切。**グリーン購入とは、環境への負荷ができるだけ小さい商品やサービスなどを優先的に購入することである。

②**不適切。**環境報告書は地方自治体に届けるものではなくて、一般に公表するものである。環境報告書は完全に任意であるが、近年、環境アカウンタビリティに対する意識が向上してきており、組織の環境管理活動の内容を組織外に公開するための環境報告書を作成する企業が増えている。

③適切。環境会計とは、企業等が、持続可能な発展を目指して、社会との良好な関係を保ちつつ、環境保全への取組を効率的かつ効果的に推進していくことを目的として、事業活動における環境保全のためのコストとその活動により得られた効果を認識し、可能な限り定量的（貨幣単位又は物量単位）に測定し伝達する仕組みのことである。

④**不適切。**公認会計士も税法も関係ない。環境監査は「環境に関する方針の遵守状況を評価することにより、環境保護に資する目的の組織・管理・整備がいかに

よく機能しているかを組織的・実証的・定期的・客観的に評価するもの」である。

⑤**不適切。**ライフサイクルアセスメント（LCA）は、ある製品及びサービスが、「資源採取」→「素材・部品開発」→「製品製造」→「流通」→「販売・購入」→「使用」→「廃棄・リサイクル」の7段階において、環境にどのような影響を与えるかを総合的に評価する手法のことである。

5 3 ・・・解答③

日本で消費されている原油はそのほとんどを輸入に頼っているが、財務省貿易統計によれば輸入原油の中東地域への依存度（数量ベース）は2017年で約 ア：87 %と高く、その大半は同地域における地政学的リスクが大きい イ：ホルムズ 海峡を経由して運ばれている。

また、同年における最大の輸入相手国は ウ：サウジアラビア である。石油及び石油製品の輸入金額が日本の総輸入金額に占める割合は、2017年には約 エ：12 %となった。

5 4 ・・・解答④

①〜③⑤適切。

④**不適切。**スマートメーターとは電力使用量をデジタルで計測する電力量計（電力メーター）のことである。従来のアナログ式のメーターとは異なり、デジタルで電力の消費量(kWh)を測定しデータを遠隔地に送ることができる。このため、検針員による一戸一戸の電力メーターチェックの作業が必要なくなるという大きな利点がある。また、今までのアナログ型の電力メーターは1か月に1度だけ電力使用量（kWh）が把握できるだけであったが、スマートメーターの場合は、電気の使用量（kWh）を30分単位と細かく把握することが可能である。このため、電気の使用量のコントロールがしやすいというメリットもある。

5 5 ・・・解答③

覚える必要はありません。知らない人は選択しないに限ります。他の問題で得点してください。

とはいえ、(オ) ワットが18世紀後半の産業革命の中心人物で、(イ) オットー・ハーンの原子核分裂の発見が第二次世界大戦直前であることを知っていれば、それ以外の (ア)(ウ)(エ) はその間なので、③の選択肢にはたどり着きます。

(ア) 1906年、フリッツ・ハーバーとカール・ボッシュが鉄を主体とした触媒上で水素と窒素を400～600℃、200～1000atmの超臨界流体状態で直接反応させることでアンモニアの生成に成功した。

(イ) 1938年オットー・ハーンは原子核分裂を発見。1944年にノーベル賞受賞。

(ウ) 1876年グラハム・ベルは電話の発明でアメリカで特許を取得した。グラハム・ベルはその後も光無線通信、水中翼船、航空工学などの分野で重要な業績を残した。

(エ) 1877年ハインリッヒ・ヘルツは電磁波の発信と受信の実験を行い、その実験結果が無線の発明の基礎となった。

(オ) 1772年、ニューコメンの大気圧機関を改良して、ジェームズ・ワットがワット式蒸気機関を発明した。

(オ) ワット式蒸気機関→(ウ) 電話→(エ) 電磁波→(ア) アンモニア→(イ) 原子核分裂

⇒ **答え③**

5 6 ・・・解答⑤

①～④適切。

⑤不適切。技術者を含むプロフェッショナルは、公衆の安全、健康及び福利を最優先に考慮する、持続可能な社会の実現に貢献するなどが定められており、職務規定の規定と同時に自律的な倫理感の視点からも責任を負う。

技術士一次試験（適性科目）

平成30年度　解答＆詳細解説

問題番号	1	2	3	4	5	6	7	8	9	10	11	12	13	14	15
解答	②	⑤	③	①	④	①	⑤	③	③	⑤	③	①	⑤	※	④

14は、不適切な選択肢があったため全員正解となりました

1　・・・解答②

技術士法第4章は**超頻出**です。完全に暗記してください。少なくとも3義務2責務（信用失墜行為の禁止、秘密保持義務、名称表示の場合の義務、公益確保の責務、資質向上の責務）は完全に暗記してください。試験対策ということだけでなく、今後技術士になる人には、罰則規定もあることですし、知らなかったではすみません。

第4章　技術士等の義務
（信用失墜行為の［ア：禁止］）
第44条　技術士又は技術士補は、技術士若しくは技術士補の信用を傷つけ、又は技術士及び技術士補全体の不名誉となるような行為をしてはならない。
（技術士等の秘密保持［イ：義務］）
第45条　技術士又は技術士補は、正当の理由がなく、その業務に関して知り得た秘密を漏らし、又は盗用してはならない。技術士又は技術士補でなくなった後においても、同様とする。
（技術士等の［ウ：公益］確保の［エ：責務］）
第45条の2　技術士又は技術士補は、その業務を行うに当たっては、公共の安全、環境の保全その他の［ウ：公益］を害することのないように努めなければならない。
（技術士の名称表示の場合の［イ：義務］）
第46条　技術士は、その業務に関して技術士の名称を表示するときは、その登録を受けた技術部門を明示してするものとし、登録を受けていない技術部門を表示してはならない。
（技術士補の業務の［オ：制限］等）

第47条　技術士補は、第2条第1項に規定する業務について技術士を補助する場合を除くほか、技術士補の名称を表示して当該業務を行ってはならない。
2　前条の規定は、技術士補がその補助する技術士の業務に関してする技術士補の名称の表示について準用する。
（技術士の資質向上の責務）
第47条の2　技術士は、常に、その業務に関して有する知識及び技能の水準を向上させ、その他その資質の向上を図るよう努めなければならない。

2　・・・**解答⑤**

ア）×：業務遂行の過程で与えられる機密情報については、当然守秘義務を背負う。
イ）×：公益確保の責務が優先である。
ウ）×：退職後も秘密保持義務の制約を受ける。
エ）×：技術士を補助する場合を除き、技術士補の名称を表示して当該業務を行ってはならない。
オ）×：登録している部門について、資質向上を図るように努めなければならない。
適切でないものは、（ア）～（オ）全てである。　⇒　**答え⑤**

3　・・・**解答③**

技術士ＣＰＤの基本
　技術業務は、新たな知見や技術を取り入れ、常に高い水準とすべきである。また、継続的に技術能力を開発し、これが証明されることは、技術者の能力証明としても意義があることである。
ア：継続研鑽 は、技術士個人の イ：専門家 としての業務に関して有する知識及び技術の水準を向上させ、資質の向上に資するものである。
　従って、何が ア：継続研鑽 となるかは、個人の現在の能力レベルや置かれている ウ：立場 によって異なる。
ア：継続研鑽 の実施の エ：記録 については、自己の責任において、資質の向上に寄与したと判断できるものを ア：継続研鑽 の対象とし、その実施結果を エ：記録 し、その証しとなるものを保存しておく必要がある。（中略）
　技術士が日頃従事している業務、教職や資格指導としての講義など、それ自

体は ア：継続研鑽 とはいえない。しかし、業務に関連して実施した「イ：専門家としての能力の向上」に資する調査研究活動等は、ア：継続研鑽 活動であるといえる。

4 ・・・**解答①**

②～⑤適切。

①**不適切。**即時、無条件に情報公開を行うのは誤りです。企業秘密（技術秘密や営業秘密）や契約上の守秘義務との兼ね合いや情報公開する範囲や情報公開の影響などを検討する必要があります。

5 ・・・**解答④**

ア：ア：持続 可能な社会とは、「地球環境や自然環境が適切に保全され、将来の世代が必要とするものを損なうことなく、現在の世代の要求を満たすような開発が行われている社会」のことです。

イ：未来世代の イ：生存 権。

アとイにより選択肢は①か④に絞られる。

ウ,エ：ウとエはやや難しいが、①も④も人類と社会の ウ：安全 、エ：健康 である。

オ：オ：多様 な見解。現在、我が国は社会の多様性（ダイバーシティ）の促進に取り組んでいます。

多様性というキーワードを知っていれば、選択肢は④に絞られます。⇒　**答え④**

6 ・・・**解答①**

すべて含まれます。

含まれていないものの数はゼロである。　⇒　**答え①**

7 ・・・**解答⑤**

不正競争防止法では、企業が持つ秘密情報が不正に持ち出されるなどの被害にあった場合に、民事上・刑事上の措置をとることができる。そのためには、その秘密情報が、不正競争防止法上の「営業秘密」として管理されていることが必要です。

営業秘密とは、次の３つの条件が当てはまります。

1）有用性：当該情報自体が客観的に事業活動に利用されていたり、利用されることによって、経費の節約、経営効率の改善等に役立つものであること。

2）秘密管理性：営業秘密保有企業の秘密管理意思が、秘密管理措置によって従業員等に対して明確に示され、当該秘密管理意思に対する従業員等の認識可能性が確保される必要性がある。

3）非公知性：保有者の管理下以外では一般に入手できないこと。

ア）×：現在利用されていなくても、利用されることによって経費の節約、経営効率の改善等に役立つものであれば、営業秘密になりうる。

イ）○：正しい。

ウ）○：正しい。

エ）×：反社会的な情報は営業情報とは言わない。

8 ・・・解答③

①②④⑤適切。

③**不適切。**公益通報者保護法は、すべての「事業者」(大小問わず、営利・非営利問わず、法人・個人事業者問わず) に適用される。公務員、学校法人、病院などの組織にも適用される。

公益通報者保護法とは、内部告発者に対する解雇や減給その他不利益な取り扱いを無効としたものである。保護されることとなる通報対象として約400の法律を規定する他、保護される要件が決められている。通報の対象となる事実は、あらゆる法令違反行為が対象となっているわけではないし、倫理違反行為が対象となっているわけでもなく、刑罰で防止しなければならないような重大な法令違反行為に限られる。また、通報の対象となる法令違反行為が生じていなくても、まさに生じようとしていると思われる場合には、事業者内部に通報することができる。

通報先は以下の３つ。

1．事業者内部

2．監督官庁や警察・検察等の取締り当局

3．その他外部 (マスコミ・消費者団体等)

なお、3．の通報は、次の３つの要件が必要である。

A) 通報内容が真実であると信ずるにつき相当の理由 (＝証拠等)

B) 恐喝目的・虚偽の訴えなどの「不正の目的がないこと」

C) 内部へ通報すると報復されたり証拠隠滅されるなど外部へ出さざるを得ない相当な経緯

結果的に内部告発の事実が証明されなかったとしても、告発した時点で、告発内容が真実であると信ずる相当な根拠（証拠）があれば保護される。また、内部告発には、通常、日ごろの会社の処遇への不満が含まれ、動機は「混在」するのが一般的だが、だからと言って不正目的の内部告発だということにはならない。

9 ・・・解答③

ア）○：その通り。

イ）×：製造物を引き渡した時点の科学・技術知識の水準では欠陥が予見不能であると判断された場合は責任を免除される。

ウ）×：故意や過失の有無については立証する必要はない。製品に欠陥があったこととその欠陥によって損失を受けたことの2点を証明すれば、損害賠償を請求できる。

エ）×：製造物を引き渡してから10年を経過した場合は免責される。

オ）×：製造物責任（Product Liability：PL）とは、製品の購入者が製品の欠陥により身体的・財産的な損失を受けた場合に、その製品の生産者など（製造業者、加工業者、輸入業者などが含まれる）に責任があり、その損失を補償する義務を負うというものである。

カ）○：その通り。

不適切なものは、（イ）（ウ）（エ）（オ）の4つである。　⇒　**答え③**

10 ・・・解答⑤

（ア）～（エ）のすべて正しい。

消費生活用製品安全法は、消費生活用製品による一般消費者の生命又は身体に対する危害の発生の防止を図るため、特定製品の製造及び販売を規制するとともに、特定保守製品の適切な保守を促進し、併せて製品事故に関する情報の収集及び提供等の措置を講じ、もって一般消費者の利益を保護することを目的としている。

対象となる消費生活用製品とは、一般消費者の生活の用に供される製品をいうが、船舶、消火器具等、食品、毒物・劇物、自動車・原動機付自転車などの道路運送車両、高圧ガス容器、医薬品・医薬部外品・化粧品・医療器具など他の法令で個別に安全規制が図られている製品については、法令で除外しているものもある。

11 ・・・解答③

①②④⑤適切。

③不適切。個人用保護具の使用は（1）設計計画段階における措置、（2）工学的対策、（3）管理的対策の措置を講じた場合においても、除去・低減しきれなかったリスクに対して実施するものに限られる。

リスク低減措置は、法令で定められた事項がある場合には、それを必ず実施することを前提とした上で、次のような優先順位で可能な限り高い優先順位のものを実施する。

（1）設計や計画の段階における措置
危険な作業の廃止・変更、危険性や有害性の低い材料への代替、より安全な施工方法への変更等

（2）工学的対策
ガード・インターロック・安全装置・局所排気装置等

（3）管理的対策
マニュアルの整備、立ち入り禁止措置、ばく露管理、教育訓練等

（4）個人用保護具の使用
個人用保護具の使用は、上記（1）～（3）の措置を講じた場合においても、除去・低減しきれなかったリスクに対して実施するものに限られる。

12 ・・・解答①

（ア）～（コ）のすべて適切。

適切でないものはゼロである。　⇒　**答え①**

以下内閣府HPより。

仕事と生活の調和が実現した社会とは、「国民一人ひとりがやりがいや充実感を感じながら働き、仕事上の責任を果たすとともに、家庭や地域生活などにおいても、子育て期、中高年期といった人生の各段階に応じて多様な生き方が選択・実現できる社会」である。

具体的には、以下のような社会を目指すべきである。

1．就労による経済的自立が可能な社会

経済的自立を必要とする者とりわけ若者がいきいきと働くことができ、かつ、経済的に自立可能な働き方ができ、結婚や子育てに関する希望の実現などに向けて、暮らしの経済的基盤が確保できる。

2．健康で豊かな生活のための時間が確保できる社会
働く人々の健康が保持され、家族・友人などとの充実した時間、自己啓発や地域活動への参加のための時間などを持てる豊かな生活ができる。

3．多様な働き方・生き方が選択できる社会
性や年齢などにかかわらず、誰もが自らの意欲と能力を持って様々な働き方や生き方に挑戦できる機会が提供されており、子育てや親の介護が必要な時期など個人の置かれた状況に応じて多様で柔軟な働き方が選択でき、しかも公正な処遇が確保されている。

13 ・・・解答⑤

（ア）～（エ）のすべて正しい。

14 ・・・解答 ×

15 ・・・解答④

ア：ア：利害関係者
イ：倫理規定で示している倫理を イ：狭義 の公務員倫理。
ウ：公務員としてやった方が望ましいことや求められる姿勢や心構えは ウ：広義 の公務員倫理。
エ：「～するな」という服務規律を典型とする倫理を エ：予防 倫理（消極的倫理）。
オ：「したほうがよいことをする」を オ：志向 倫理（積極的倫理）。

技術士一次試験（基礎科目）

令和６年度　解答＆詳細解説

問題番号	1-1	1-2	1-3	1-4	1-5	1-6	2-1	2-2	2-3	2-4	2-5	2-6
答え	③	④	⑤	⑤	②	①	②	②	⑤	②	③	⑤
問題番号	3-1	3-2	3-3	3-4	3-5	3-6	4-1	4-2	4-3	4-4	4-5	4-6
答え	①	②	⑤	②	②	④	⑤	③	④	②	①	②
問題番号	5-1	5-2	5-3	5-4	5-5	5-6						
答え	④	③	④	④	④	④						

1群　設計・計画に関するもの

1　1　・・・解答③

このタイプの問題は、何も考えずに数式に値を代入する。

$$[\text{年費}] = Pi + (P - L) \cdot \frac{1}{S_{n,i}} + C$$

①古い機械を修繕する：[年費] = 15 × 0.06 + (15 − 0) × 0.1774 + 1 = 4.56万円

A～Dを購入するに当たっては、古い機械を現在の残存価格5万円で下取りしてもらえる。

②Aを購入する：[年費] = (45 − 5) × 0.06 + ((45 − 5) − 0) × 0.0430 + 0.5 = 4.62万円
③Bを購入する：[年費] = (50 − 5) × 0.06 + ((50 − 5) − 0) × 0.0272 + 0.5 = 4.42万円
④Cを購入する：[年費] = (55 − 5) × 0.06 + ((55 − 5) − 0) × 0.0272 + 0.3 = 4.66万円
⑤Dを購入する：[年費] = (60 − 5) × 0.06 + ((60 − 5) − 0) × 0.0126 + 0.5 = 4.49万円

③のBを購入するのが最も経済的である。　⇒　⇒　**答え③**

1 2 ・・・解答④

計算問題が出た場合は、一つ一つ計算すればよいだけの話なので、チャンス問題と捉えるべきである。

輸送にかかる総費用Yは、$Y=\frac{50}{x}+200\left(1-\frac{1}{x+2}\right)=\frac{50}{x}+\frac{200(x+1)}{x+2}$

① x = 0.5　総費用 Y = 50/0.5 + 200 (0.5+1) / (0.5+2) = 100+120 = 220
② x = 1.0　総費用 Y = 50/1.0 + 200 (1.0+1) / (1.0+2) = 50+400/3 = 183.33
③ x = 1.5　総費用 Y = 50/1.5 + 200 (1.5+1) / (1.5+2) = 100/3+500/3.5 = 176.19
④ x = 2.0　総費用 Y = 50/2.0 + 200 (2.0+1) / (2.0+2) = 25+150 = 175　⇒　**答え④**
⑤ x = 2.5　総費用 Y = 50/2.5 + 200 (2.5+1) /(2.5+2) = 20+700/4.5 = 175.56

1 3 ・・・解答⑤

ユニバーサルデザインは、ロナルド・メイスにより提唱され、特別な改造や特殊な設計をせずに、すべての人が、可能な限り最大限まで利用できるように配慮された製品や環境の設計をいう。ユニバーサルデザインの７つの原則は、
(１) 公平な利用、
(２) 利用における **ア：柔軟性** 、
(３) 単純で **イ：直観的** な利用、
(４) 認知できる情報、
(５) **ウ：失敗** に対する寛大さ、
(６) 少ない **エ：身体的** な努力、
(７) 接近や利用のためのサイズと空間、 である。

1 4 ・・・解答⑤

内径が軸の外径より大きい場合に隙間が生じる。
つまり、$\mu_2 \geqq \mu_1$の時に、 隙間 = $(\mu_2 - \mu_1)$
これだけで、解答は④か⑤に絞り込める。
また、分散σ_1^2のデータと分散σ_2^2のデータの引き算ならば、分散はさらに拡散されるわけなので、

分散σは、$\sigma^2 = \sigma_1^2 + \sigma_2^2$となる。

つまり、$\sigma=\sqrt{\sigma_1^2+\sigma_2^2}$　⇒　**答え⑤**

1 5 ・・・**解答②**

現状では頂上事象発生確率は0.156、中間事象1は0.52、中間事象2は0.4

Aを0.3→0.03にすると、頂上事象は0.52 × 0.03 = 0.0156

Bを0.2→0.02にすると、中間事象1が少し下がって頂上事象は0.1236

Cを0.5→0.05にすると、中間事象2が1/10の0.04になり、頂上事象は0.0696

Dを0.8→0.08にした場合はCと同じ。

A ＞ C ＞ B　　　⇒　**答え②**

1 6 ・・・**解答①**

①適切。ただし、不合格品の合格品への混入防止（識別）はきちんとやらねばならない。

②**不適切。**定性的な測定（ガタつくなど）も検査方法としてあり。

③**不適切。**成果品作成途中、解析中、設計妥当性検証など、大変有効である。

④**不適切。**抜き取り検査でもよい（そちらのほうが主体である）。

⑤**不適切。**設計者などの担当者自らや自社でも検査はできる。

2群　情報・論理に関するもの

2 1 ・・・**解答②**

アローダイアグラムを作成する。

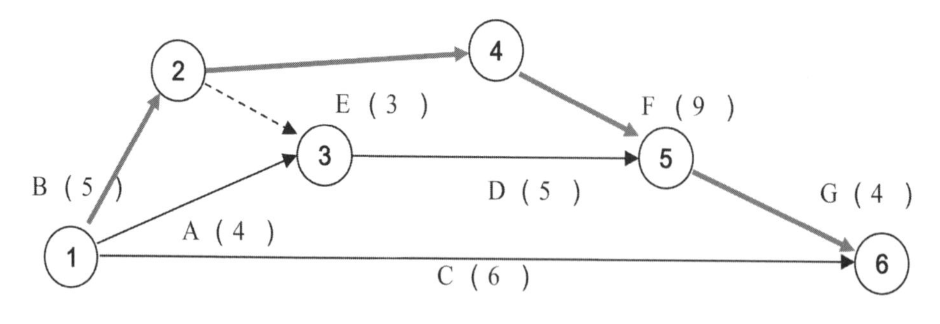

クリティカルパスは、太字の経路で、①→②→④→⑤→⑥で、最短日数は21日間と求められる。

⇒　**答え②**

2 2 ・・・解答②

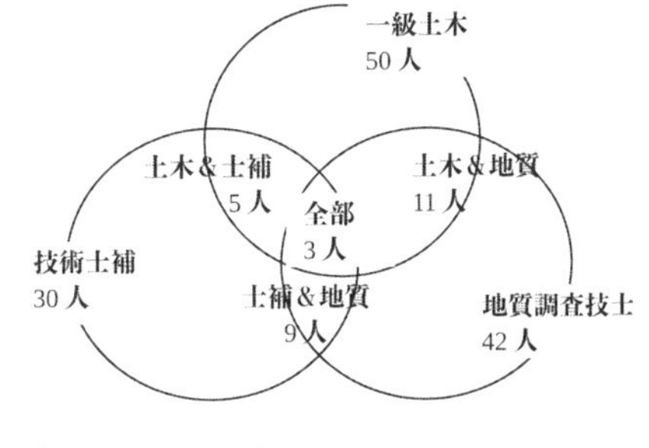

ベン図を作成する。
一級土木のみ：50 − 5 − 11 + 3 = 37人
地質調査のみ：42 − 9 − 11 + 3 = 25人
技術士補のみ：30 − 5 − 9 + 3 = 19人

一つ以上資格を持っている人
37 + 25 + 19 + （5 − 3） + （11 − 3） + （9 − 3） + 3 = 100人
⇒ **答え②**

2 3 ・・・解答⑤

実効アクセス時間を求めるための公式は、次の通りである。
(キャッシュメモリのアクセス時間×ヒット率)
＋主記憶のアクセス時間×（1 − ヒット率）
今回は実効アクセス時間がわかっているので、ヒット率をNとして、計算する。

10 × N + 60 × （1 − N） = 15 ⇔ 50N = 45
N = 0.90 つまり、キャッシュメモリのヒット率は0.9となる。 ⇒ **答え⑤**

2 4 ・・・解答②

①**不適切。**表中の要素がキーの昇順または降順に整列済みであることを前提とした探索アルゴリズムである。
②適切。表の先頭の要素の値から順番に調べていくアルゴリズムである。先頭から順次比較していくので、二分探索法のように要素が一定の規則で並んでいる必要はない。
③**不適切。**キー項目の値をもとに、格納位置を決める方法である。
④**不適切。**解析的な解き方が不可能な問題の処理や解の正しさのチェックに用いる手法である。
⑤**不適切。**出発点から各項目までの最短路を、出発点に近い頂点から１つずつ確定していく手法である。

25 ・・・解答③

純粋に指示に従って計算をするだけの話である。難しく考えないことが大切である。

x		y		r
70	÷	50	=	1・・・20
50	÷	20	=	2・・・10
20	÷	10	=	2・・・0

y = 10　⇒　**答え③**

26 ・・・解答⑤

マクロ機能と増殖機能は確かにウイルスに仕込まれることが多いが、それ自体がウイルスと定義されるものではない。コンピュータウイルスは厳密には自立せず、動的には活動せず、プログラムファイルからプログラムファイルへ静的に感染するものを指す。

つまり、(エ)と(オ)が定義にない。　⇒　**答え⑤**

ちなみに「コンピュータウイルス対策基準(独立行政法人情報処理推進機構)」では、コンピュータウイルスの定義を、『第三者のプログラムやデータベースに対して意図的に何らかの被害を及ぼすように作られたプログラムであり、次の機能を一つ以上有するもの』としている。

(1) 自己伝染機能	自らの機能によって他のプログラムに自らをコピーし又はシステム機能を利用して自らを他のシステムにコピーすることにより、他のシステムに伝染する機能
(2) 潜伏機能	発病するための特定時刻、一定時間、処理回数等の条件を記憶させて、条件が満たされるまで症状を出さない機能
(3) 発病機能	プログラムやデータ等のファイルの破壊を行ったり、コンピュータに異常な動作をさせる等の機能

3 1 ・・・解答①

深く考えずに題意どおりに計算すればよい。
ベクトル場$A(x,y,z)=(xyz\ ,x^2y\ ,15z)$なので、
$A_x=xyz$、$A_y=x^2y$、$A_z=15z$である。

$$rotA=\left(\frac{\partial A_z}{\partial y}-\frac{\partial A_y}{\partial z},\frac{\partial A_x}{\partial z}-\frac{\partial A_z}{\partial x},\frac{\partial A_y}{\partial x}-\frac{\partial A_x}{\partial y}\right)$$

$$=\left(\frac{\partial(15z)}{\partial y}-\frac{\partial(x^2y)}{\partial z},\frac{\partial(xyz)}{\partial z}-\frac{\partial(15z)}{\partial x},\frac{\partial(x^2y)}{\partial x}-\frac{\partial(xyz)}{\partial y}\right)$$

$$=(0-0,\ xy-0,\ 2xy-xz)$$

$$=(0,\ xy,\ 2xy-xz)$$　⇒　**答え①**

3 2 ・・・解答②

以下を定義として覚えること。

固有角振動数ωは、固有振動数$f\times2\pi$で求められる。
この時点で選択肢は②か④に絞られる。
L：糸の長さ（m）
g：重力加速度（m/s^2）とすると、
単振動の固有振動数は以下の通りである。

固有角振動数$\omega=\sqrt{\frac{g}{L}}$ (Hz)　、固有振動数$f=\frac{1}{2\pi}\sqrt{\frac{g}{L}}$ (Hz)　⇒　**答え②**

3 3 ・・・解答⑤

バネによるエネルギー式は$E=\frac{1}{2}kx^2$、仕事量のエネルギーは、$W=F\cdot x$

まず、質点Aでは、

バネk_1がu_1伸びたので $E_{A1}=\frac{1}{2}k_1u_1^2$、さらに、バネ$k_2$が$u_1$縮んだので$E_{A2}=-\frac{1}{2}k_2u_1^2$

$$E_A=E_{A1}+E_{A2}=\frac{1}{2}u_1^2(k_1-k_2)$$

同様に質点Bでは、$E_B=\frac{1}{2}k_2u_2^2$

そして、外力fは重力にしたがって、$W=-f\cdot u_2$の仕事をしている。
これらすべてを合算すると、
全ポテンシャルエネルギー$=E_A+E_B+W=\frac{1}{2}k_1u_1^2+\frac{1}{2}k_2(u_2^2-u_1^2)-fu_2$ ⇒ **答え⑤**

3 4 ・・・解答②

単位時間当たりの質量変化＝（x軸方向の質量変化）＋（y軸方向の質量変化）＋（z軸方向の質量変化）である。

$$（\text{x 軸方向の質量変化}）=\rho udydz-(\rho u+\frac{\partial \rho u}{\partial x}dx)dydz=-\frac{\partial \rho u}{\partial x}dxdydz$$

$$（\text{y 軸方向の質量変化}）=\rho vdxdz-(\rho v+\frac{\partial \rho v}{\partial y}dy)dxdz=-\frac{\partial \rho v}{\partial y}dxdydz$$

$$（\text{z 軸方向の質量変化}）=\rho wdxdy-(\rho w+\frac{\partial \rho w}{\partial z}dz)dxdy=-\frac{\partial \rho w}{\partial z}dxdydz$$

ここで、質量 ＝ 密度×体積である。
すなわち、単位時間当たりの質量変化は、$\frac{\partial \rho}{\partial t}dxdydz$である。
以上のことから、

$$\frac{\partial \rho}{\partial t}=-\left(\frac{\partial \rho u}{\partial x}+\frac{\partial \rho v}{\partial y}+\frac{\partial \rho w}{\partial z}\right)$$ ⇒ **答え②**

3 5 ・・・解答②

①③～⑤適切。ちなみに⑤は中間値の定理といわれており、あまりにも有名である。

②不適切。

$f(x)$ 及び $g(x)$ が、ともに$x=a$で連続の時、$f(x)\pm g(x)$は、$x=a$で連続である。

3 6 ・・・解答④

①～③⑤適切。

④不適切。いくら厳密に計算しても、近似解に近づくというだけである。

4群　材料・化学・バイオに関するもの

4 1 ・・・解答⑤

①～④適切。

⑤不適切。電気陰性度は、分子内の原子が電子を引き寄せる能力で、一般に周期表の左下に位置する元素ほど小さく、右上ほど大きくなる。

イオン化ポテンシャル⇒アルカリ金属が最も低く、希ガスが最も高い。

電子親和力⇒陰イオンになりやすい原子ほど大きい。ハロゲン元素が大きい。

4 2 ・・・解答③

アンモニアの合成反応において、反応系は水素と窒素を合わせて4モルであり、生成系は2モルであるので、反応により圧力が下がる。また、反応は発熱反応である。このことを踏まえて考えると、次のようになる。

①適切。温度を下げると、平衡は発熱の方向に移動するので、アンモニア生成の方向（右）に平衡が動く。

②適切。圧力を上げると、圧力を下げる方向（右）に平衡は動く。

③不適切。①と②が同時に作用するので、平衡が動く（効率が向上する）が、アンモニアの合成速度に変化は与えない。

④適切。生成したアンモニアを除去するので、平衡が右へ動く（合成の効率が上がる）。

⑤適切。触媒は反応エネルギーを下げるので、反応速度を速くすることはできるが平衡点には影響を与えない。化学反応における触媒は、反応速度の制御に関与するのみで触媒自身は反応しない。触媒は、反応速度を速めるものと、逆に反応速度を遅くするものとがある。また、反応の進行とともに触媒の活性を低下させる物質があり、触媒毒と呼ばれる。

4 3 ・・・**解答④**

半減期を$t_{1/2}$とすると、

$$\frac{N_0}{2}=N_0\cdot e^{-\lambda t_{1/2}} \Leftrightarrow -\log_e 2=\log_e e^{-\lambda t_{1/2}} \Leftrightarrow \ln 2=\lambda\cdot t_{1/2}$$

ここで、 $t_{1/2} = 1.6 \times 10^3 \times 365 \times 24 \times 60 \times 60 \fallingdotseq 5.0 \times 10^{10}$(秒)

$$\lambda=\frac{0.693}{5.0\times10^{10}}$$

1gあたりの壊変速度は、

$$\frac{0.693}{5.0\times10^{10}}\times\frac{6.02\times10^{23}}{226}=3.7\times10^{10}$$ ⇒ **答え④**

4 4 ・・・**解答②**

①③～⑤適切。現代用語の基礎知識で述べられているそのままである。

②**不適切。**ダイオキシンは低温（350～500℃）での燃焼で発生し、800℃以上の高温での燃焼では発生しない。このため、日本の焼却炉の構造基準は800℃以上とされている。

4 5 ・・・**解答①**

①**不適切。**『バイオエシックス』とは脳死、体外受精、遺伝子治療など、医学の世界だけでは解決しきれない生命倫理を幅広く考えていく学問分野のことである。

②～⑤適切。

ちなみに①の文中に出てくる動物はトランスジェニックアニマルと呼んでいる。

また④のバイオエネルギーはバイオマスとも呼ばれている。

4 6 ・・・**解答②**

①**不適切。**コドンが多すぎても問題がないのは、1つのアミノ酸を決定するコドンは複数あるためである。このようなコドンを同義コドンという。

②適切。

③**不適切。**ADPとATPが逆。ミトコンドリアはATPを作り、ATPのリン酸同士の結合が切れてADPとなるときにエネルギーが放出される。
④**不適切。**クローンの分類はそのとおりだが、倫理上問題があるのは体細胞クローンである。胚細胞クローンは、人工的に三つ子、四つ子を作り出す技術であり、食料の安定供給などの面で有望視される技術である。
⑤**不適切。**体細胞クローンは、老化が早くなる可能性が指摘されている。「羊のドリー」が平均寿命の半分程度の年齢で、老化症状を発症した末に死んだのは、遺伝子を採取した「親」の年齢分が加算された状態で生まれたからではないかと言われている。また、異常児発生率も大変高いため、人間への適用は論外と言える段階にある。

5群　環境・エネルギー・技術に関するもの

5 1 ・・・解答④

1993年　（イ）環境基本法
1997年　（ア）環境影響評価法
1998年　（エ）地球温暖化対策の推進に関する法律
2000年　（ウ）循環型社会形成推進基本法
（イ）→（ア）→（エ）→（ウ）　・・・**解答④**

5 2 ・・・解答③

①②④⑤適切。
③**不適切。**選択肢の文章は気候変動適応計画ではなくて**地球温暖化対策計画**のこと。地球温暖化対策計画は温室効果ガスの排出抑制及び吸収の目標、事業者、国民等が講ずべき措置に関する基本的事項、目標達成のために国、地方公共団体が講ずべき施策等について記載されている。気候変動適応計画の方は、気候変動に伴う集中豪雨等への対応策を述べたものである。

5 3 ・・・解答④

①**不適切。**マイクロプラスチックとは一般に5mm以下の微細なプラスチック類のことを言う。
②**不適切。**ビニール袋やペットボトル、使い捨て容器などは便利なものとして多

くの人に使われているが、それはごみとなり、ポイ捨てや適切な処理をされないことで、風や雨などにより河川や海に流れ込み、海洋プラスチックごみとなる。その量は世界中で最低でも年間800万トンとも言われている。海洋に流れ出たプラスチックごみの発生量は東・東南アジアが上位を占めているという推計もあり、先進国だけでなく、開発途上国も含めて解決しなければならない問題となっている。

③**不適切。**2017年日本ではプラスチック製品の使用が約1012万トンに対して、廃プラスチックは約903万トン（一般家庭418万トン、企業485万トン）。このうち、リサイクルは251万トンで、海外でのリサイクル分は143万トンで約６割である。

④適切。

⑤**不適切。**あらゆるプラスチック製買物袋が有料化されることが基本であるが、次の３つの買物袋は有料化の対象外とされた。

1）プラスチックのフィルムの厚さが50マイクロメートル以上のもの
繰り返し使用が可能であることから、プラスチック製買物袋の過剰な使用抑制に寄与する。

2）海洋生分解性プラスチックの配合率が100％のもの
微生物によって海洋で分解されるプラスチック製買物袋は、海洋プラスチックごみ問題対策に寄与できる。

3）バイオマス素材の配合率が25％以上のもの
植物由来がCO_2総量を変えない素材であり、地球温暖化対策に寄与する。

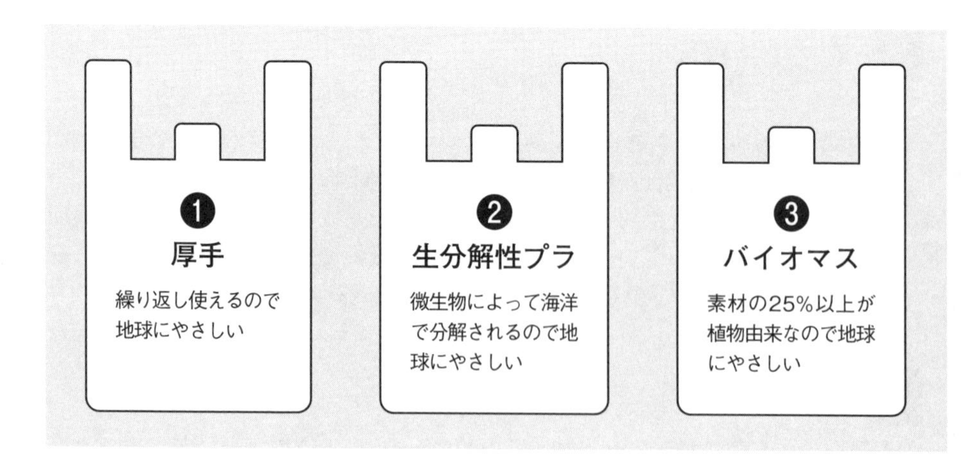

5 4 ・・・解答④

石油1tあたりの発熱量は4×10^{10} Jだが、火力発電の熱効率は約40%なので、石油1tあたりに生産される熱量は

4×10^{10} J × 0.4 ≒ 1.6×10^{10} J　と計算される。

ここで、2億トン（2×10^8t）の0.1%を節約したいので、節約したい石油量は2×10^5 tである。

よって、節約しなければいけないエネルギーは、

1.6×10^{10} J/t × 2×10^5 t ＝ 3.2×10^{15} J

次に、太陽エネルギーは1m^{2}あたり4×10^9 Jのエネルギーを生み出し、なおかつ熱効率が10%なので、1m^{2}あたり年間　4×10^8J　の熱を生み出す。

よって受光面積40m^{2}の太陽光発電システムならば

1基当たり　4×10^8 J/m^2 × 40m^2 ＝ 1.6×10^{10} J

以上のことから

3.2×10^{15} J ÷ 1.6×10^{10} J ＝ 2.0×10^5 ＝ 20万基　⇒ **答え④**

5 5 ・・・解答④

①**不適切。**環境基準は、典型7公害のうち、大気汚染、水質汚濁、土壌汚染、騒音について定められているが、悪臭、振動、地盤沈下については、定められていない。

②**不適切。**選択肢はカーボンフットプリントのこと。ライフサイクルアセスメントは資源の採取から製造、使用、廃棄、輸送など全ての段階を通して環境影響を定量的、客観的に評価する手法をいう。

③**不適切。**環境アカウンタビリティは、株主への報告ではなくて、地球環境はすべての地球市民の享受すべき財産であるから、企業は消費者や市民などすべての人に対して環境負荷について説明責任があるという考えである。

④適切。

⑤**不適切。**CSRとは、企業が利益を追求するだけでなく、組織活動が社会へ与える影響に責任をもち、あらゆるステークホルダーからの要求に対して適切な意思決定をすることを指す。つまり、利害関係者全体の利益ではなくて、社会全体の利益を考えて行動するというものである。

5 6 ・・・解答④

①**不適切。**科学技術コミュニケーションとは、基礎的科学と応用的技術の情報共有ではなくて、科学について、科学者と科学者ではない一般市民とが対話することを言う。また、科学技術者と一般市民のコミュニケーションの重要性が言われるようになったのは、20世紀末から21世紀にかけてのヨーロッパ（特にイギリス）からである。遺伝子組換作物に対する市民の反対運動やBSE問題などから科学技術の専門家と一般市民のコミュニケーションの重要性が言われるようになった。

②**不適切。**コンテンツの制作は、科学技術を駆使するのではなくて、記者や一般市民が分かり易い説明を駆使するべきである。

③**不適切。**専門的なコミュニケーションは一般の人は頭が痛くなるだけである。

④適切。

⑤**不適切。**科学技術コミュニケーションの定義が間違っている。科学技術コミュニケーションとは、科学について、科学者や技術者たちが一般市民と対話することを言う。科学者や技術者たちが、科学技術コミュニケーション活動に携わることは、自らの活動に対して社会・国民が抱く様々な考え方を知り、研究者・技術者自身の社会への理解を深めるという意味でも極めて有意義である。

技術士一次試験（適性科目）

令和6年度　解答＆詳細解説

問題番号	1	2	3	4	5	6	7	8	9	10	11	12	13	14	15
解答	③	④	②	⑤	③	②	②	③	⑤	③	③	③	③	④	③

1　・・・解答③

『適切なものの数はどれか』という選択肢の文章を読み落とさないように！！

ア）×依頼者の許可を取るべきである。
イ）×公益確保の責務を優先する。
ウ）○そのとおり。
エ）○そのとおり。
オ）×例えば公益確保と秘密保持という技術士法の中でのトレードオフでは公益確保が優先だが、倫理綱領と技術士法のトレードオフで技術士法の義務から免れることはない。
カ）×技術士法第45条のとおり。組織を退職しても、また技術士でなくなった後でも秘密保持義務がある。

適切なものは、ウ）とエ）の２つである。　⇒　**答え③**

2　・・・解答④

2023年に改訂された新しい技術士倫理綱領には必ず目を通しておくこと。日本技術士会HPに新旧対照表とともに詳細に解説されている。

1．［ア：安全］・健康・福利の優先
2．持続可能な社会の実現
3．信用の保持
4．有能性の重視
5．真実性の確保
6．公正かつ誠実な履行
7．［イ：秘密情報］の保護
8．法令等の遵守
9．相互の［ウ：尊重］
10．継続研鑽と［エ：人材育成］

3 ・・・解答②

ア）イ）ウ）オ）カ）○適切。
エ）**×不適切**。日常的な業務はCPDの登録対象外である。
不適切なものは、エ）の1つだけである。　⇒　**答え②**

4 ・・・解答⑤

サービス問題。
①**不適切**。景気と技術者倫理は無関係である。
②**不適切**。法令の遵守は前提条件である。
③**不適切**。一般の企業でよく見られる光景であるが、結局は発覚して、企業イメージをなお悪くしている。最初から誠実な対応が一番である。
④**不適切**。安全性を犠牲にすることは、ダメに決まっている。
⑤適切。

5 ・・・解答③

公衆の定義は過去に何度か出題されている。一字一句暗記すること。
公衆とは、よく知らされた上での同意を与えることができる立場にはなくて、その結果に影響される人々のことである。　⇒　**答え③**

6 ・・・解答②

リスクコミュニケーションの定義などを知らなくても、常識的に考えて適切なことは○で、常識的に考えて不適切なことは×である。
ア）～キ）○適切。
ク）**×不適切**。受け手に応じた情報提供が必要である。例えば専門家や関係者に対するリスクコミュニケーションと一般市民に対するリスクコミュニケーションでは伝え方の工夫が異なる。
不適切なものは、ク）の1つだけである。　⇒　**答え②**
リスクコミュニケーションとは社会を取り巻くリスクに関する正確な情報を、行政、専門家、企業、市民などのステークホルダーである関係主体間で共有し、相互に意思疎通を図ることをいう。
リスクコミュニケーションが必要とされる場面とは、主に災害や環境問題、原子力施設に対する住民理解の醸成などといった一定のリスクが伴い、なおかつ関係者間での意識共有が必要とされる問題につき、安全対策に対する認識や協力関係の共有を図ることが必要とされる場合である。

7 ・・・**解答②**

①③〜⑤適切。

②不適切。事前に事業者内部に通報するなら、制度自体が無意味なものになってしまう。公益通報者保護法は行政機関に通報した者を、事業者から保護することが目的である。

8 ・・・**解答③**

（ア）適切。

（イ）適切。独占禁止法では、「私的独占」とは、事業者が、単独に、又は他の事業者と結合し、若しくは通謀し、その他いかなる方法を以ってするかを問わず、他の事業者の事業活動を排除し、又は支配することにより、公共の利益に反して、一定の取引分野における競争を実質的に制限することをいい、私的独占と見なすためには、単純に市場支配力が高いだけではなく、市場を支配するための何らかの違法行為を行っていることを裏付ける必要がある。独占禁止法で禁止されている私的独占に関する違法行為は、排除行為と支配行為に分けることができる。

（ウ）適切。不当廉売（ダンピング）は不公正な取引方法にあたる。

（エ）不適切。カルテルや談合は、不当な取引制限である。

（オ）不適切。例えば不当な取引制限の場合、課徴金算定率は大企業10%、中小企業4%である。

適切なものは3つ　・・・**正解③**

●課徴金の算定率

課徴金 = 違反行為対象商品等の売上高 × 算定率

不当な取引制限	支配型 私的独占	排除型 私的独占	共同の取引拒絶 差別対価、不当廉売 再販売価格の拘束	優越的地位の 濫用
大企業：１０％ 中小企業：４％	１０％	６％	３％	１％

令和6年度　適性科目

9 ・・・解答⑤

①～④適切。

⑤不適切。職場のパワハラについて、事業主に雇用管理上必要な措置を講ずることが定められたのは、パワハラ防止法（改正労働施策総合推進法：2019年5月成立、2020年6月施行）である。

10 ・・・解答③

（ア）～（エ）はいずれも産業財産権で、（ア）特許権、（イ）商標権、（ウ）実用新案権、（エ）意匠権である。

表. 産業財産権の保護対象、所管及び保護期間

	保護対象	所管	登録の要否	保護期間
（ア）特許権	発明。自然法則を利用した技術的なアイデアのうち高度なもの	特許庁	要	出願から20年（一部25年に延長）
（イ）商標権	文字、図形、記号、立体的形状または色彩からなるマークで、事業者が「商品」や「サービス」について使用するもの	特許庁	要	登録から10年（更新あり）
（ウ）実用新案権	考案。自然法則を利用した技術的なアイデアで、物品の形状、構造または組み合わせに関するもの	特許庁	要（無審査）	出願から10年
（エ）意匠権	物品の形状、模様、または色彩からなるデザイン	特許庁	要	出願から25年

11 ・・・解答③

①②④⑤適切。

③不適切。人間の注意力には限界があり、どんなに注意深い慎重な人であっても、疲労や錯覚などでヒューマンエラーを起こす場合がある。ヒューマンエラーをゼロにすることが大切なのではなくて、決してゼロにはならない、ということを前提にシステムを構築することが大切である。例えば、鉄道の運転手はヒューマンエラーがゼロになるように様々な工夫がなされているが、それでもゼロになることはないと考えて、自動列車停止装置（ATS）の設置を考え

るべきである。

12 ・・・解答③

製造物責任法（PL法）は、製品の欠陥によって生命、身体又は財産に損害を被ったことを証明した場合に、被害者は製造会社などに対して損害賠償を求めることができる法律である。ポイントは、製造物の欠陥により人の生命、身体又は財産に係わる被害が生じた場合は、製造業者等の**過失の有無に係わらず**、生じた損害を賠償しなければいけないという点である。

製造物責任法は、［ア：製造物］の［イ：欠陥］により人の生命、身体又は財産に係る被害が生じた場合における製造業者等の損害賠償の責任について定めることにより、［ウ：被害者］の保護を図り、もって国民生活の安定向上と国民経済の健全な発展に寄与することを目的とする。

製造物責任法において［ア：製造物］とは、製造又は加工された動産をいう。また、［イ：欠陥］とは、当該製造物の特性、その通常予見される使用形態、その製造業者等が当該製造物を引き渡した時期その他の当該製造物に係る事情を考慮して、当該製造物が通常有すべき［エ：安全性］を欠いていることをいう。

13 ・・・解答③

①②④⑤適切。

③不適切。地球温暖化対策には、その原因物質である温室効果ガスの排出量を削減する（または植林などによって吸収量を増加させる）「緩和策（mitigation）」と、気候変化に対して自然生態系や社会・経済システムを調整することにより温暖化の悪影響を軽減する（または温暖化の好影響を増長させる）「適応策（adaptation）」とに大別できる。

適応策とは、気候変動に伴う局所的豪雨や風水害の激化に対応することを意味している。つまり、以下のような国土強靭化の取組のことである。

1）防災対策：流域治水の推進、堤防強化等のハード対策、豪雨情報からの早期避難等のソフト対策の充実、ハザードマップの周知徹底、防災教育の徹底、防災情報伝達システムの高度化、ソフト対策とハード整備のベストミックスなど。

2）街づくり：災害リスクの低い地域への住宅地の誘導、災害に強い街づくりの推進、内水対策、地下街への対策、既存施設の有効活用など。

3）復旧関係（レジリエンスの強化）：交通ネットワークの強化、リダンダンシーの強化、BCPの作成、戦略的予防保全の推進、東京一極集中の解消など。

14 ・・・解答④

①〜③⑤適切。

④不適切。平成28年の熱中症死亡者数は総数で621人。このうち65歳以上が492名で全体の79.2%を占める。

15 ・・・解答③

ALARA (As Low As Reasonably Achievable) は、経済的および社会的な考慮を計算にいれた上で、すべての線量を合理的に達成できる限り低く保つべきであるという考え方である。

(a) いかなる行為も、その導入が正味でプラスの利益を生むのでなければ、採用してはならない。費用便益B/Cがマイナスなことはしない。(行為の正当化)

(b) すべての被ばくは、経済的および社会的な要因を考慮に入れながら、合理的に達成できるかぎり低く保たれねばならない。(放射線防護の最適化)

(c) 個人に対する線量当量は、委員会がそれぞれの状況に応じて勧告する限度を超えてはならない。(個人の線量当量の限度)

①②④⑤適切。

③不適切。国際放射線防護委員会 (ICRP) では、自然放射線の高い地域にあってもALARAの考え方に立つ。ちなみに、ブラジルや中国などの自然放射線の高い地域に住む人々の健康調査が行われているが、有害な影響は認められていない。

令和5年度技術士第一次試験 解答一覧

●基礎科目

	(1) 設計・計画に関するもの						(2) 情報・論理に関するもの					
問題番号	1-1	1-2	1-3	1-4	1-5	1-6	2-1	2-2	2-3	2-4	2-5	2-6
答え	⑤	④	③	④	①	②	①	④	⑤	①	①	④
	(3) 解析に関するもの						(4) 材料・化学・バイオに関するもの					
問題番号	3-1	3-2	3-3	3-4	3-5	3-6	4-1	4-2	4-3	4-4	4-5	4-6
答え	④	②	①	⑤	②	③	③	⑤	③	①	③	⑤
	(5) 環境・エネルギー・技術に関するもの											
問題番号	5-1	5-2	5-3	5-4	5-5	5-6						
答え	③	⑤	①	②	①	⑤						

●適性科目

問題番号	1	2	3	4	5	6	7	8	9	10	11	12	13	14	15
解答	③	③	②	②	①	③	②	②	④	③	②	④	⑤	③	③

令和4年度技術士第一次試験 解答一覧

●基礎科目

	(1) 設計・計画に関するもの						(2) 情報・論理に関するもの					
問題番号	1-1	1-2	1-3	1-4	1-5	1-6	2-1	2-2	2-3	2-4	2-5	2-6
答え	①	④	③	①	③	②	①	③	③	⑤	⑤	④
	(3) 解析に関するもの						(4) 材料・化学・バイオに関するもの					
問題番号	3-1	3-2	3-3	3-4	3-5	3-6	4-1	4-2	4-3	4-4	4-5	4-6
答え	④	②	④	②	③	⑤	②	④	①	①	⑤	⑤
	(5) 環境・エネルギー・技術に関するもの											
問題番号	5-1	5-2	5-3	5-4	5-5	5-6						
答え	②	①	①	⑤	⑤	③						

●適性科目

問題番号	1	2	3	4	5	6	7	8	9	10	11	12	13	14	15
解答	④	④	③	①	④	⑤	③	②	⑤	④	④	⑤	③	③	⑤

令和3年度技術士第一次試験 解答一覧

●基礎科目

	(1) 設計・計画に関するもの						(2) 情報・論理に関するもの					
問題番号	1-1	1-2	1-3	1-4	1-5	1-6	2-1	2-2	2-3	2-4	2-5	2-6
答え	④	②	②	③	⑤	③	①	②	②	②	①	③
	(3) 解析に関するもの						(4) 材料・化学・バイオに関するもの					
問題番号	3-1	3-2	3-3	3-4	3-5	3-6	4-1	4-2	4-3	4-4	4-5	4-6
答え	④	②	①	③	④	⑤	③	④	②	①	①	②
	(5) 環境・エネルギー・技術に関するもの											
問題番号	5-1	5-2	5-3	5-4	5-5	5-6						
答え	②	⑤	①	②	④	④						

●適性科目

問題番号	1	2	3	4	5	6	7	8	9	10	11	12	13	14	15
解答	③	④	①	②	④	①	⑤	③	①	③	③	③	③	⑤	③

令和2年度技術士第一次試験 解答一覧

●基礎科目

	(1) 設計・計画に関するもの						(2) 情報・論理に関するもの					
問題番号	1-1	1-2	1-3	1-4	1-5	1-6	2-1	2-2	2-3	2-4	2-5	2-6
答え	③	④	③	⑤	⑤	③	④	③	①	②	⑤	⑤
	(3) 解析に関するもの						(4) 材料・化学・バイオに関するもの					
問題番号	3-1	3-2	3-3	3-4	3-5	3-6	4-1	4-2	4-3	4-4	4-5	4-6
答え	②	④	③	④	①	⑤	②	③	④	⑤	③	④
	(5) 環境・エネルギー・技術に関するもの											
問題番号	5-1	5-2	5-3	5-4	5-5	5-6						
答え	②	③	④	①	④	①						

●適性科目

問題番号	1	2	3	4	5	6	7	8	9	10	11	12	13	14	15
解答	⑤	②	③	②	③	⑤	④	①	③	①	①	①	④	①	①

令和元年度再試験技術士第一次試験 解答一覧

●基礎科目

	(1) 設計・計画に関するもの						(2) 情報・論理に関するもの					
問題番号	1-1	1-2	1-3	1-4	1-5	1-6	2-1	2-2	2-3	2-4	2-5	2-6
答え	⑤	③	①	②	②	⑤	⑤	④	②	⑤	①	④
	(3) 解析に関するもの						(4) 材料・化学・バイオに関するもの					
問題番号	3-1	3-2	3-3	3-4	3-5	3-6	4-1	4-2	4-3	4-4	4-5	4-6
答え	⑤	②	⑤	⑤	④	②	②	③	②	④	③	③
	(5) 環境・エネルギー・技術に関するもの											
問題番号	5-1	5-2	5-3	5-4	5-5	5-6						
答え	①	①	③	③	④	③						

●適性科目

問題番号	1	2	3	4	5	6	7	8	9	10	11	12	13	14	15
解答	③	③	①	①	③	④	③	④	⑤	②	①	②	①	③	①

令和元年度技術士第一次試験 解答一覧

●基礎科目

	(1) 設計・計画に関するもの						(2) 情報・論理に関するもの					
問題番号	1-1	1-2	1-3	1-4	1-5	1-6	2-1	2-2	2-3	2-4	2-5	2-6
答え	⑤	②	⑤	⑤	②	③	①	①	③	③	⑤	②
	(3) 解析に関するもの						(4) 材料・化学・バイオに関するもの					
問題番号	3-1	3-2	3-3	3-4	3-5	3-6	4-1	4-2	4-3	4-4	4-5	4-6
答え	⑤	⑤	①	④	④	③	④	⑤	④	③	④	③
	(5) 環境・エネルギー・技術に関するもの											
問題番号	5-1	5-2	5-3	5-4	5-5	5-6						
答え	③	②	③	④	②	⑤						

●適性科目

問題番号	1	2	3	4	5	6	7	8	9	10	11	12	13	14	15
解答	⑤	⑤	④	①	⑤	①	⑤	②	②	③	②	①	④	④	⑤

平成30年度技術士第一次試験 解答一覧

●基礎科目

	(1) 設計・計画に関するもの						(2) 情報・論理に関するもの					
問題番号	1-1	1-2	1-3	1-4	1-5	1-6	2-1	2-2	2-3	2-4	2-5	2-6
答え	③	①	②	②	③	④	④	③	③	⑤	①	②
	(3) 解析に関するもの						(4) 材料・化学・バイオに関するもの					
問題番号	3-1	3-2	3-3	3-4	3-5	3-6	4-1	4-2	4-3	4-4	4-5	4-6
答え	①	④	②	②	③	③	⑤	⑤	③	②	⑤	③
	(5) 環境・エネルギー・技術に関するもの											
問題番号	5-1	5-2	5-3	5-4	5-5	5-6						
答え	②	③	③	④	③	⑤						

●適性科目

問題番号	1	2	3	4	5	6	7	8	9	10	11	12	13	14	15
解答	②	⑤	③	①	④	①	⑤	③	③	⑤	③	①	⑤	※	④

令和6年度予想技術士第一次試験 解答一覧

●基礎科目

	(1) 設計・計画に関するもの						(2) 情報・論理に関するもの					
問題番号	1-1	1-2	1-3	1-4	1-5	1-6	2-1	2-2	2-3	2-4	2-5	2-6
答え	③	④	⑤	⑤	②	①	②	②	⑤	②	③	⑤
	(3) 解析に関するもの						(4) 材料・化学・バイオに関するもの					
問題番号	3-1	3-2	3-3	3-4	3-5	3-6	4-1	4-2	4-3	4-4	4-5	4-6
答え	①	②	⑤	②	②	④	⑤	③	④	②	①	②
	(5) 環境・エネルギー・技術に関するもの											
問題番号	5-1	5-2	5-3	5-4	5-5	5-6						
答え	④	③	④	④	④	④						

●適性科目

問題番号	1	2	3	4	5	6	7	8	9	10	11	12	13	14	15
解答	③	④	②	⑤	③	②	②	③	⑤	③	③	③	③	④	③